高等职业院校规划教材

骆阳　熊泽明◎主编

3ds Max 2018
虚拟现实(VR)模型制作项目

四川大学出版社

项目策划：梁　平
责任编辑：梁　平
责任校对：傅　奕
封面设计：璞信文化
责任印制：王　炜

图书在版编目（CIP）数据

3ds Max 2018 虚拟现实（VR）模型制作项目案例教程 / 骆阳，熊泽明主编．— 成都 ：四川大学出版社，2020.7
ISBN 978-7-5690-3792-0

Ⅰ．①3… Ⅱ．①骆… ②熊… Ⅲ．①三维动画软件－高等职业教育－教材 Ⅳ．①TP391.414

中国版本图书馆 CIP 数据核字（2020）第 118978 号

书名　3ds Max 2018 虚拟现实（VR）模型制作项目案例教程

主　　编	骆　阳　熊泽明
出　　版	四川大学出版社
地　　址	成都市一环路南一段 24 号（610065）
发　　行	四川大学出版社
书　　号	ISBN 978-7-5690-3792-0
印前制作	四川胜翔数码印务设计有限公司
印　　刷	成都市新都华兴印务有限公司
成品尺寸	185mm×260mm
印　　张	12.25
字　　数	295 千字
版　　次	2020 年 9 月第 1 版
印　　次	2022 年 7 月第 3 次印刷
定　　价	48.00 元

版权所有 ◆ 侵权必究

◆ 读者邮购本书，请与本社发行科联系。
电话：(028)85408408/(028)85401670/
(028)86408023　邮政编码：610065
◆ 本社图书如有印装质量问题，请寄回出版社调换。
◆ 网址：http://press.scu.edu.cn

四川大学出版社
微信公众号

前　言

Autodesk 公司旗下的 3ds Max 2018 是一款非常经典的三维设计软件，在虚拟现实（VR）、游戏和三维动画建模领域被广泛使用。它的卓越表现使它成为当下这一领域最为流行的软件之一，许多的 3D 电影、影视特效、VR 展示、3D 游戏、3D 广告和商业片头等都是用 3ds Max 制作的，特别是在 3D 模型建模方面，3ds Max 更是具有明显的优势。

编者从事与 3ds Max 相关的虚拟现实（VR）设计与制作教学工作多年，在课堂教学、项目制作、指导学生参加相关技能比赛等方面，积累了丰富的教学经验，特别是以 3ds Max 为建模工具，对 VR 模型建模、三维游戏模型建模颇有研究，希望通过本书，将多年积累的教学和实践经验介绍给读者，使读者能够全面系统地掌握虚拟现实（VR）建模的思路、流程与方法。

本书紧紧围绕虚拟现实（VR）模型制作职业岗位要求，秉承由易到难、层层递进的教学路径，以“基础建模—场景建模—角色人物建模—动物模型建模”为基本框架，将本书分成了四个教学章节，编写结构清晰，体系完整，内容新颖，且注重实效性与针对性。同时，为了更好地将教学内容与工作内容对接，每个章节的知识内容均通过典型的项目案例进行详细讲解，力求通过案例实战演练，使教者易教、学者乐学。

本书由重庆三峡职业学院骆阳、熊泽明担任主编，汪岩、弋才学、张昆、余兰川、余伟担任副主编，参与本书编写的还有任一萍、代清阳、王香月、胡威、王化刚、雷蕾、张通安等；重庆水利电力职业技术学院张南宾教授，西安爱克斯未来文化科技有限公司王磊总监等，对本书的编写给予了大力支持与帮助；本书在编写过程中，参考了大量同行的教材和网络案例资料，在此，向各相关作者表示深深的敬意和诚挚的感谢。

由于作者水平有限，书中难免存在错误和不妥之处，敬请广大读者批评指正，同时也希望广大师生和读者给我们提出宝贵的意见，使教材更加完善。

目　录

目 录

第一章　基础建模

第一节　3ds Max 的工作界面

3ds Max 的工作界面简单，内容丰富。上部有标题栏、菜单栏、工具栏，中间为视图区，视图区分为四个关联的窗口，分别是顶视图、前视图、左视图和透视图，是建模的主要区域。右部是命令面板，下部则是时间滑块和时间滑块下方的标尺，再下方从左至右为脚本编辑显示区、对象坐标区、动画控制区、视图调整区等。每个不同的栏目都有不同的作用，其中，建模时运用最多的就是菜单栏、工具栏、命令面板和视图区域。

1. 工作界面的介绍

（1）标题栏：框线所指的为当前创建场景文件的名字，设置的文件名最好与文件内容相符，便于以后查找（见图 1—1）。

图 1-1　标题栏

（2）菜单栏：位于标题的下方，包含软件中所有的功能和工具，例如文件、编辑、工具、组、视图等 15 项菜单（见图 1—2）。

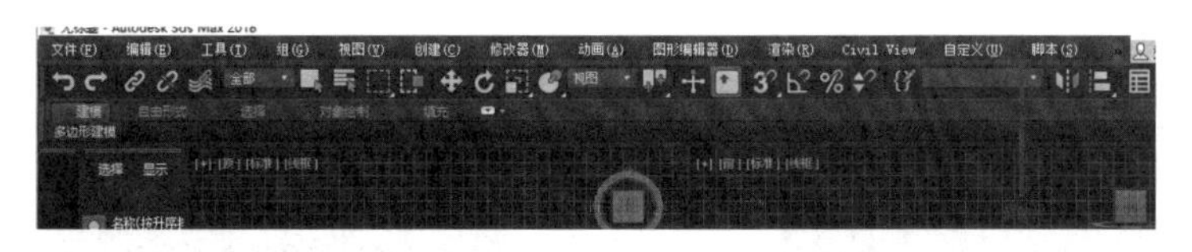

图 1-2　菜单栏

（3）工具栏：位于菜单栏下方，点击任意按钮会弹出相应命令，带有三角符号的说明有子命令。常用工具按钮有选择对象按钮、选择框按钮、选择并移动变换按钮、选择并旋转变换按钮、选择并缩放按钮、三维捕捉开关按钮、二维捕捉开关按钮、镜像选定对象按钮、对齐按钮、材质编辑器按钮、渲染场景按钮、草稿快速渲染按钮、快速渲染按钮等（见图 1—3）。

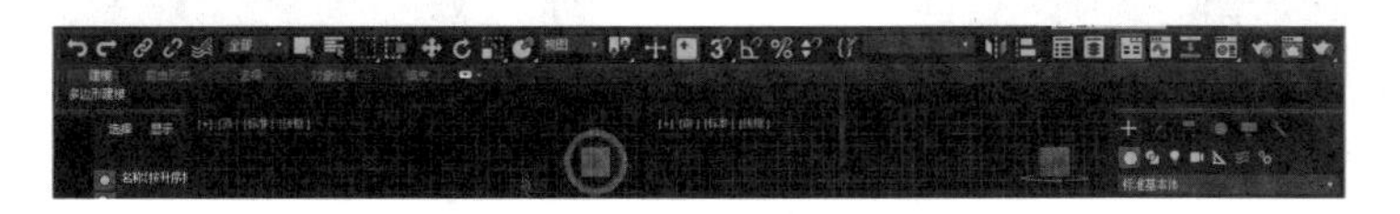

图 1-3　工具栏

（4）切换功能区：见图 1—4。

图 1—4 切换功能区

（5）视图区域：视图区域为工作界面，显示物体的正视图、俯视图、侧视图和 3D 效果图（见图 1—5）。

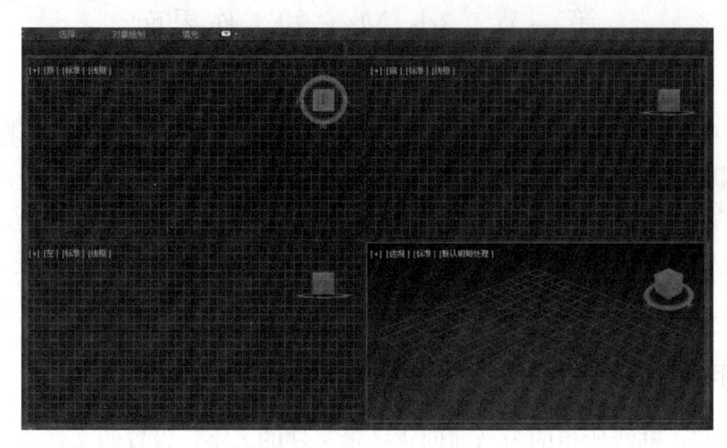

图 1—5 视图区域

（6）命令面板：3ds Max 中命令面板位于主界面右侧，包括“创建”“修改”“层次”“运动”“显示”“工具”共 6 个面板，大部分的建模和动画工作都是通过命令面板完成的。例如“创建”面板，单击面板下方卷展栏中的“+”按钮，就可以展开相应的卷展栏，然后设置具体参数，如“创建”面板中的“对象类型”卷展栏，在每个面板下面有很多的子命令（见图 1—6）。

（7）视口布局和场景管理器：用于调整视图的布局和显示场景中模型的情况（见图 1—7）。

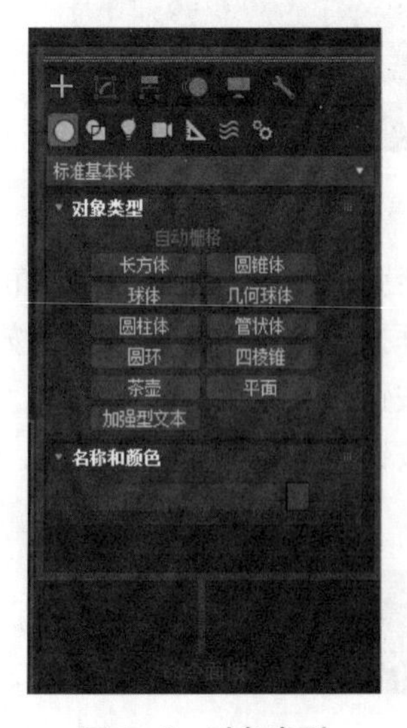

图 1—6 对象类型

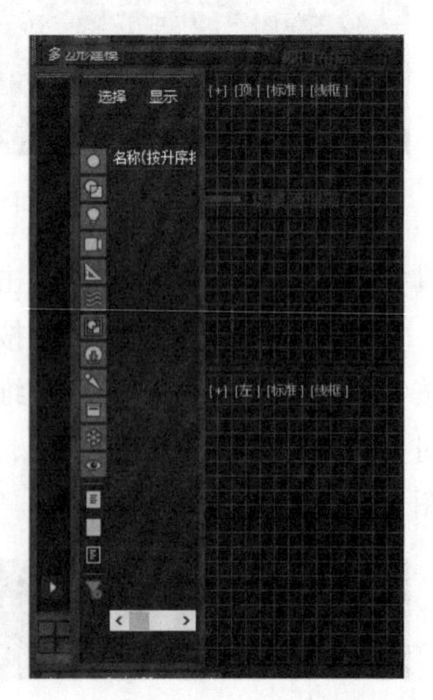

图 1—7 视口布局和场景管理器

（8）关键帧时间滑块和控制区：可以进行动画制作，控制动画帧数（见图 1−8）。

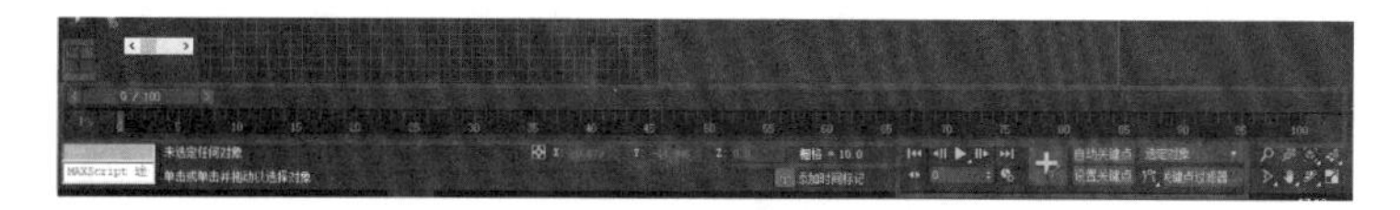

图 1−8　关键帧时间滑块和控制区

（9）状态栏：在建模时会显示你当前的操作状态（见图 1−9）。

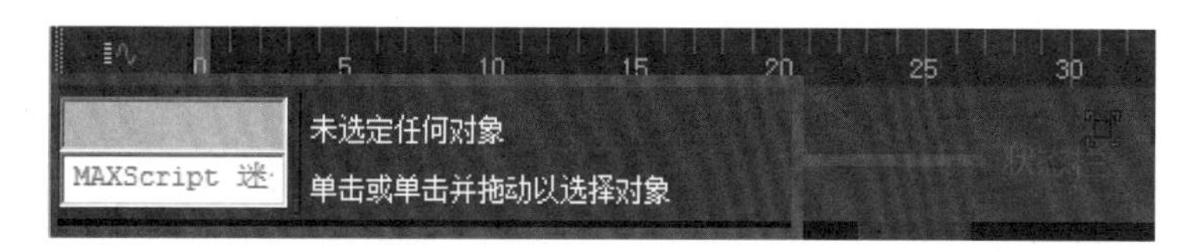

图 1−9　状态栏

（10）坐标系统：在建模时会显示鼠标所选的模型的位置坐标（见图 1−10）。

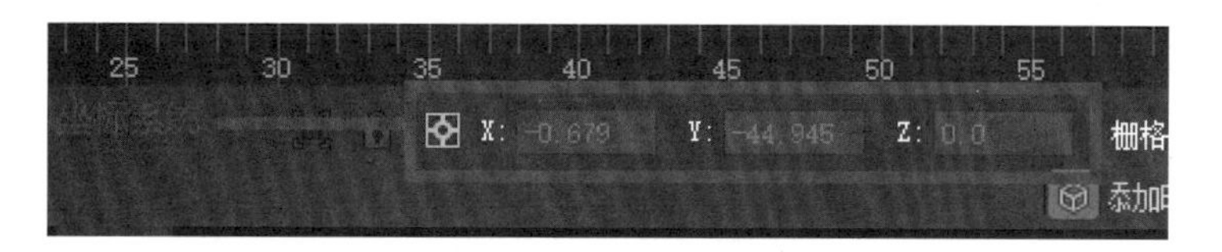

图 1−10　坐标系统

（11）视图操作工具：可以用这些命令控制物体，便于观察（见图 1−11）。

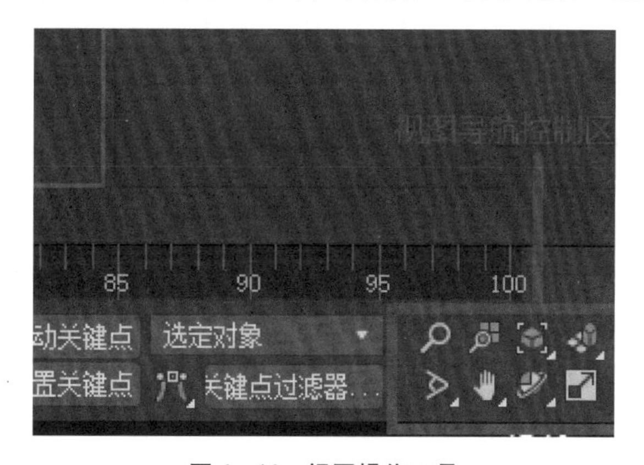

图 1−11　视图操作工具

2. 常用快捷键

所谓快捷键就是使用键盘上某一个或某几个键的组合完成一条功能命令，从而达到提高操作速度的目的。下面为大家介绍一些常用快捷键的使用和功能。善用快捷键，除了可以更快捷地使用电脑，也是由新手变高手的蜕变。

（1）命令热键：

限制平面周期 F8

限制到 X 轴 F5

限制到 Y 轴 F6

限制到 Z 轴 F7

缩放循环 Ctrl+E

子对象层级循环 Insert

（2）常规热键：

自适应降级切换 O

克隆 Ctrl+V

环境对话框切换 8

退出 Esc

专家模式切换 Ctrl+X

取回 Alt+Ctrl+F

帮助 F1

锁定用户界面切换 Alt+0

材质编辑器切换 M

MAXScript 侦听器 F11

新建场景 Ctrl+N

打开文件 Ctrl+O

快速渲染 Shift+Q

按上次设置渲染 F9

渲染场景对话框切换 F10

重做场景操作 Ctrl+Y

渲染到纹理对话框切换 0

重做视口操作 Shift+Y

保存文件 Ctrl+S

选择锁定切换空格键

搜索所有操作 X

间隔工具 Shift+I

变换输入对话框切换 F12

撤消场景操作 Ctrl+Z

撤消视口操作 Shift+Z

（3）选择热键：

对齐 Alt+A

循环选择方法 Alt+F

暂存 Alt+Ctrl+H

法线对齐 Alt+N

快速对齐 Shift+N

选择 N

全选 Ctrl+A

选择上一层级的骨骼 PgUp

选择并移动 W
选择并旋转 E
选择并缩放 R
按名称选择 H
选择下一层级的骨骼 PgDn
选择子对象 Ctrl+PgDn
反选 Ctrl+I
全部不选空格键
选择锁定切换 Ctrl+D
子对象选择切换 Ctrl+B
(4) 显示/隐藏热键:
几何体切换 Shift+G
栅格切换 G
辅助对象切换 Shift+H
粒子系统切换 Shift+P
捕捉切换 Shift+S
空间扭曲切换 Shift+W
(5) 捕捉热键:
角度捕捉切换 A
循环活动捕捉类型 Alt+S
循环捕捉打击 Alt+Shift+S
百分比捕捉切换 Ctrl+Shift+P
捕捉到冻结对象切换 Alt+F2
捕捉切换 S
捕捉使用轴约束切换 Alt+F3
捕捉使用轴约束切换 Alt+D
(6) 子层级热键:
顶点级别 1
边级别 2
边界级别 3
多边形级别 4
元素级别 5
对象层级 6
(7) 时间热键:
自动关键点模式切换 N
返回一个时间单位,
前进一个时间单位.
转到结束帧 End

转到开始帧 Home

设置关键点 K

（8）视口热键：

弧形旋转视图模式 Ctrl+R

从视图创建摄影机 Ctrl+C

默认照明切换 Ctrl+L

以透明方式显示切换 Alt+X

最大化视口切换 Alt+W

放置高光 Ctrl+H

聚光灯/平行光视图 Shift+4

（9）视口背景热键：

背景锁定切换 Alt+Ctrl+B

更新背景图像 Alt+Ctrl+Shift+B

视口背景 Alt+B

（10）视口显示热键：

禁用视口 D

显示视口统计切换 7

平移视图 Ctrl+P

平移视口 I

明暗处理选定面切换 F2

显示安全框切换 Shift+F

显示选择外框切换 J

向下变换 Gizmo 大小－

向上变换 Gizmo 大小+

线框/平滑+高光切换 F3

查看带边面切换 F4

（11）视口缩放热键：

最大化显示 Alt+Ctrl+Z

所有视图最大化显示 Ctrl+Shift+Z

所有视图最大化显示选定对象 Z

放大两倍 Alt+Ctrl+Shift+Z

缩放模式 Alt+Z

缩小到二分之一 Alt+Shift+Z

缩放区域模式 Ctrl+W

放大视口 Ctrl++

缩小视口 Ctrl+－

（12）视图热键：

底视图 B

摄影机视图 C
前视图 F
等距用户视图 U
左视图 L
透视用户视图 P
顶视图 T
(13) 虚拟视口热键：
向下平移 2
向左平移 4
向右平移 8
向上平移 6
虚拟视口切换/
虚拟视口放大+
虚拟视口缩小−

第二节　基础操作

3ds Max 是一款三维模型制作软件，该软件功能强大，我们使用该软件可以制作非常多的三维模型。下面我们就来看看 3ds Max 是如何进行物体创建、控制对象、选择对象和复制群组的。

1. 物体创建

(1) 通过多边形创建物体：在面板中选择创建面板—几何体—标准基本体—长方体，就可以在视图中创建一个长方体。创建其他的也一样，只需要点击它，就可在视图中创建。

(2) 通过面创建物体：在面板中选择创建面板—几何体—标准基本体—平面，就可以在视图中创建一个平面，然后创建物体（见图 1−12）。

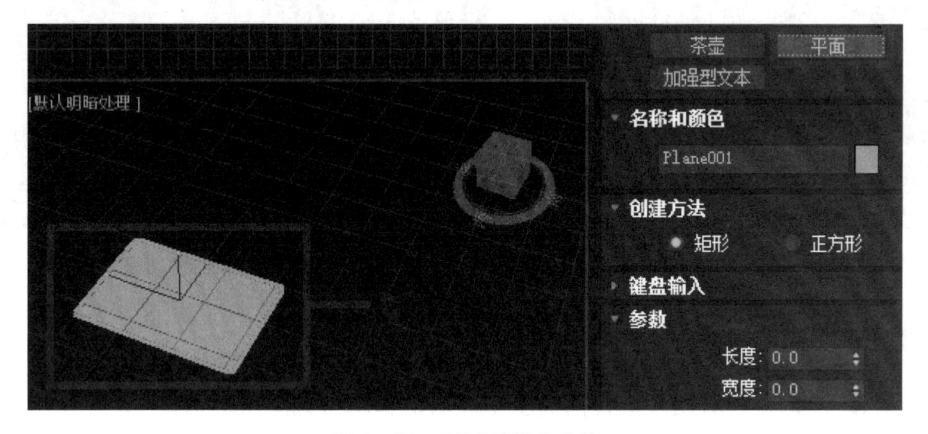

图 1−12　通过面创建物体

（3）在面板中选择创建面板—几何体—标准基本体，下方会出现许多子命令。点击选择任意子命令，就可以创建出相应形状的物体（见图 1-13）。

图 1-13 通过其他几何体创建物体

（4）通过线创建物体：在面板中选择创建面板—几何体—图形—圆，也可以创建出物体（见图 1-14）。

（5）在面板中选择创建面板—几何体—图形—样条线，下方会出现许多子命令。每一个点击，都可以创建出相应形状的物体（见图 1-15）。

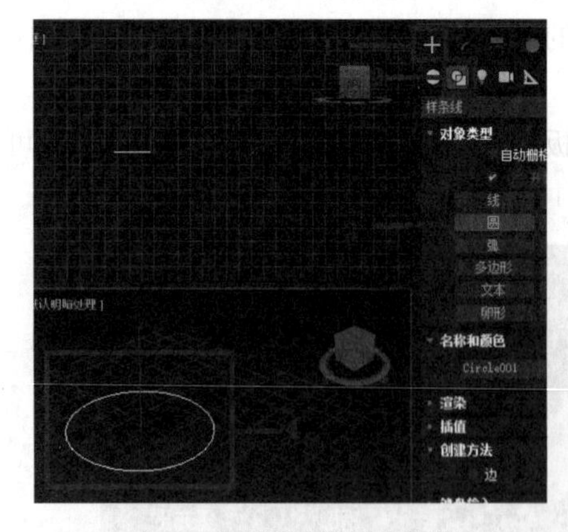

图 1-14 通过线创建物体

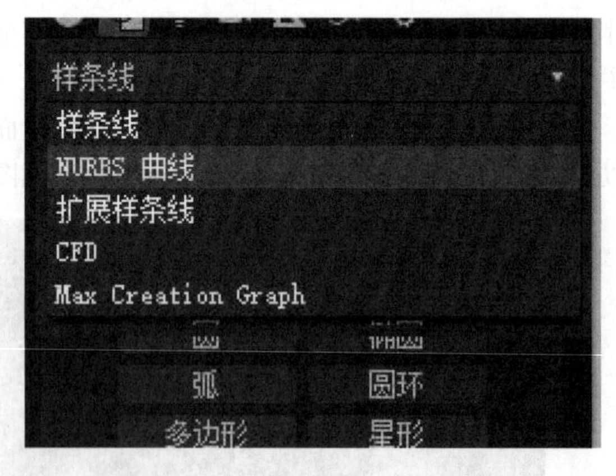

图 1-15 通过其他线创建物体

2. 控制对象

（1）按 W 键，可对模型进行前后上下左右的移动（见图 1-16）。

（2）按 E 键，可对模型进行 360°旋转（见图 1-17）。

图 1-16 移动对象

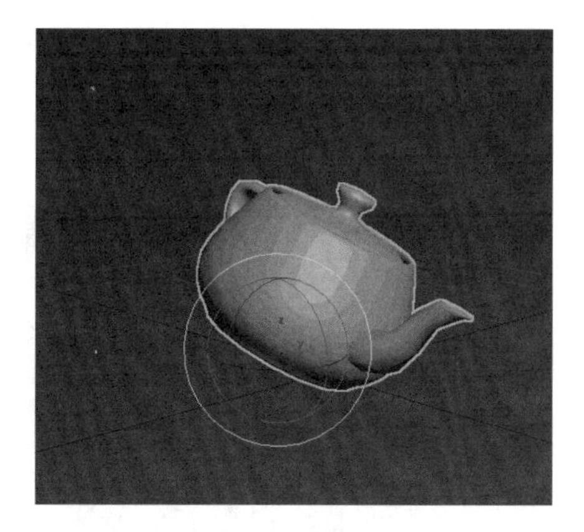

图 1-17 旋转对象

（3）按 R 键，对模型进行大小的缩放（见图 1-18）。

图 1-18 缩放对象

3. 选择对象

（1）可直接点击工具栏上的选择对象（见图 1-19）。

（2）也可点击工具栏上的按名称选择，点击之后，会弹出一个从场景选择的页面，选择哪个对象名称即可（见图 1-20）。

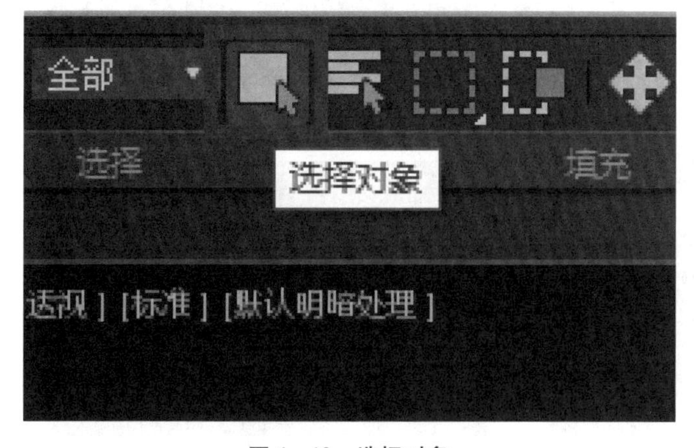

图 1-19 选择对象

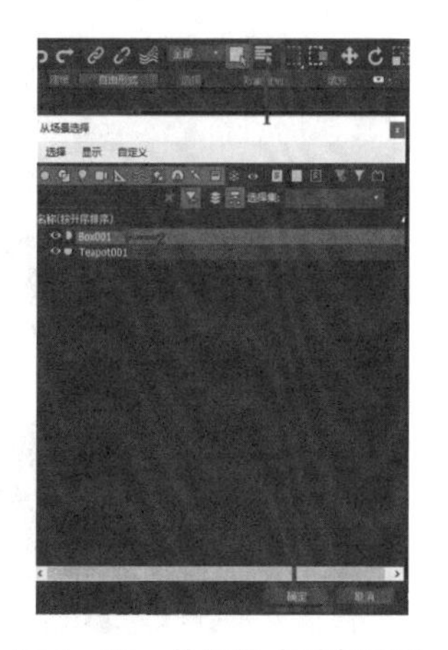

图 1-20 从场景中选择对象

（3）单击鼠标右键，然后点击“选择”也是可以选择物体的（见图 1－21）。

（4）选择的的形状也是可以变化的，直接在工具栏上点击选择区域，点击右下角三角形，可以看见许多的不同选框（见图 1－22）。

图 1－21　鼠标右键选择对象

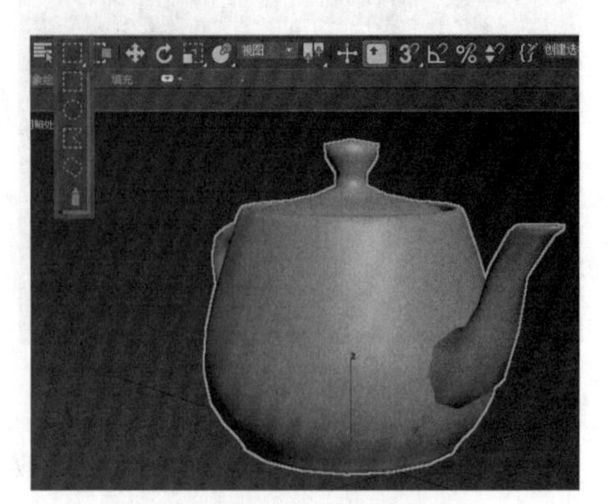

图 1－22　选择的选框

4. 复制群组

（1）选中物体然后使用快捷键 Ctrl＋V 原位置复制，这时会弹出克隆选项窗口（见图 1－23）。

（2）Shift＋移动物体：按住 Shift 键移动 box 物体一段距离后松开左键弹出，这时会弹出克隆选项窗口（见图 1－24）。与 Ctrl＋V 复制唯一不同的是在复制选项窗口中可以设置复制的数量和得到在移动方向上对原物体进行等间距复制的效果（见图 1－25）。

（3）使用阵列工具复制：单击菜单栏里面的工具，点击阵列，弹出窗口（见图 1－26），在窗口中设置好相应的数值以后一次性阵列复制出所有的物体（见图 1－27）。

（4）镜像复制：单击工具栏上的镜像按钮弹出镜像窗口（见图 1－28），调整镜像轴即可（见图 1－29）。

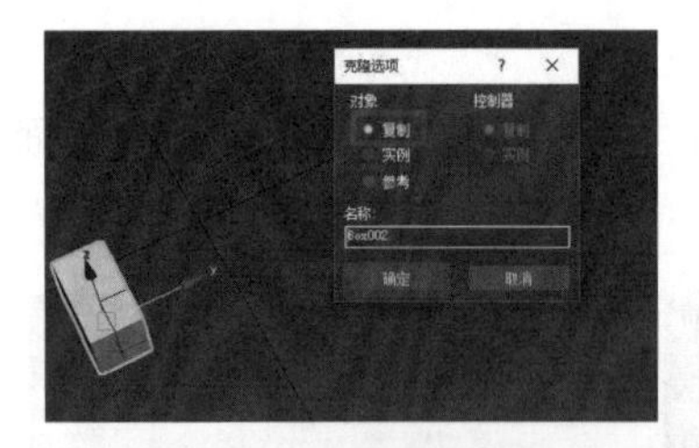

图 1－23　Ctrl＋V 复制

图 1－24　Shift＋移动物体

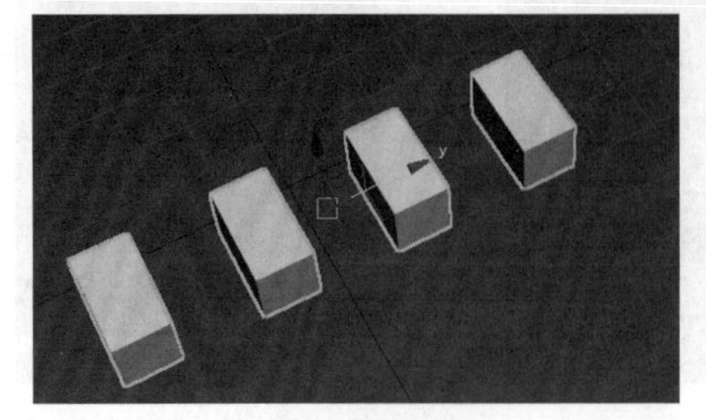

图 1－25　效果图

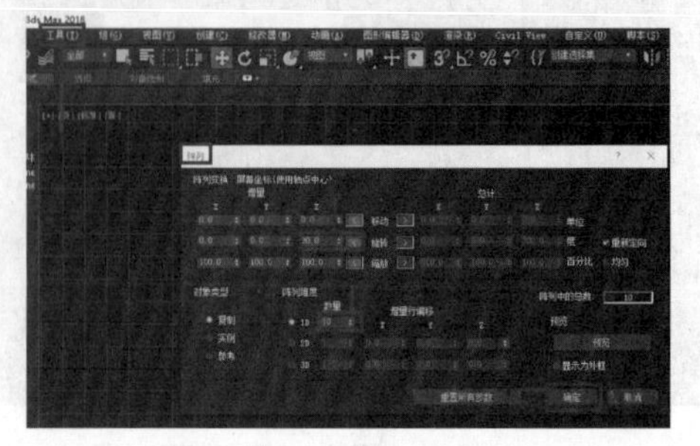

图 1－26　阵列工具复制

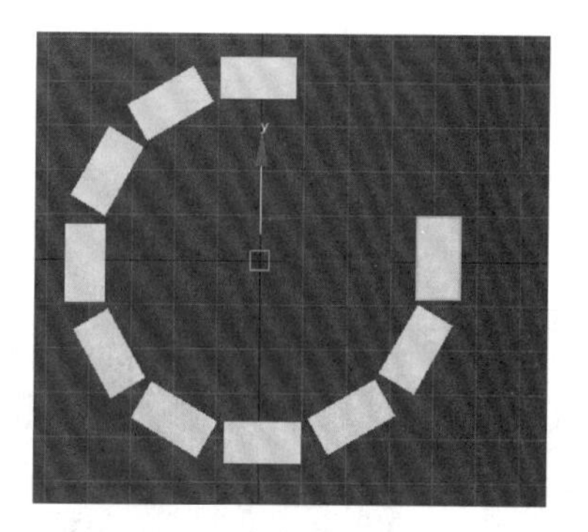

图 1-27 效果图

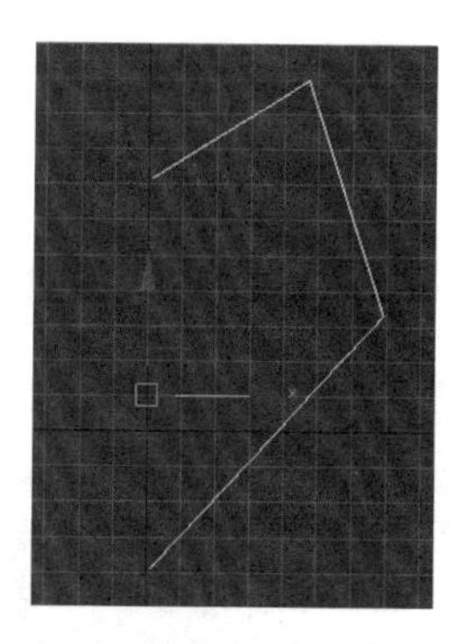

图 1-28 镜像复制

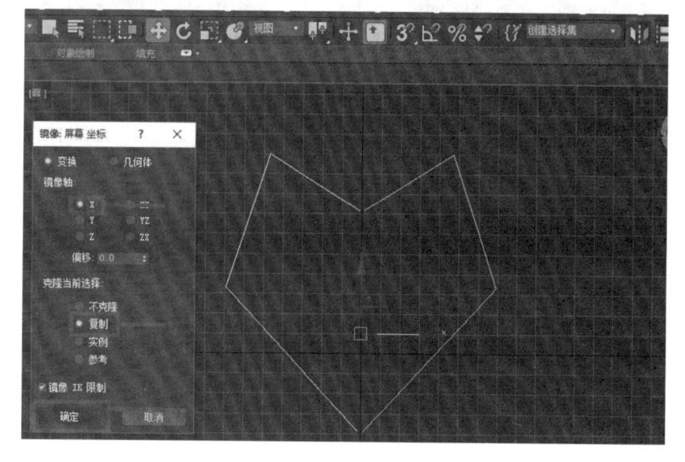

图 1-29 效果图

第三节 3ds Max 常用建模命令

本小节会对建模过程中常用的基础命令进行介绍，并讲解命令的具体使用方法，为之后的建模打好基础。

1. 挤出

（1）创建一个长方体，选中其中一个面，使用挤出命令，可根据需要来调整挤出的长度，也可调整挤出的模式（见图 1-30）。

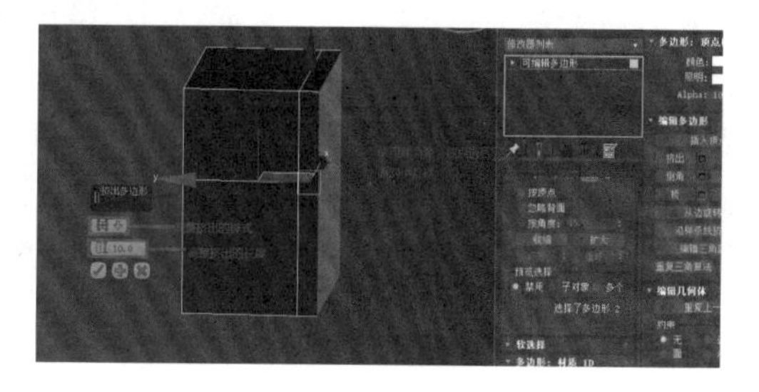

图 1-30 挤出命令展示

2. 车削

（1）创建一条闭合线段（见图 1－31），将其转换为可编辑样条线，在修改器列表中找到车削命令并使用（见图 1－32）。

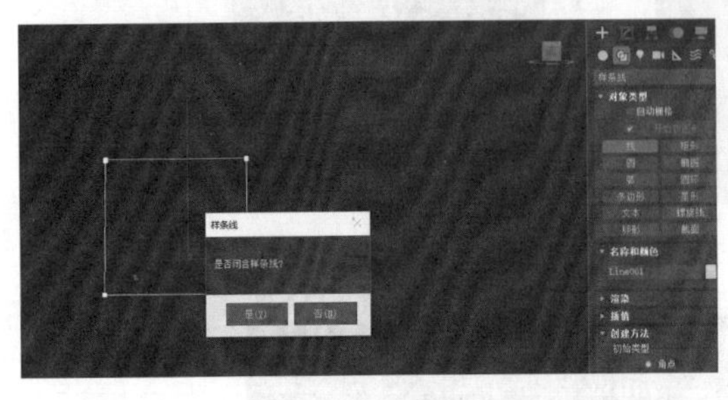

图 1－31　闭合线段

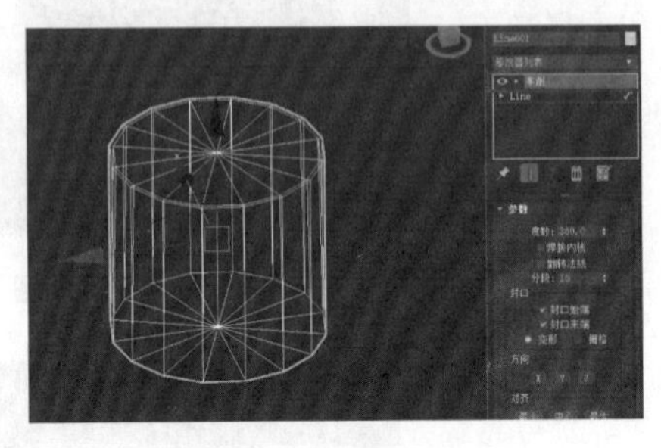

图 1－32　车削命令

3. 倒角

（1）创建一个长方体，选中其中一个面，使用倒角命令，可根据需要来调整倒角的长度和模式（见图 1－33）。

4. 布尔运算

（1）创建一个长方体和圆柱体，把圆柱体和长方体穿插在一起，在复合对象中找到布尔（见图 1－34）。

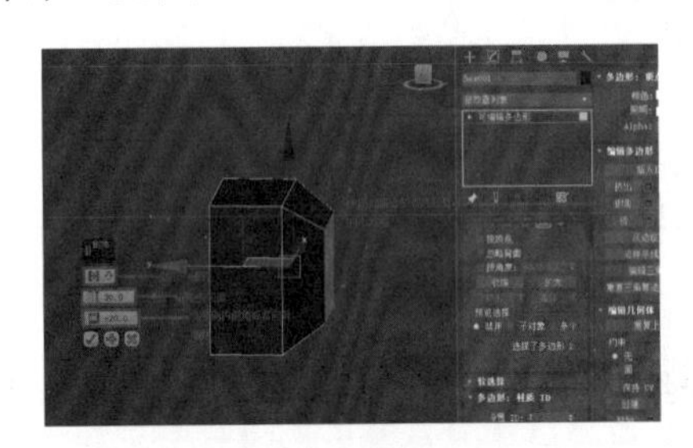

图 1－33　倒角命令展示

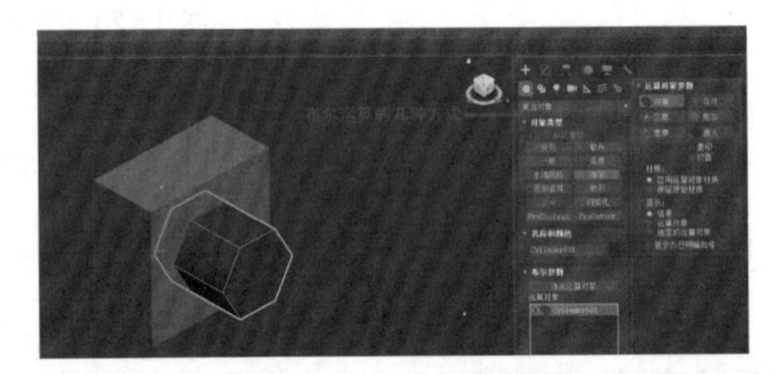

图 1－34　布尔运算

（2）并集：先选中长方体，再点击并集，点击添加运算对象，再选中圆柱体（见图 1－35），效果见图 1－36。

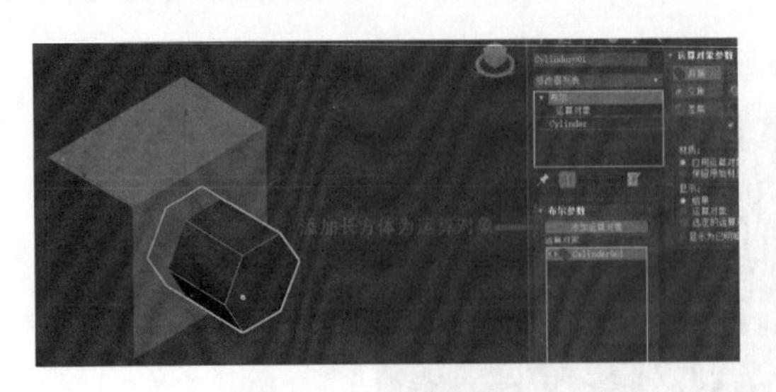

图 1－35　并集展示

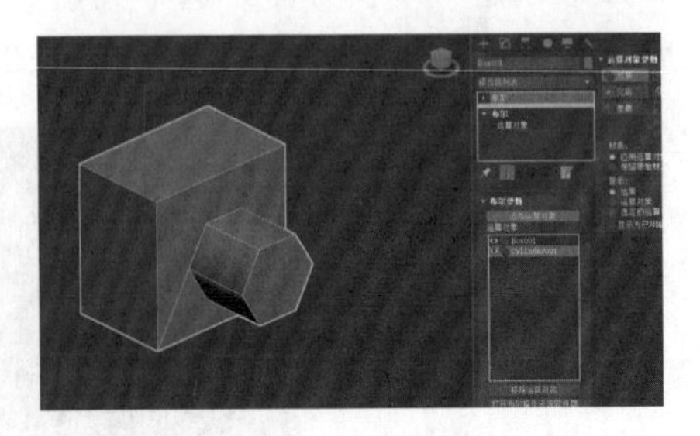

图 1－36　并集效果

（3）合并：方法和上诉一致（见图 1－37）。

（4）交集：方法和上诉一致（见图 1－38）。

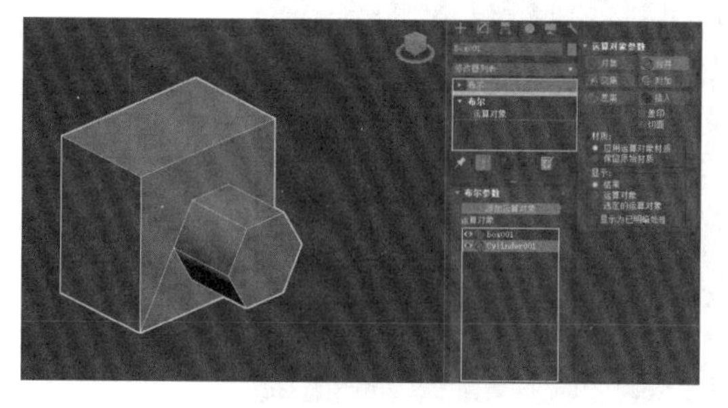

图 1－37　合并展示

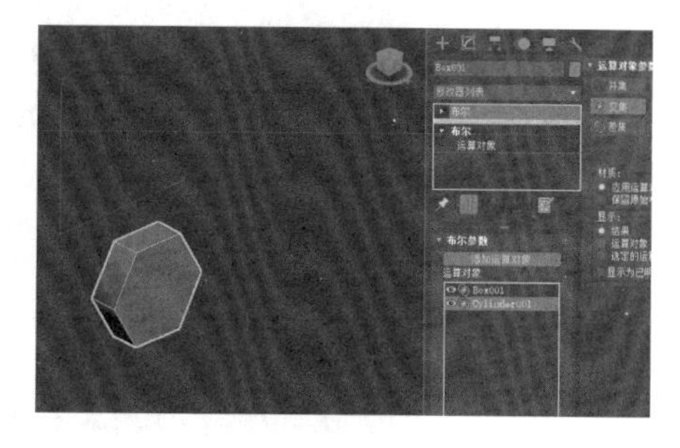

图 1－38　交集展示

（5）差集：方法和上诉一致（见图 1－39）。

（6）附加：方法和上诉一致（见图 1－40）。

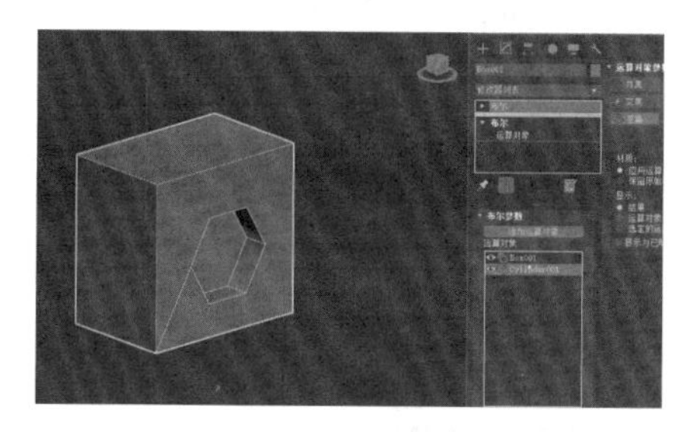

图 1－39　差集展示

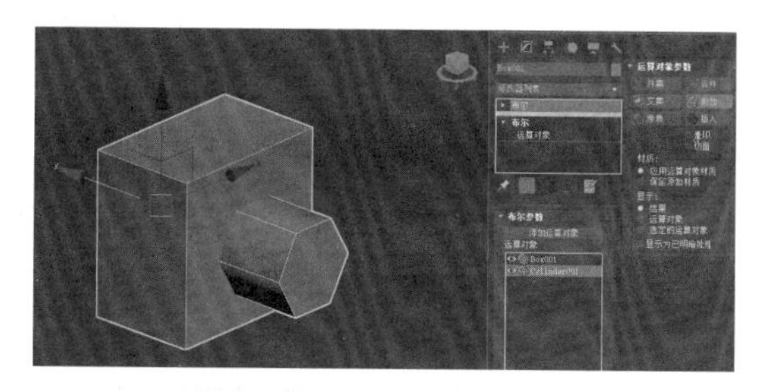

图 1－40　附加展示

（7）插入：方法和上诉一致（见图 1－41）。

5. 放样

（1）在样条线中创建两个大小不一的矩形，选中其中一个，在复合对象找到放样，点击获取图形，再选中另一个矩形（见图 1－42）。

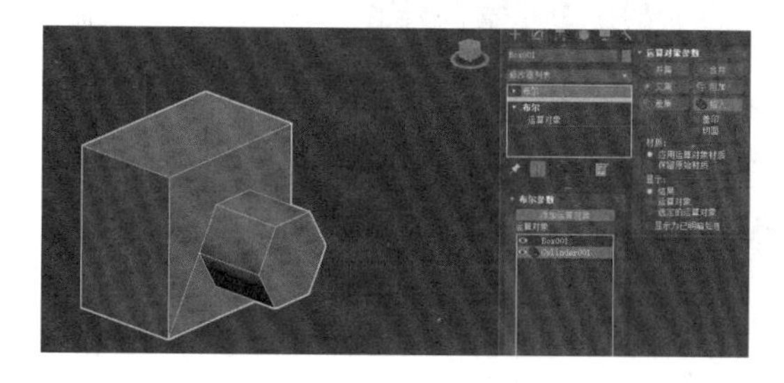

图 1－41　插入展示

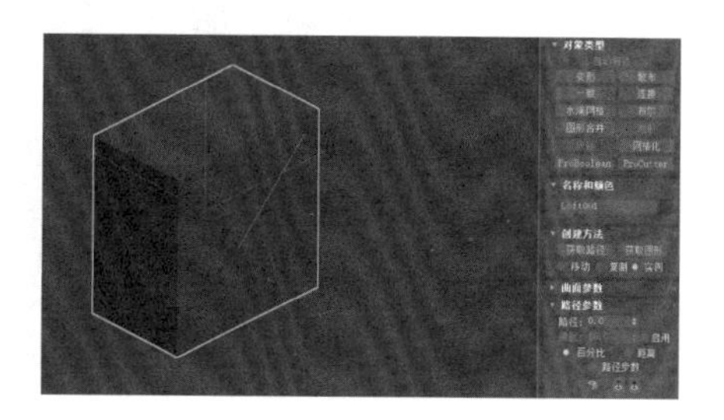

图 1－42　放样功能展示

6. 弯曲

（1）创建一个长方体，在修改器列表中找到弯曲，可以调整弯曲的角度和方向（见图 1－43）。

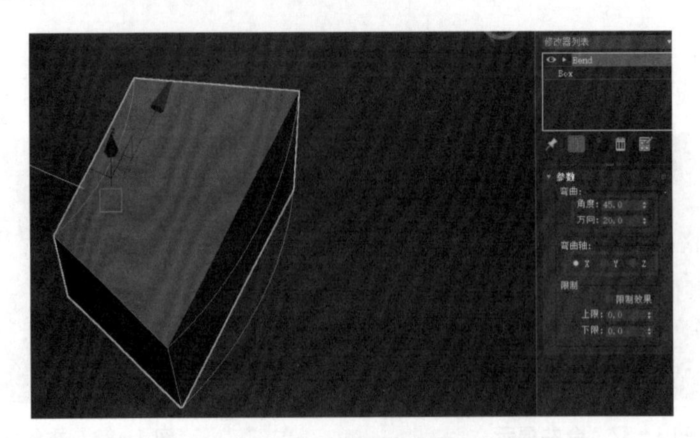

图 1－43　弯曲命令展示

第四节　简单道具案例（1）——游戏小道具

前面让大家熟悉了 3ds Max 的工作界面，了解了基础的操作。接下来我们进行练习，做一个简单的案例。相信大家都玩过游戏，本小节需要制作的案例是游戏道具——榔头。该道具是由简单的几何体通过命令变形而来。

本小节需要制作的道具见图 1－44。

图 1－44　参考图

1. 图片的导入

（1）选择图片，单击右键，选择属性，选择详细信息，查看图片的宽度和高度，可得知图片的分辨率为 655×623（见图 1－45）。

（3）在 3ds Max 中，切换至正视图，创建平面，输入参考图的长度和宽度，并且修改分段为 1（见图 1－46）。

图 1-45　参考图分辨率

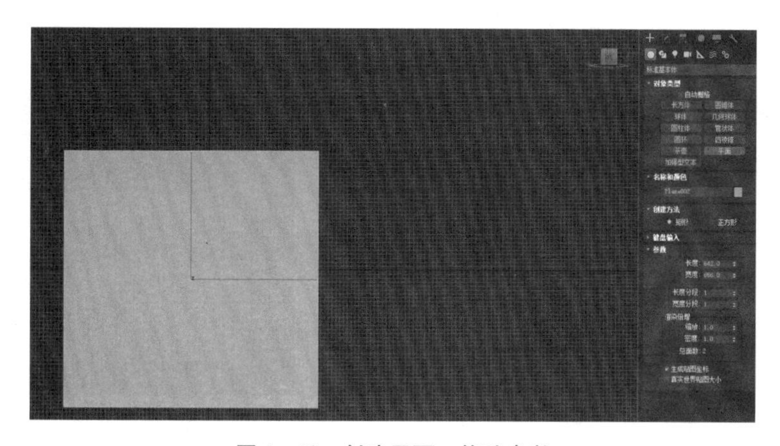

图 1-46　创建平面，修改参数

（4）将图片直接拖曳至平面上，即可导入图片（见图 1-47）。

2. 榔头部分的制作

（1）切换到透视图，创建一个长方体作为榔头的基础部分。选中物体，单击右键，转化为可编辑多边形（见图 1-48）。

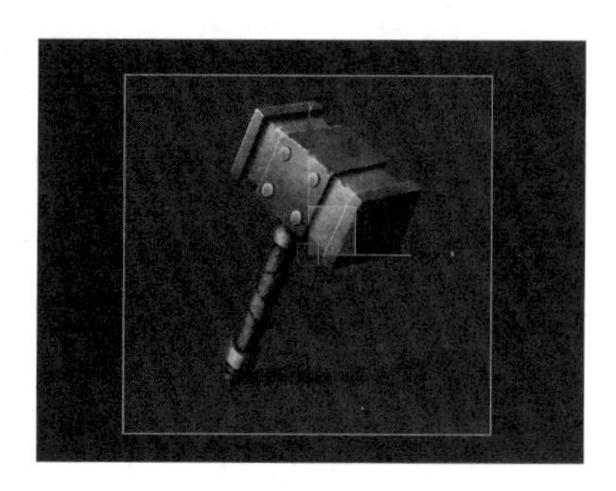

图 1-47　将图片拖曳至平面

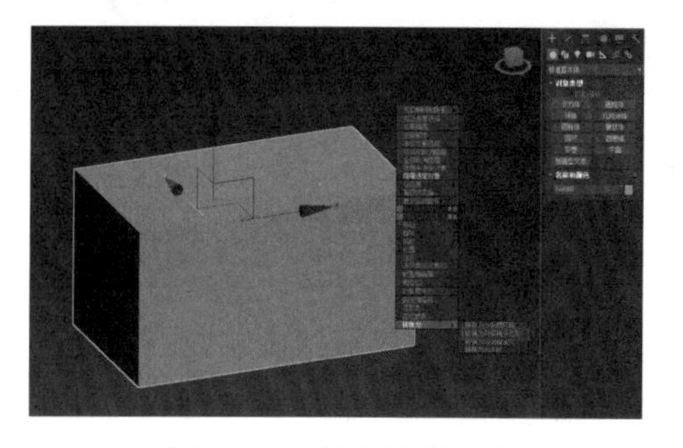

图 1-48　创建基础图形

（2）在正视图中，切换至线级别，框选长方形的所有横线（见图 1－49），选择“连接”命令，添加两条竖线，并调节线之间距离（见图 1－50）。切换至面级别，选中左右两边的面，选择“挤出”，调节参数控制挤出的厚度（见图 1－51）。

（3）切换至线级别，再次框选中间的全部横线，选择“连接”，添加两条竖线，调整距离（见图 1－52）。切换至面级别，选择“挤出”，调节厚度（见图 1－53）。根据参考图，调整榔头整体结构比例（见图 1－54）。

图 1－49　选中横线

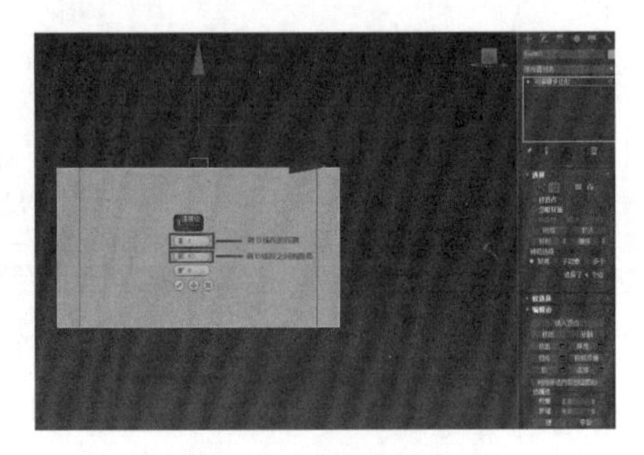

图 1－50　添加竖线 1

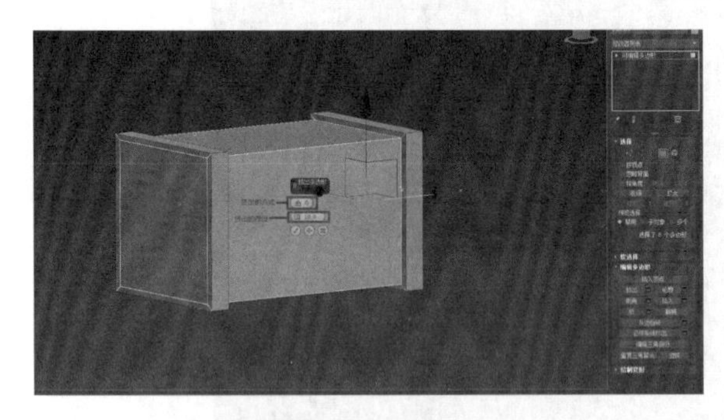

图 1－51　挤出

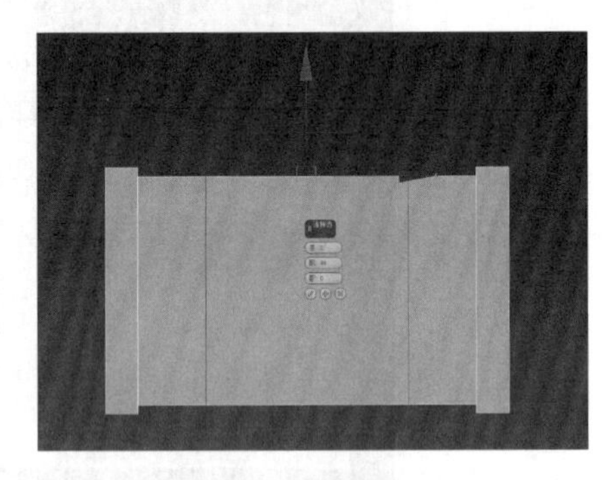

图 1－52　添加竖线 2

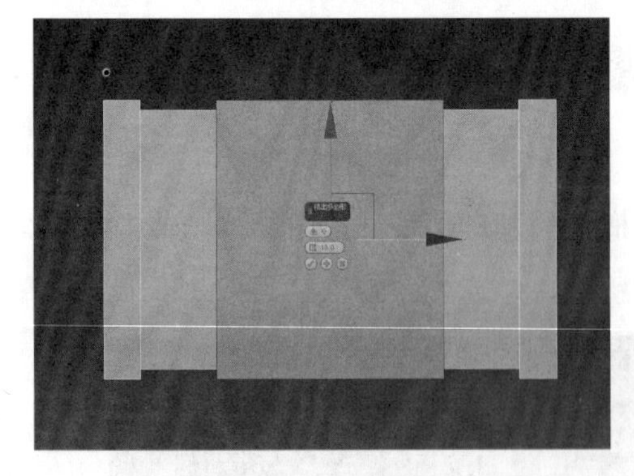

图 1－53　挤出面

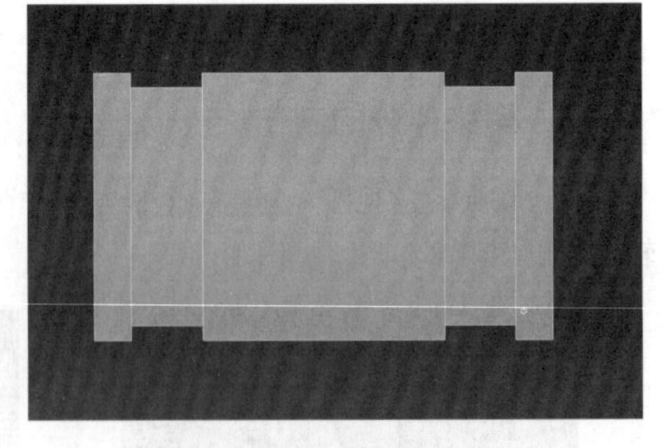

图 1－54　调整结构比例

（4）制作榔头上的钉子，创建一个圆柱体（见图 1－55），调节高度分段为 1，转化为可编辑多边形，删除圆柱体底面（见图 1－56）。删除顶面，切换到线的模式下，选中圆柱体顶面的边界（见图 1－57），按住 Shift，按住鼠标左边拖动，再单击右键，选择“塌陷”，进行补面（见图 1－58），这个操作是防止出现非法面。

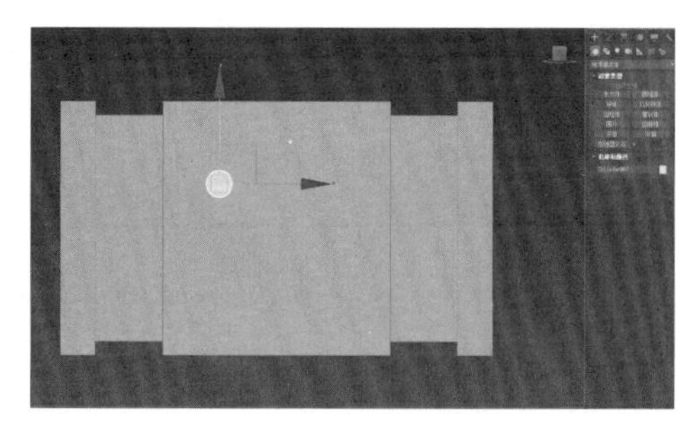

图 1-55　创建圆柱体

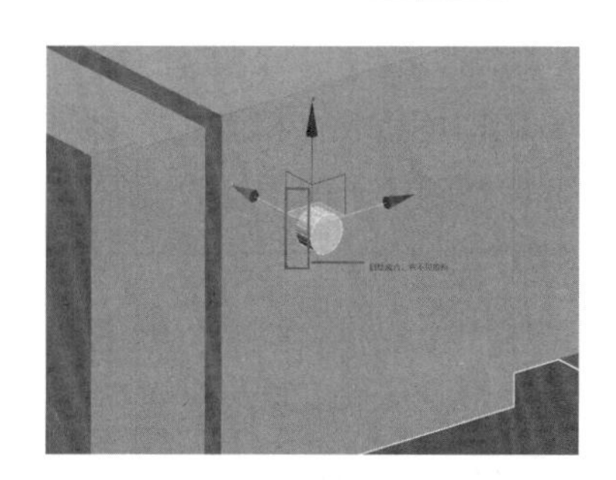

图 1-56　删除圆柱体底面

图 1-57　删除顶面，选中边界

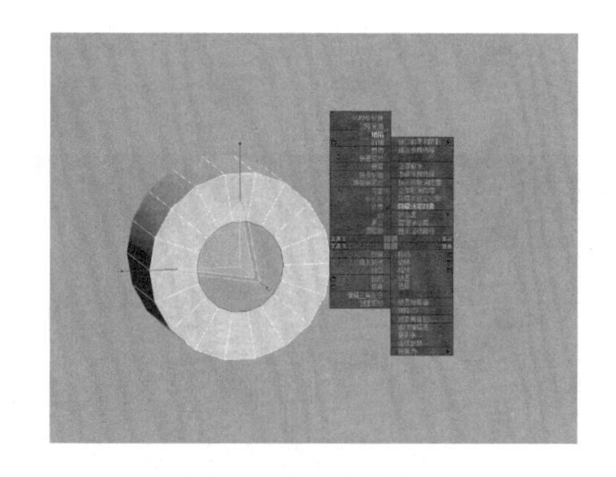

图 1-58　进行补面

（5）切换到边层级，选中圆柱体边上的一圈线，选择“切角”（见图 1-59），调节切角的角度、切角所要添加的线数的参数（见图 1-60），让钉子上的边有造型，有质感一些。

图 1-59　选中边，选择切角

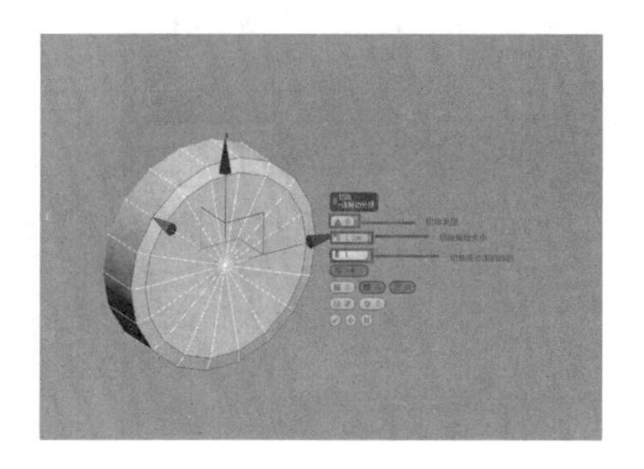

图 1-60　调整切角参数

（6）复制钉子。调整钉子的距离、大小、结构后，按住 Shift 不放，拖动鼠标左键，进行复制，确定（见图 1-61）。依次执行命令即可（见图 1-62）。

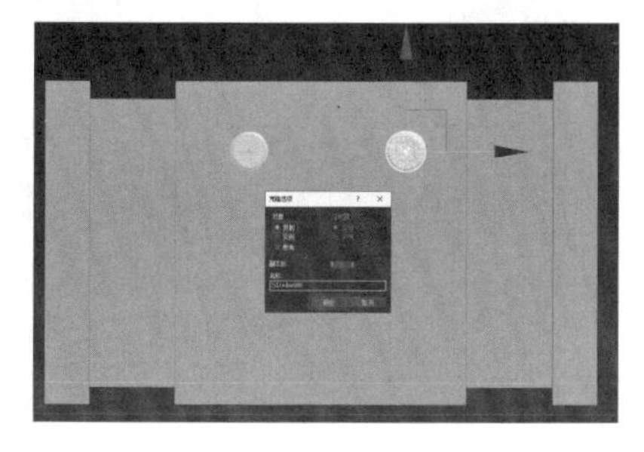

图 1-61　复制圆柱体

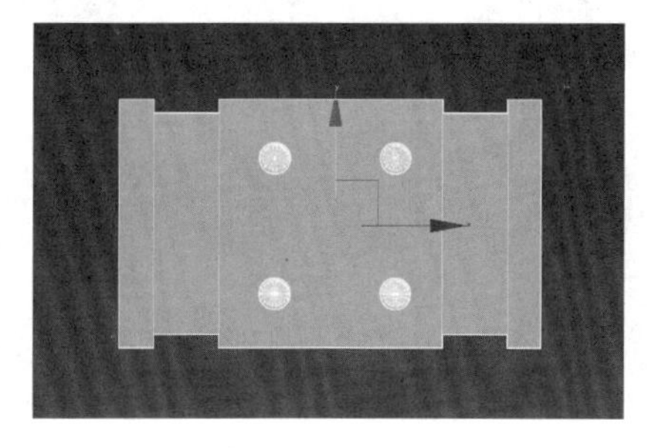

图 1-62　依次复制

（7）附加。选中一个圆柱体，选择“附加”，再依次选择其余三个圆柱体（见图1－63），即可将几个单独的个体变成一个整体，使之可以一起被选中。然后，改变钉子的坐标轴到锤子的中心（见图1－64），使用“镜像”的命令，复制钉子到另外一面（见图1－65）。

（8）使用“切角”命令对榔头的边进行切角（图1－66），做出模型的质感，调整整体造型结构。这样，榔头部分大型就完成了（见图1－67）。

3. 手柄的制作

（1）在榔头的下方创建一个圆柱体作为手柄，转化为可编辑多边形，调整大小（见图1－68）。

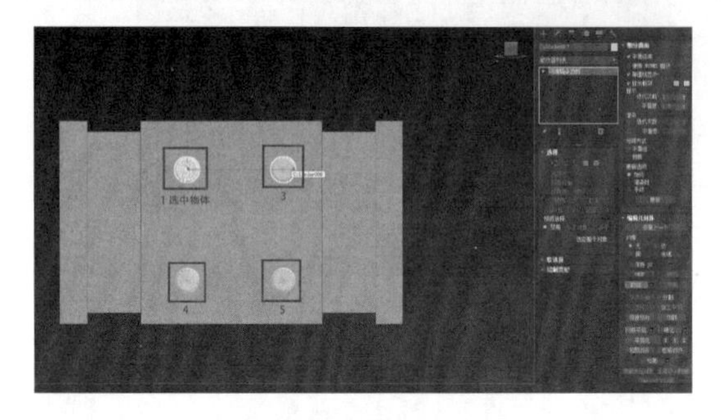

图1－63　附加

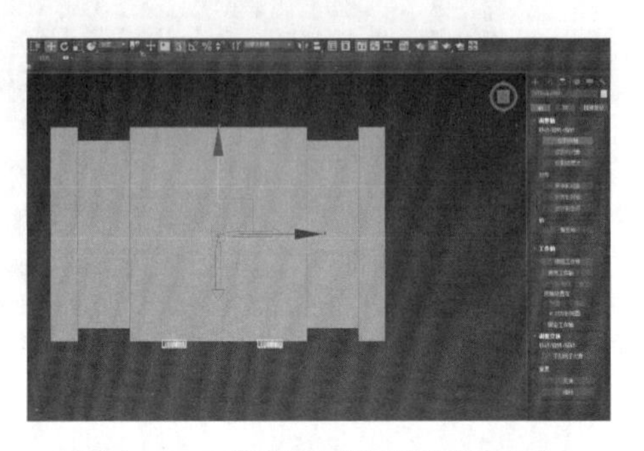

图1－64　移动钉子的坐标轴至中心

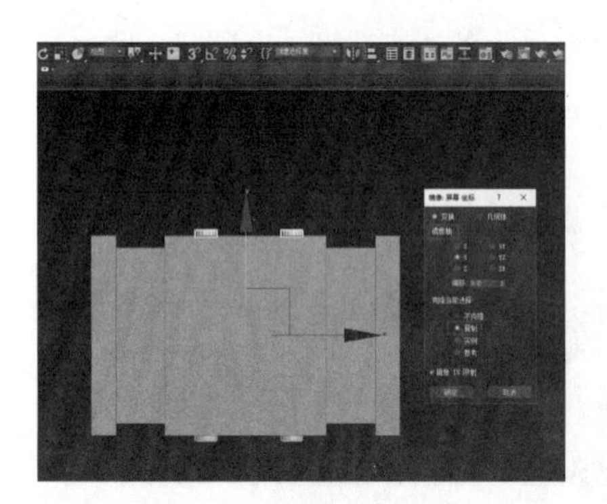

图1－65　镜像复制钉子

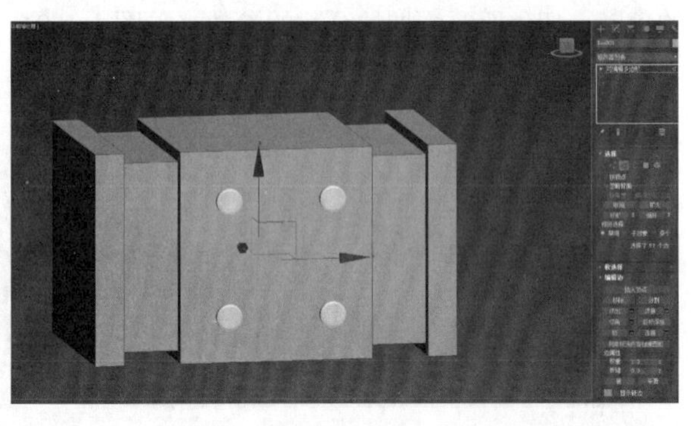

图1－66　选中榔头的边，进行切角

图1－67　榔头部分完成

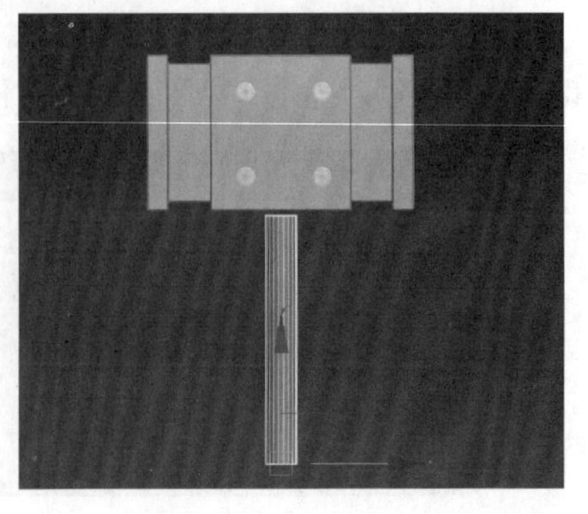

图1－68　创建手柄

（2）删除圆柱体的顶面（见图1－69）。切换至边界层级，选中边，选择缩放命令，按住 Shift 不放，将鼠标放在缩放标志的中心（见图1－70），按住鼠标左键，同时向上拖动（见图1－71）。继续切换“选择”命令，拖动鼠标向上（见图1－72），挤出通道，做接口处造型（见图1－73）。

（3）删除圆柱体手柄的底面（见图1－74），选中边，用上述相同的方式制作出手柄下方的大致结构（见图1－75），单击右键，选择塌陷命令进行封口（见图1－76），根据参考图调整造型。

图1－69 删除圆柱体的顶面

图1－70 将鼠标放在中心

图1－71 向外挤出结构

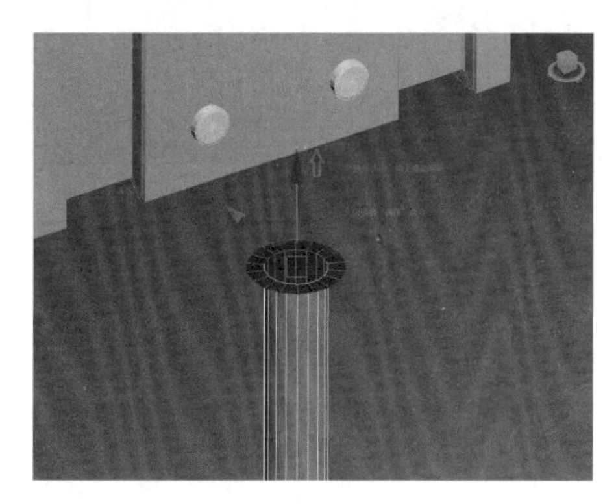

图1－72 向上挤出结构

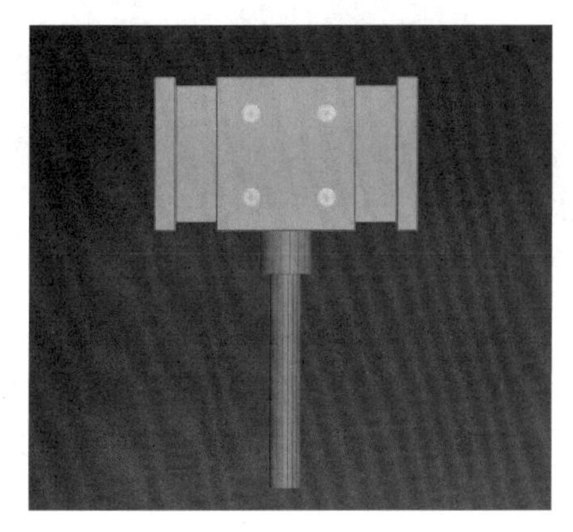

图1－73 接口处造型

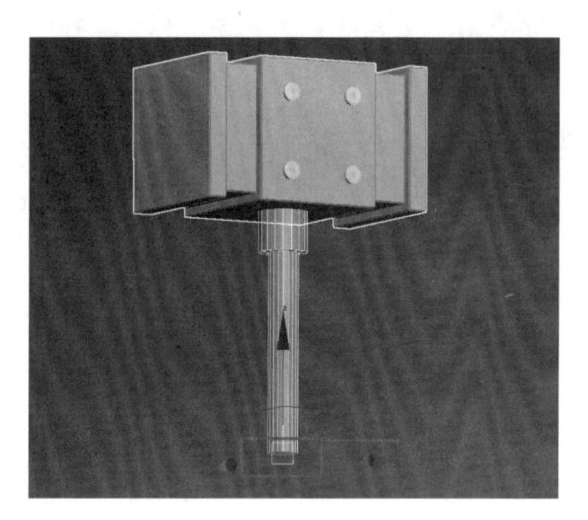

图1－74 删除底面

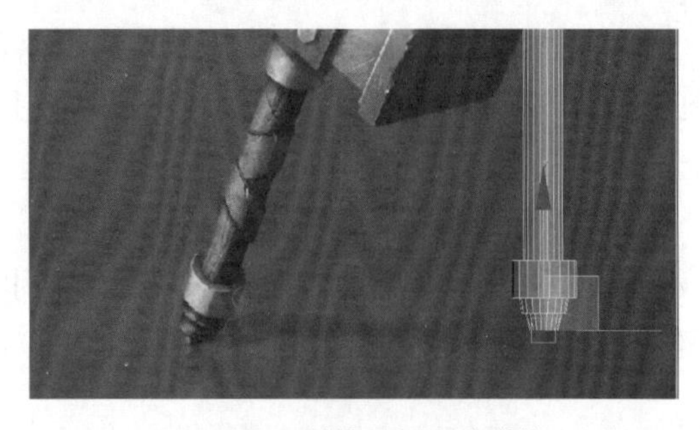

图 1-75　制作手柄下方结构

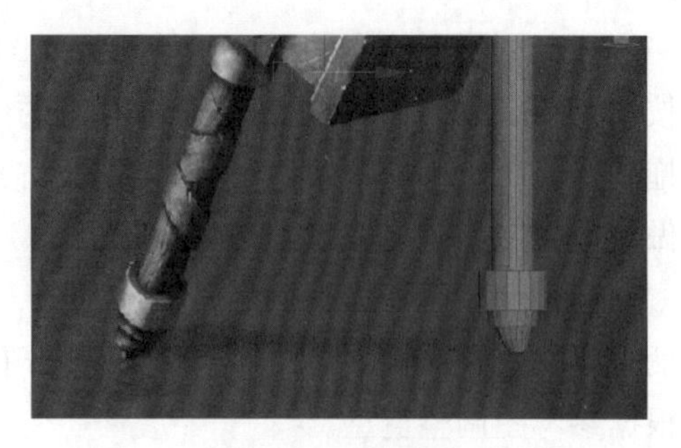

图 1-76　塌陷边

（4）移动点线面，继续调整手柄下方造型。选中线，选择切角命令进行优化处理（见图 1-77），调整造型（见图 1-78）。

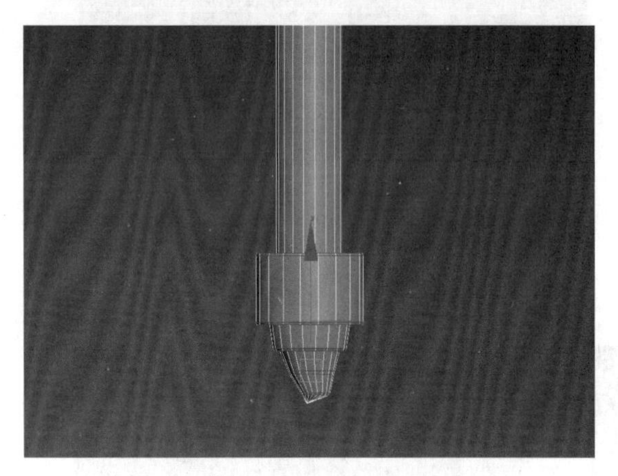

图 1-77　选择边进行切角

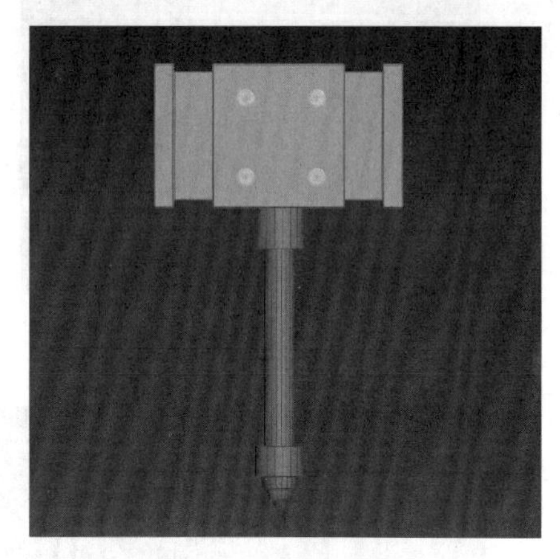

图 1-78　调整造型

（5）切换至线层级，框选手柄中间的竖线，选择“连接”调整参数，添加两条线（见图 1-79），调整手柄的弧度（见图 1-80）。

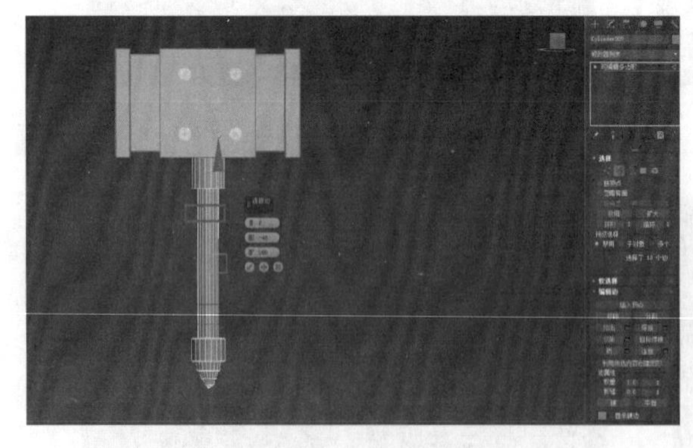

图 1-79　添加两条线

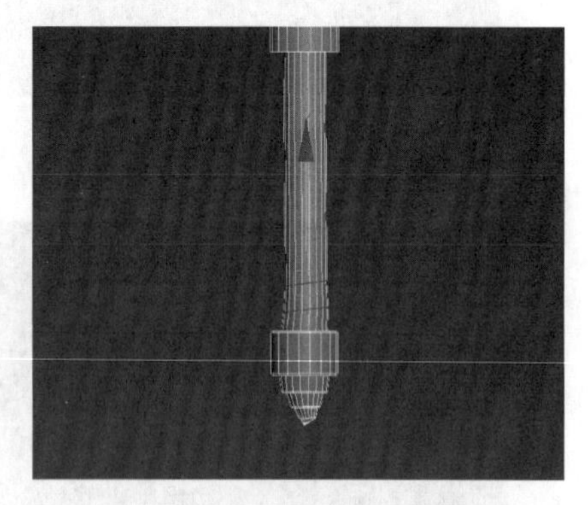

图 1-80　调整手柄弧度

（6）观察手柄结构，先在手柄处加两根线（见图 1-81）。切换到面层级，选中要做出结构的面（见图 1-82），按住 Shift 不放，切换到等比缩放，鼠标向上拖动，复制选中的面（见图 1-83、图 1-84）。

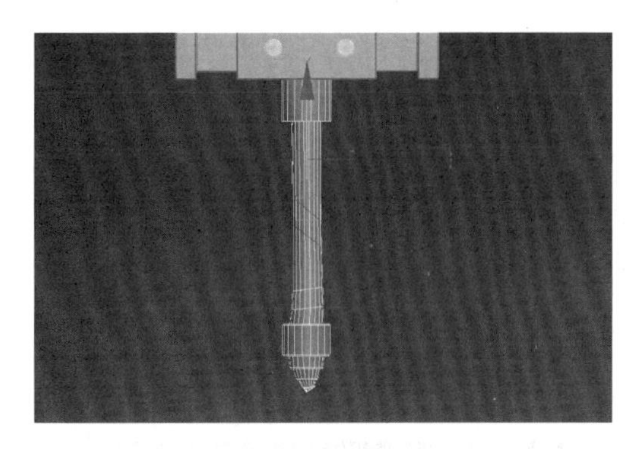

图 1-81 添加线

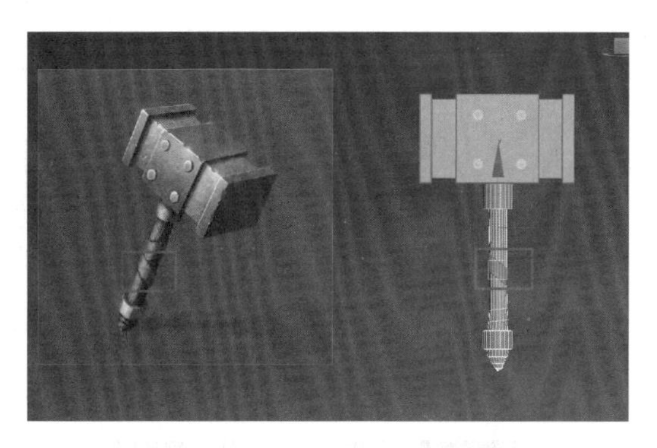

图 1-82 选中要做出结构的面

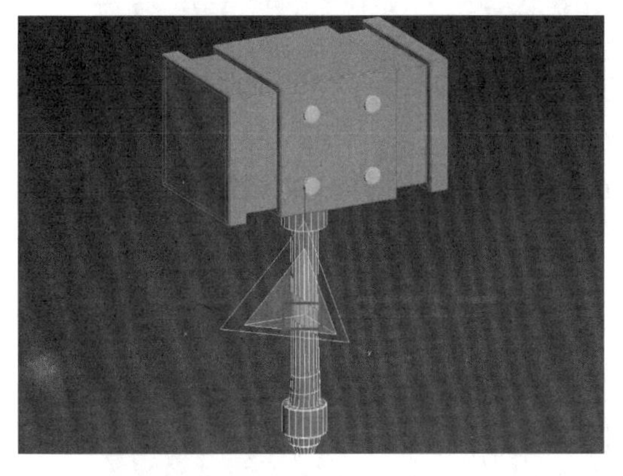

图 1-83 复制选中的面 1

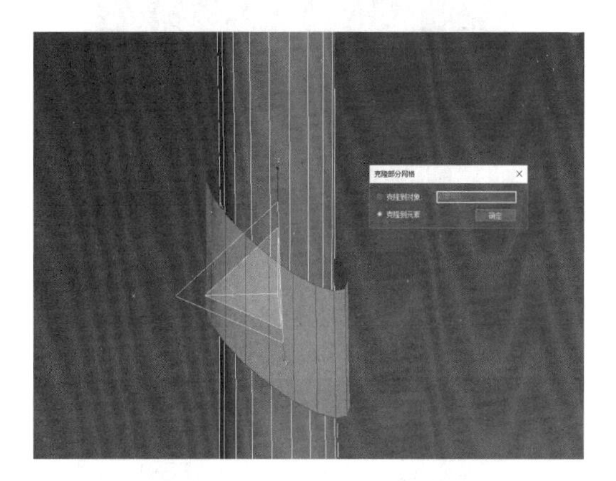

图 1-84 复制选中的面 2

(7) 切换到边层级，选中上面的边，按住 Shift 不放，R 键缩放，鼠标放置到中心，向下拖动，结构向内挤出（见图 1-85）。用同样的方式挤出下面的结构（见图 1-86）。

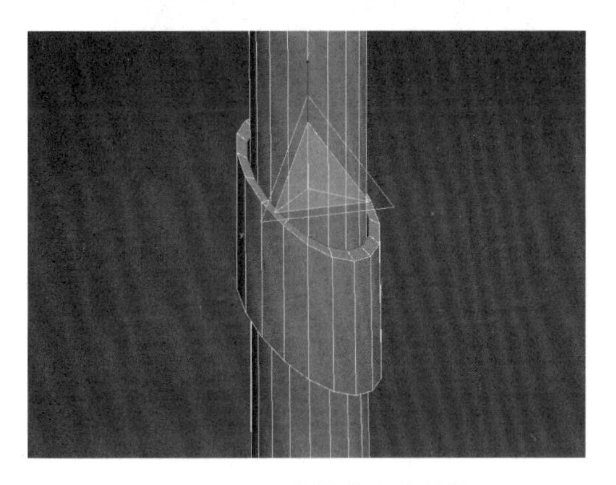

图 1-85 向内挤出上方结构

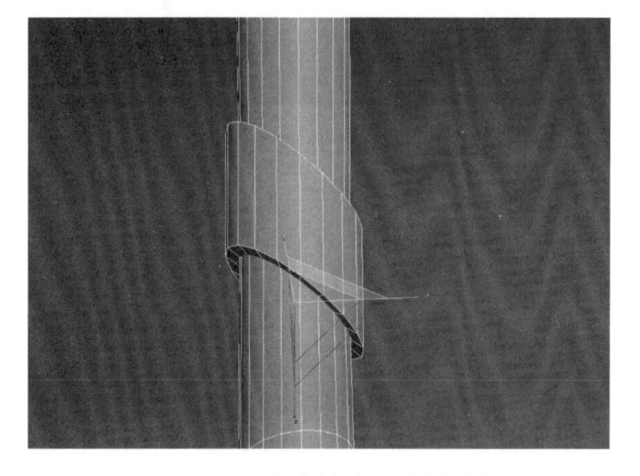

图 1-86 向内挤出下方的结构

(8) 继续在手柄上方添加两条线（见图 1-87），用上述同样的方式复制选中的面（见图 1-88），向内挤出结构（见图 1-89）。

(9) 将结构进行切角细化（见图 1-90），调整优化结构（见图 1-91）。

(10) 最终效果图（见图 1-92）。

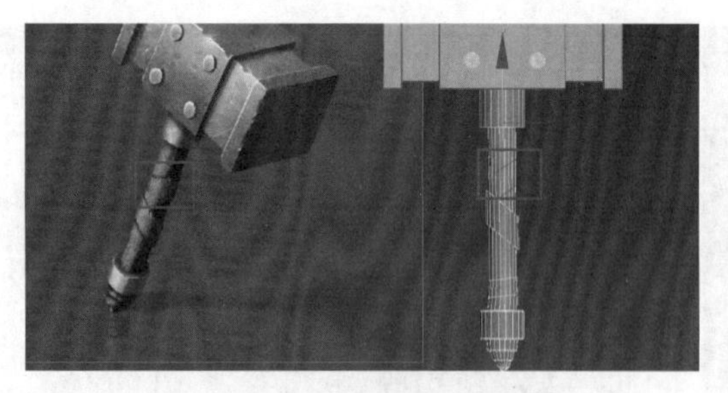

图 1-87　添加两条线

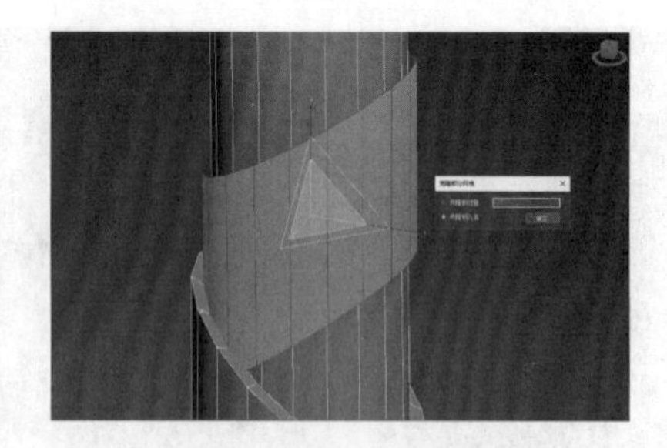

图 1-88　复制选中的面

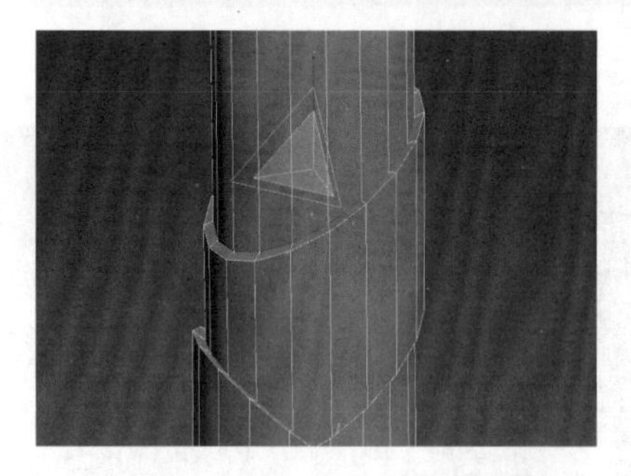

图 1-89　分别向内挤出上下的结构

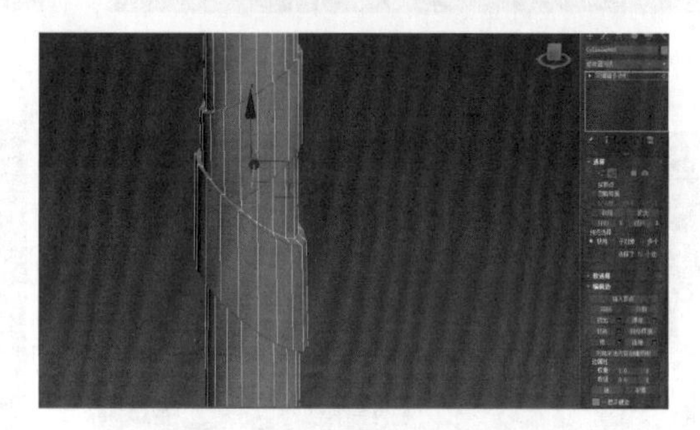

图 1-90　切角

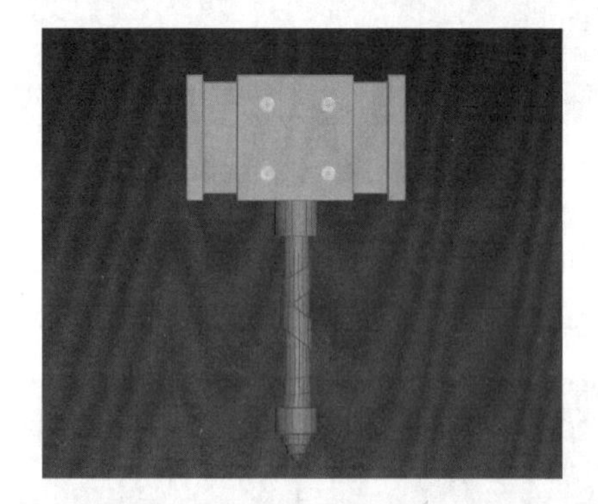

图 1-91　优化整体结构比例

图 1-92　最终效果图

第五节　简单道具案例（2）——斧头

本小节将学习制作道具斧头，以便进一步了解制作游戏道具时需要掌握的命令、工具，也能进一步了解制作道具时的思路。

1. 建模前的分析

（1）图 1−93 所示为本节需要制作的模型示例图，此模型可大致分为两个部分：斧头部分和斧柄部分。

（2）第一部分是斧头部分（见图 1−94），仔细观察发现，斧头左右两边对称，制作时只要做出一边，另一边复制即可。斧头上的花纹也可分为两部分（见图 1−95）和

（见图 1—96）所示。

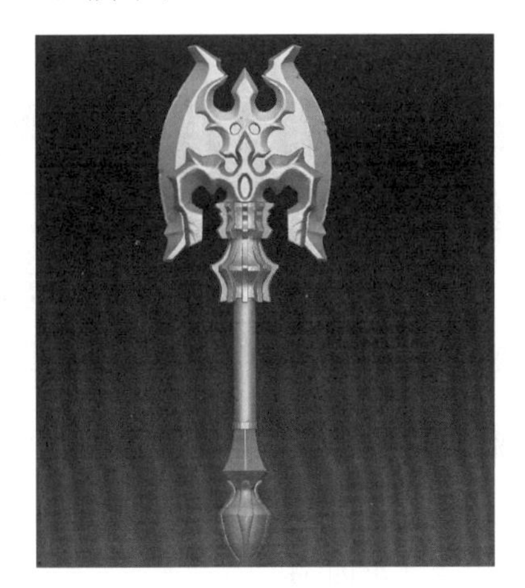

图 1-93　模型示例图

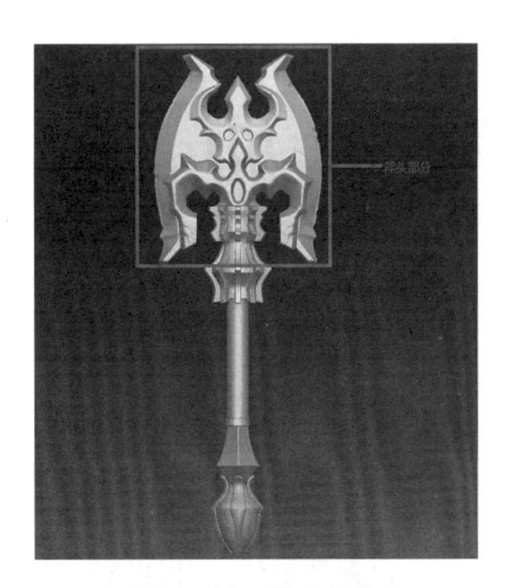

图 1-94　斧头部分

图 1-95　花纹的第一部分

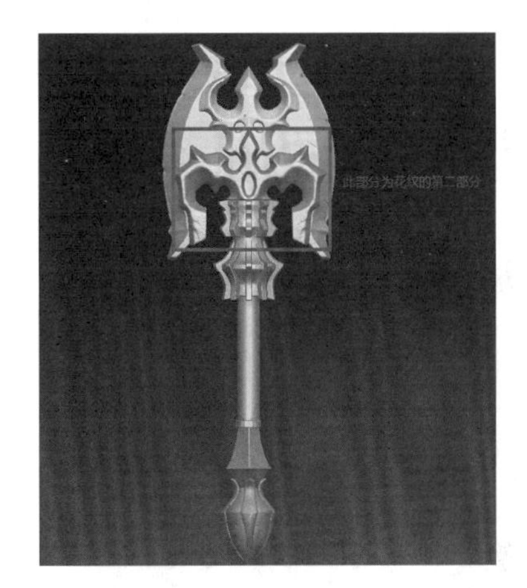

图 1-96　花纹的第二部分

（3）第二部分是斧柄部分，此部分大形可看作一个圆柱体（见图 1—97）。

2. 斧头部分

（1）首先把图片导入软件，再创建一个长方体，给长方体附上材质球，把材质的透明度调为如图 1—98 所示。

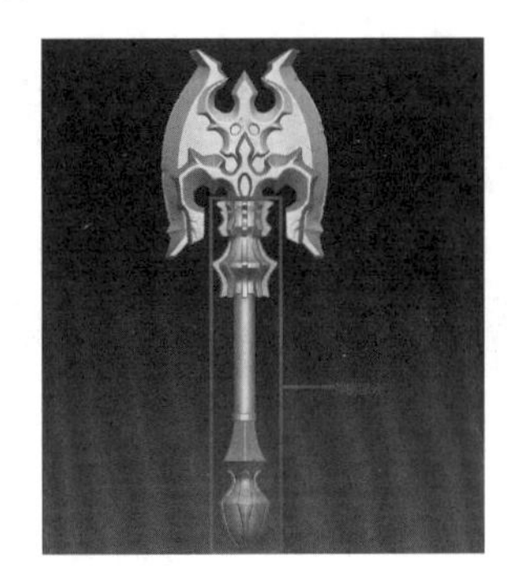

图 1-97　斧柄部分

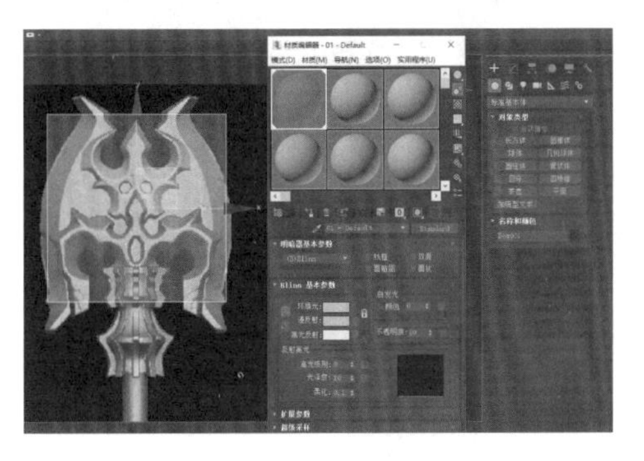

图 1-98　设置长方体材质

（2）把长方体转换为可编辑多边形，并调整点的位置（见图 1－99）。

（3）给调整好的长方体进行加线（见图 1－100）。

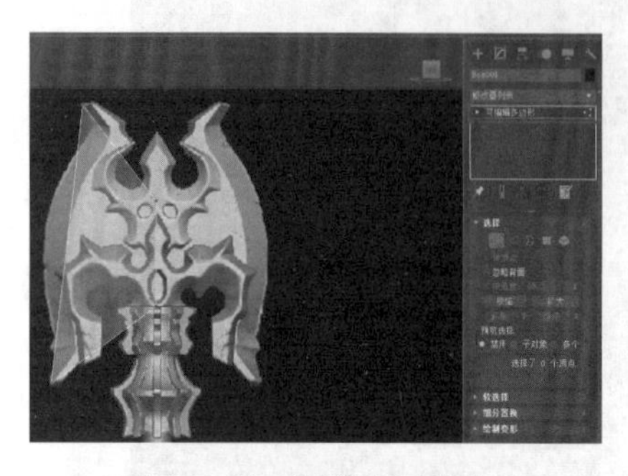
图 1－99　调整所示的点

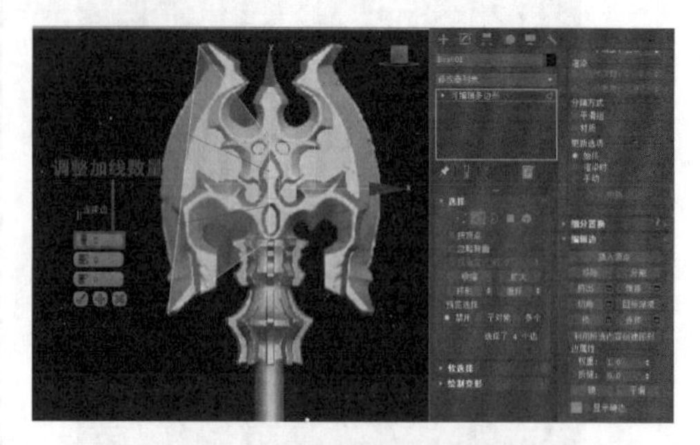
图 1－100　需要添加的线段

（4）继续根据视图加线，并调整出斧头的大形（见图 1－101）。

（5）接下来要制作斧头的缺口，将如图 1－102 所示的面选择并删除，然后在边界的层级下，使用封口命令，再切换到点的模式，选择相互对应的点，使用连接命令，效果见图 1－103。

（6）接下来制作第二个缺口，方法与第一个缺口相同（见图 1－104）。

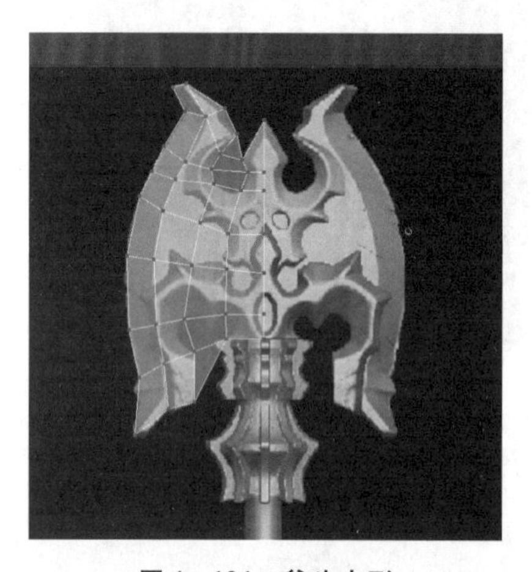
图 1－101　斧头大形

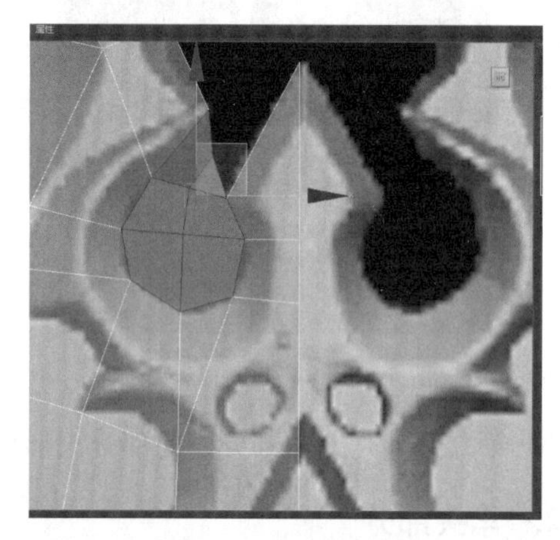
图 1－102　此部分删掉

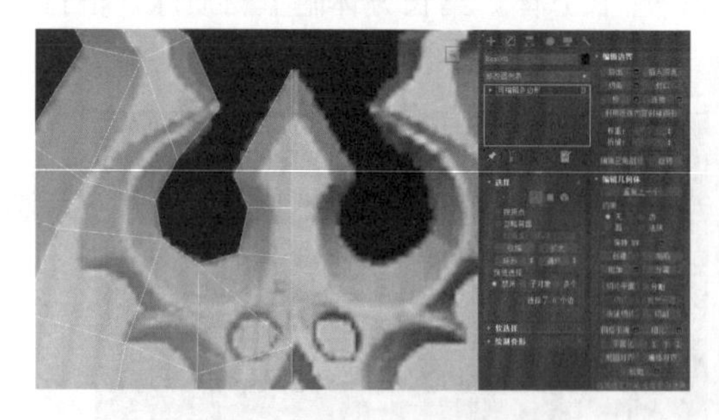
图 1－103　缺口示意图

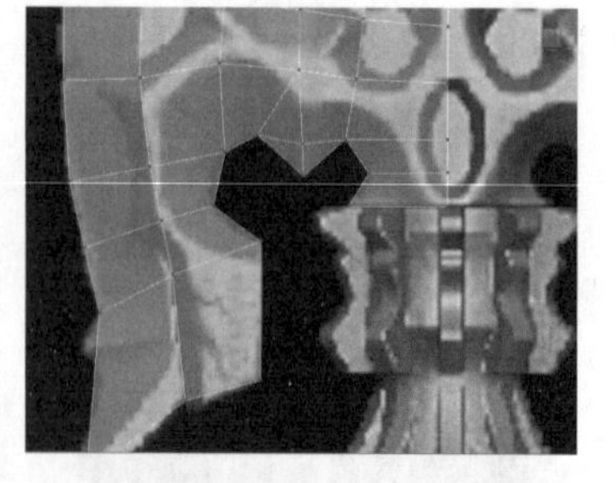
图 1－104　第二个缺口示意图

（7）现在制作花纹的第一部分，根据视图，在制作好的斧头上进行加线，并调整点的位置，在加线的过程中，要注意布线和五边面（见图 1－105）。

（8）选中如图 1－106 所示的面，并使用挤出命令，对照视图对点进行调整，花纹就做好了（见图 1－107）。

（9）接下来要对花纹进行掏洞，对照视图。对需要掏洞的地方加线，将圆形洞的轮廓调整出来，然后使用挤出命令，向内挤出，注意处理五边面（见图 1－108）。

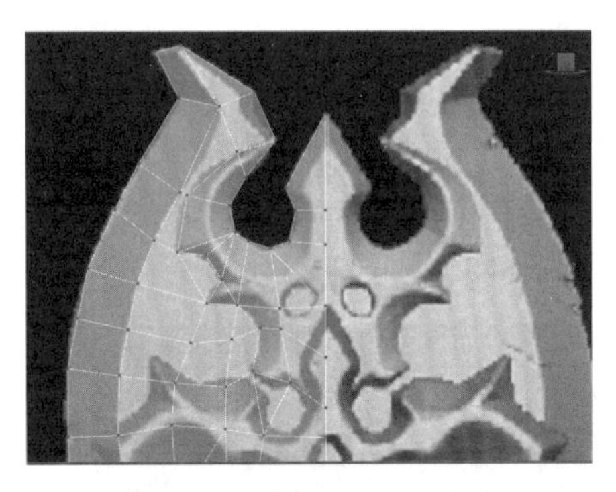

图 1－105　勾出花纹的形状

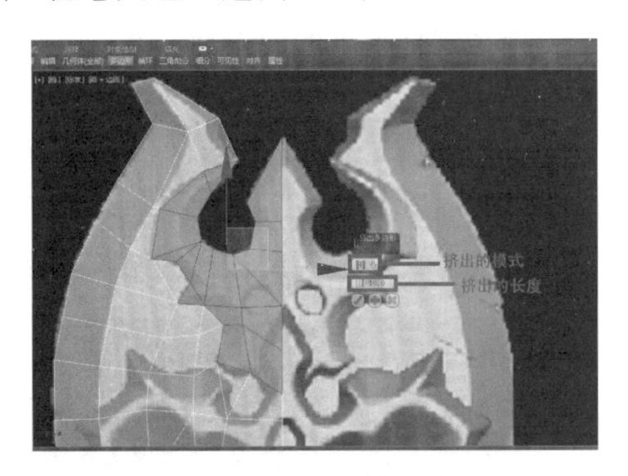

图 1－106　需要挤出的面

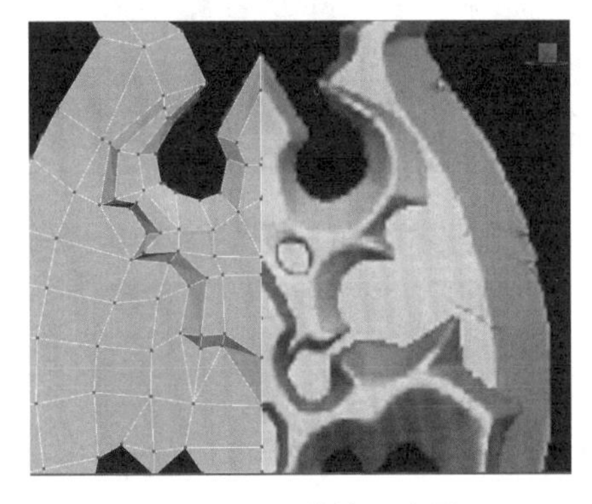

图 1－107　花纹示意图

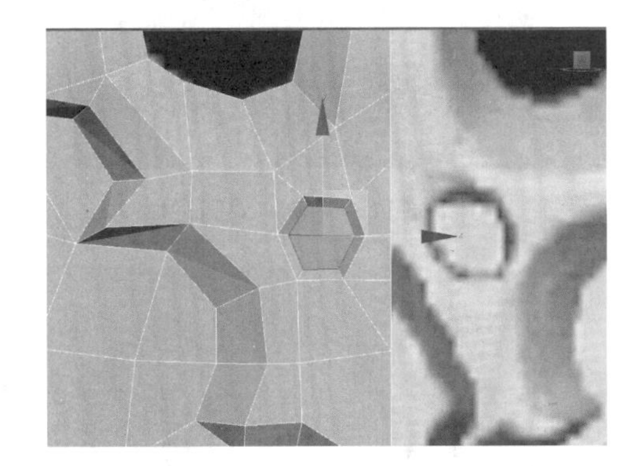

图 1－108　进行掏洞的部分

（10）花纹的第二部分需要单独制作，创建一个长方体，将其转换为可编辑多边形，对照视图进行加线和调整，将花纹的大形调整出来（见图 1－109）。

（11）花纹的缺口部分，制作方法与斧头缺口一样，注意要根据视图调整点的位置，尽量将花纹的纹路和凹凸不平的效果调整出来（见图 1－110）。

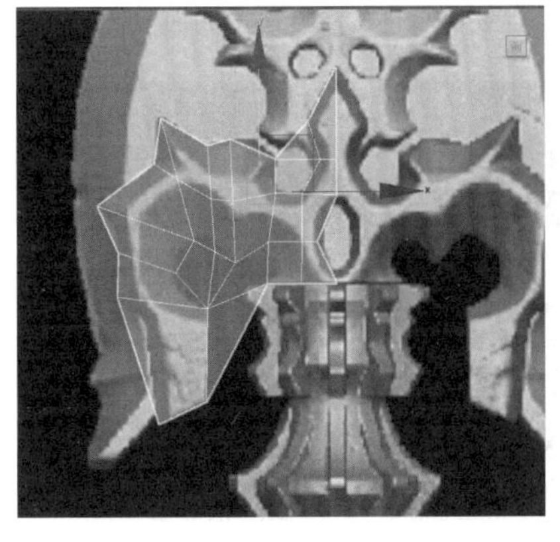

图 1－109　第二部分花纹的大形

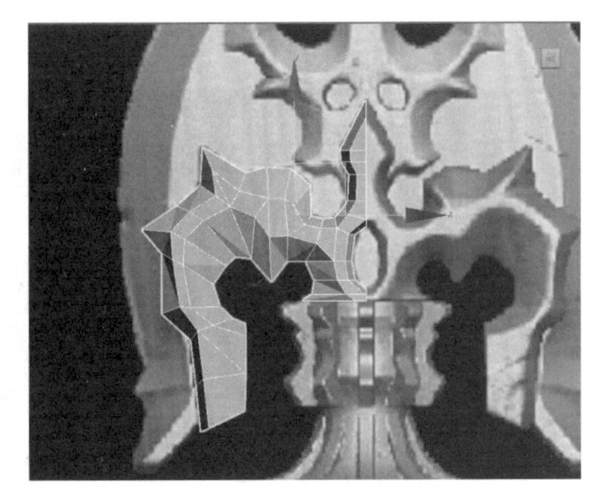

图 1－110　花纹的缺口部分

3. 斧柄部分

（1）创建一个圆柱体，根据视图调整其大小，将其转换为可编辑多边形，再给其附上材质球（见图 1-111）。

（2）删掉圆柱上下的两个面，在圆柱中间加两条线，线段的距离根据视图调整，然后选中如图 1-112 所示的线段，并使用切角命令（见图 1-113）。

（3）选中如图 1-114 所示的面，使用挤出命令，再根据视图对其大小进行调整（见图 1-115）。

（4）斧柄上一共有两个这样的结构，制作方法一样（见图 1-116）。

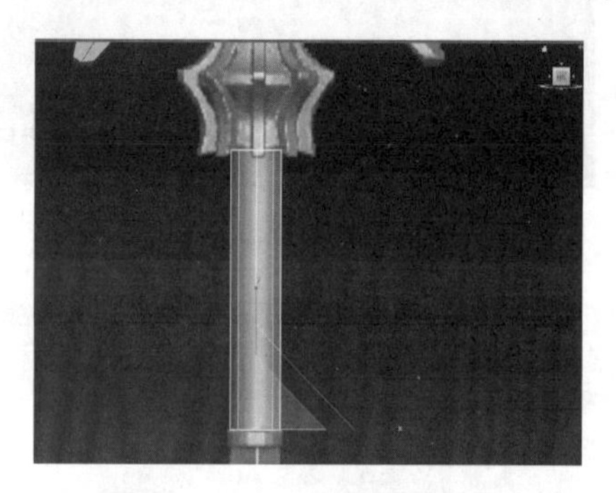

图 1-111　调整好的圆柱体

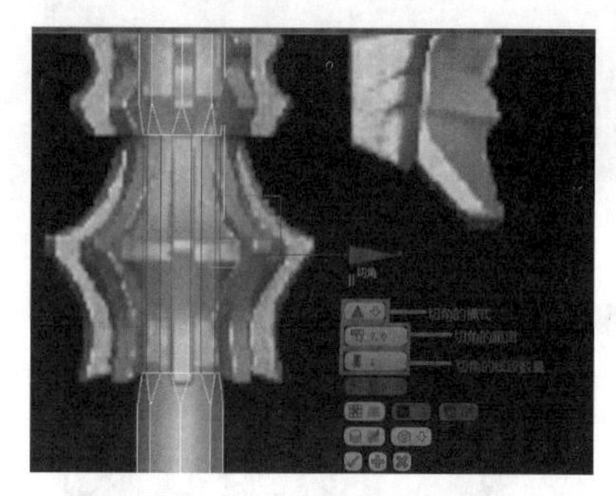

图 1-112　需要添加的线段

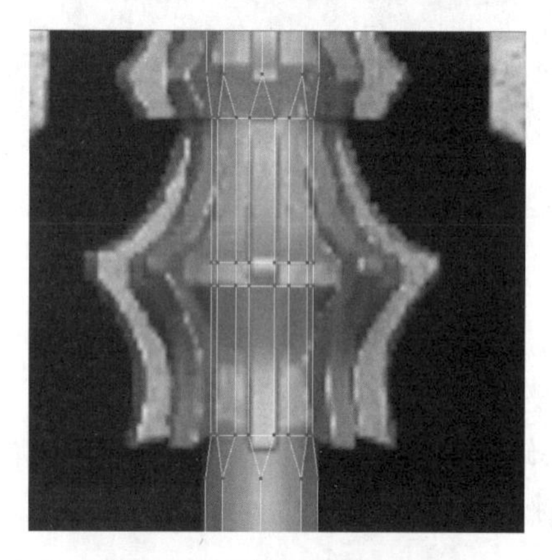

图 1-113　切角之后的效果

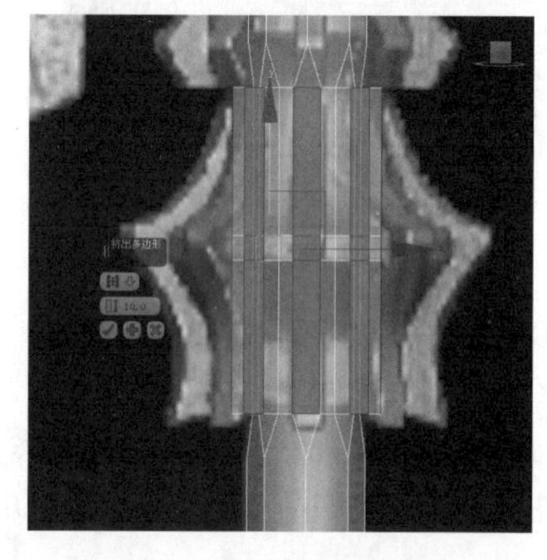

图 1-114　需要挤出的面

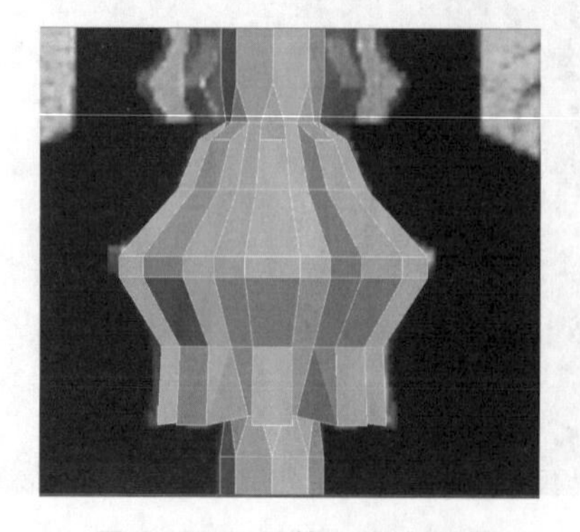

图 1-115　调整之后的结构

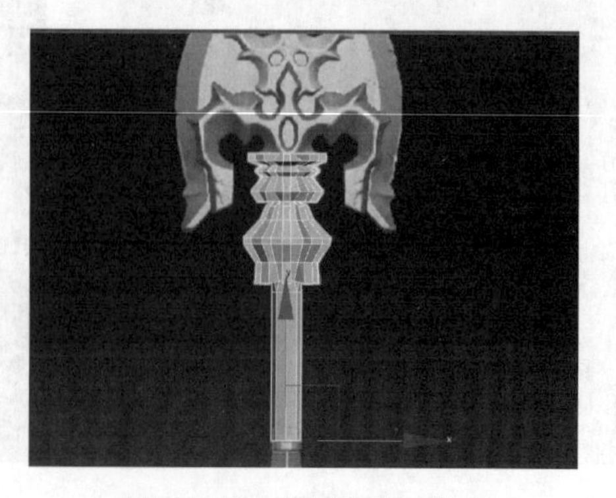

图 1-116　斧柄结构示意图

（5）现在制作斧柄下端结构，在边界的层级下，选中底端一圈的闭合线，按住Shift键，同时拖动鼠标，复制线到面，然后在底部加线，调整出大形（见图1－117）。

（6）底部有一些花纹需要制作出来，先在底部加上合适的线段，然后使用挤出命令，再做相应的调整（见图1－118）。

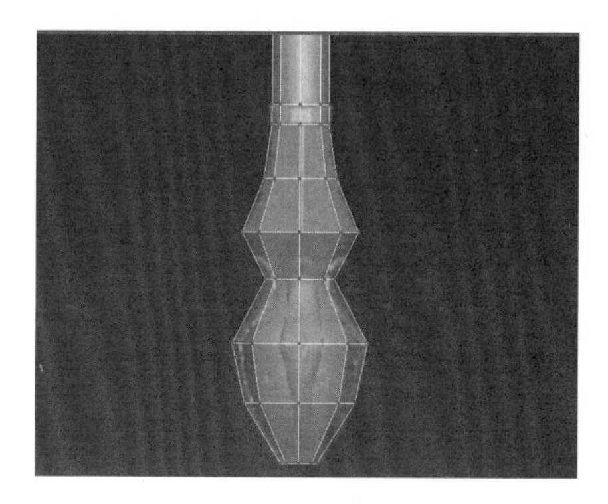

图1－117　底部大形

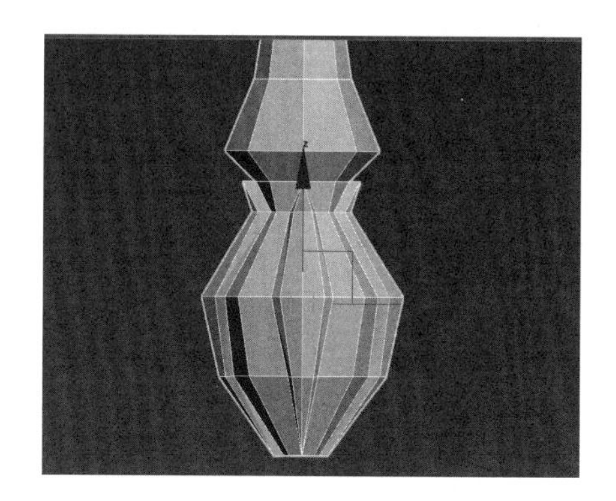

图1－118　底部花纹

（7）现在进行最后的调整和复制，观察做好的斧头和花纹，检查是否有形状不够准确的地方，对其做适当的调整。

（8）调整之后，将斧头和花纹附加在一起，使用镜像，将其复制，把中间断开的点焊接在一起，再把斧柄也附加在一起，整个斧头就做好了（见图1－119）。

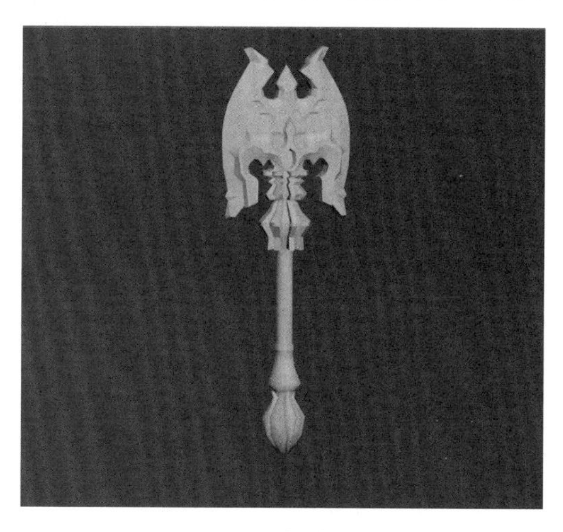

图1－119　最终效果图

第六节　本章小结

3ds Max 2018的工作界面有标题栏、菜单栏、工具栏、切换功能区、视图、命令面板、视口布局和场景管理器、关键帧时间滑块和控制区、状态栏和视图操作工具。

（1）常用快捷键主要有命令热键、常规热键、选择热键、显示/隐藏热键、捕捉热键、子层级热键、时间热键、视口热键、视口背景热键、视口缩放热键、视口显示热键、视图热键。

（2）物体的创建、对物体的控制、选择对象和复制群组都是建模过程中最基础最常用的操作，需要熟练地运用。

（3）在建模过程中，挤出、车削、倒角、布尔运算、放样和弯曲等，都是常用的建模命令。

（4）在制作游戏道具时，要注意对模型面数多少和布线干净的把握。

（5）在制作模型时，要养成对模型结构的分析，要学会拆分模型。

第二章　场景模型

第一节　场景概述

在第一章中我们了解了游戏道具创建的过程，熟悉了多边形建模的常用工具。本章将通过制作一个小场景和一个大场景，来学习场景建模的方法。

1. 什么是场景

场景指可以承载人物、时间、地点的背景；作为演员或动画角色活动的场所，场景展现剧情的历史背景、文化风貌、地理环境等重要信息（见图 2－1）。

2. 场景的种类

（1）中式场景（见图 2－2）：认识建筑，了解基本的建筑法则、简单的中国建筑史、中式建筑鉴赏，制作仿实的亭台、庙宇，熟悉中式建筑中殿堂的制作（如庭院制作，包括门面房、正房、厢房等）和中式室内游戏模型制作。

图 2－1　地理、环境风貌展示

图 2－2　中式场景

（2）西式场景（见图 2－3）：掌握西式建筑营造法则、西方建筑简史、西式场景的制作方法等。

3. 场景的制作规律

场景建模的一般顺序：首先根据参考图用几何形体搭建场景空间结构和比例关系，然后对场景细节进行完善。

例如在制作游戏场景模型之前，我们先要了解游戏场景模型制作什么。游戏场景模型制作是指根据游戏美术原画制作出游戏中的道具、场景模型，一般来说凡是没有生命的物体都由游戏场景模型制作师为其制作模型，例如游戏中的山河、城池建筑、植物等

（见图 2－4）。

图 2－3　西式场景

图 2－4　游戏场景展示

第二节　小型场景的制作

本小节通过学习制作一个小场景来了解场景建模的一般方法，为之后的大场景建模打下基础。

1. 建模前的分析

（1）本节需要制作的模型示意图见图 2－5。

（2）观察图片，烽火台可以大致分为两个部分：台顶和台身。

（3）台顶部分见图 2－6，大形如一个四面台，再加上四根房梁用于支撑顶部。

图 2－5　场景示意图

图 2－6　台顶部分

（4）台身部分见图 2－7，大形可看作一个长方体，加上底部长方体形状的台底。

2. 烽火台大型框架

（1）将图片导入软件，创建一个长方体，设置其长宽高分别为 390×150×150（因为图片中没有单位要求，所以这里就不设置了），并转换为可编辑多边形，将材质球附给长方体；然后根据视图调整长方体的形状，将台身的大形调整出来（见图 2－8）。

图 2－7 台身部分

图 2－8 台身大形

（2）再创建一个长方体，设置长方体长宽高分别为 80×200×200；再创建一个长方体用来作为房梁，重复步骤（1），并将台顶的大形调整出来（见图 2－9）。

3. 烽火台台身制作

（1）在调整好的台身大形基础上将台身做出来。首先将台底部做好，把台身大形的底面删掉，在边界的层级下，选中底部的闭合线，按住 Shift，复制线到面的层级，复制两次，再对底部使用封口命令（见图 2－10）。

图 2－9 台顶大形

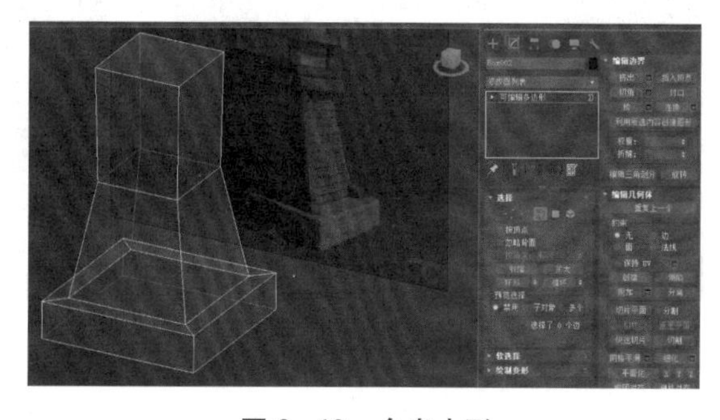

图 2－10 台身大形

（2）现在制作台身上的横木结构，选中线段（见图 2－11），使用切角命令。然后选中面（见图 2－12），使用挤出命令。这样的结构有两个（见图 2－13）。

（3）选中台身的顶面并删除，再选中顶部的闭合线段，复制线到面，重复此步骤，再将顶部封口，把顶部结构做出来（见图 2－14）。

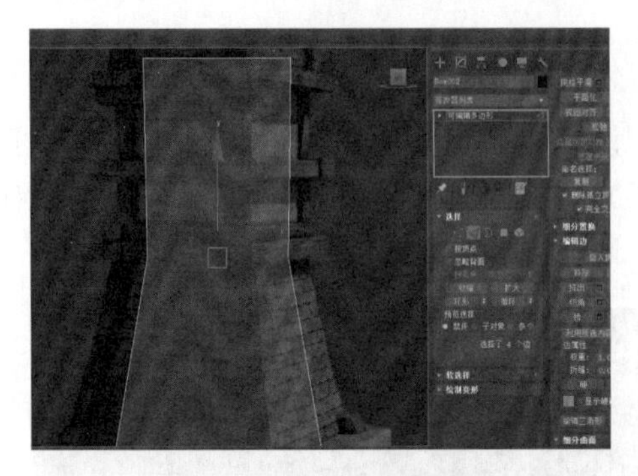

图 2－11　需要切角的线段

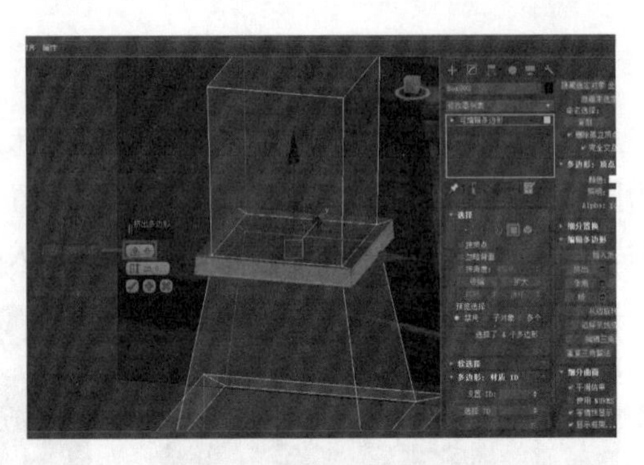

图 2－12　需要挤出的面

图 2－13　横木结构示意图

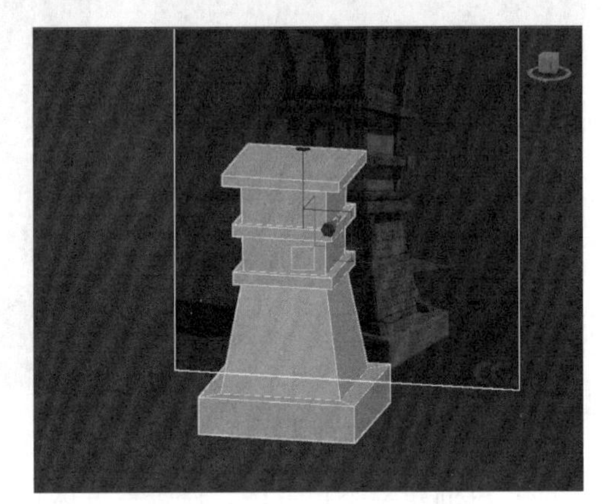

图 2－14　顶部结构示意图

（4）在如图 2－15 所示的位置添加两根线，再把这两根线所包含的面删掉，选中下方的闭合线段，复制线到面的层级（见图 2－16）。

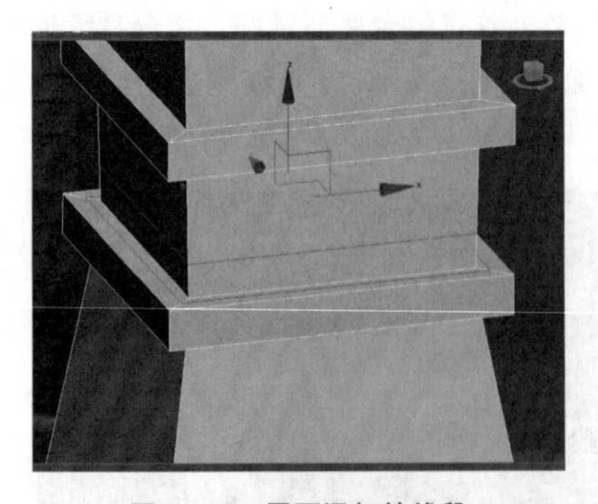

图 2－15　需要添加的线段

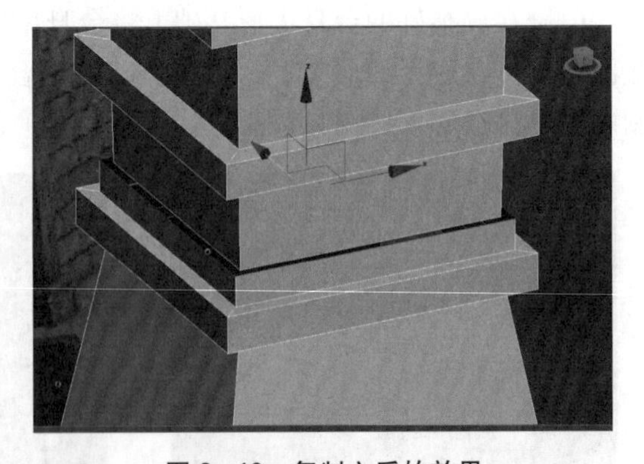

图 2－16　复制之后的效果

（5）选中相对应的两根线，使用桥命令（见图 2－17）；另外几个面，也需要单独使用桥命令（见图 2－18）。

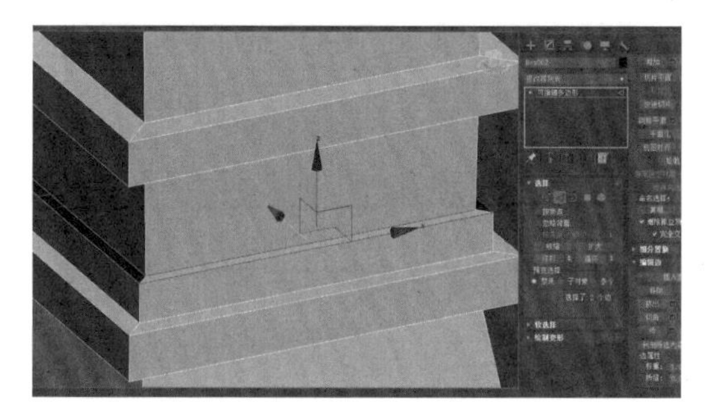

图 2-17　使用桥命令之后的效果

图 2-18　效果图展示

（6）创建一个长方体，参照视图，将其摆放至合适的位置，并调整其大小，复制长方体到另一面，再把它与台身附加在一起（见图 2-19）。

（7）再创建一个长方体，参照视图调整其大小，并将其放在如图所示的位置，加线（见图 2-20）。

图 2-19　台身装饰结构示意图

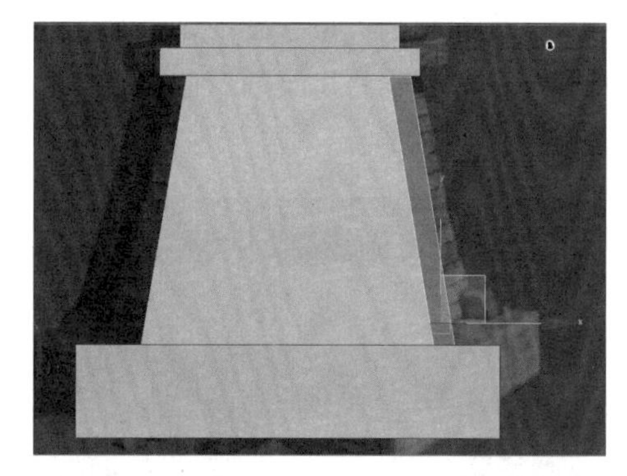

图 2-20　柱子与需要添加线段的示意图

（8）选中添加线段下的四个面，并使用挤出命令，再根据视图进行适合的调整，设置旋转的度数为 90 度，使用旋转复制（见图 2-21）。将其他三个柱子复制出来，再使用附加，将台身与柱子附加在一起（见图 2-22）。

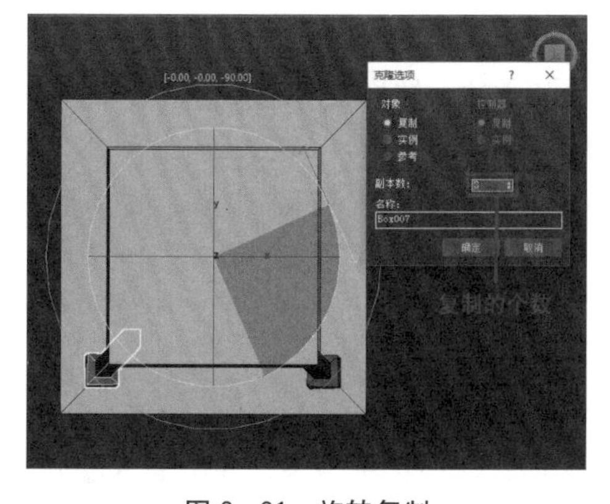

图 2-21　旋转复制

图 2-22　柱子示意图

（9）添加线段（见图 2-23），再选中线段所包含的面，使用挤出命令，再进行适当的调整（见图 2-24）。

图 2-23　需要添加的线段

图 2-24　横木结构示意图

（10）创建长方体，参照视图调整大小，将其放在适合的位置，剩下的柱子按照此步骤做，台身就做好了（见图 2-25）。

4. 烽火台台顶制作

（1）在台顶的大形基础上，进行台顶的制作。首先细化房梁，在原有基础上加线，将线段向内收起，将房梁的弯曲弧度调整出来；再使用旋转复制，把其他几根柱子复制出来（见图 2-26）。

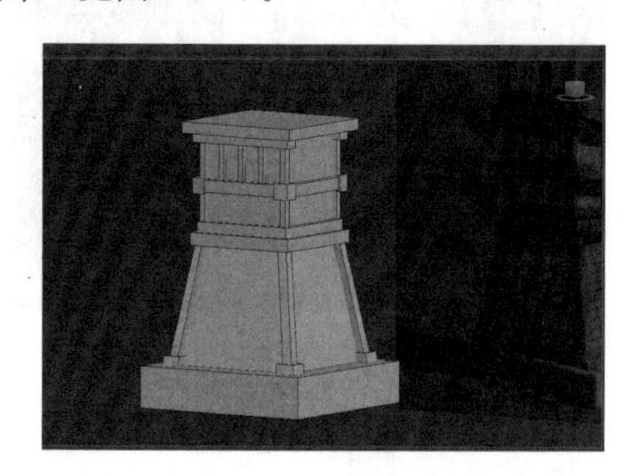
图 2-25　台身完成图

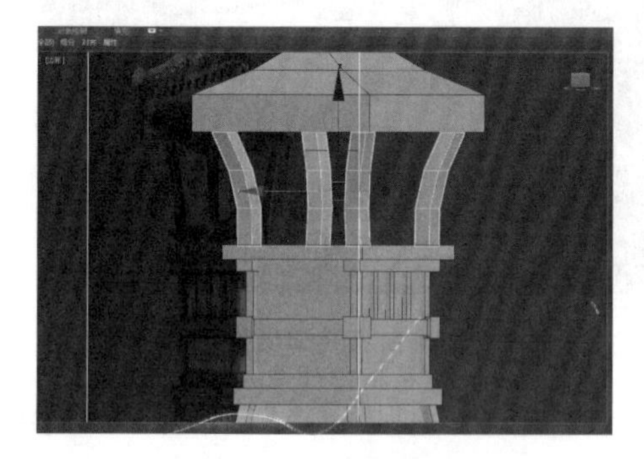
图 2-26　房梁示意图

（2）接下来制作房梁之间的横木。创建一个长方体，设置其长度和大小，根据视图把它摆放在合适的位置，再使用旋转复制把其他几个横木复制出来（见图 2-27）。

（3）现在制作台顶上的横木结构。创建一个长方体，转换为可编辑多边形，选中面（见图 2-28）。使用插入命令，再选中插入的面，使用挤出命令（见图 2-29）。

（4）台顶上的梁木结构，首先创建新的长方体，转换为可编辑多边形，根据视图将其摆放站在适合的位置（见图 2-30）。

（5）在梁木的下端加线，选中线段下的五个面，使用挤出命令，再使用旋转复制，将其他几根梁木复制出来（见图 2-31）。

（6）接下来制作台顶上的装饰物。创建一个长方体，转换为可编辑多边形，加上四根线（见图 2-32）。调整间距，选中线段之间的面，使用挤出命令，选中最下端的面，使用塌陷，将面塌陷成一个点（见图 2-33）。

（7）制作台顶上的瓦片结构。首先创建一个平面，设置平面的长宽分别为 250×250；设置长度分段和宽度分段为 14；再将其转换为可编辑多边形（见图 2-34）。

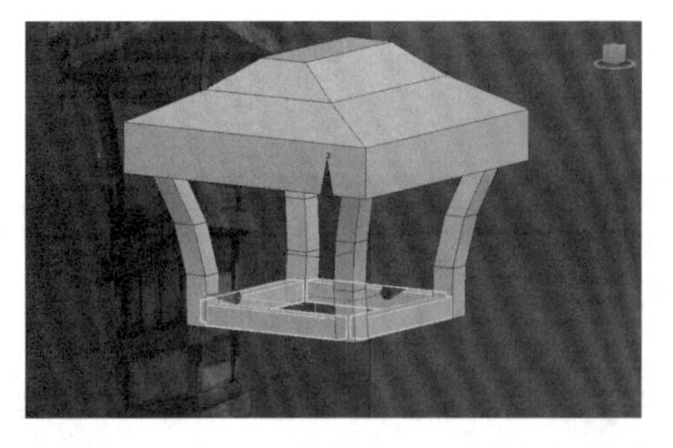

图 2-27　横木示意图

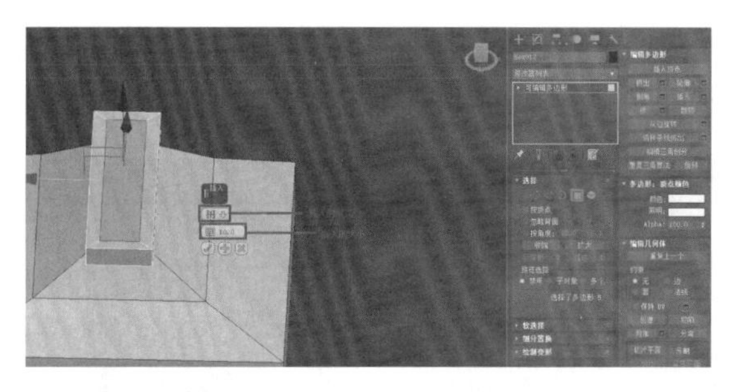

图 2-28　插入命令示意图

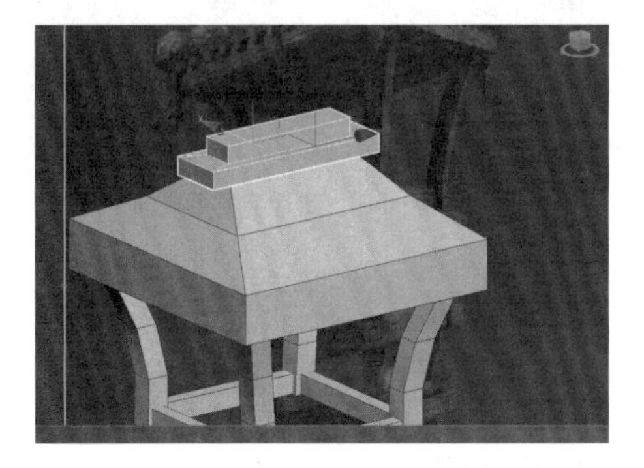

图 2-29　台顶上方横木结构

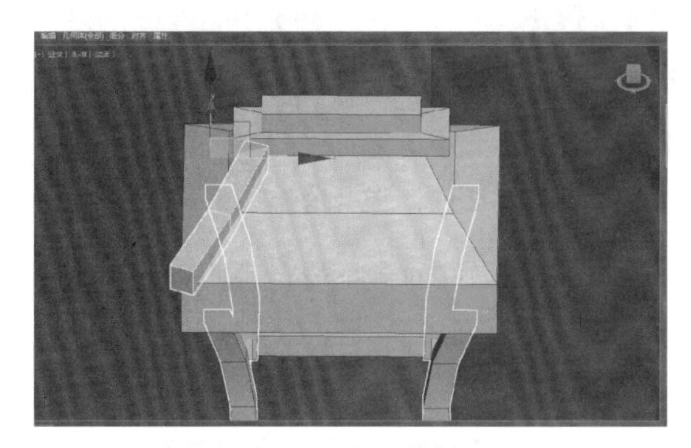

图 2-30　梁木结构示意图

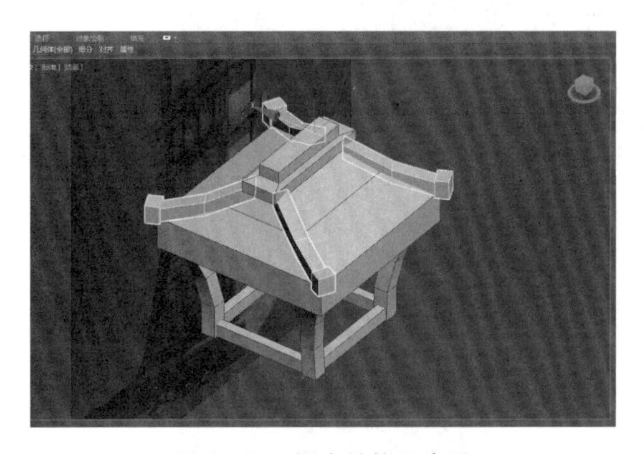

图 2-31　梁木结构示意图

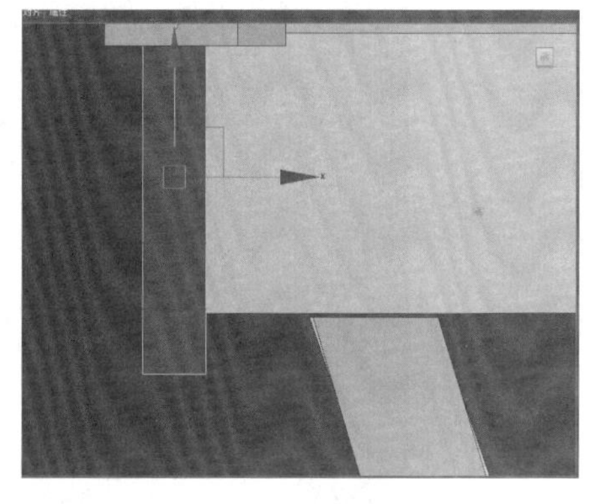

图 2-32　需要添加的线段

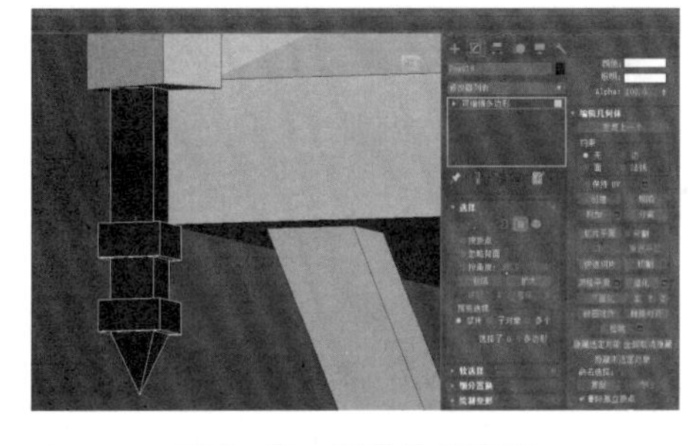

图 2-33　装饰物示意图

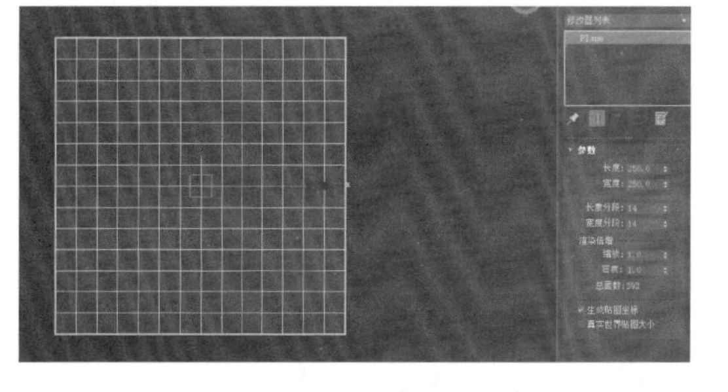

图 2-34　设置好的瓦片参数

（8）选择平面中的点或者线段，将平面调整成为如图 2-35 所示的状态。

（9）将做好的瓦片大形摆放至适合的位置，使用缩放轴，调整瓦片的大小，使之与台顶大小相吻合，把超出的面删掉，使用旋转复制，把其余的瓦片复制出来，瓦片的制作就完成了（见图 2−36)。

图 2−35　瓦片的大形

图 2−36　瓦片完成图

（10）将做好的台身与台顶附加在一起，进行细化处理，在木质结构处进行切角，再检查是否有五边面或者遗漏的结构。

（11）最终效果见图 2−37。

图 2−37　最终效果图

第三节　大型场景的制作

在大家完成了一系列的简单案例练习后，本小节对建模的内容加大了难度——制作大型场景。大型场景由多个小型场景或者建筑组合而成，在制作的时候需要对模型进行分析拆解。接下来就跟随我们的步骤尝试制作大型场景吧！

本节需要制作的大型场景模型见图 2−38。

图 2-38 大型场景参考图

1. 建模前的分析

大型场景由多个小型场景或者建筑组合而成。我们在建模的时候，要注意场景与场景之间的关联性。在组合的时候，不能有重合的面。注意建筑与建筑之间的距离。在建模之前，先要弄清楚模型的结构，再构建思路。

2. 大型框架的构建

（1）大型场景由各个不同的模块组合而成，为了更好地把握比例关系，在做模型之前，我们可以先在场景中大致构建一个框架。

（2）先做大型再细化。在场景界面中，创建一个长方体作为地面。在这里同样采取做一半，实例另一半的思路。删除最底下的面，在长方体中加一个中线，删除一半，实例，继续在长方体上加线，选择面，挤出（见图 2—39）。重新选择面，挤出（见图 2—40），调整造型，整理线条，删除多余的线条。

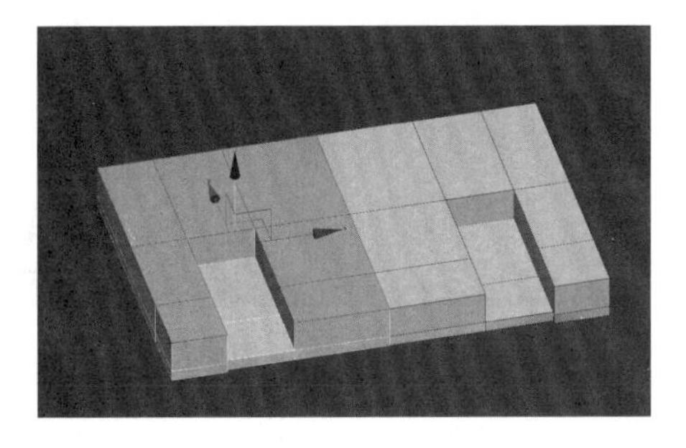

图 2-39 选择面，挤出

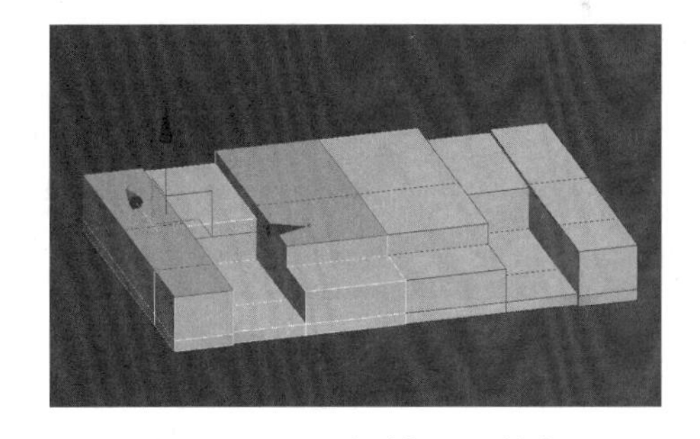

图 2-40 再次选择面，挤出

（3）添加一圈线（见图 2—41），选择面，挤出并调整（见图 2—42）。

图 2-41 添加一圈线

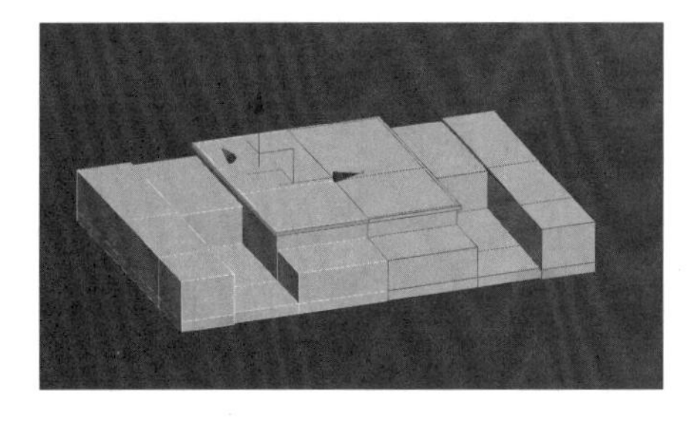

图 2-42 挤出

（4）添加线条，确定结构的大概位置（见图 2−43），制作地面的基本结构。

（5）简单创建多个不同的 box，经过变形，调整结构，确定位置，制作出房屋建筑的大致造型（见图 2−44）。

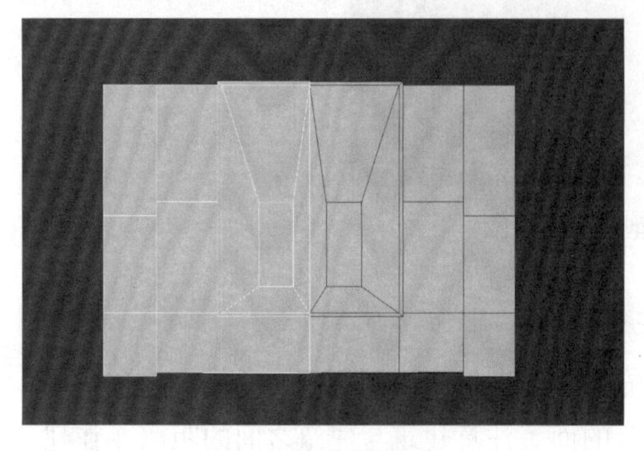

图 2−43　顶视图

图 2−44　大致造型

3. 地面的细化

（1）确定好房屋建筑的大致位置后，独立显示地面，进行细化（见图 2−45）。选择地面上的台子，给多边面加线，选择边，切角（见图 2−46）。

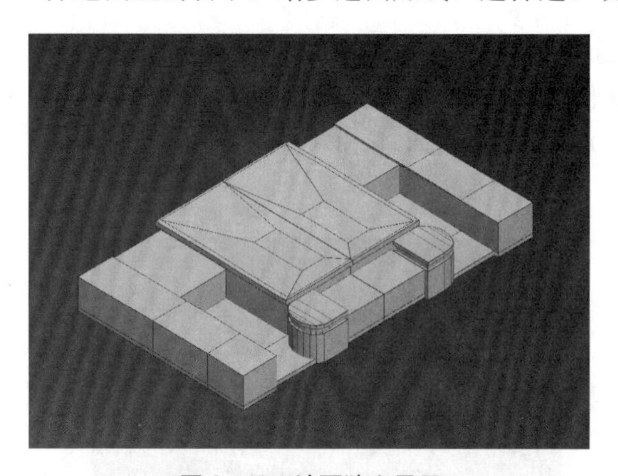

图 2−45　地面独立显示

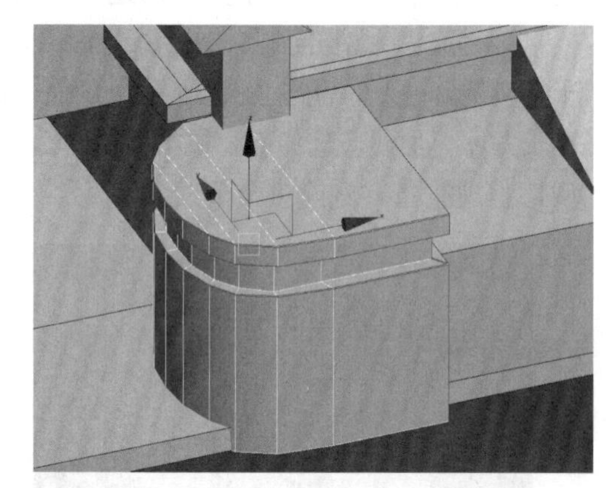

图 2−46　切角

（2）细化地面中央的部分。删除面，选择边，挤出结构（见图 2−47）。继续向下挤出边（见图 2−48），然后封口，选择边，切角（见图 2−49）。

（3）加线，调整结构，让造型更加饱满（见图 2−50）。选择线，对地面的边角进行切角，让模型更精致（见图 2−51）。

4. 塔的制作 1

（1）创建一个圆柱体，修改边数为 12，转化为可编辑多边形，删除底面。选择边，按多边形挤出（见图 2−52）。选中挤出的边，切角（见图 2−53）。删除圆柱体上边的面，选择边，Shift 鼠标拖动挤出边，做出上边的造型（见图 2−54）。

图 2-47 挤出结构

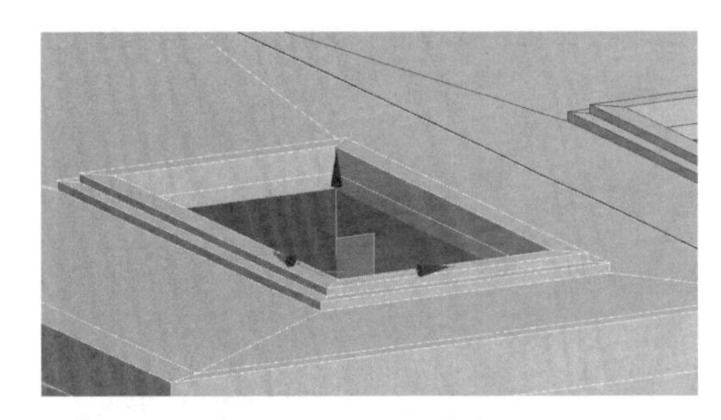

图 2-48 向下挤出

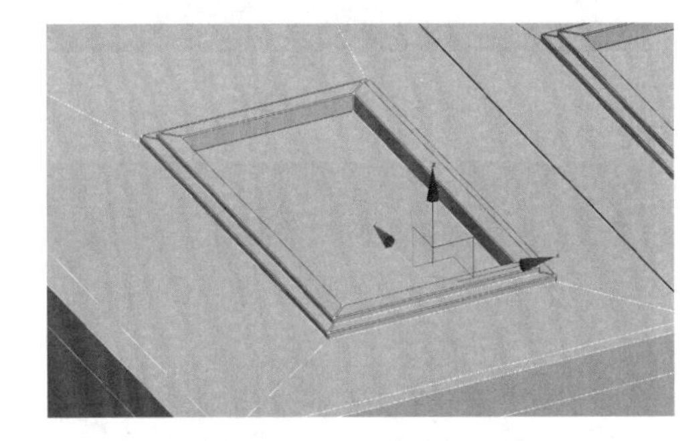

图 2-49 切角

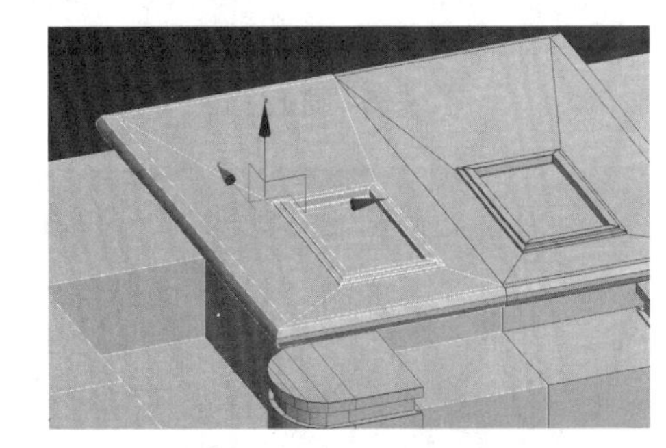

图 2-50 加线

图 2-51 切角

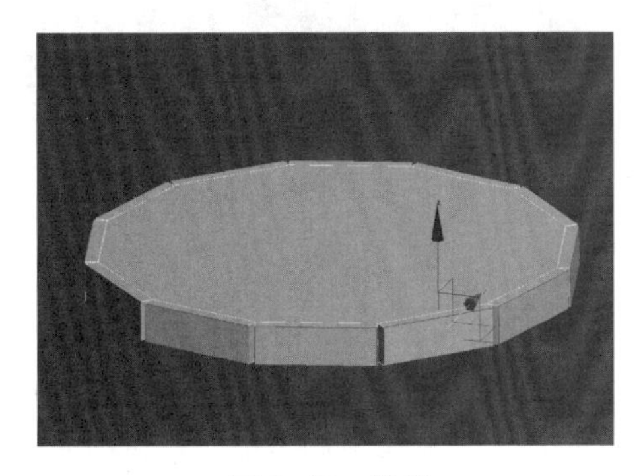

图 2-52 挤出

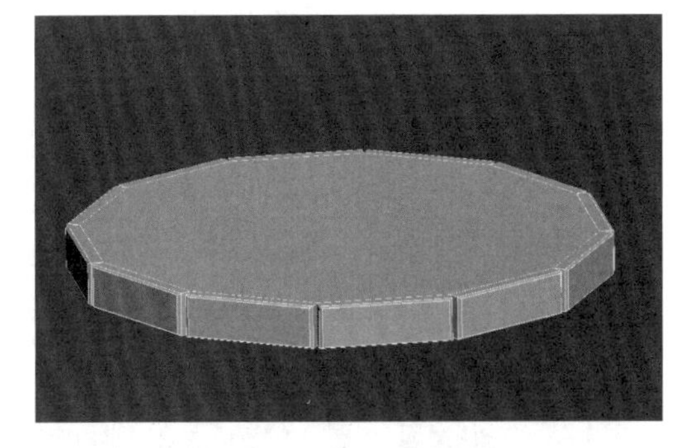

图 2-53 切角

图 2-54 挤出上面的结构

(2) 再次向上拉出（见图 2-55），焊接多余的点（见图 2-56、图 2-57）。

(3) 旋转 90°，继续向上挤出，做出塔身大致的造型（见图 2-58）。接下来制作塔檐。

图 2-55　向上拉出

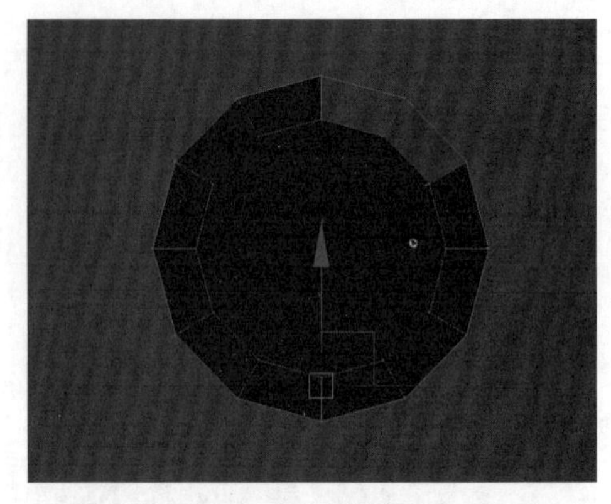

图 2-56　顶视图

图 2-57　焊接多余的点

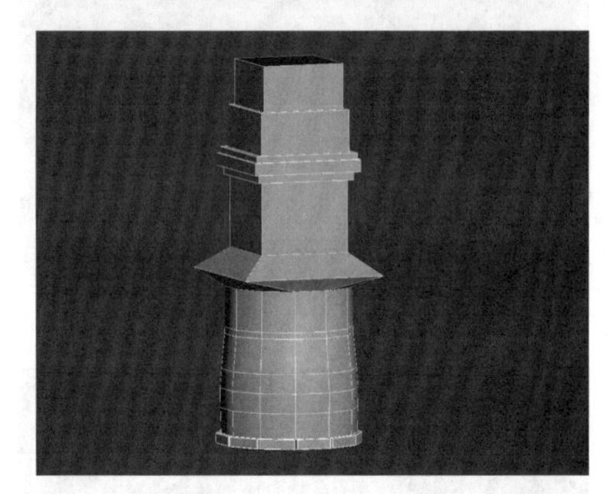

图 2-58　塔身造型

（4）瓦脊的制作。创建一个圆柱体，将边缘进行切角。为了瓦脊更好地重叠在一起，对瓦脊进行变形，前面大后面小，调整造型（见图 2-59）。瓦脊是扁的，有厚度，将圆柱体适当挤压变形，复制一个，放在一旁备用。继续编辑，删除多余的面（见图 2-60）。将瓦脊复制多个，重叠排列起来（见图 2-61）。

（5）瓦铛的制作。对刚才复制的圆柱体进行编辑，用来制作瓦铛（见图 2-62）。选择面，插入一个面，向内挤出（见图 2-63）。对边进行切角（见图 2-64）。

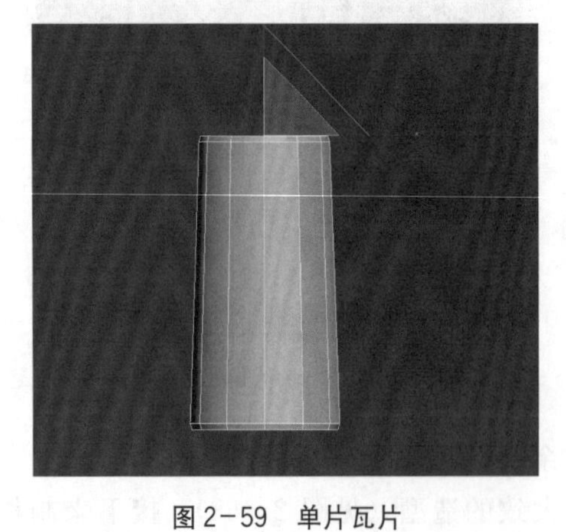

图 2-59　单片瓦片

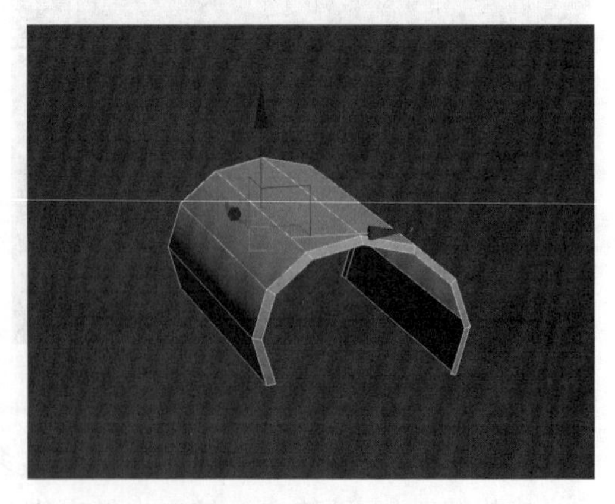

图 2-60　删除多余的面

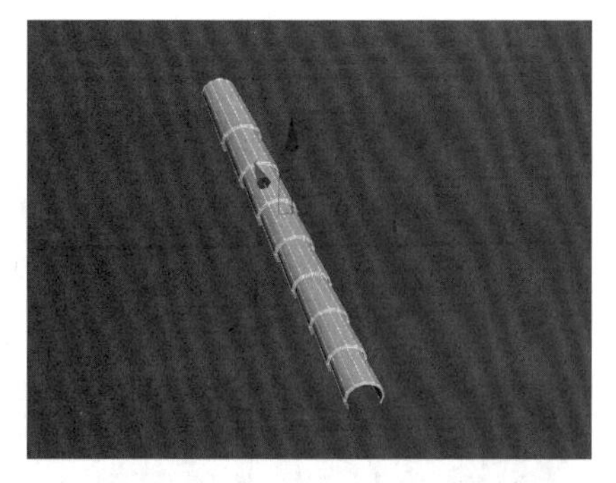

图 2-61　将单片瓦片排列起来

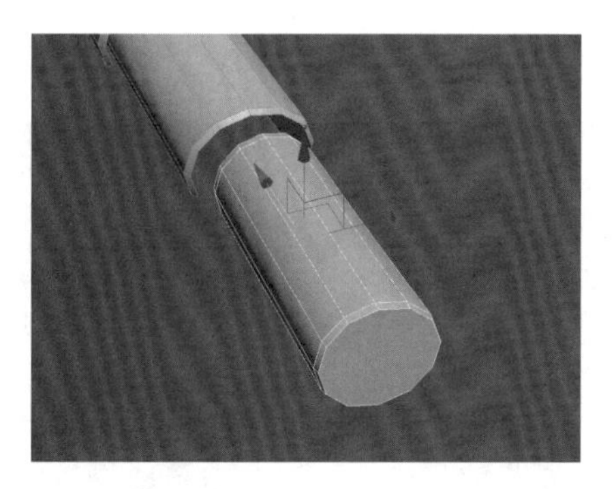

图 2-62　瓦铛的制作

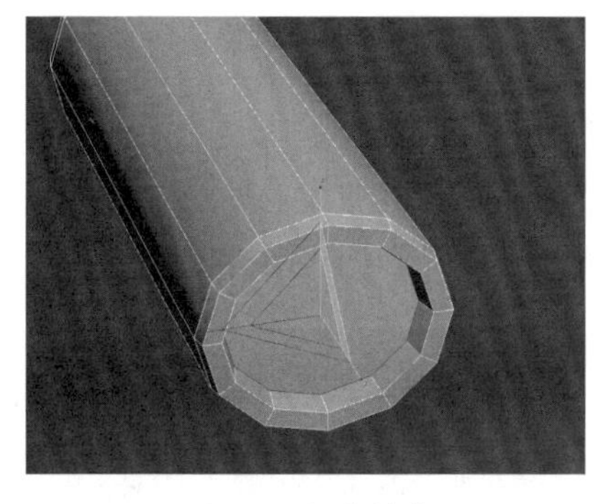

图 2-63　向内挤出面

图 2-64　切角

（6）凹槽的制作。选择面（见图 2—65），复制出来，分离，加线缩放（见图 2—66）。选择边，挤出（见图 2—67）。在修改器列表中，给一个“壳”的命令（见图 2—68），整理线条，做出体积感，删除里面看不见的面。

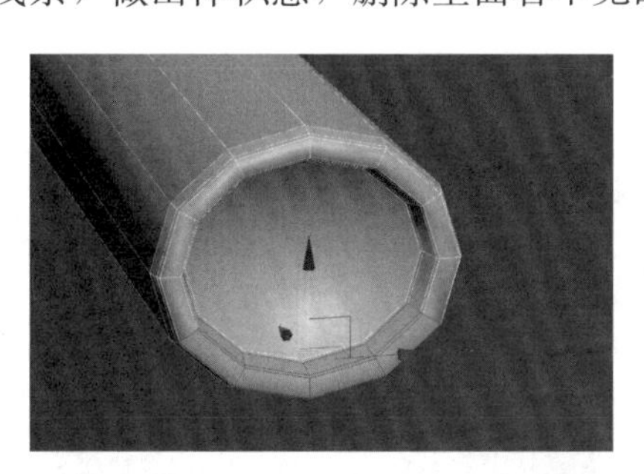

图 2-65　选择面

图 2-66　分离出来

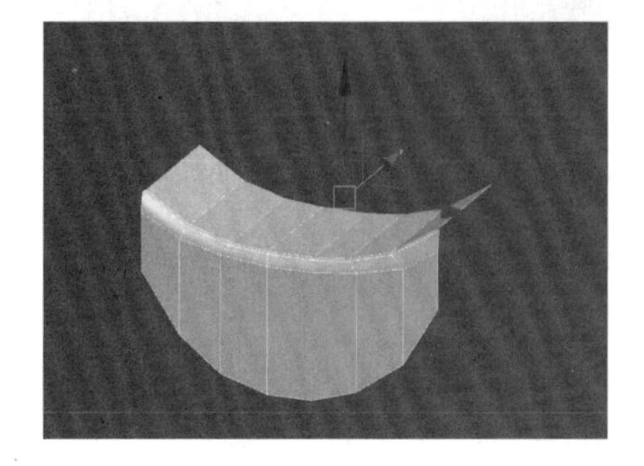

图 2-67　挤出边

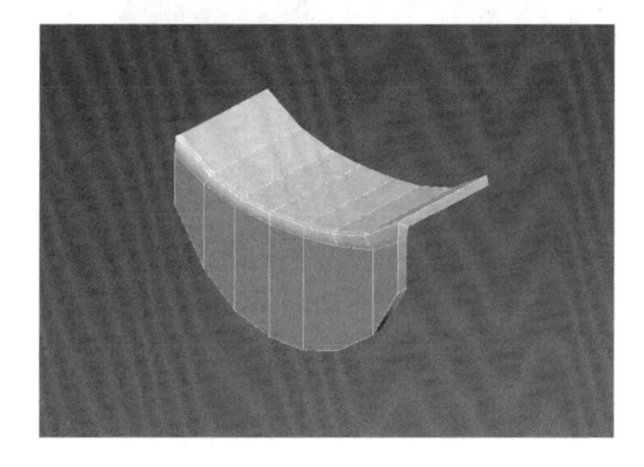

图 2-68　“壳”命令

（7）瓦片的制作。选择面，复制出来（见图 2−69），分离，调整结构（见图 2−70）。

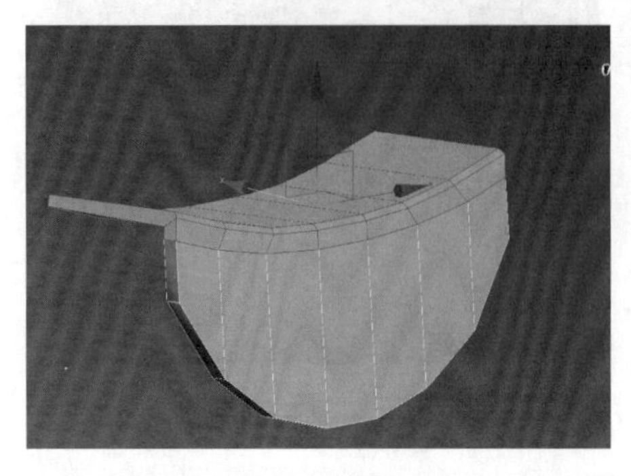

图 2−69　选择面复制

图 2−70　调整结构

（8）将制作好的屋脊、瓦铛、凹槽、瓦片复制多个，排列起来（见图 2−71）。

（9）摆放好塔檐的位置，调整造型后，用“快速切片”加线（见图 2−72），删除多余的造型（见图 2−73）。在修改器列表中选“FFD4×4×4”，调整结构（见图 2−74）。

图 2−71　复制多个并有序排列

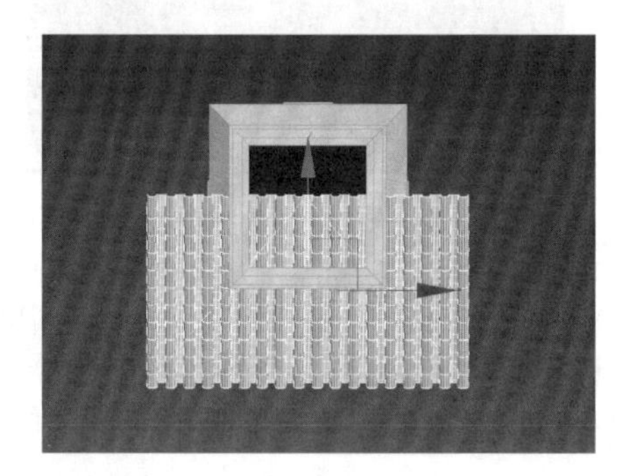

图 2−72　快速切片

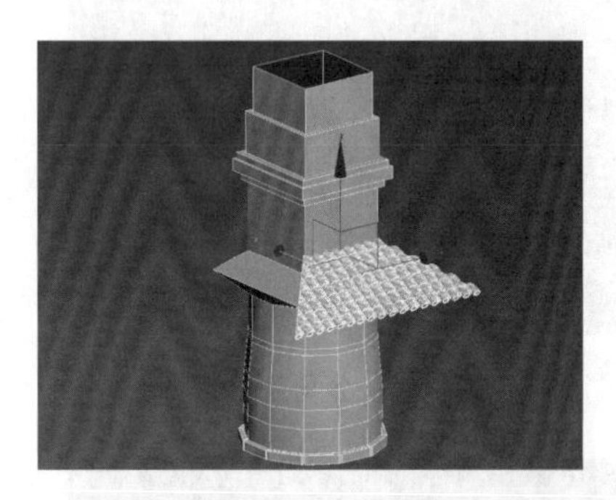

图 2−73　删除多余的结构

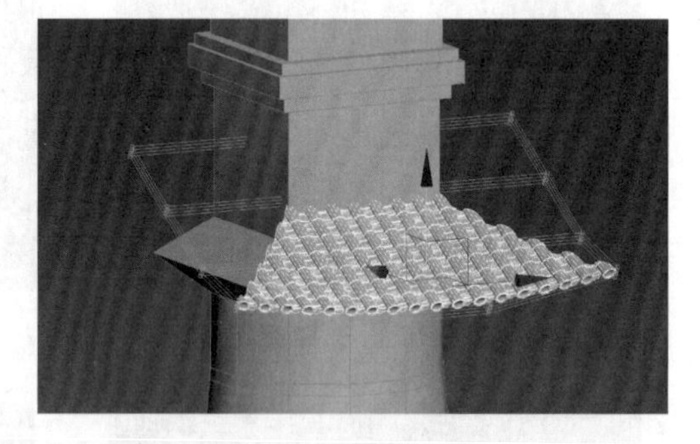

图 2−74　调整结构

（10）转化为可编辑多边形。复制房顶（见图 2−75），调整大小。创建一个长方体，通过加线挤出变形，做出垂脊的结构（见图 2−76）。将垂脊摆放在塔檐上（见图 2−77）。然后分别复制其余垂脊至塔檐（见图 2−78）。

（11）继续细化塔的造型。切换到正视图，创建一个圆柱体（见图 2−79），转化为可编辑多边形，删除最里面看不见的面。选择面，插入面，向内挤出（见图 2−80），再选择边进行切角。选择 FFD4×4×4，调整圆柱体的弧度，使其更贴合塔身（见图 2−81）。

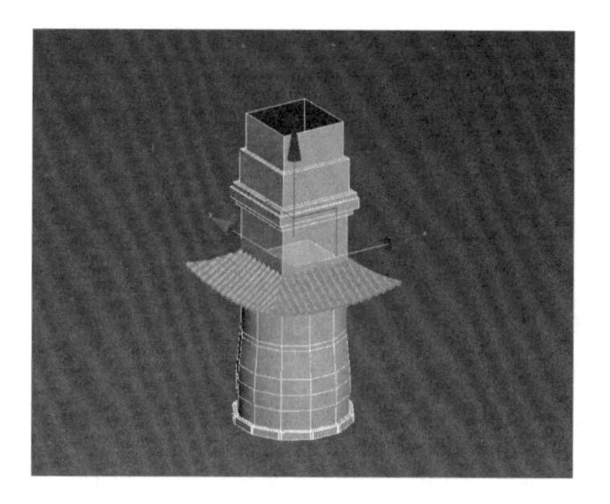

图 2-75 复制

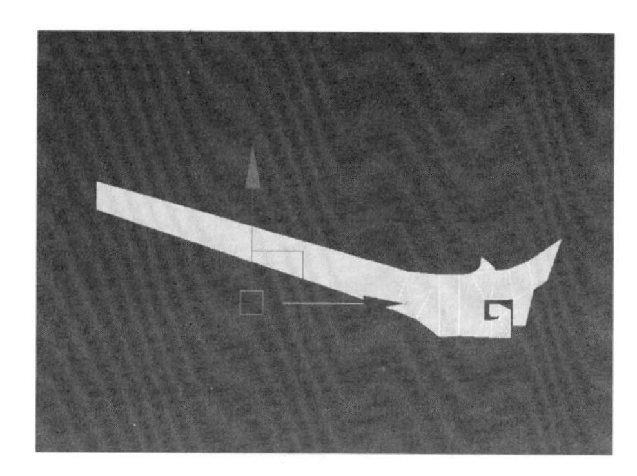

图 2-76 垂脊的制作

图 2-77 将垂脊摆放在塔檐上

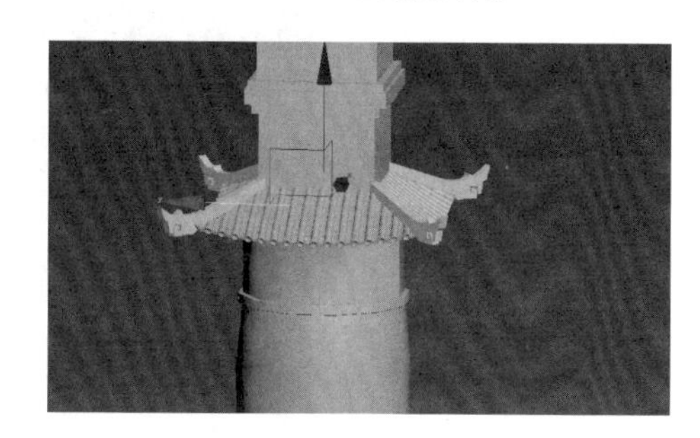

图 2-78 复制其余垂脊

（12）塔身细化，加线，挤出面（见图 2-82）。选择边，切角。创建一个长方体，删除最里面的面和上、下面，选择边切角。独立显示塔身和长方体，调整结构（见图 2-83）。F3 线框显示模型，将长方体的坐标轴调整至塔身的中心（见图 2-84）。旋转复制长方体（见图 2-85）。

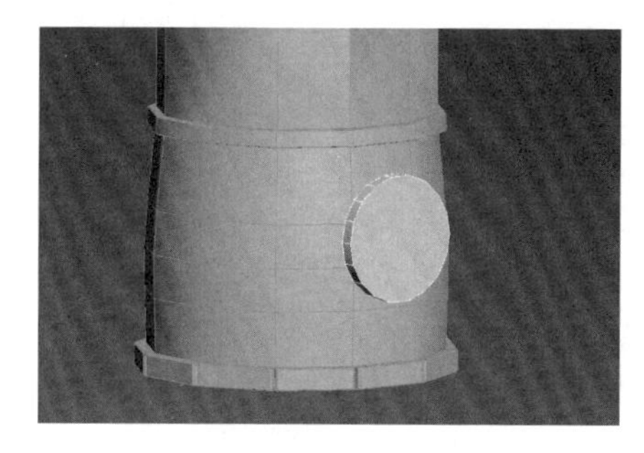

图 2-79 创建圆柱体

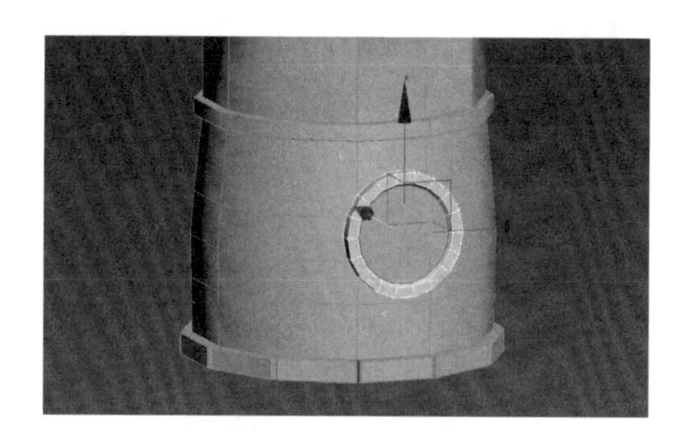

图 2-80 向内挤出面

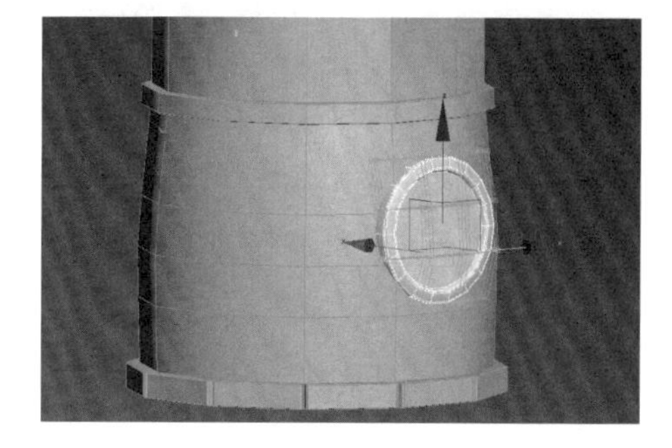

图 2-81 FFD 4×4×4

图 2-82 加线挤出面

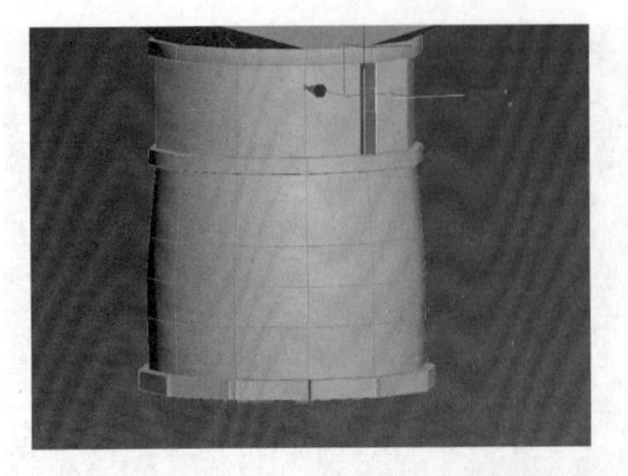
图 2-83　调整结构

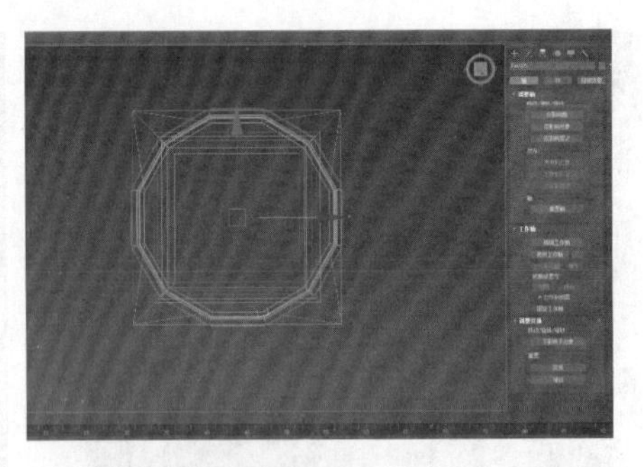
图 2-84　将长方体的坐标调至塔身中心

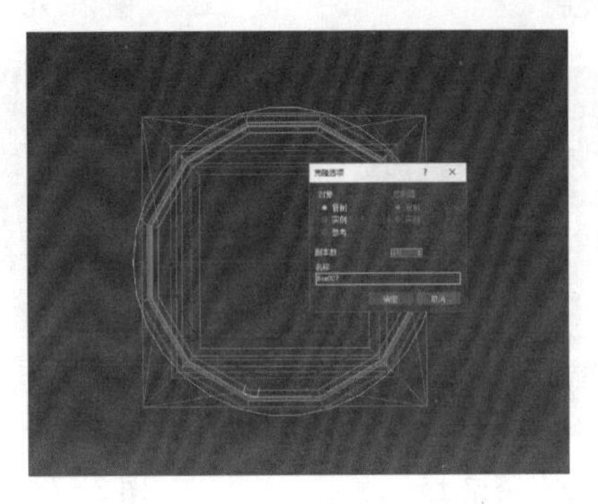
图 2-85　旋转复制

（13）选择面，四个面分别插入面（见图 2-86）。调整结构（见图 2-87）。选择面，挤出，调整，选边切角（见图 2-88）。调整塔身中间的结构，选择边切角（见图 2-89）。

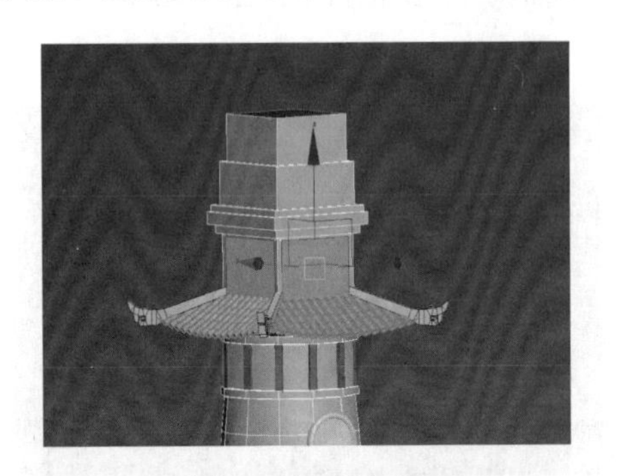
图 2-86　插入面

图 2-87　调整结构

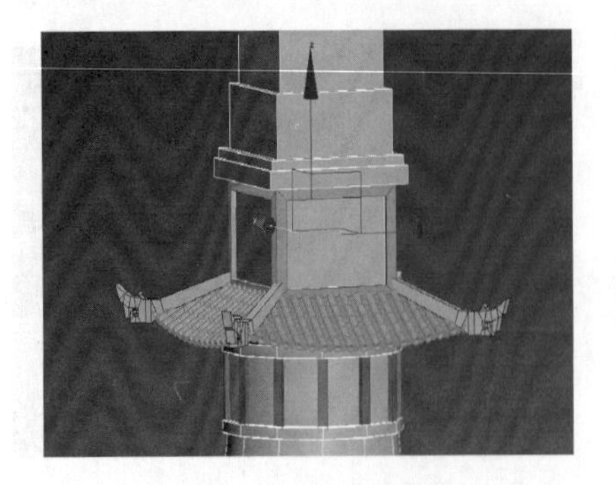
图 2-88　选边切角

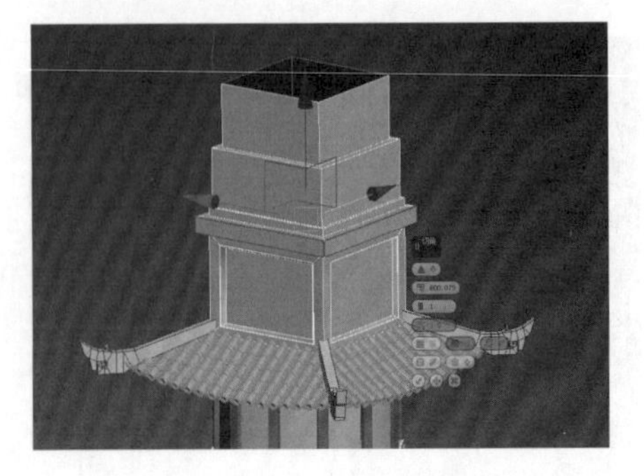
图 2-89　选择边切角

（14）接下来制作第二层塔檐。选中第一层制作的塔檐，复制缩放（见图 2－90）。调整第二层的塔檐和塔身的比例及结构（见图 2－91、图 2－92）。

（15）制作塔顶。复制塔檐。用 FFD，进行拉伸，调整造型（见图 2－93）。选中面，插入（见图 2－94）。挤出面（见图 2－95），选择边，切角细化。

图 2－90 复制缩放塔檐

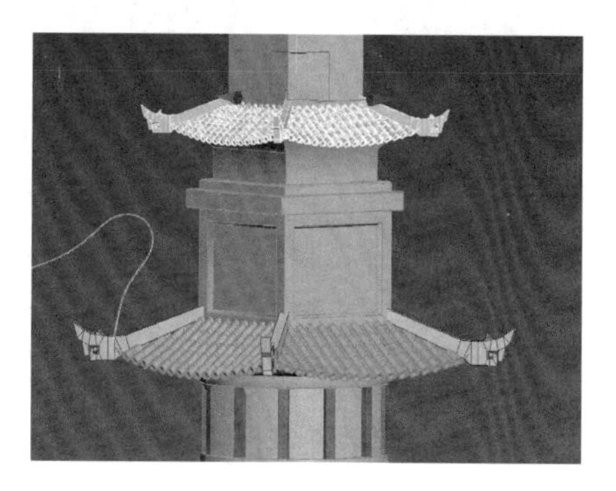

图 2－91 调整塔檐与塔身的比例

图 2－92 调整塔与塔檐接触的结构

图 2－93 FFD 拉伸调整

图 2－94 插入面

图 2－95 挤出面

（16）塔尖的制作。创建一个球体，压缩一下形状，删除上方的面（见图 2－96）。选择边界，挤出边做造型（见图 2－97）。

（17）将该附加的附加在一起，将材质球拖曳至模型，完成（见图 2－98）。

5. 塔的制作 2

（1）创建一个长方体，转化为可编辑多边形。删除底面，删除上面的面，选择上面的边，挤出边（见图 2−99）。可以借鉴之前做的大框架，不断挤出（见图 2−100）。调整结构比例，做出塔的基本造型（见图 2−101）。

图 2−96　删除球体上方的面

图 2−97　做造型

图 2−98　完成

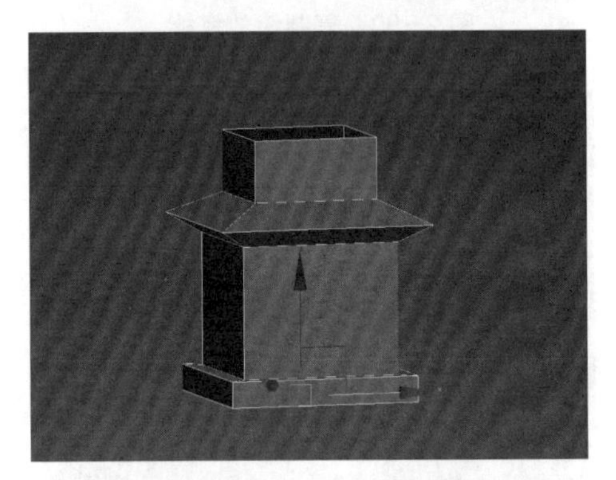

图 2−99　挤出边做造型

图 2−100　参照大框架，挤出造型

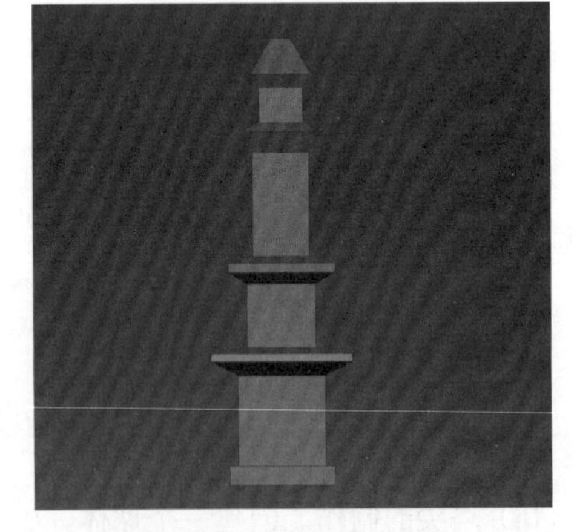

图 2−101　塔的基本造型

（2）先做塔前面的小梯子。创建一个长方体，转化为可编辑多边形，删除重合看不见的面，调整造型（见图 2−102）。

（3）接下来制作台阶，创建一个平面，在平面上加线（见图 2−103）。切换至侧视图，调整平面的点（见图 2−104、图 2−105）。然后复制另外一半（见图 2−106）。

（4）创建一个圆柱体，调整高度分段为 1。转化为可编辑多边形，删除顶面和底面（见图 2－107）。选择底面的边界，Shift 拖动鼠标，挤出结构（见图 2－108），调整造型。复制其余三个柱子（见图 2－109）。

图 2－102　调整点

图 2－103　添加线

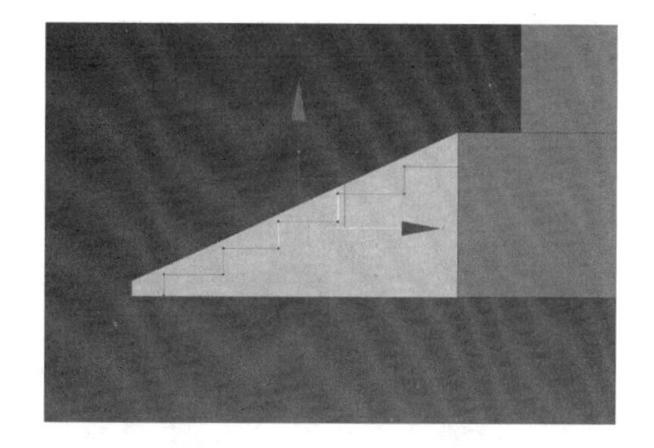

图 2－104　侧面调整点

图 2－105　台阶做完

图 2－106　复制另外一半

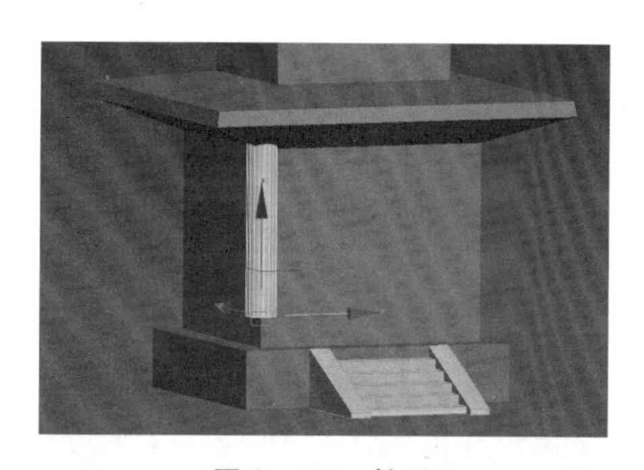

图 2－107　柱子

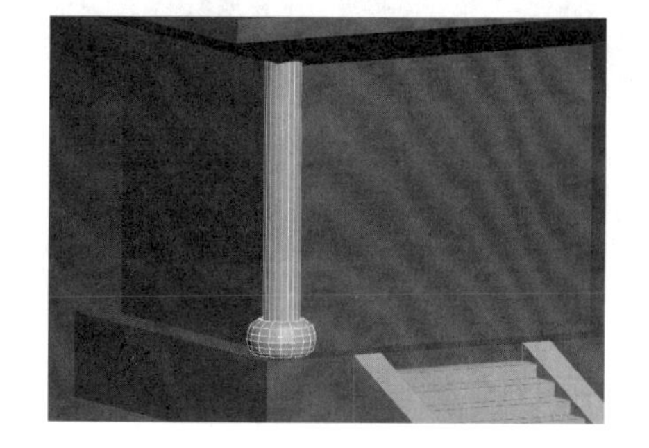

图 2－108　挤出结构

图 2－109　复制柱子

（5）门的制作。独立显示塔，在有门的那面加线（见图 2−110）。继续加线，调整，勾出门的轮廓（见图 2−111）。删除面，向内挤出，调整，做出门框（见图 2−112）。选择边，向内挤出。选择面，挤出门框，切角（见图 2−113）。

图 2−110　添加线

图 2−111　用线勾出门的轮廓

图 2−112　向内挤出，做出门框

图 2−113　挤出门框的结构

（6）制作墙上的装饰结构。加线，选择面，挤出（见图 2−114），切角。创建一个长方体（见图 2−115），删除多余的面。复制到另外一边（见图 2−116）。

（7）创建一个长方体，删除多余的面，加线，删除一半，实例（见图 2−117）。加线调整造型，转化为可编辑多边形，附加在一起，焊接（见图 2−118）。

（8）制作塔檐。将塔檐从塔（1）的模型中单独复制出来，调整（见图 2−119）。

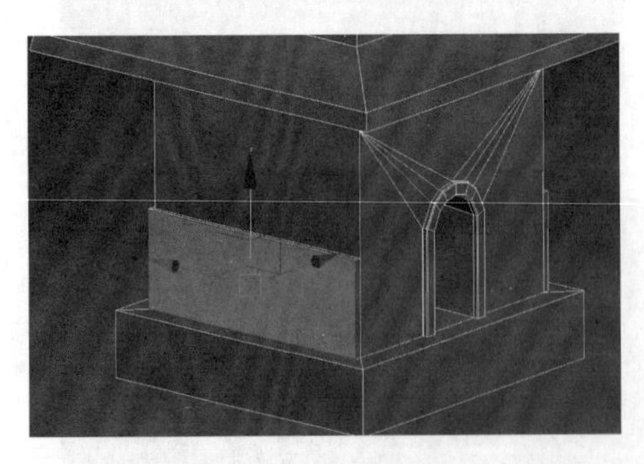

图 2−114　挤出面

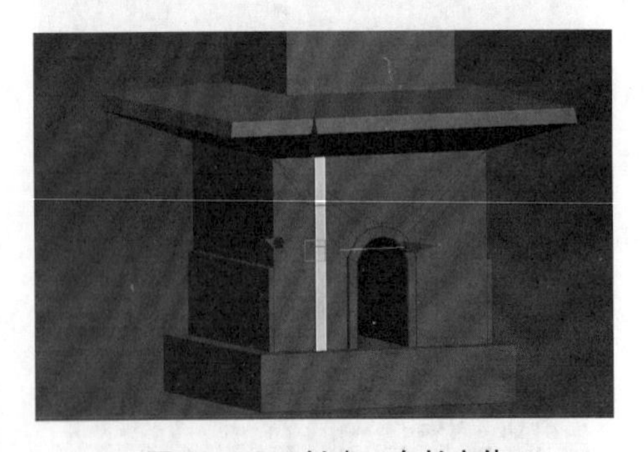

图 2−115　创建一个长方体

图 2－116　复制结构

图 2－117　删一半实例

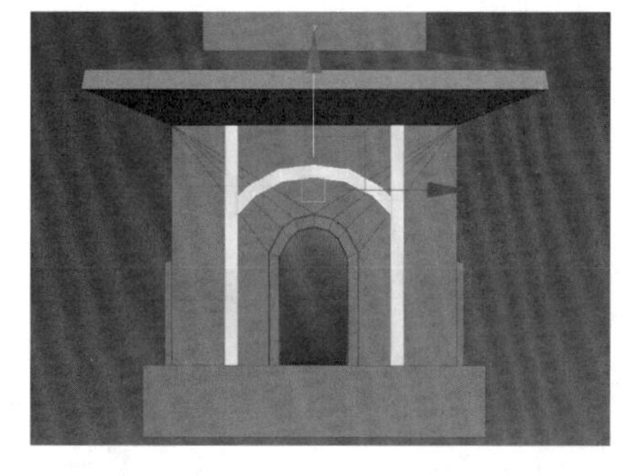

图 2－118　继续做出结构

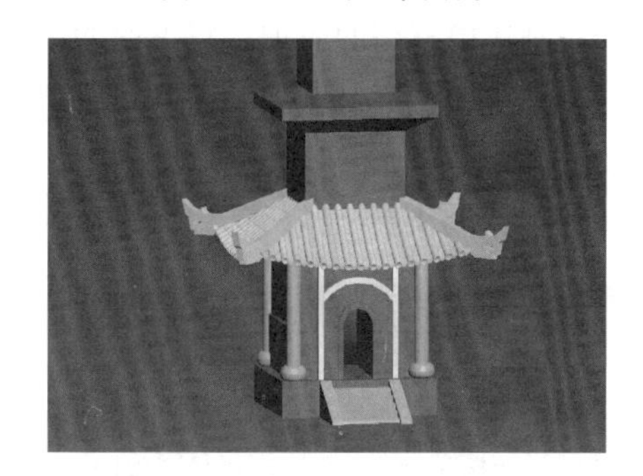

图 2－119　调整塔檐

（9）接下来制作塔的第二层。加线，删除面（见图 2－120）。封口，加线，选择面，挤出旁边结构（见图 2－121）。

图 2－120　删除面

图 2－121　挤出旁边结构

（10）复制塔檐至第二层，调整塔檐与塔身之间的结构。然后制作柱子，复制一个第一层的柱子到第二层（见图 2－122），调整大小粗细。复制剩下三个柱子（见图 2－123）。

图 2－122　复制柱子

图 2－123　复制剩下三个柱子

（11）制作第三层的结构。将第三层的结构先缩小（见图 2－124）。选择第三层中的四个面，复制，放大，分离（见图 2－125）。加线，删除上面一半，以 Y 轴为对称轴进行实例（见图 2－126）。

（12）调整结构比例（见图 2－127）。加线，做出镂空的结构（见图 2－128），调整线条。删除左右两边的面（见图 2－129），将坐标轴调整至物体中心，旋转复制，转化为可编辑多边形，合并面与面之间的点，使之形成一个镂空的结构（见图 2－130）。选择边界，Shift 拖动鼠标，向内缩放，挤出立体结构（见图 2－131）。调整结构比例，选择边，切角（见图 2－132）。

（13）制作第三层的塔檐，将下面的塔檐复制到第三层（见图 2－133），调整大小，调整塔身与塔檐所接触的地方结构。复制塔（1）的塔顶到塔（2），调整塔尖的结构（见图 2－134）。

（14）细化最顶层结构。选择面，插入面，挤出结构，切角（见图 2－135）。

图 2－124　缩小结构

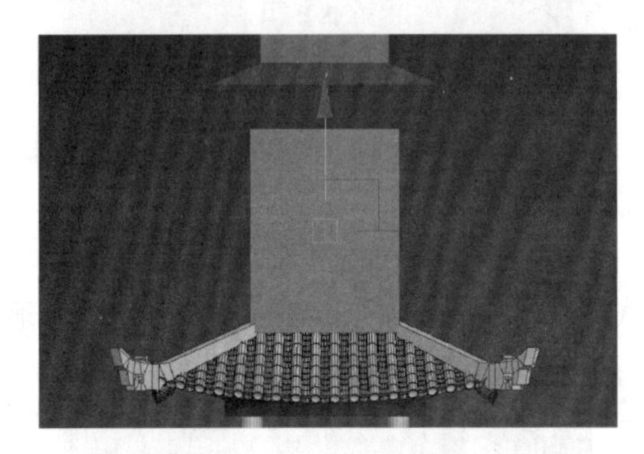

图 2－125　复制面放大

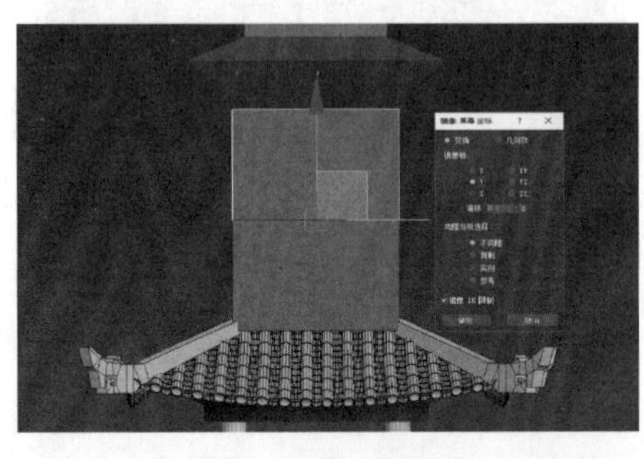

图 2－126　实例

图 2－127　调整比例

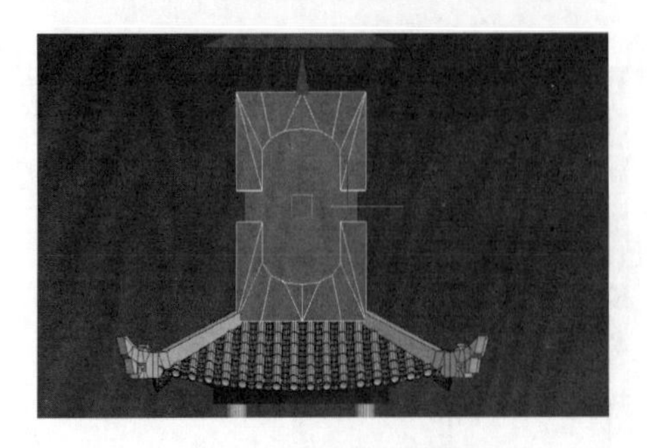

图 2－128　做出镂空的结构

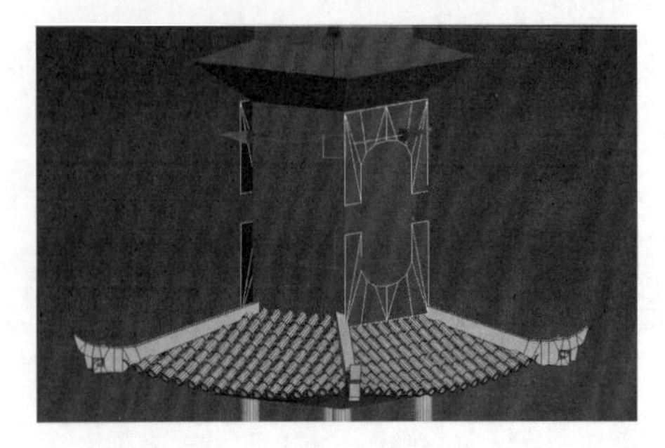

图 2－129　删除左右两边的面

图 2-130 制作出镂空的结构

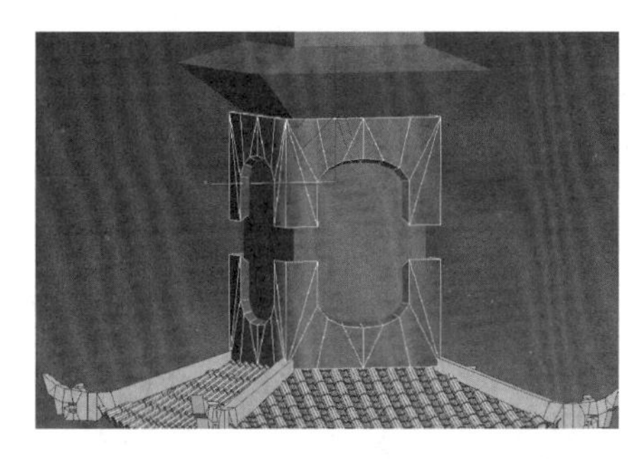

图 2-131 选择边界，向内挤出

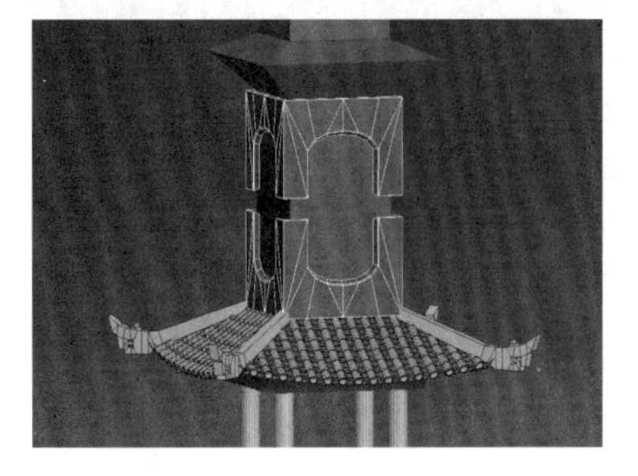

图 2-132 调整结构

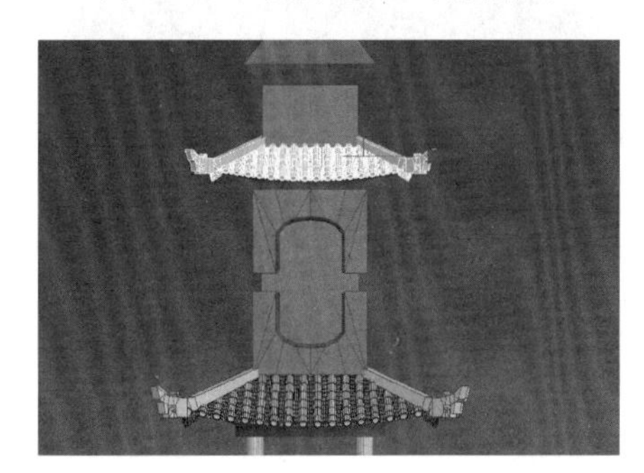

图 2-133 第三层塔檐

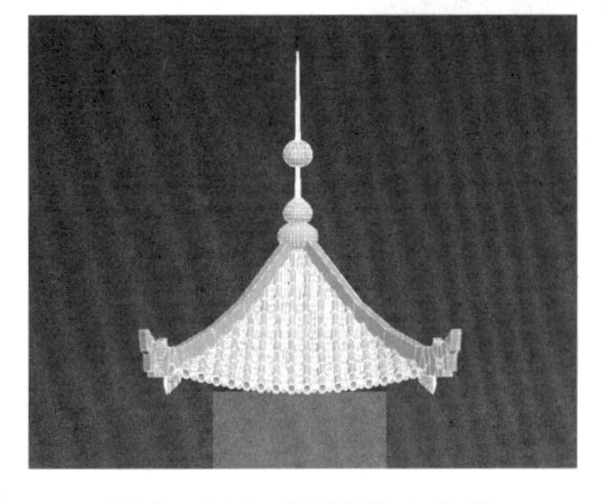

图 2-134 调整塔尖结构

图 2-135 细化顶层结构

（15）选中塔，转化为可编辑多边形。将塔的各个部分附加在一起。拖曳材质球至模型，完成（见图 2-136、图 2-137）。

图 2-136 完成侧视图

图 2-137 完成正视图

6. 房屋的制作 1

（1）把房子拆分为两个大的部分：房屋上面部分和下面部分。我们先制作房屋的下面底座部分。

（2）创建一个长方体，转化为可编辑多边形。在中间加线，删一半实例。添加线段（见图 2—138），选择面，插入（见图 2—139）。选择面，挤出（见图 2—140），调整，选择边，切角。

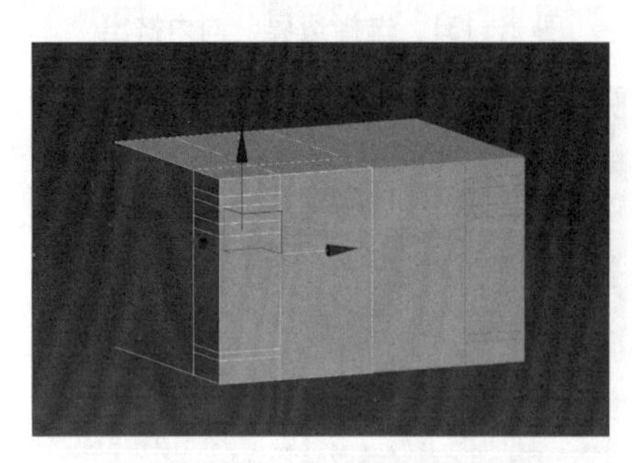

图 2－138　加线

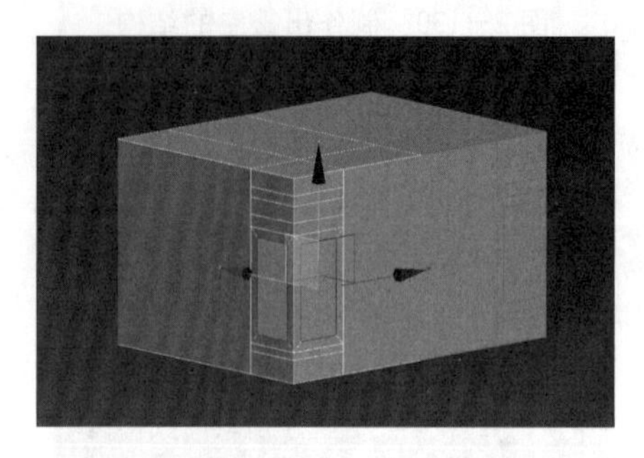

图 2－139　插入面

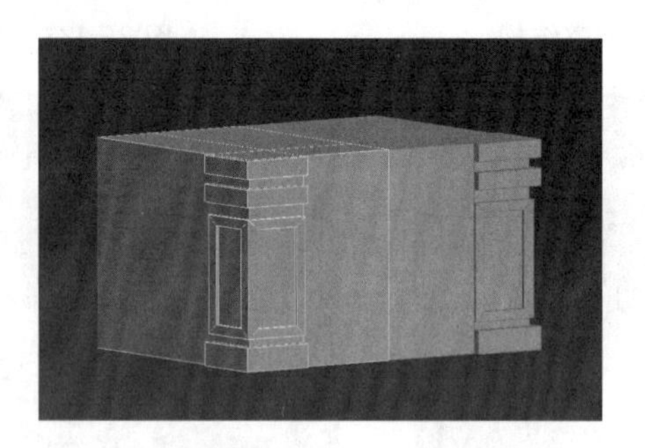

图 2－140　挤出面

（3）转化为可编辑多边形，将左右两边附加在一起，焊接点。切换至左视图加线，删除一半，复制另外一半（见图 2—141）。附加，将点焊接在一起，形成一个完整的结构（见图 2—142）。

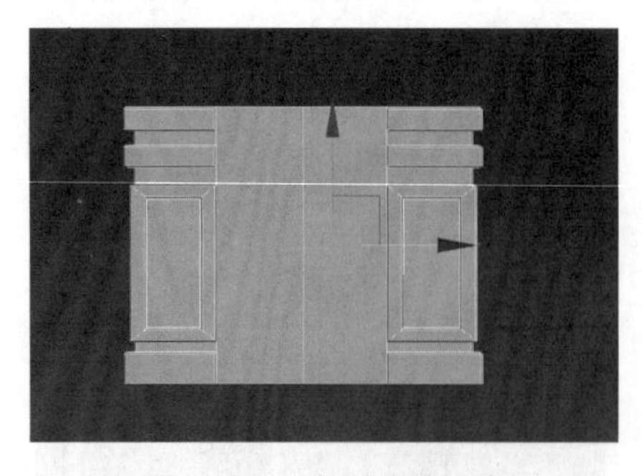

图 2－141　复制另外一半

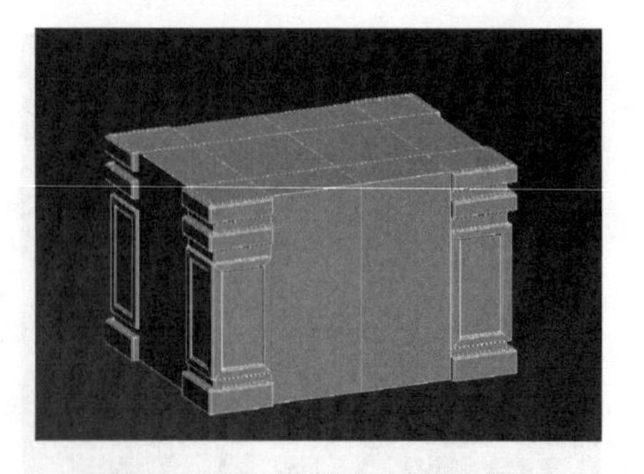

图 2－142　焊接为完整的结构

（4）接下来制作底座上的门的结构。切换到正视图，加线调整勾勒出门的大致形状（见图 2—143）。继续加线，调整门的位置，整理线条（见图 2—144）。

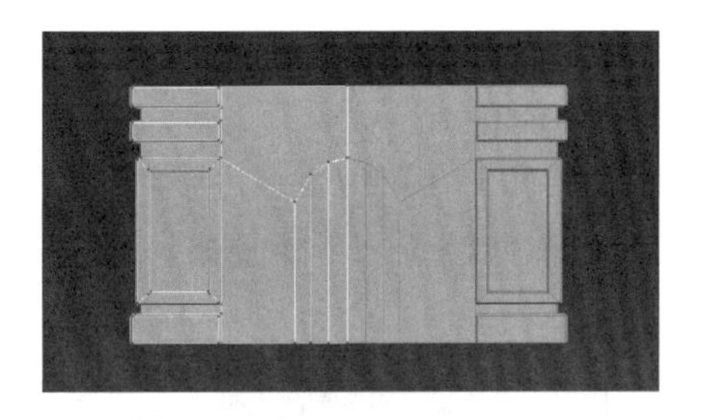

图 2-143 加线调整

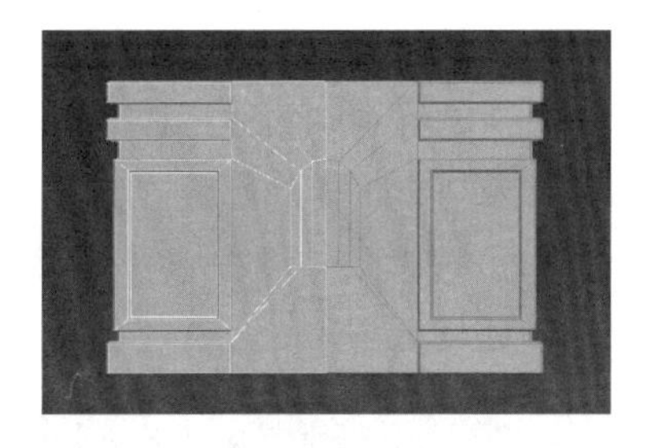

图 2-144 调整线条

（5）选择面，插入（见图 2-145），整理线条。删除面（见图 2-146），整理线条。转化为可编辑多边形，将左右两边附加在一起，焊接点。选择面向外挤出门框（见图 2-147），选择门的边向内挤出。

（6）制作和底座连在一起的梯子。创建一个长方体，加线调整造型（见图 2-148），继续加线，两面都要加线，勾出门的形状，调整点，做出镂空的结构（见图 2-149）。继续加线，选择面，挤出，切角（见图 2-150）。

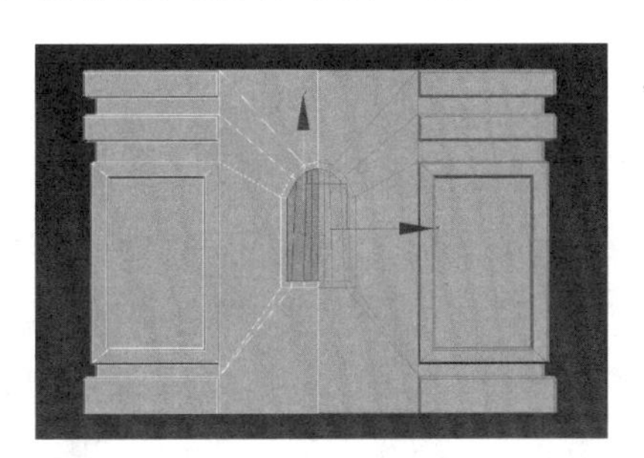

图 2-145 插入面

图 2-146 删除面

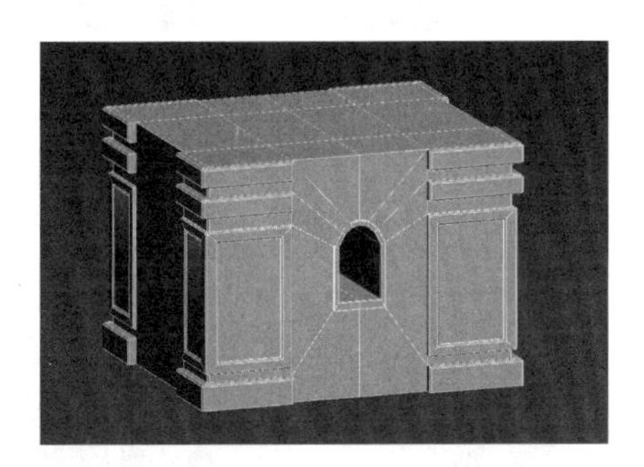

图 2-147 制作门的结构

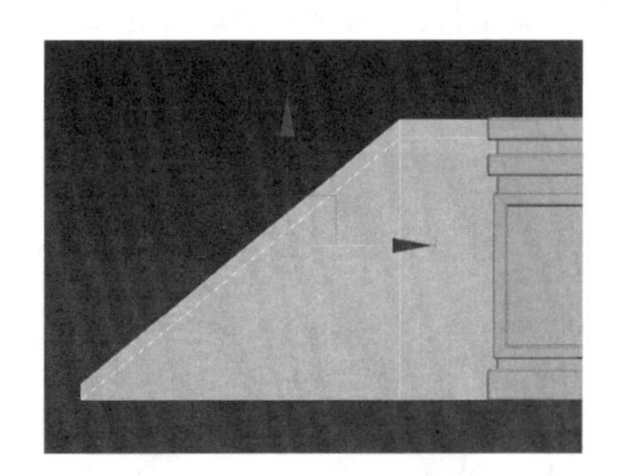

图 2-148 加线调整造型

图 2-149 加线制作做形状

图 2-150 挤出面并切角

（7）复制到另外一边（见图 2－151），附加在一起，删除两边的面（见图 2－152）。用“桥”的命令，将对应的线桥接起来（见图 2－153）。

（8）接下来制作阶梯的部分。创建一个平面，转化为可编辑多边形，选择边，挤出（见图 2－154）。选择面，复制（见图 2－155），调整位置。不断复制，有规律地摆放（见图 2－156），选边切角。

图 2－151　复制另外一边

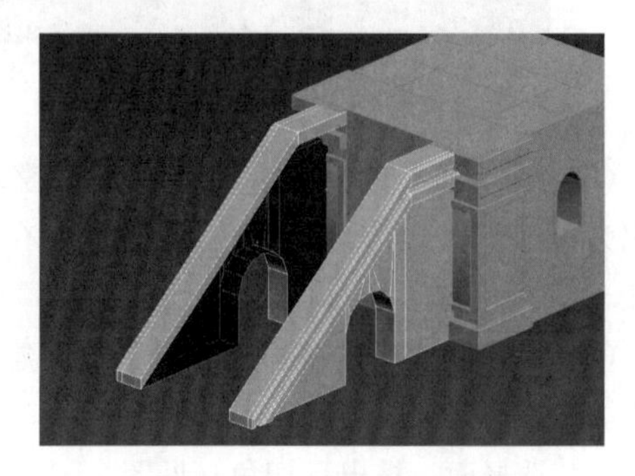

图 2－152　删除两边的面

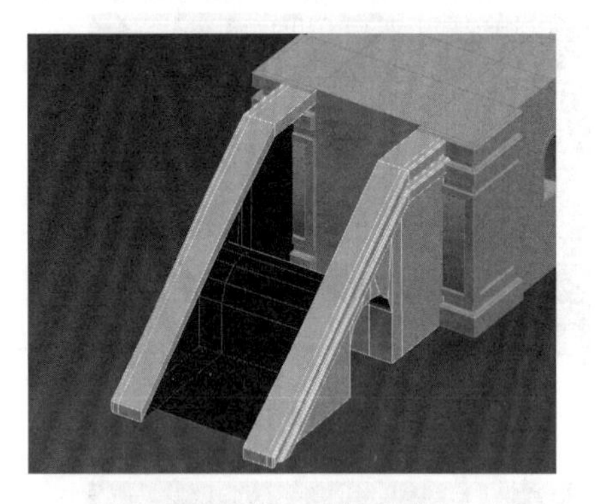

图 2－153　桥接起来

图 2－154　挤出面

图 2－155　复制面

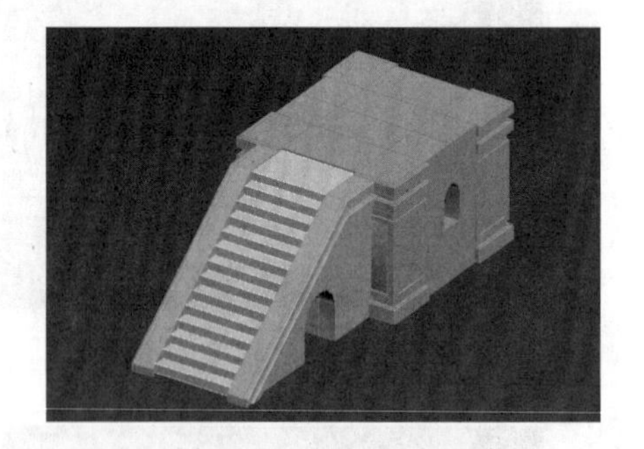

图 2－156　有规律地摆放

（9）接下来做房子的上面部分。创建一个长方体，删除底面看不见的面，做出模型的大型（见图 2－157）。复制之前制作的柱子，分离，调整柱子的结构（见图 2－158）。创建一个长方体，删除上面的面，调整位置，和柱子附加在一起（见图 2－159）。复制柱子（见图 2－160）。

图 2－157　做出大形

图 2－158　调整柱子的结构

图 2－159　创建结构，附加

图 2－160　复制柱子

（10）制作房子的门。单独显示，切换到正视图。删除一半的房子，实例，加线（见图 2－161），整理线条。转化为可编辑多边形，将两半房子附加在一起，焊点，删除面（见图 2－162）。

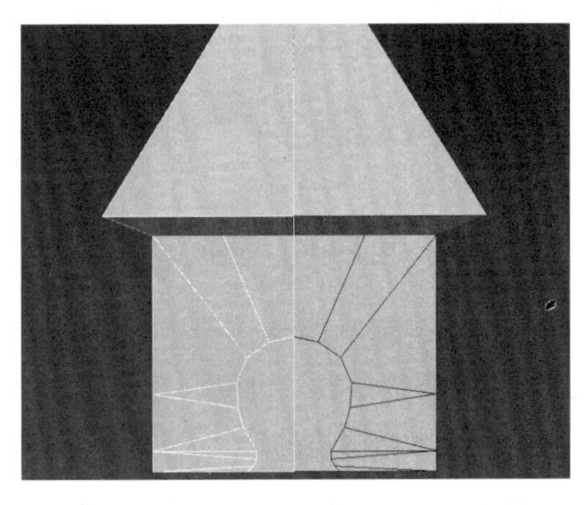

图 2－161　加线

图 2－162　删面

（11）选择边，向内 Shift 拖曳鼠标快速挤出，向内缩放（见图 2－163），调整点。选择边，继续向内收做出厚度（见图 2－164）。选择边，挤出门框（见图 2－165）。切换到房子的侧面，删除一半，复制另外一边的门，附加，焊接。

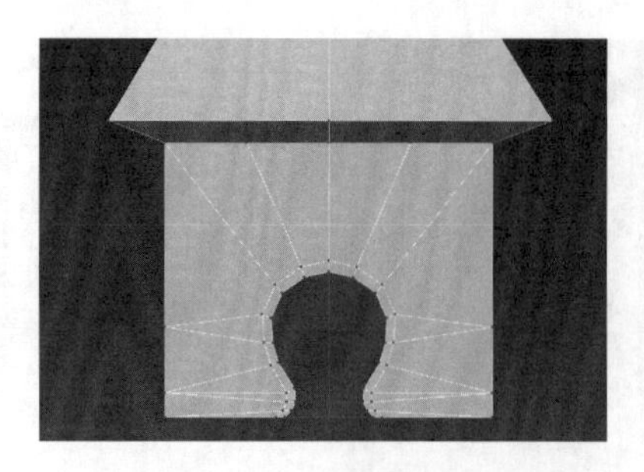

图 2－163　向内缩放

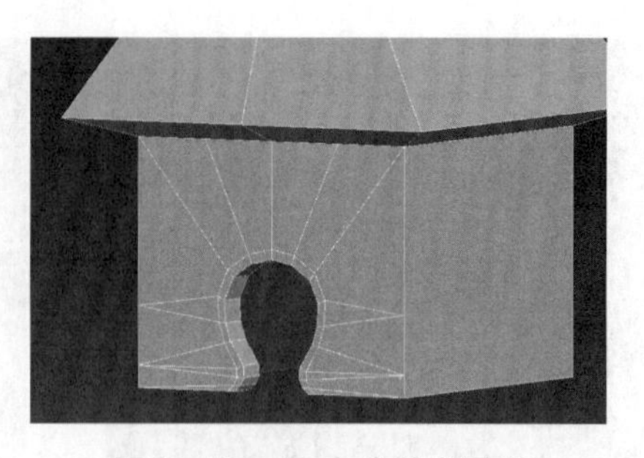

图 2－164　向内收做出厚度

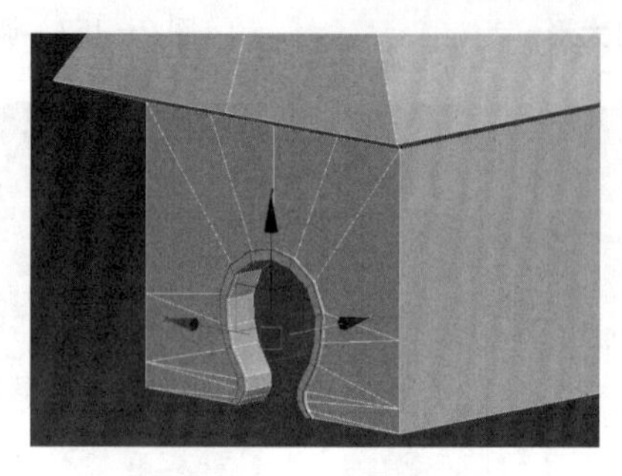

图 2－165　挤出门框

（12）创建一个长方体（见图 2－166），转换为可编辑多边形，删除看不见的面，做出结构。复制（见图 2－167）。

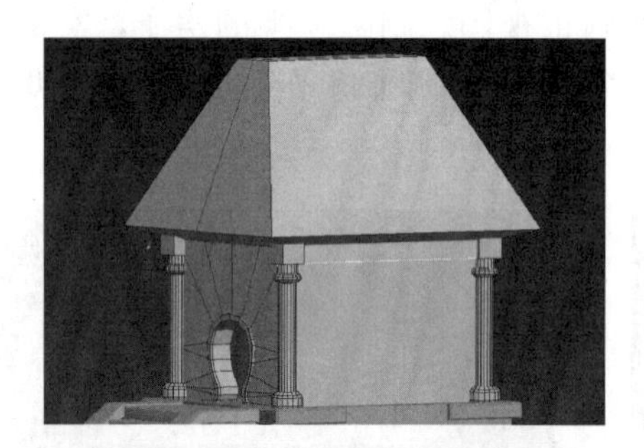

图 2－166　创建一个长方体

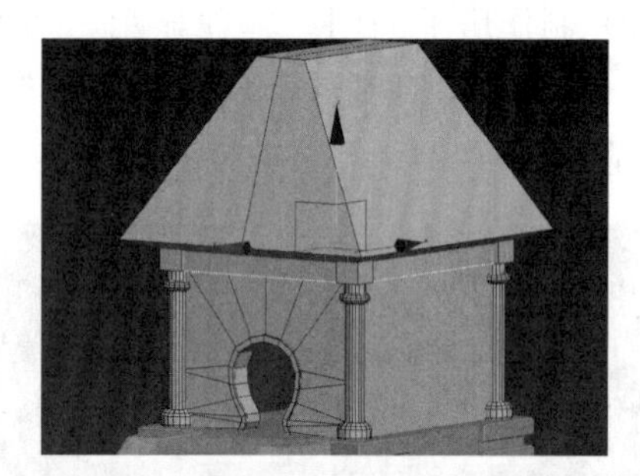

图 2－167　复制

（13）制作房顶。将制作好的屋脊、瓦铛、凹槽、瓦片复制多个，水平排列起来（见图 2－168）。附加在一起，选择 FFD（长方形），调整参数，设置点数，修改长度宽度高度为 8×8×8（见图 2－169）。选中晶格点，调整屋檐两边的形状（见图 2－170）。

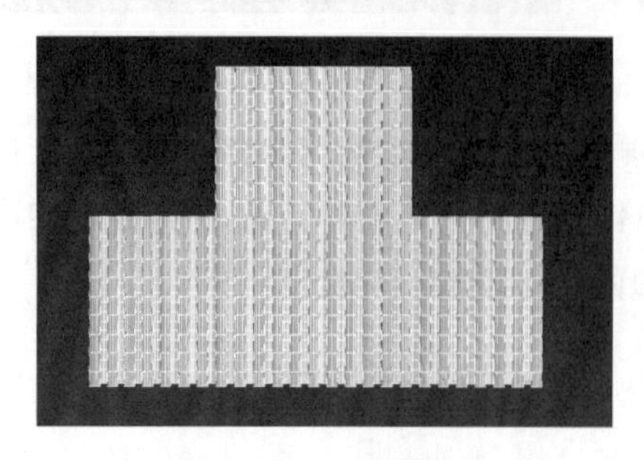

图 2－168　水平排列

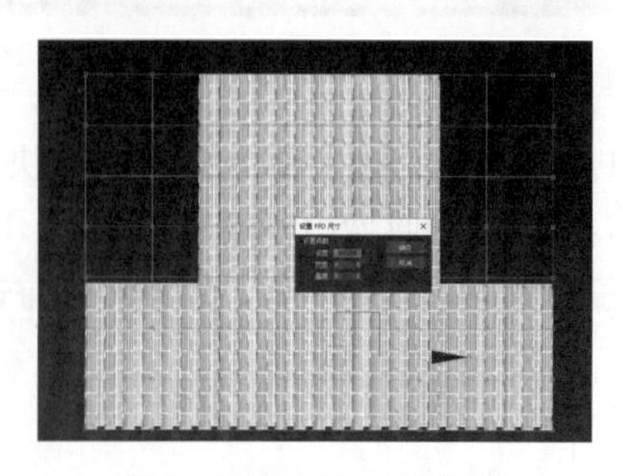

图 2－169　FFD（长方形）

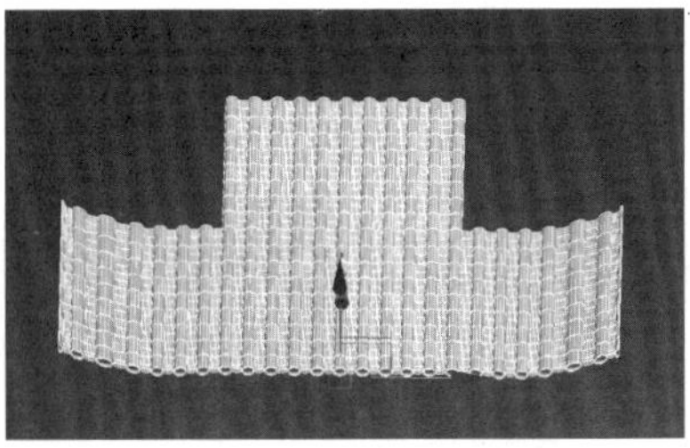

图 2-170 调整两边造型

（14）改变坐标轴的位置到最后，调整角度，使用“弯曲”命令，修改角度和方向的参数，调整弯曲的角度（见图 2-171）。选择面，FFD4×4×4，选择晶格点调整造型（见图 2-172）。

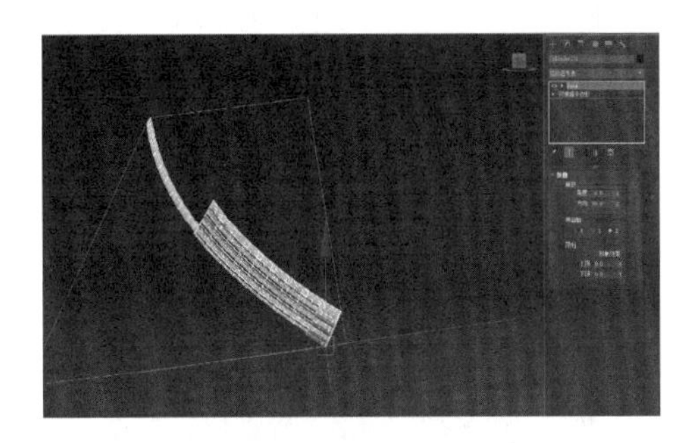

图 2-171 弯曲

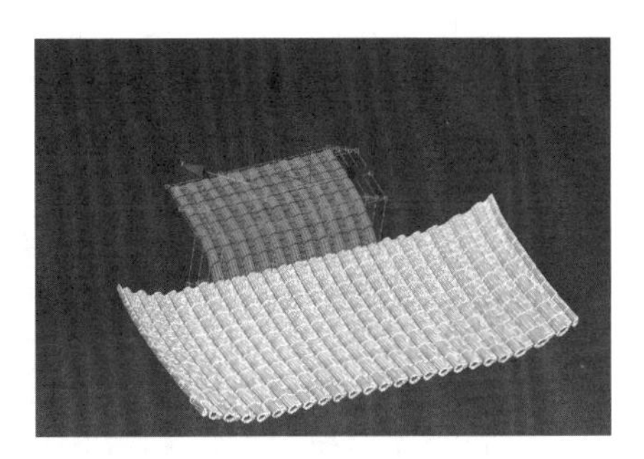

图 2-172 FFD 调整造型

（15）实例的效果见图 2-173。选择元素，复制（见图 2-174），分离。调整瓦片位置（见图 2-175）。同理，实例到房子另一边（见图 2-176）。

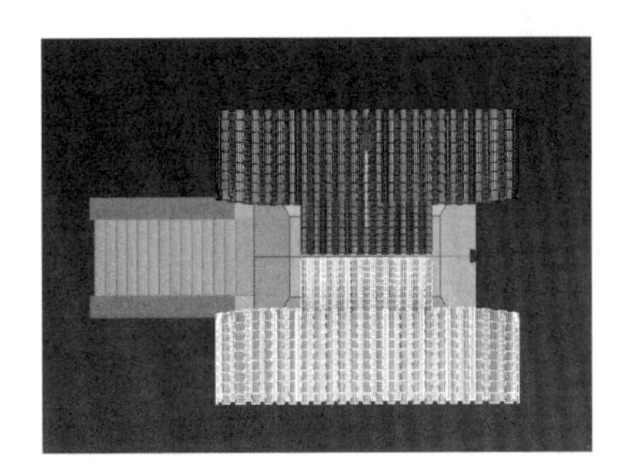

图 2-173 实例的效果

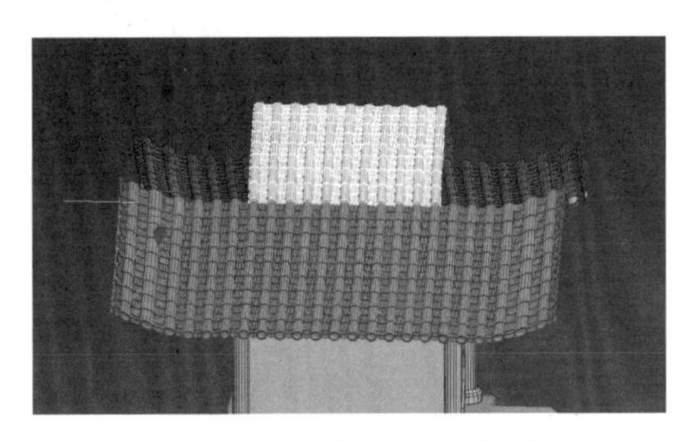

图 2-174 选择元素，复制

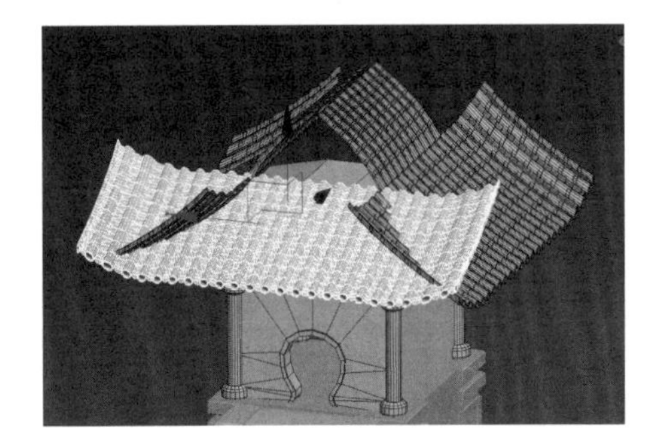

图 2-175 调整瓦片位置

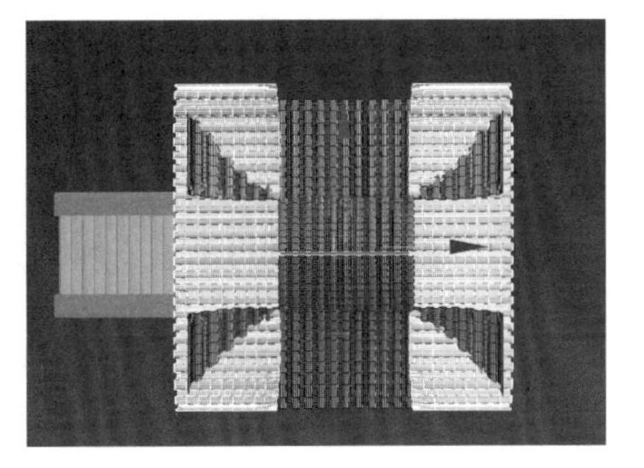

图 2-176 实例到另外一边

（16）使用“快速切片”，加线，删除多余的面，整理房顶瓦片的结构（见图 2－177）。整理房顶的大小，复制垂脊，调整位置（见图 2－178）。

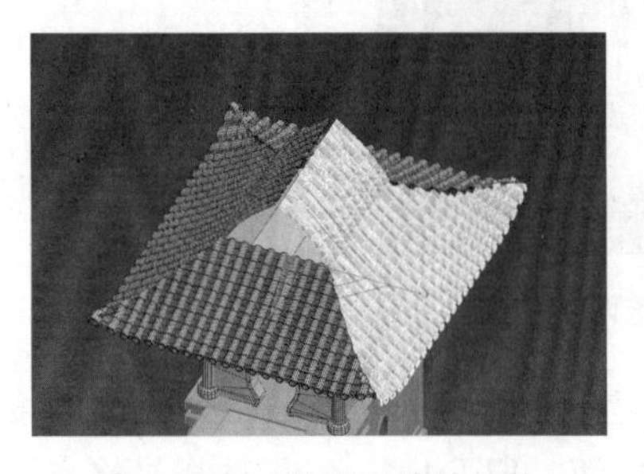

图 2－177　整理瓦片的结构

图 2－178　调整垂脊的位置

（17）完善房顶的结构。创建一个圆柱体，修改段数为 1，边数为 12，连接点（见图 2－179）。删除下半圆，调整结构（见图 2－180）。选择面，插入，向内挤出，插入面再次向内挤出（见图 2－181）。

图 2－179　连接点

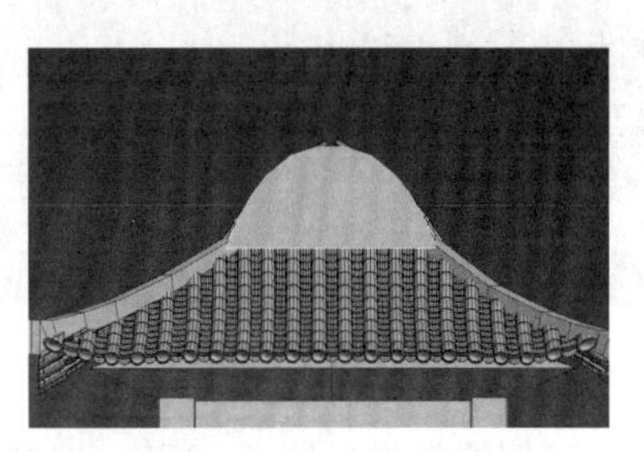

图 2－180　调整结构

图 2－181　不断向内挤出

（18）继续制作结构，创建一个长方体，通过加线调整结构（见图 2－182）。复制出另外一半，焊接点，切角。附加在一起，将结构复制到房子另一边（见图 2－183）。

图 2－182　调整一半的结构

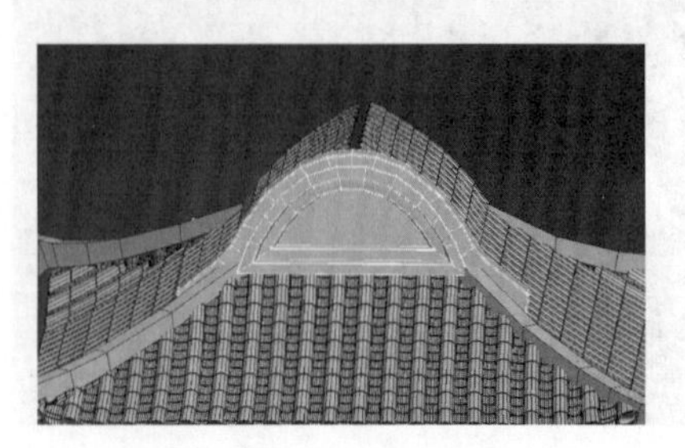

图 2－183　复制另外一半

（19）将房子上的结构都附加在一起，结合房子下面的结构，使用 FFD 调整房顶的大小比例（见图 2－184）。

（20）接下来制作房子的正脊。创建一个长方形，转化为可编辑多边形，加线调整造型（见图 2－185）。挤出面，调整造型（见图 2－186），选择边，切角。

图 2－184　调整整体的大小比例

图 2－185　加线调整造型

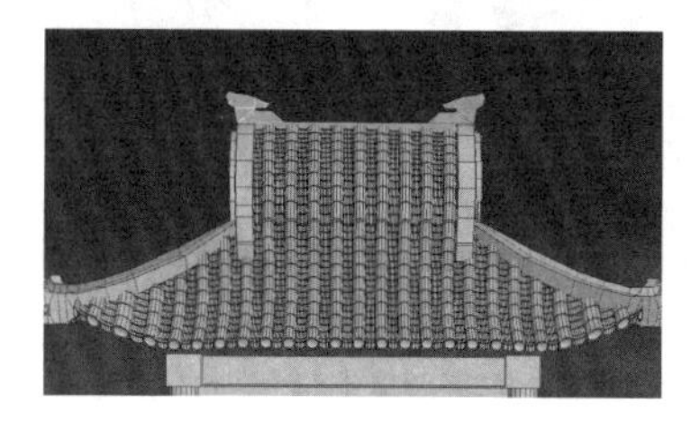

图 2－186　挤出面，调整造型

（21）创建一个球体，压缩，删除上面的面，选择边，挤出葫芦的形状（见图 2－187）。复制到另外一边。

（22）附加模型，拖曳材质球，完成（见图 2－188）。

图 2－187　做出葫芦的形状

图 2－188　完成

7. 房屋的制作 2

（1）制作中间的大房子。先创建一个长方体，转化为可编辑多边形，制作出房子的简单框架（见图 2－189），再逐步细化。

（2）制作墙上的凹凸结构。墙上的四个角都有凹凸纹理，只做四分之一，再进行复制。先将下半部分分离出来，在侧面、正面分别加上中线（见图 2－190）。切换到左视图，删除一半，实例。根据结构，继续加线（见图 2－191）。选择面，挤出（见图 2－192）。

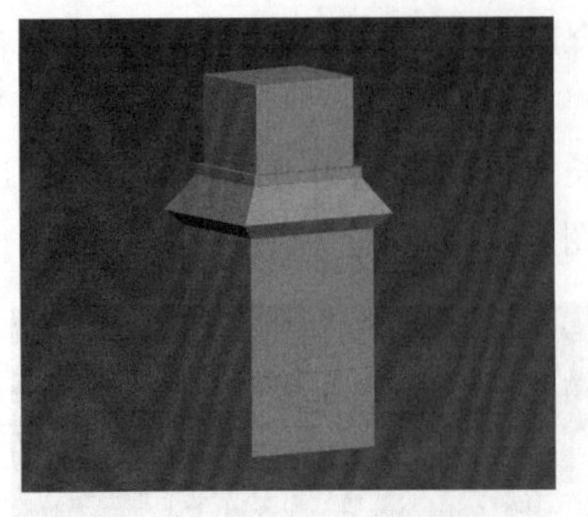

图 2－189　房子的框架

图 2－190　加上中线

图 2－191　继续加线

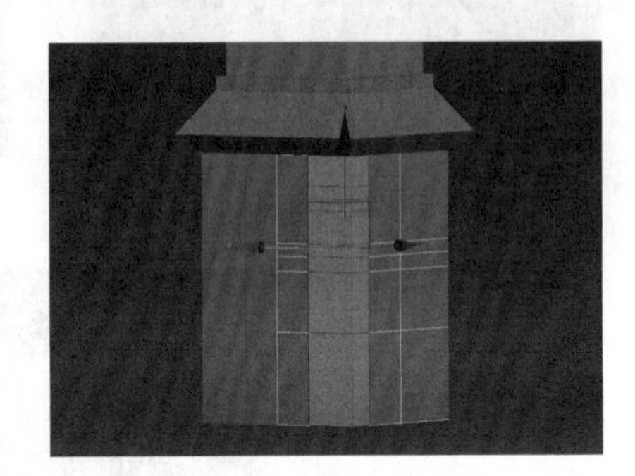

图 2－192　选择面，挤出

（3）继续做墙上的凹凸结构。选择面，挤出（见图 2－193）。选择边，切角。调整挤出的造型（见图 2－194）。

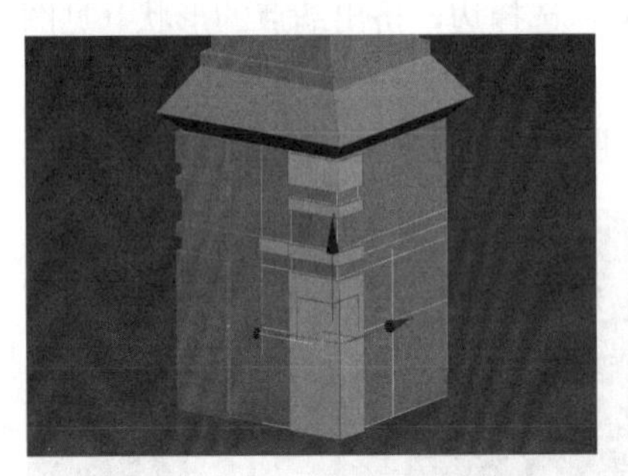

图 2－193　选择面，挤出

图 2－194　调整造型

（4）加线，做出门的结构（见图 2－195）。调整点，删除面，选择边，向内挤出门（见图 2－196）。加线，向内挤出，继续挤出，制作出下面的门（见图 2－197）。

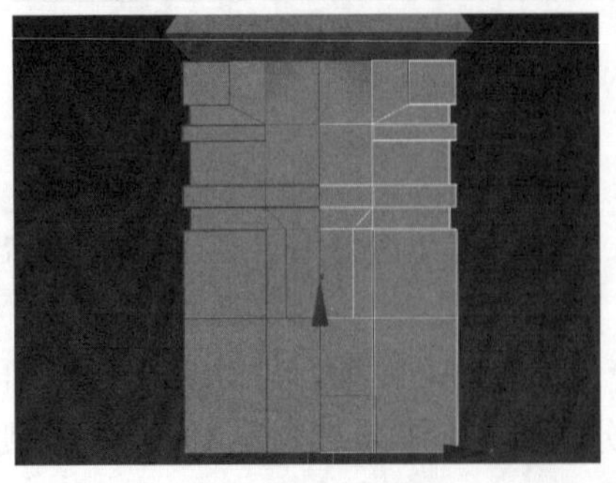

图 2－195　加线

图 2－196　向内挤出门

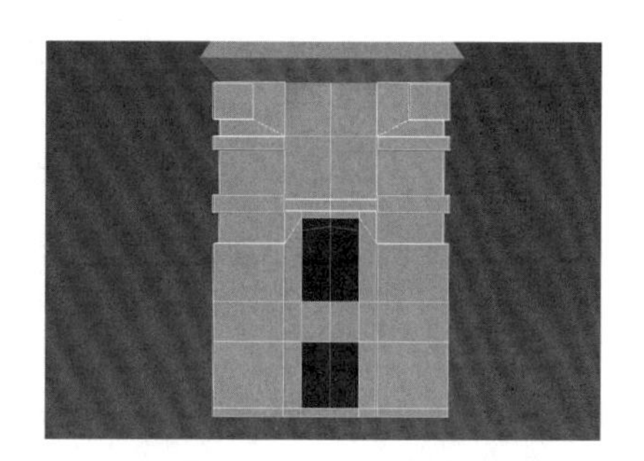

图 2-197 制作出下面的门

（5）转化为可编辑多边形，附加，焊接点。切换至正视图（见图 2-198），删除一半，复制另外一半，这样墙的凹凸结构就完成了（见图 2-199）。

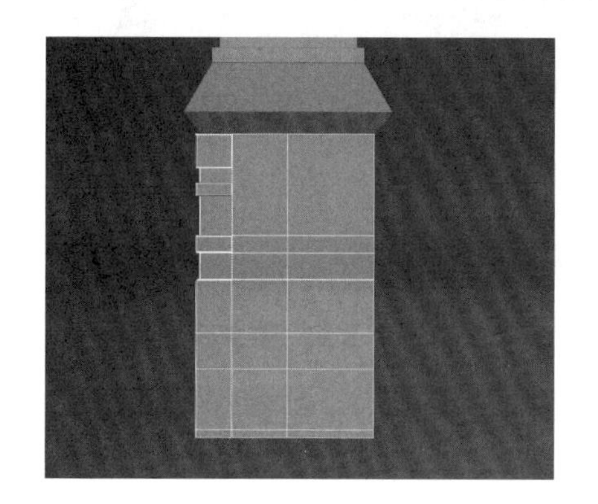

图 2-198 切换至正视图

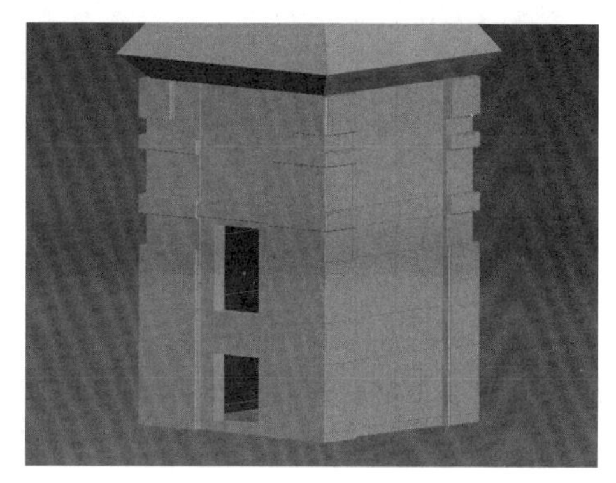

图 2-199 墙的凹凸完成

（6）继续制作门。切换到正视图，加线（见图 2-200），删面，选择边，向内挤出门。选择房子的下半部分，在修改器列表中找到“壳”（见图 2-201），调整参数中的内部量，转化为可编辑多边形。

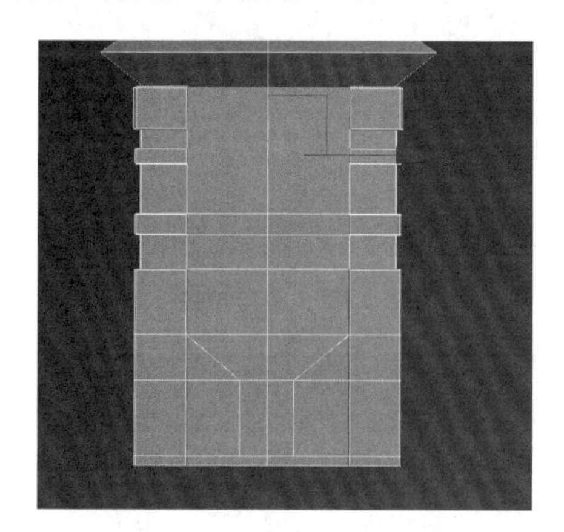

图 2-200 加线

图 2-201 “壳”命令

（7）接下来复制之前制作的屋檐，调整（见图 2-202）。

（8）继续做上一层的结构。挤出柱子的结构，复制（见图 2-203）。创建一个长方体，制作梁（见图 2-204），复制梁，调整位置，附加在一起（见图 2-205）。

图 2-202　调整屋檐

图 2-203　制作柱子

图 2-204　制作梁

图 2-205　复制，附加在一起

（9）制作梁上的装饰物。创建一个圆柱体（见图 2-206），删除面，选择边，向内收缩，塌陷。选择边，切角。

（10）制作护栏。创建多个圆柱体（见图 2-207），进行排列。附加在一起，复制（见图 2-208），调整。继续制作结构（见图 2-209），创建一个长方形，切角，复制。

图 2-206　创建一个圆柱体

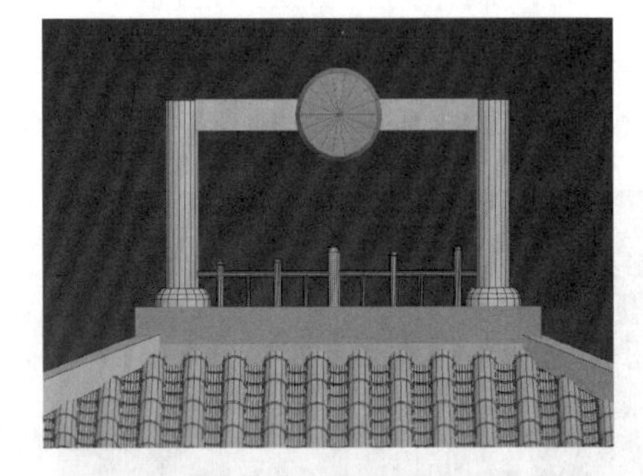
图 2-207　制作护栏

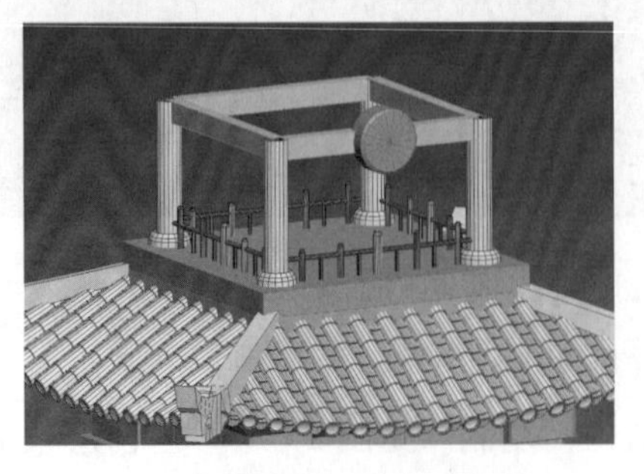
图 2-208　复制

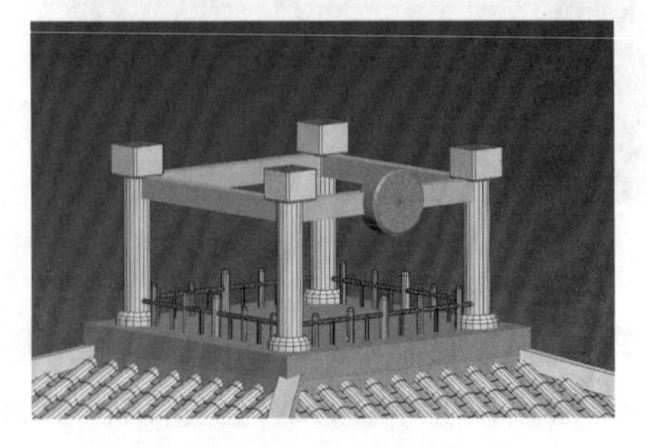
图 2-209　制作结构

（11）制作房顶。先用长方体制作出房顶的大致框架（见图 2－210）。复制制作好的屋脊、瓦铛、凹槽、瓦片多个，水平排列起来（见图 2－211）。使用 FFD 调整，使两边和中间微翘（见图 2－212）。转化为可编辑多边形。切换到侧视图，调整坐标轴（见图 2－213），再用弯曲命令进行弯曲（见图 2－214）。

（12）转化为可编辑多边形，使用 FFD 调整弯曲的弧度。实例另外一半，效果见图 2－215。制作另外两片房顶，将瓦片有规律地排列起来（见图 2－216），进行弯曲变形，再用 FFD 调整（见图 2－217），转化为可编辑多边形，实例另外一半。

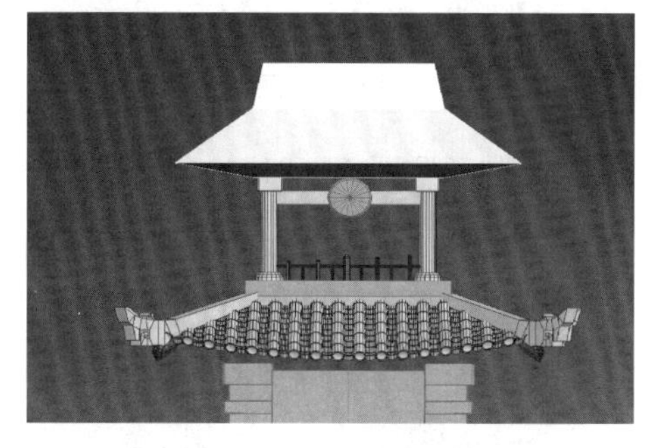

图 2－210 房顶的大致框架

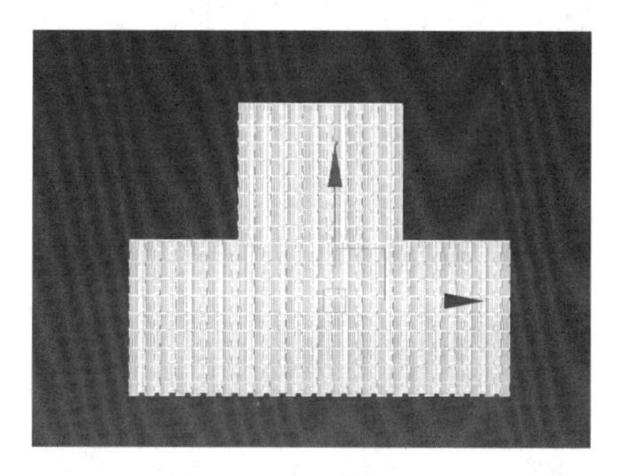

图 2－211 水平排列

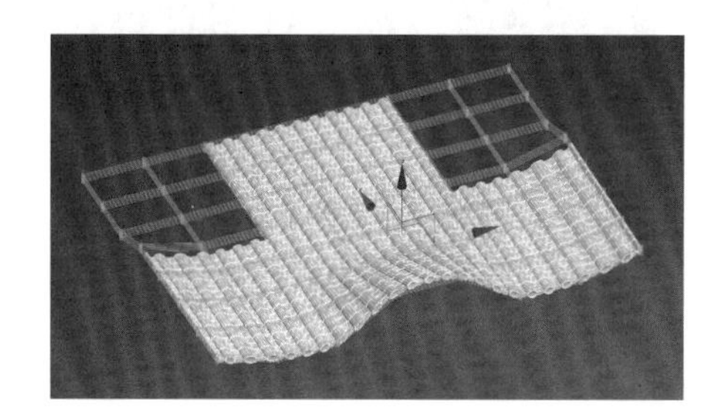

图 2－212 用 FFD 调整

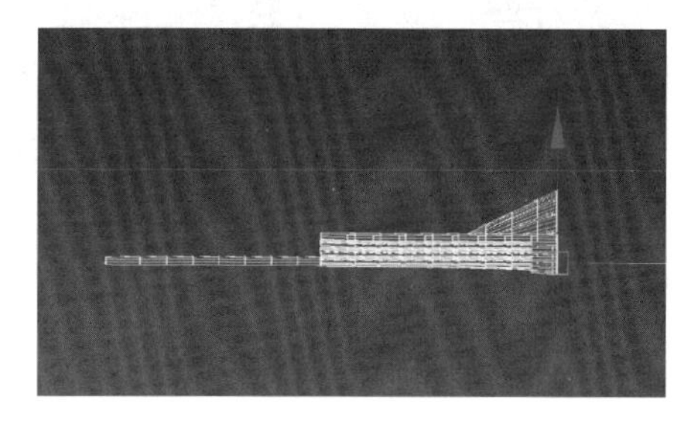

图 2－213 调整坐标轴

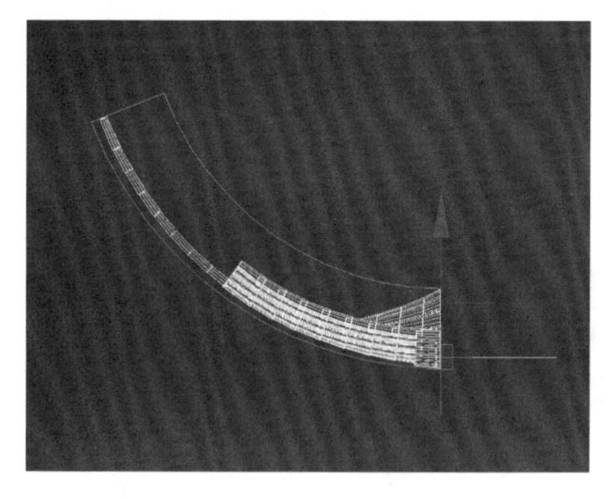

图 2－214 弯曲

图 2－215 实例的效果

图 2-216　排列起来（顶视图）

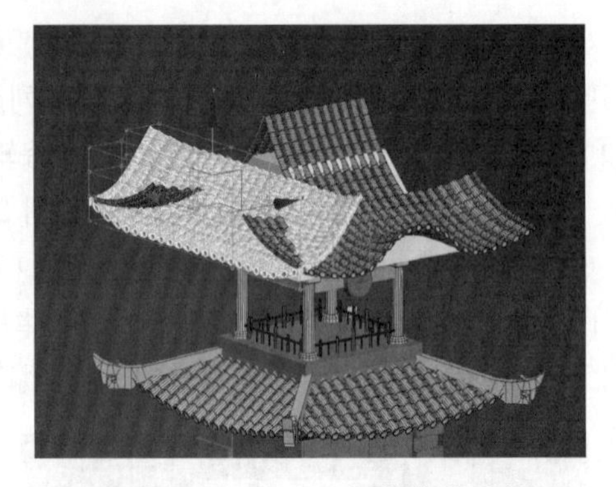

图 2-217　用 FFD 调整弯曲弧度

（13）使用切片工具，删除多余的面，整理结构（见图 2-218）。复制垂脊（见图 2-219），调整位置。

图 2-218　整理结构

图 2-219　复制垂脊

（14）继续完善房顶的结构。创建一个长方体，调整成三角形的造型。选择面，插入，向内挤出，重复操作，挤出造型（见图 2-220）。继续制作结构，创建一个长方体，通过加线调整结构（见图 2-221）。复制另外一半，焊接在一起。将结构进行附加，复制到房顶的另外一边（见图 2-222）。

（15）复制制作好的模型上的正脊（见图 2-223），调整。

图 2-220　挤出造型

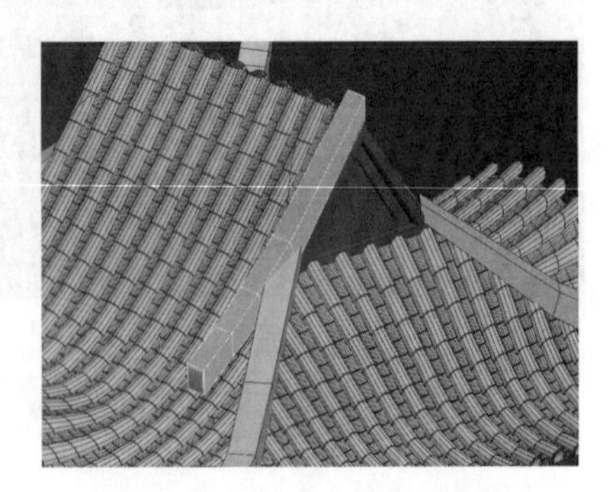

图 2-221　加线调整结构

图 2-222　复制

图 2-223　复制正脊

（16）制作房子前面的屋檐结构。创建长方体，通过加线调整造型，制作出框架（见图 2-224）。然后将制作好的屋脊、瓦铛、凹槽、瓦片复制多个，按照需求水平排列起来（见图 2-225）。

图 2-224　制作屋檐的框架

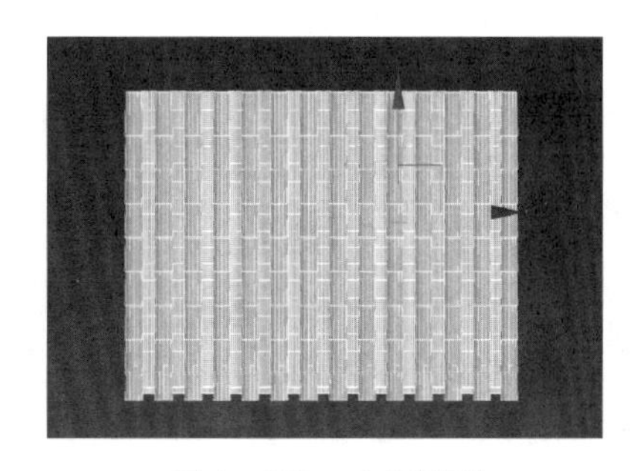
图 2-225　水平排列

（17）将坐标轴调整至最边上，使用“弯曲”命令，调整弯曲的弧度（见图 2-226）。用 FFD 命令继续调整弧度，对称复制，对屋檐的框架也进行加线调整（见图 2-227）。附加在一起，复制到下一层，调整（见图 2-228）。

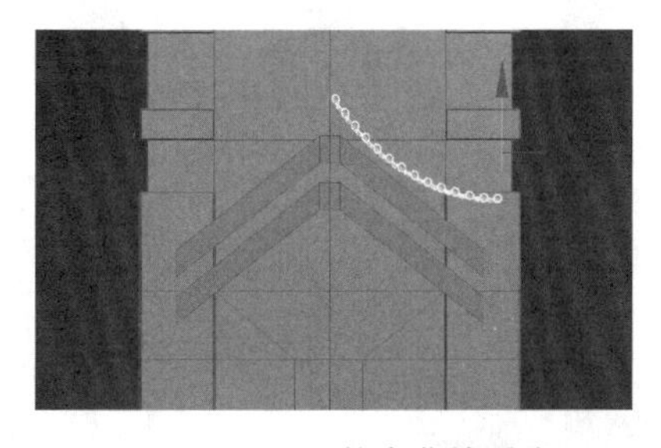
图 2-226　调整弯曲的弧度

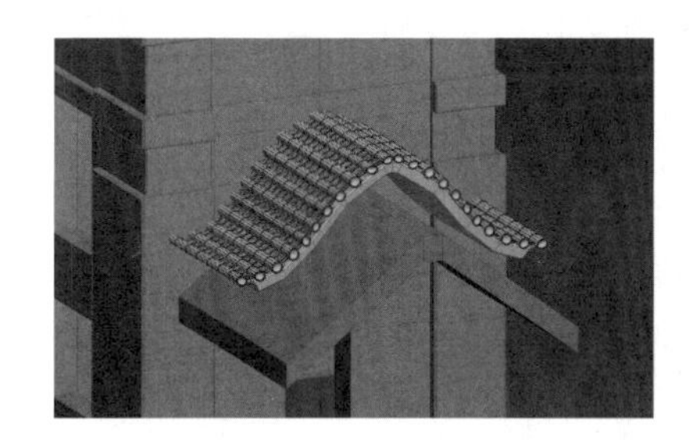
图 2-227　加线调整

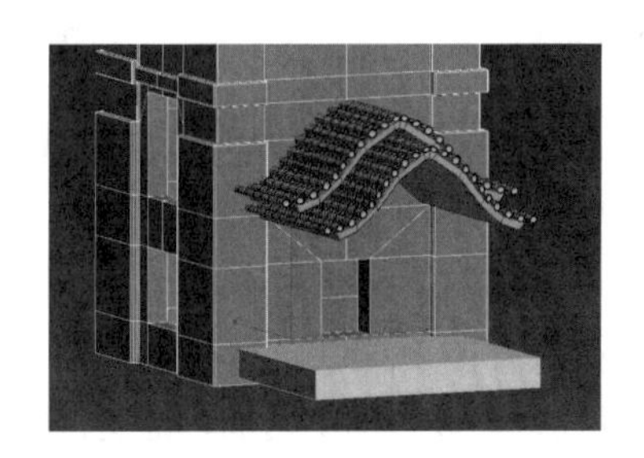
图 2-228　复制并调整

（18）接下来制作屋檐上的脊。创建一个长方体，加线，挤出（见图 2－229），选择边，切角。继续制作，创建一个长方形，加线，挤出，调整造型（见图 2－230）。继续制作结构，加线，调整垂脊的造型（见图 2－231）。复制其余垂脊到屋檐上（见图 2－232），调整造型。

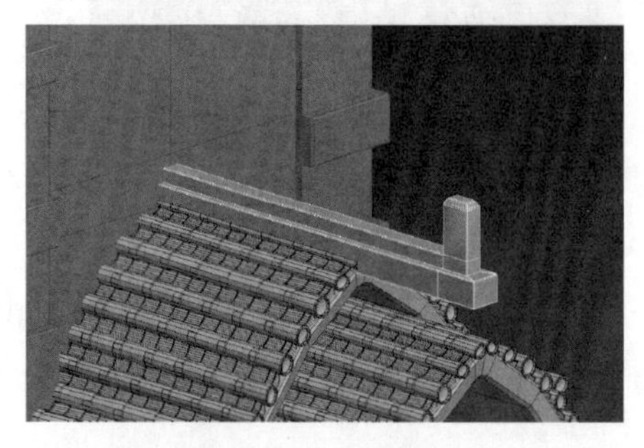

图 2－229　加线挤出

图 2－230　调整造型

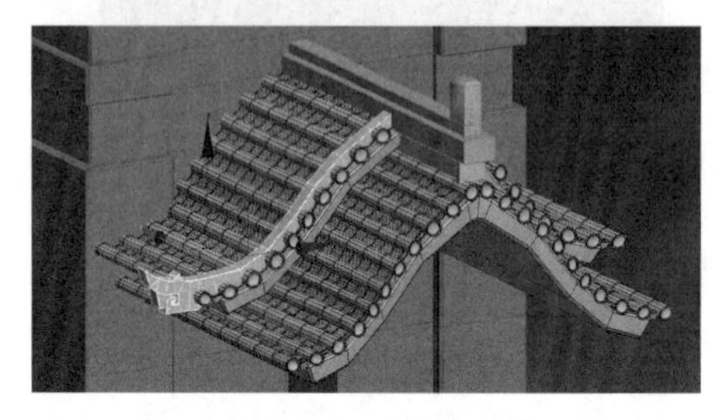

图 2－231　调整垂脊

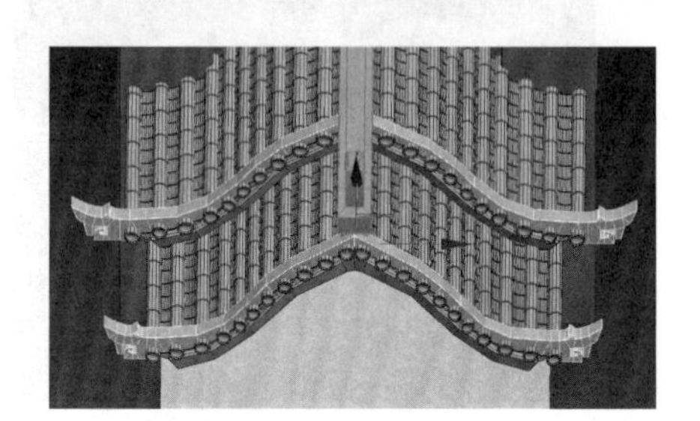

图 2－232　复制垂脊

（19）接下来制作柱子。复制房子顶层的柱子，调整造型（见图 2－233）。复制（见图 2－234）。

图 2－233　制作柱子

图 2－234　复制

（20）继续完善结构。创建一个长方体，加线调整造型（见图 2－235）。创建一个长方体调整结构，删除看不见的面，调整（见图 2－236）。复制多个（见图 2－237），调整。

（21）制作地板的结构，在长方体上加线，选择面，挤出，切角（见图 2－238）。

（22）调整整体结构，整理线条。该附加的附加，拖曳材质球。完成（见图 2－239）。

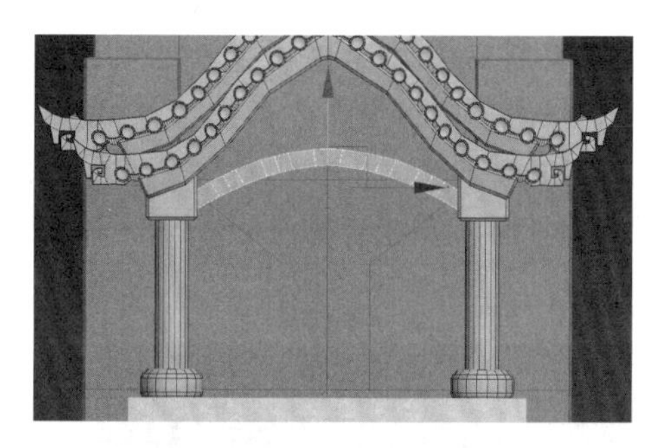

图 2-235　加线调整造型

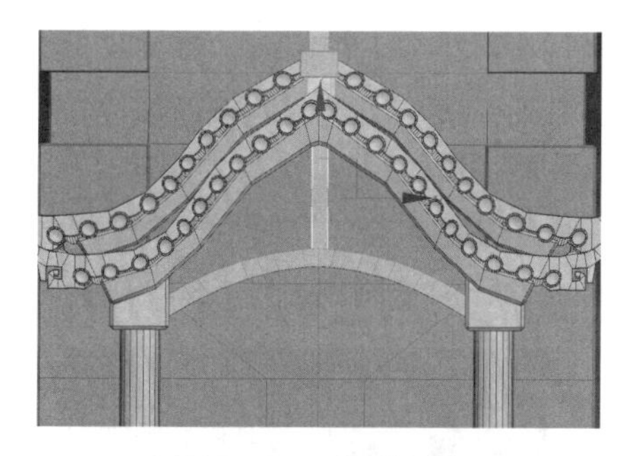

图 2-236　调整结构

图 2-237　复制

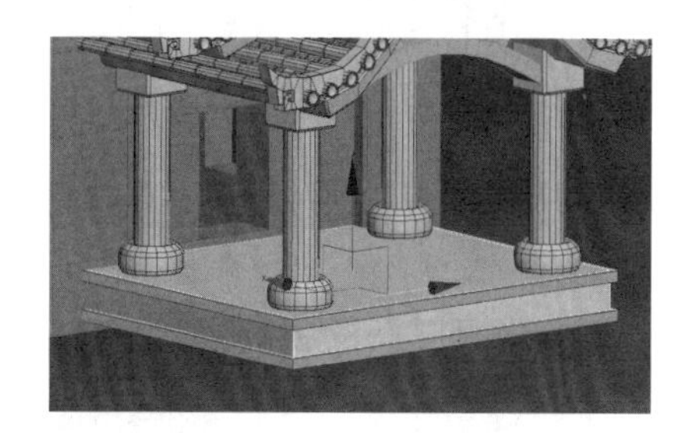

图 2-238　地板的细化

图 2-239　完成

8. 房屋之间的连接

（1）全部取消隐藏，按照大场景的框架摆放，将制作好的模型进行整合（见图 2-240），删除框架。因为大场景是左右对称的，所以我们只要制作一半，再复制另一半。

（2）整合完毕后，独立显示房子（1）和房子（2），隐藏其余部分。制作连接房子与房子之间的过道。创建一个长方体，将房子与房子对接起来（见图 2-241），调整。

图 2-240　模型的整合

图 2-241　将房子对接起来

（3）在过道下方加上檐。排列好瓦片，使用弯曲命令调整檐弧度（见图 2－242）。复制到另外一边。给走廊的地面加线，选择面，挤出结构（见图 2－243），切线。

（4）制作栏杆。创建一个长方形，删除最上面的面，选择边，挤出结构（见图 2－244），切角，均匀复制多个（见图 2－245）。继续添加结构，创建长方体，切角，制作栏杆（见图 2－246）。复制到另外一边。

图 2－242　调整檐弧度

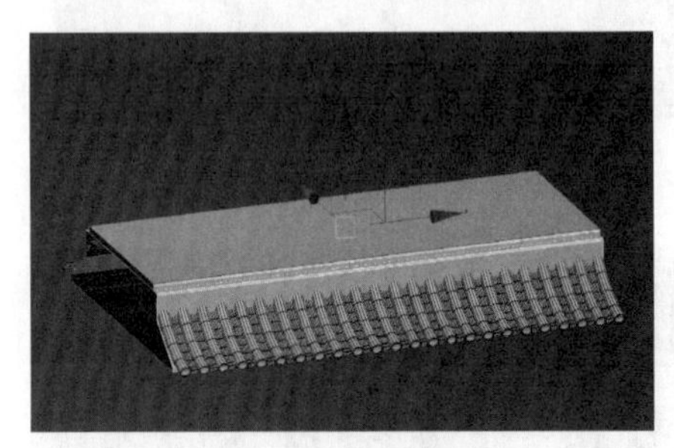

图 2－243　挤出面

图 2－244　挤出结构

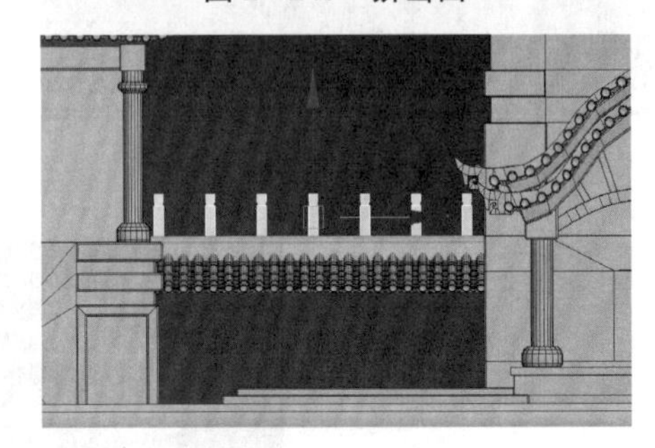

图 2－245　复制多个

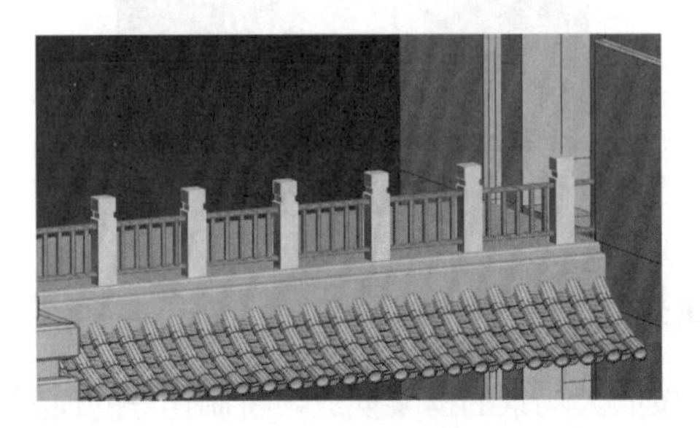

图 2－246　制作栏杆

（5）制作门旁边的柱子（见图 2－247）。复制到门的另外一边。继续完善结构（见图 2－248）。

图 2－247　柱子

图 2－248　完善结构

（6）接下来制作过道下面的结构，创建一个长方体作为地面（见图 2—249）。加线调整结构（见图 2—250）。添加柱子和栏杆的结构（见图 2—251）。

（7）制作阶梯。删除面（见图 2—252），创建一个平面制作阶梯（见图 2—253）。

（8）附加，拖曳材质球，完成（见图 2—254）。

图 2—249　地面的创建

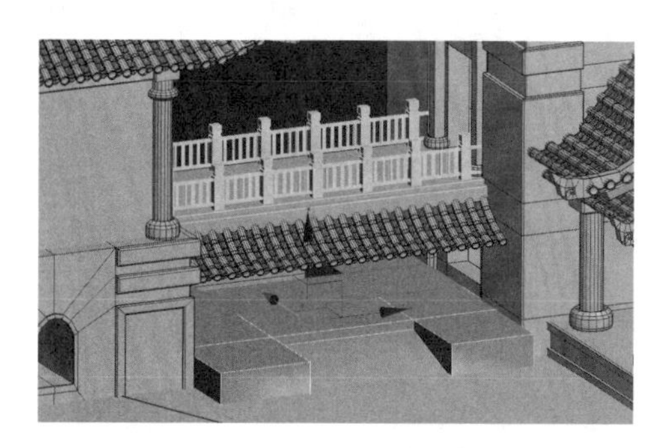

图 2—250　加线调整结构

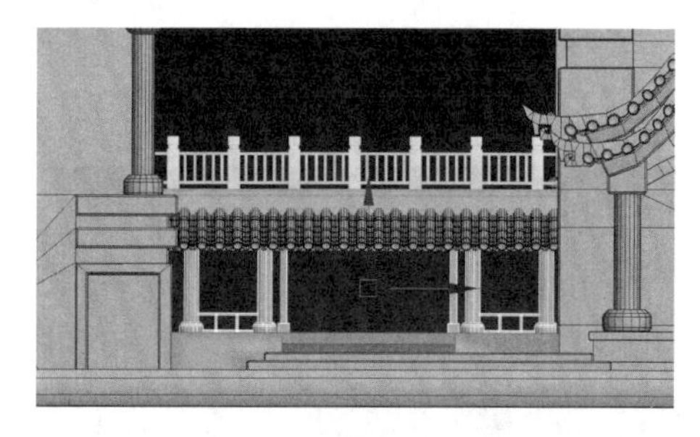

图 2—251　添加柱子和栏杆的结构

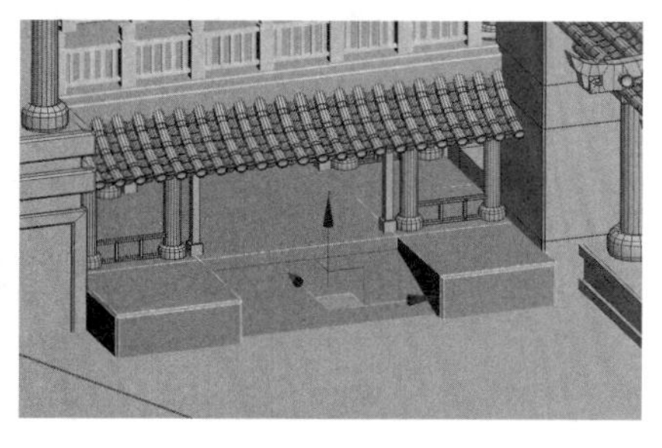

图 2—252　删除面

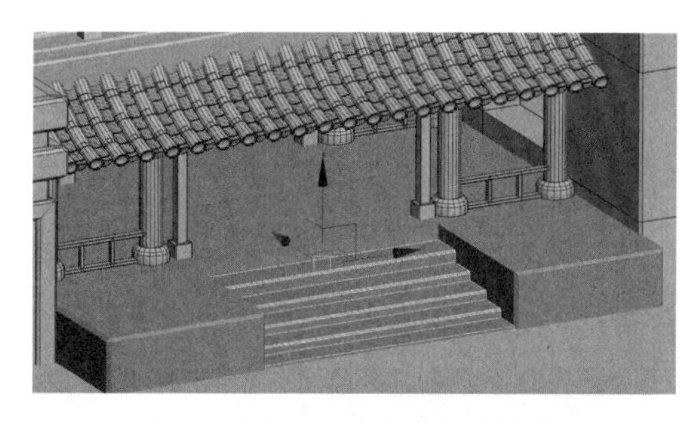

图 2—253　创建平面制作阶梯

图 2—254　完成

9. 长廊的制作

（1）制作房屋（1）与塔（1）之间的长廊。先搭建一个长廊大致的框架（见图 2—255）。

（2）制作廊檐。将制作好的屋脊、瓦铛、凹槽、瓦片复制多个，水平排列起来（见图 2—256）。使用弯曲命令调整弯曲的弧度（见图 2—257）。

（3）转化为可编辑多边形，复制到另外一边。调整里面框架的造型，保留并调整上面的结构，删除下边的面（见图 2—258）。制作柱子的结构（见图 2—259）。复制多个，调整位置（见图 2—260）。

图 2-255　搭建长廊的框架

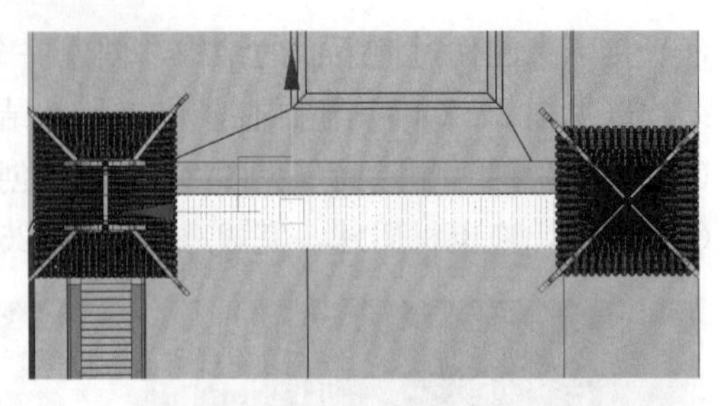
图 2-256　水平排列

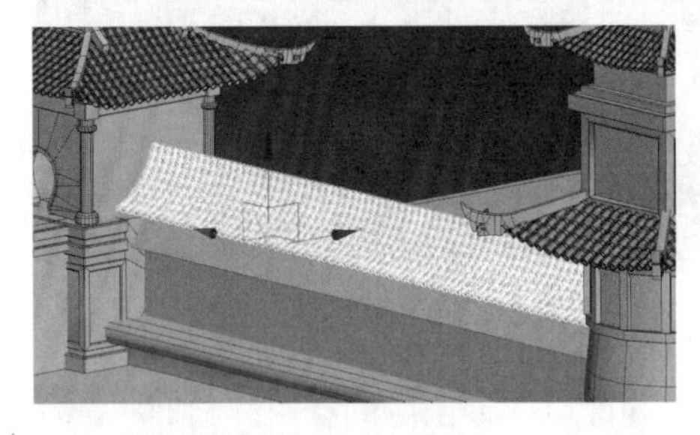
图 2-257　弯曲命令

图 2-258　删除框架下边的面

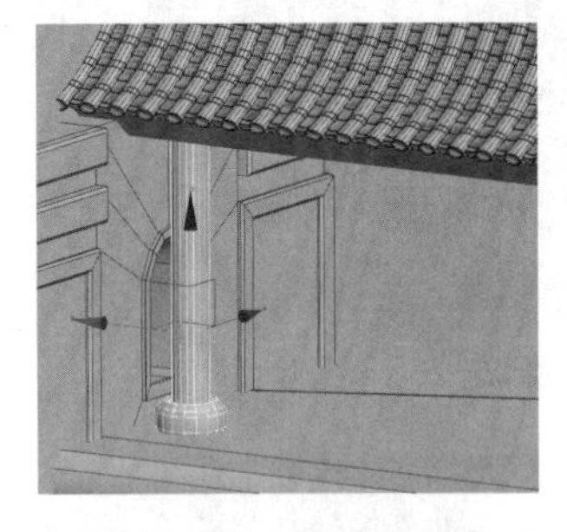
图 2-259　柱子的制作

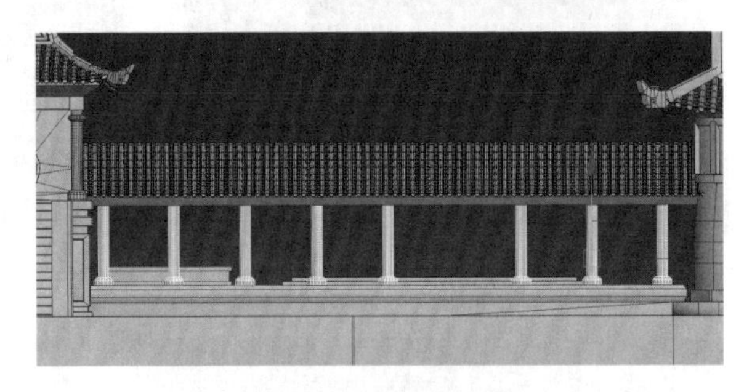
图 2-260　调整位置

（4）添加栏杆。先创建一个长方形作为横向的栏杆。再创建两个竖向的长方体，作为栏杆的柱子，调整位置（见图 2－261）。复制多个，调整。将栏杆和柱子附加在一起，对称复制到另外一边，按照需求复制多个（见图 2－262）。

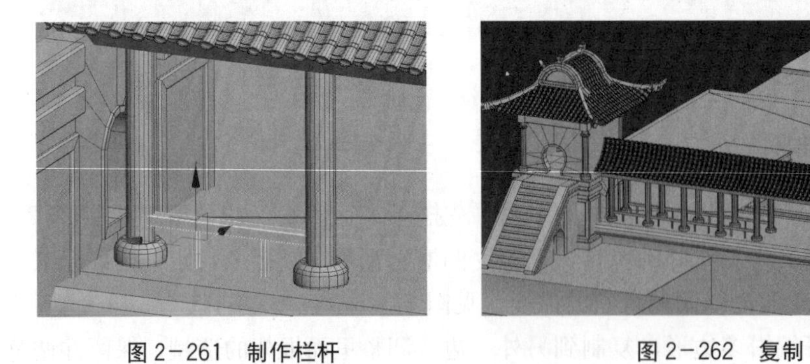
图 2-261　制作栏杆

图 2-262　复制

（5）制作长廊的正脊。创建一个长方形，删除一半，实例。加线，调整造型（见图 2－263）。加线，挤出结构（见图 2－264）。转化为可编辑多边形，附加，焊点。

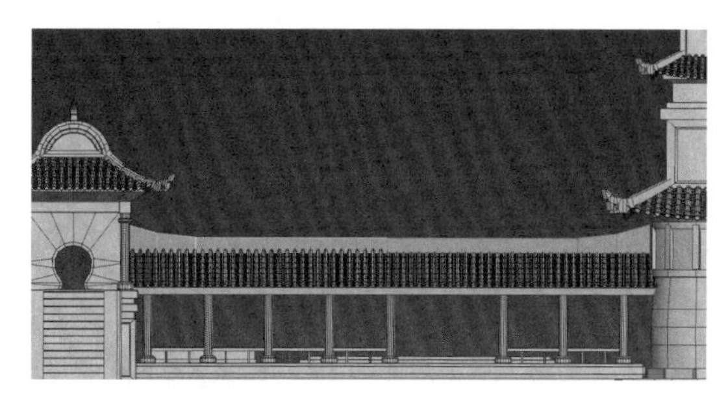

图 2-263 加线调整造型

图 2-264 挤出结构

（6）附加，完成（见图 2—265）。

10. 桥的制作

（1）桥的制作。创建一个长方体（见图 2—266）。加线，调整结构（见图 2—267）。选择面，插入，挤出结构（见图 2—268），切角。

图 2-265 完成

图 2-266 创建一个长方体

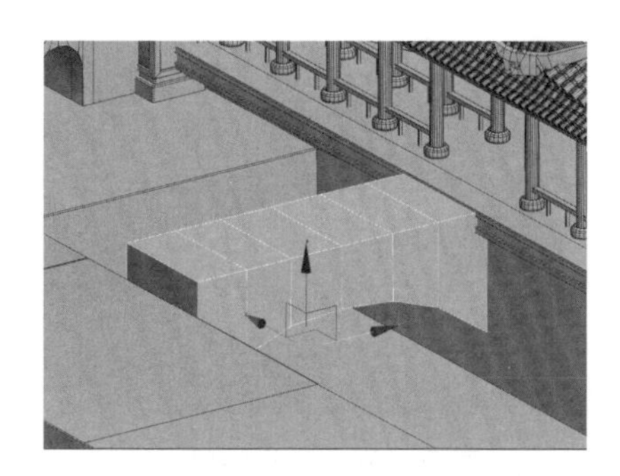

图 2-267 加线调整结构

图 2-268 挤出结构

（2）制作桥上的护栏。创建一个圆柱体作为护栏的柱子，删除上下底面，挤出结构（见图 2—269）。复制多个，有规律地排列。再创建一个长方形作为栏杆，贯穿柱子，调整位置。将柱子和栏杆附加在一起，复制到另外一边（见图 2—270）。

（3）台阶的制作。创建长方体制作台阶的挡板，再创建平面，加线，调整，制作阶梯（见图 2—271），切角。附加，完成（见图 2—272）。

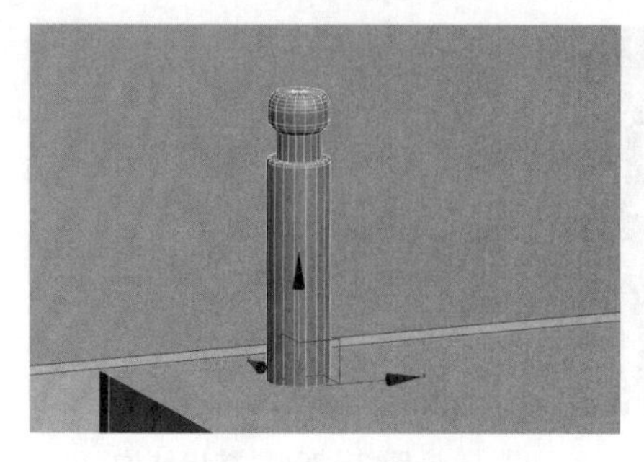

图 2-269　挤出结构

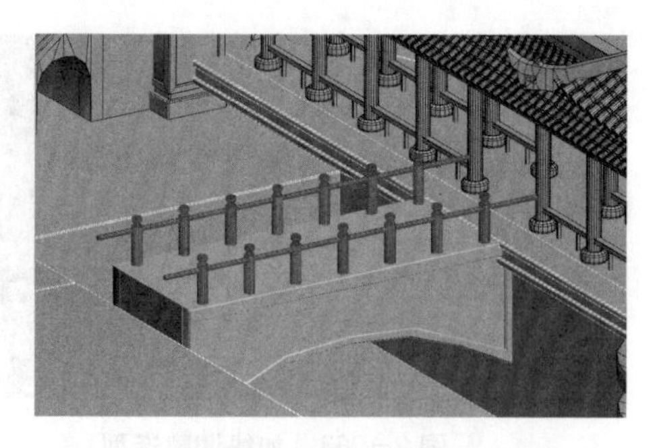

图 2-270　复制

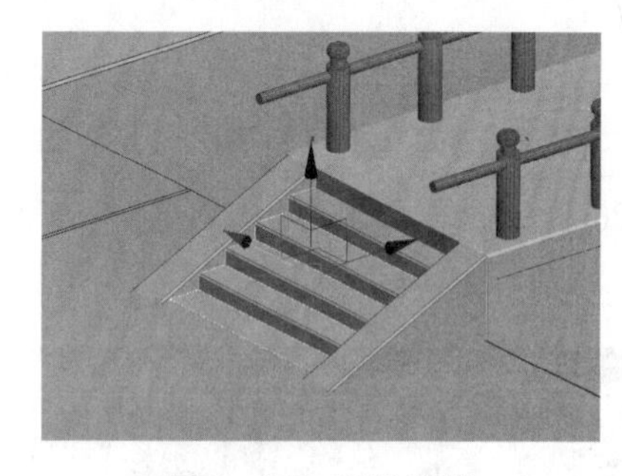

图 2-271　制作阶梯

图 2-272　完成

11. 大楼梯的制作

（1）大梯子的制作。创建一个长方体，加线，调整（见图 2-273）。继续加线（见图 2-274）。选择侧面的最内层的面，向内挤出，选择面，向外挤出，调整造型（见图 2-275）。

图 2-273　加线，调整

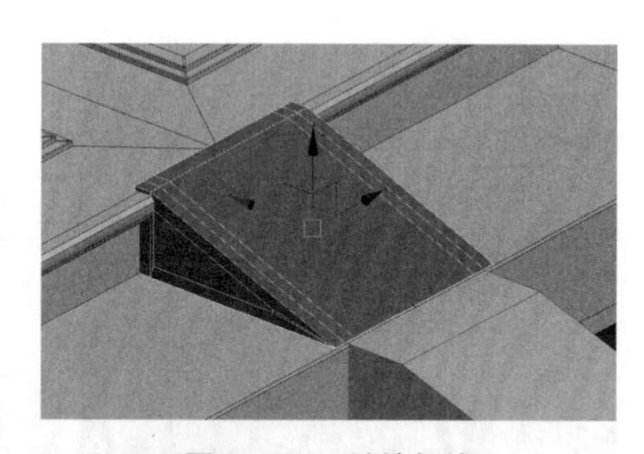

图 2-274　继续加线

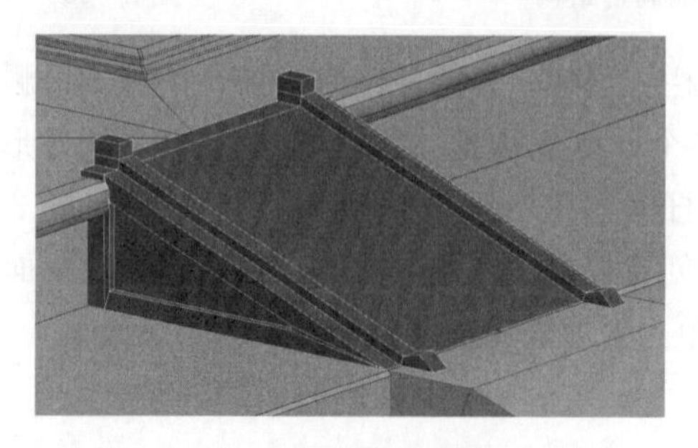

图 2-275　挤出造型

（2）创建一个长方形，调整造型，选择面，插入，向内挤出（见图 2—276）。选择面，删除（见图 2—277）。创建平面，加线，制作阶梯（见图 2—278）。复制到另外一边，附加在一起，切角（见图 2—279）。

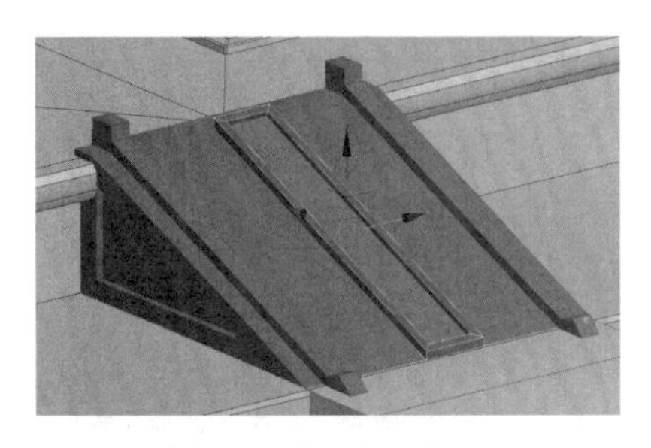

图 2-276 向内挤出

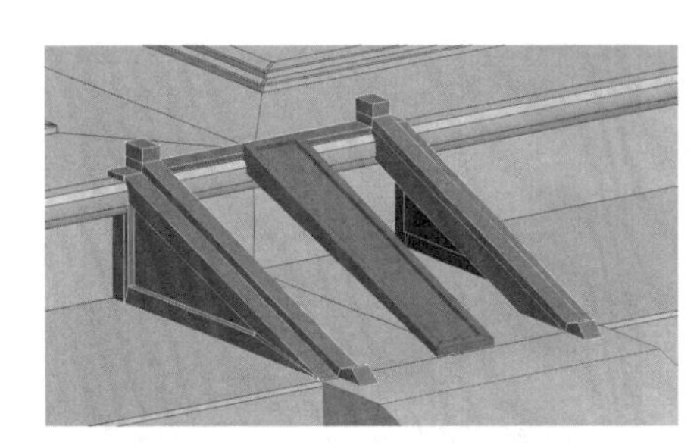

图 2-277 删除面

图 2-278 制作阶梯

图 2-279 切角

（3）制作下面一个梯子。先创建一个长方形，加线，调整结构（见图 2—280）。加线，调整点，制作结构（见图 2—281）。整理线条，调整结构（见图 2—282）。

图 2-280 加线，调整结构

图 2-281 加线

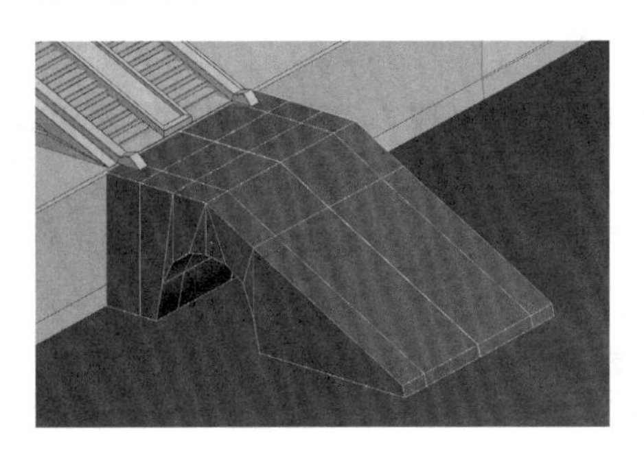

图 2-282 整理线条，调整结构

（4）调整线，选择面，向内挤出（见图 2－283），调整。选择面，删除（见图 2－284）。继续制作楼梯中间的结构（见图 2－285）。加线，调整，挤出挡板上的结构（见图 2－286）。

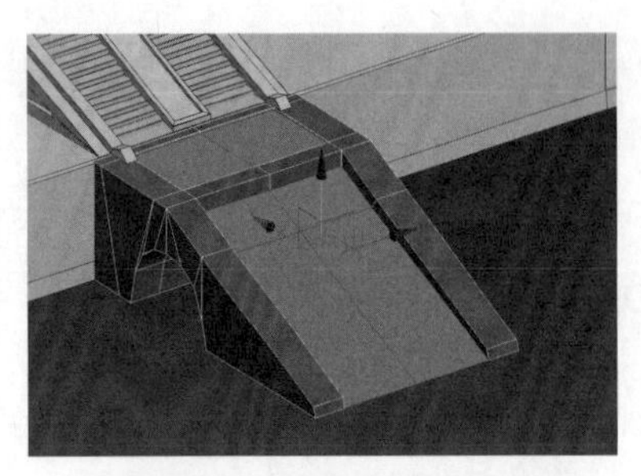

图 2－283　选择面向内挤出

图 2－284　删出面

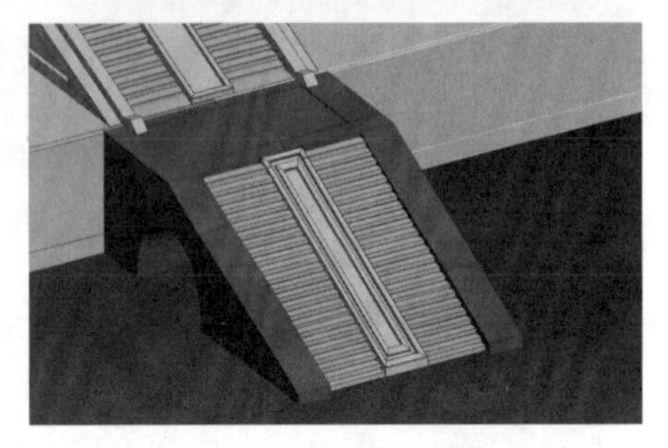

图 2－285　制作阶中间的结构

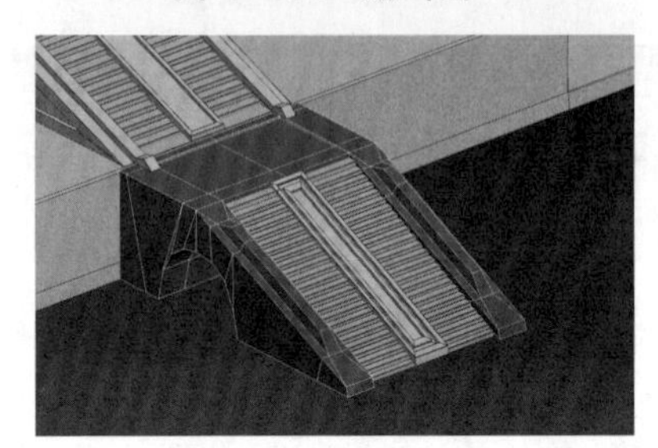

图 2－286　挤出结构

（5）附加，切角，完成（见图 2－287）。

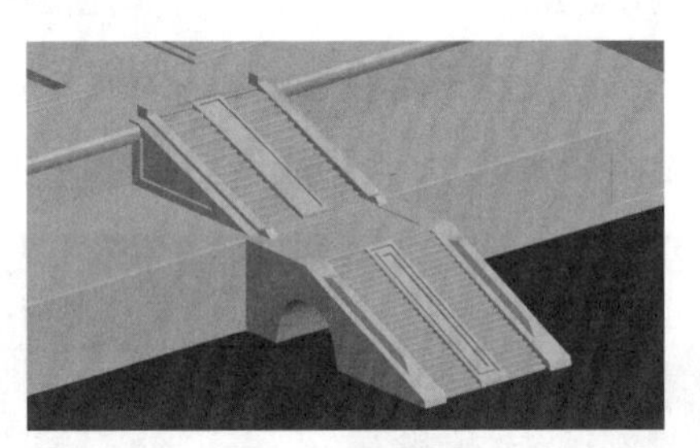

图 2－287　完成

12. 模型的整合

（1）显示所有模型，将左边模型全部打组，将坐标轴调整至中心，镜像复制到右边（见图 2－288）。

（2）完成（见图 2－289）。

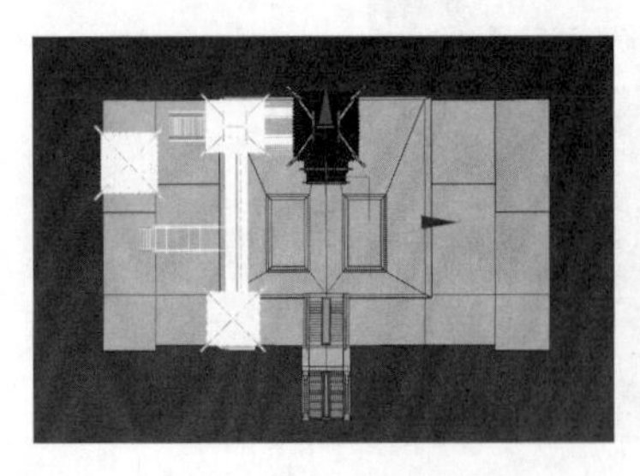

图 2－288　镜像复制

图 2－289　完成

第四节 本章小结

在学习本章的案例后，相信大家对 3ds Max 建模有了进一步的认识，接下来我们来总结一下本章的注意事项：

（1）在学游戏场景模型之前，我们先要了解游戏场景模型制作是什么。游戏场景模型制作是指根据游戏美术原画制作出游戏中的道具、场景模型。

（2）在制作模型之前我们要先分析模型的结构，学会合理地拆分模型。

（3）模型的制作思路由大体到细节，先把握大的框架，再逐一进行细化。

（4）在制作模型的过程中，要删出多余的面（重合会出现“闪面”）。学会整理线条，线条随结构走，删除多余的点线面。不要出现非法面（四边以上的面）。

（5）把握模型的结构比例很重要，特别是在制作一些大的场景时，需要特别注意建筑与建筑之间、模型与模型之间的距离以及模型与模型之间交接的地方。需要清楚地了解事物之间的比例关系、空间透视关系。

（6）边制作边保存，防止出现致命错误。

第三章　角色人物建模

第一节　卡通角色介绍

作为一个模型师，以下问题是我们必须要了解的：什么是卡通角色？卡通角色与写实角色的区别有哪些？卡通角色建模注意事项有哪些？

1. 什么是卡通角色

卡通一词是由外文（源自英文：Cartoon，意大利文：cartone，荷兰语：karton）音译而来的，主要指漫画、动画。用卡通手法进行创意需要设计者具有比较扎实的美术功底，能够十分熟练地从自然原型中提炼特征元素，用艺术的手法重新表现。卡通图形可以滑稽、可爱，也可以严肃、庄重。比较著名的卡通形象，如美国迪斯尼公司的米老鼠和唐老鸭（见图 3−1）、中国的美猴王孙悟空（见图 3−2）等，都已成为老少皆知的独特图形。

图 3−1　米老鼠和唐老鸭

图 3−2　孙悟空

卡通角色就是指一些以相对写实图形，用夸张和提炼的手法将原型再现，具有鲜明原型特征人物角色，多出现在卡通动画、卡通电影中，如电影《疯狂动物城》（见图 3−3）。

图 3−3　疯狂动物城

2. 卡通角色与写实角色的区别

卡通风格是一种视觉描绘而不需要对一个物体的真实外观进行充分的尝试和精确的表达，只要把重点放在形状、颜色和形式上就可以，除此之外还包括对形状、线条、颜色、图案、表面细节、功能和与场景中其他对象关系的简化。卡通风格的物体细节更少而形状更大，如电影《无敌破坏王》（见图 3－4）。

图 3－4 无敌破坏王

写实风格指在增强视觉语言的同时让事物的表现看起来更加的真实（见图 3－5），脱离现实之后就不能再称之为写实了。写实风格是和大家现实生活中的人物基本相似的动画风格，它的人物设计是按照头身比例大约是一比七的比例进行的。

图 3－5 写实

3. 卡通角色建模注意事项

（1）角色建模，必须了解人体结构、骨骼结构和肌肉结构以及它们对人物角色建模表现的影响程度等，否则布线和表现结构将无从下手。

（2）人物角色建模之前，注意观察角色的特征、区别和细节，提前厘清建模思路。

（3）制作人物角色的大形，再进行细化处理。将人物角色分解成头部建模→身体建模→四肢建模→手部建模→脚部建模→整体缝合和调节。

第二节　卡通角色的制作

对于卡通角色的建模讲解，我们选了无敌破坏王电影里面的女主角云妮洛普。首先，我们要观察云妮洛普的长相特征、比例大小、区别和细节，提前厘清建模思路。也可以在本子上进行绘画，加深对角色的理解。

本小节需要制作的卡通角色的模型三视图见图 3－6。

1. 建模前的分析

（1）卡通角色建模之前，观察卡通的角色总体属于比较偏向于圆润和可爱型的，接近于三头身。

（2）制作人物角色的大型，再进行细化处理。将人物角色分解成头部建模→身体建模→四肢建模→手部建模→脚部建模→整体缝合和调节。

2. 图片的导入

（1）先导入正视图，单击鼠标右键查看图片的属性，点击详细信息，可以看到图片的分辨率为 816×460（见图 3－7）。

图 3－6　模型三视图

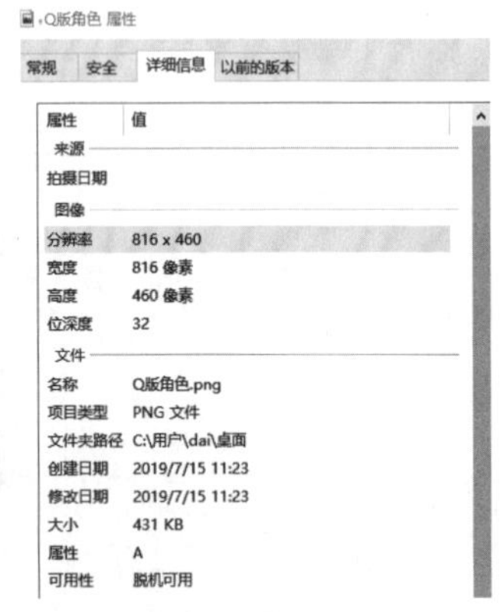

图 3－7　图片的属性

（2）打开 3ds Max，切换到正视图，创建一个平面，输入参考图的长度和宽度，并且修改分段为 1，导入图片（见图 3－8），然后将参考图用鼠标拖曳至平面即可。

（3）右击捕捉设置，弹出捕捉设置窗口，点击选项，角度设置改为 90°（见图 3－9），然后关掉窗口。

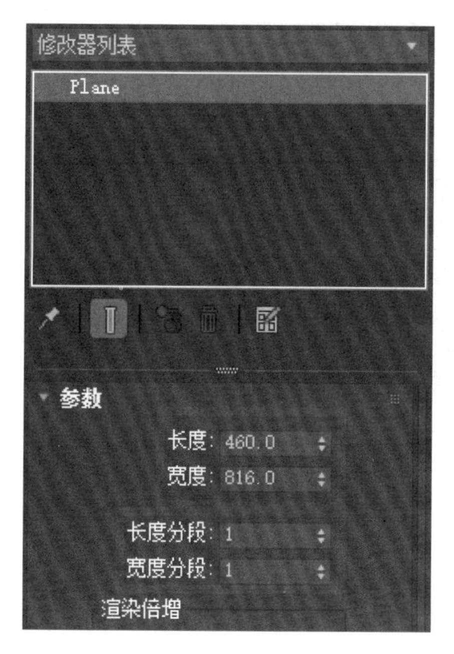

图 3-8　导入图片

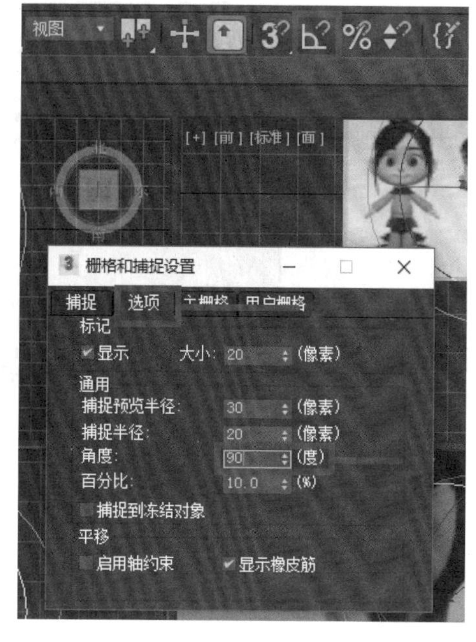

图 3-9　设置角度

（4）按 A 键，开启角度捕捉，转到侧视图，按住 Shift 向右旋转 90°，复制侧视图（见图 3-10）。

（5）将侧视图和正视图分别对齐上下左右位置后，选中两张图片，单击鼠标右键，选择对象属性（见图 3-11）。

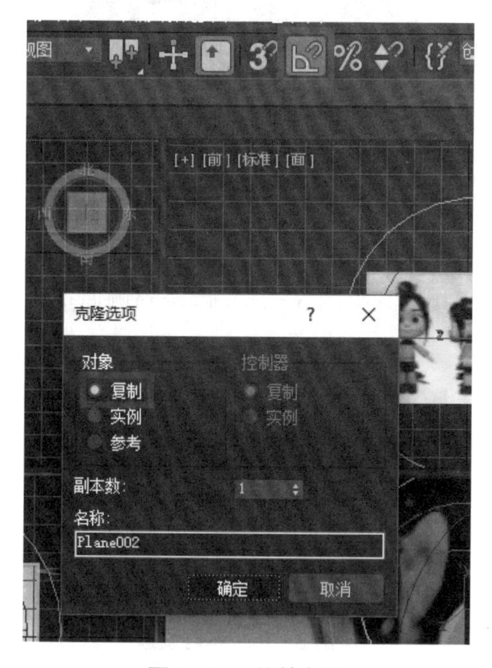

图 3-10　旋转复制

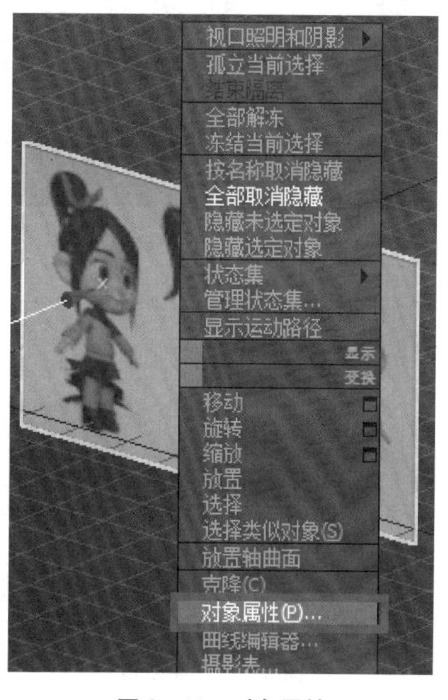

图 3-11　对象属性

（6）进入对象属性界面，勾上冻结，去掉以灰色显示冻结对象上的√，点击确定冻结图片（见图 3-12）。冻结参考图是为了防止后面参考图移动位置。

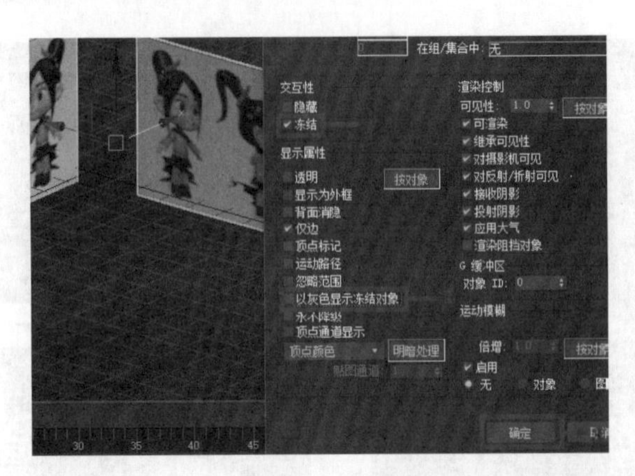

图 3－12　冻结图片

3. 头部的外形制作

（1）在创建面板下的几何体中选择长方体（见图 3－13），创建到平面中，对齐到脸部，再单击鼠标右键，转变为可编辑多边形（见图 3－14）。

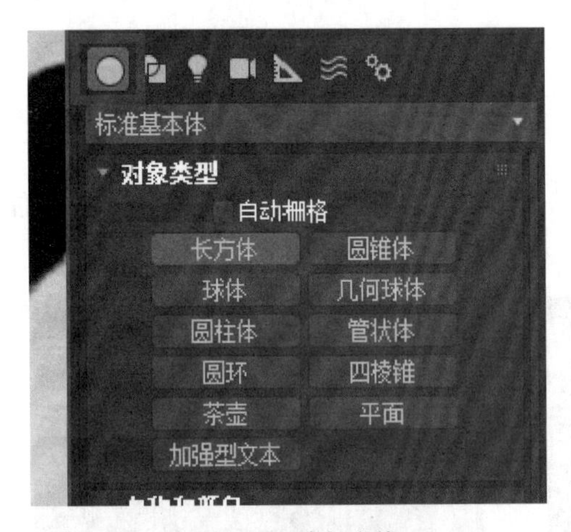

图 3－13　选长方体

图 3－14　可编辑多边形

（2）正面选中一圈线，单击鼠标右键，连接边（见图 3－15）后转到侧面选中一圈线，单击鼠标右键，再连接边（见图 3－16）。

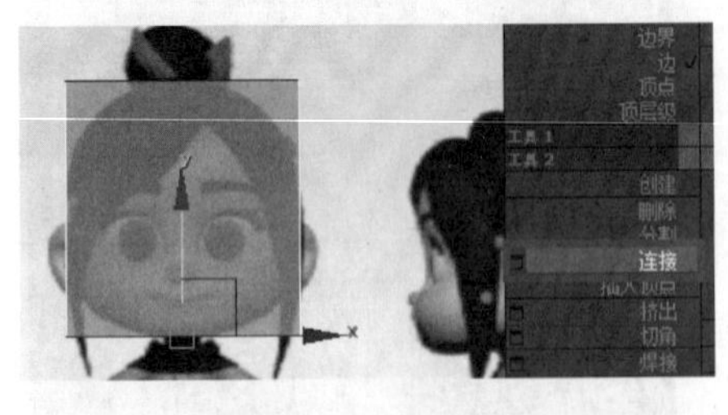

图 3－15　连接边

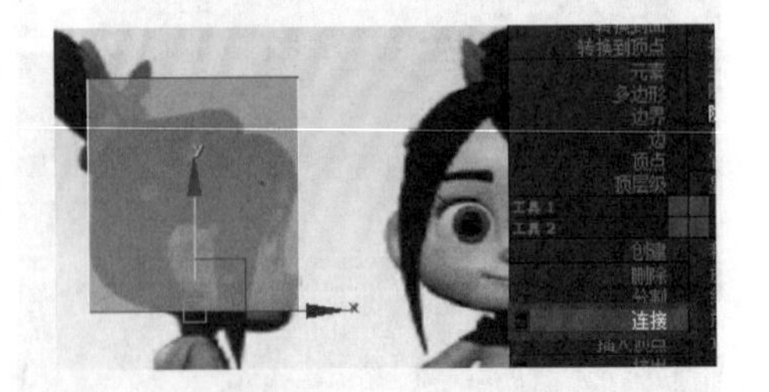

图 3－16　再连接边

（3）选中两边的点，按 R 键进行缩放（图 3－17）。侧面也一样缩放（见图 3－18），顶视图也一样缩放（见图 3－19）。

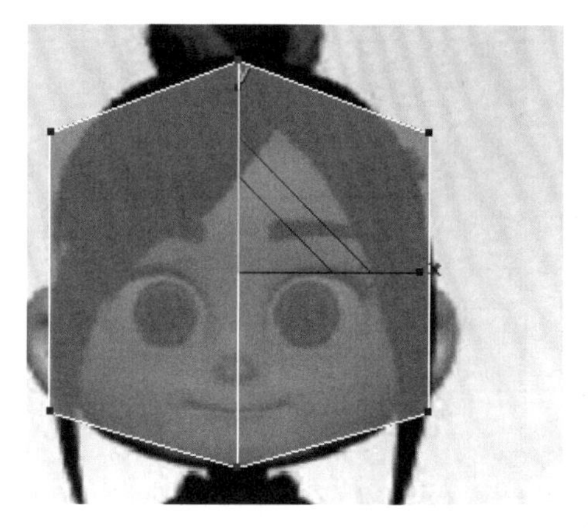

图 3－17 缩放

图 3－18 侧面缩放

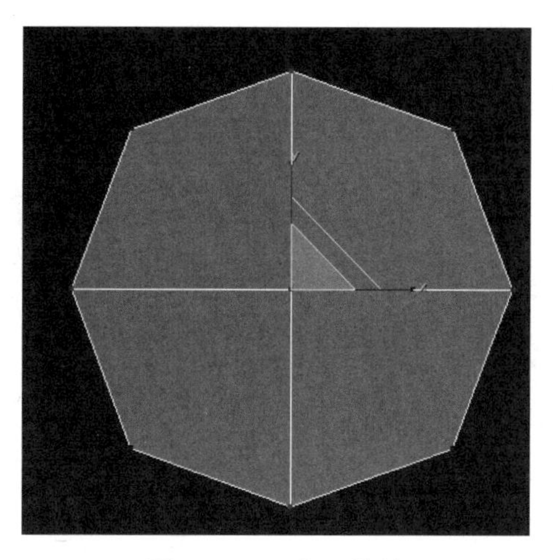

图 3－19 顶视图缩放

（4）正面选择一圈线，单击鼠标右键连接（见图 3—20），缩放下面的点（见图 3—21），再转到正面加一圈线（见图 3—22）。

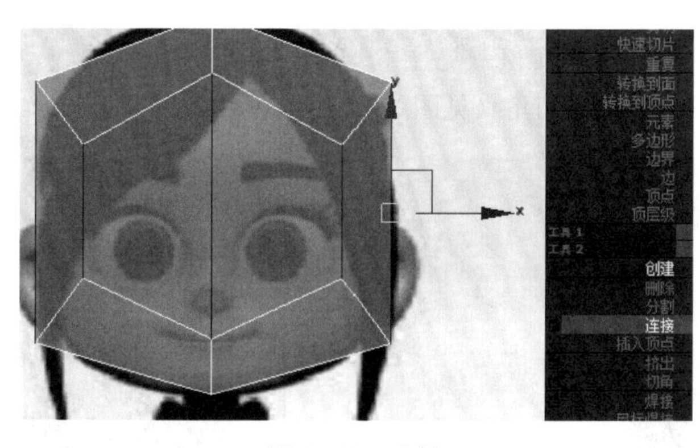

图 3－20 连接

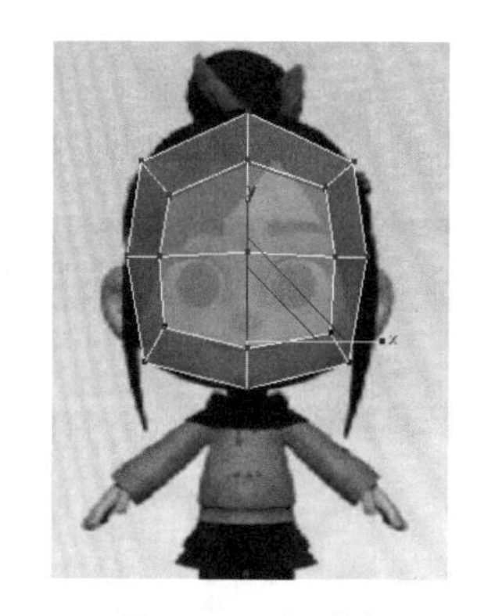

图 3－21 缩放点

图 3-22　加线

（5）侧面移动下面的点，对齐到下额度位置（见图 3—23），再删除右边（见图 3—24）。

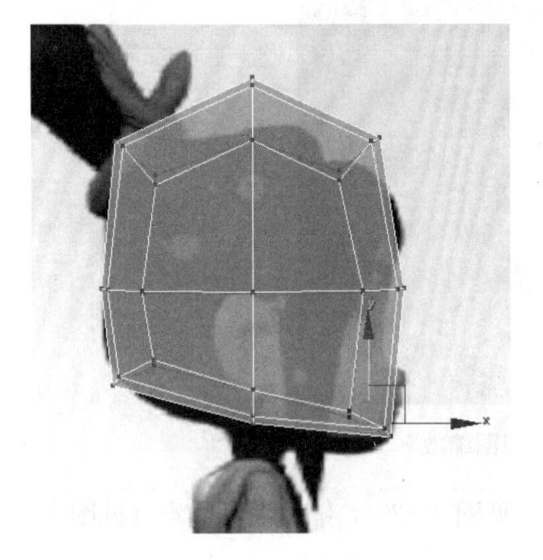

图 3-23　移动

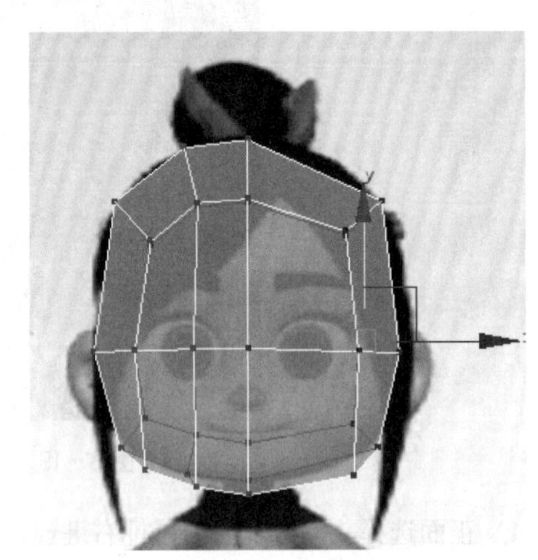

图 3-24　删除右边

（6）点击镜像复制，弹出窗口，改为实例（见图 3—25），然后选择下颚线，单击鼠标右键，弹出菜单（见图 3—26），点击切角（见图 3—27）。

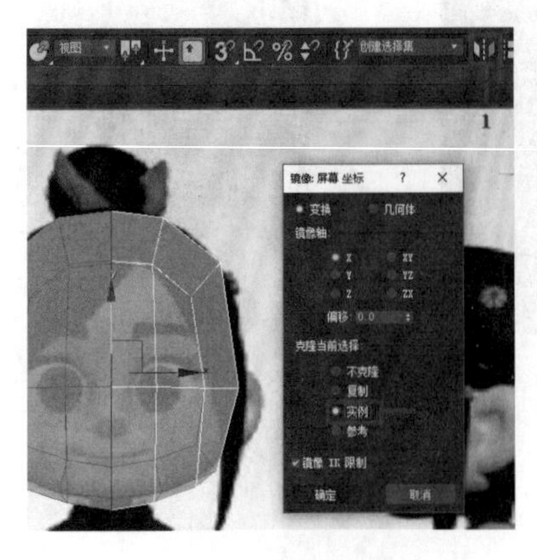

图 3-25　镜像复制

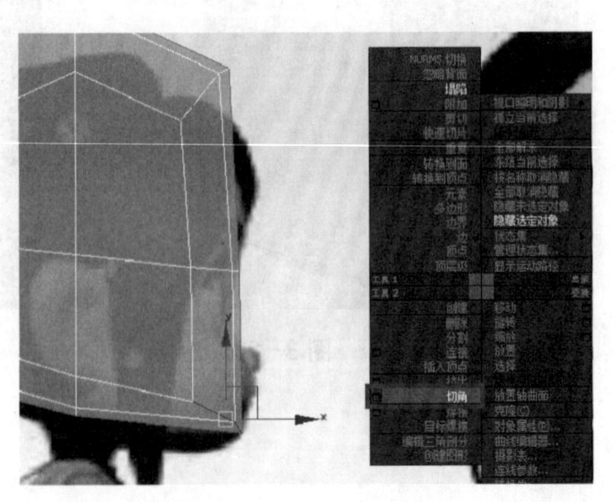

图 3-26　弹出菜单

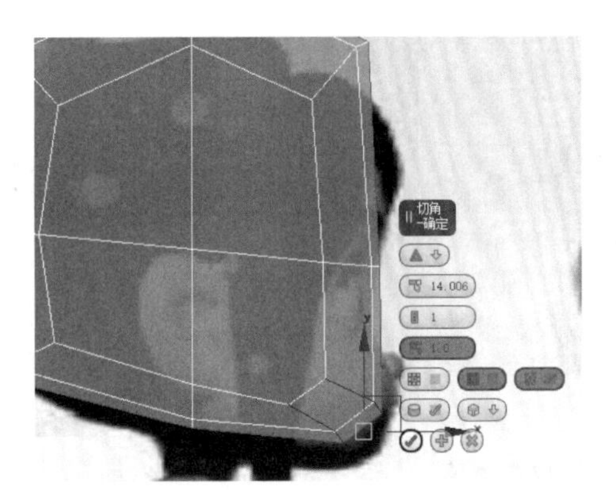

图 3－27 切角

（7）选中前面的线，点击鼠标右键，点击连接（见图 3－28），移动连接的点与图片对齐（见图 3－29），然后继续连接点（见图 3－30）。

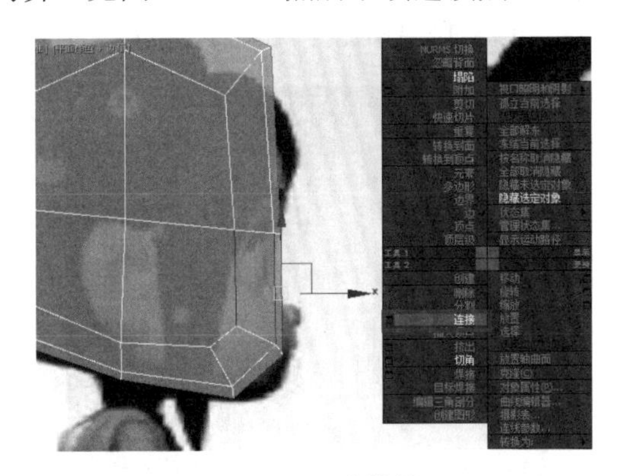

图 3－28 连接线

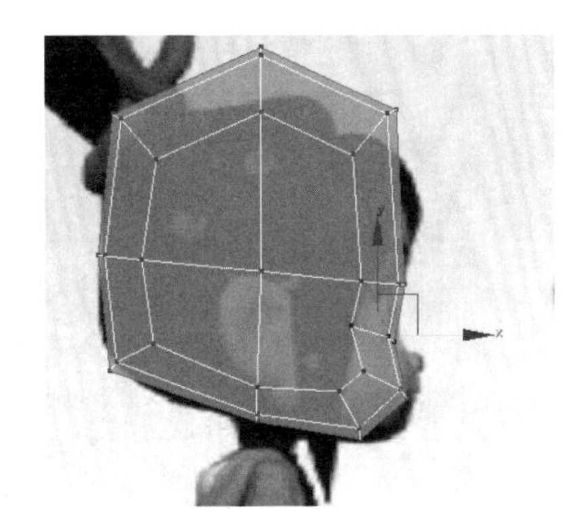

图 3－29 移动位置

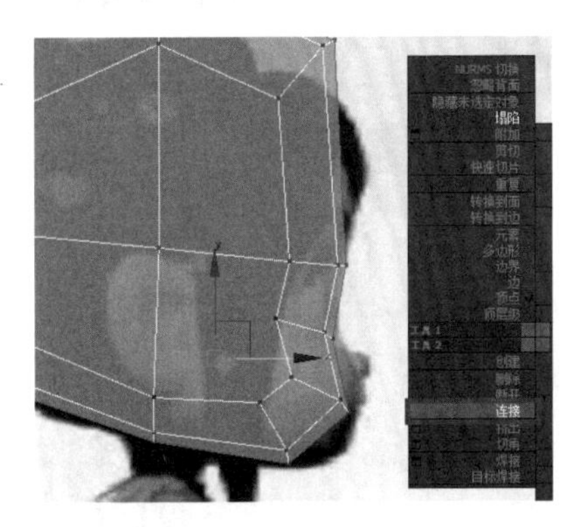

图 3－30 连接点

（8）选中侧面上方一圈线，单击鼠标右键，点击横着连接（见图 3－31），又竖着选一圈线，点击竖着连接（见图 3－32）。

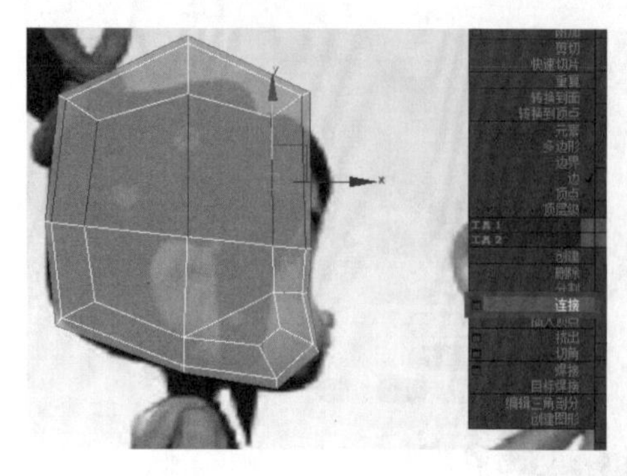

图 3-31　横着连接

图 3-32　竖着连接

4. 面部的制作

（1）正面选中两条线，单击鼠标右键，点击连接（见图 3-33），再竖着连接 3 条线（见图 3-34）。在面的模式下，单击鼠标右键，点击挤出命令（见图 3-35）。

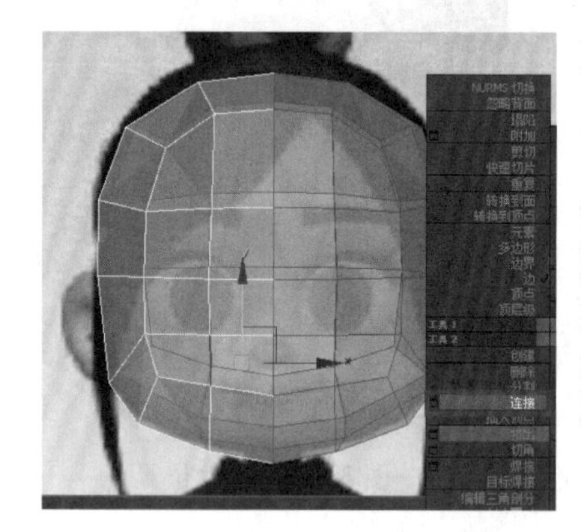

图 3-33　连接线

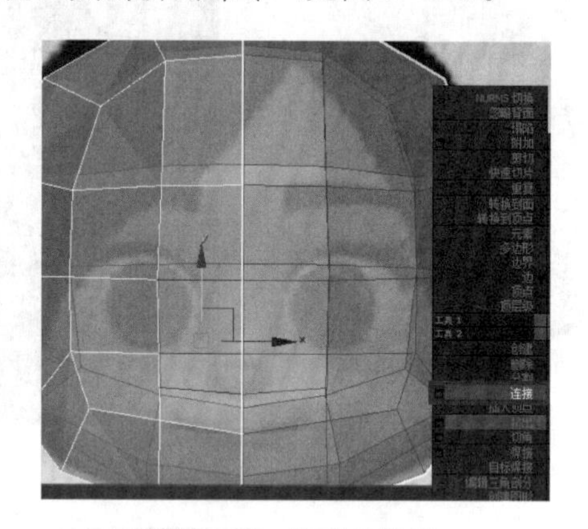

图 3-34　竖着连接线

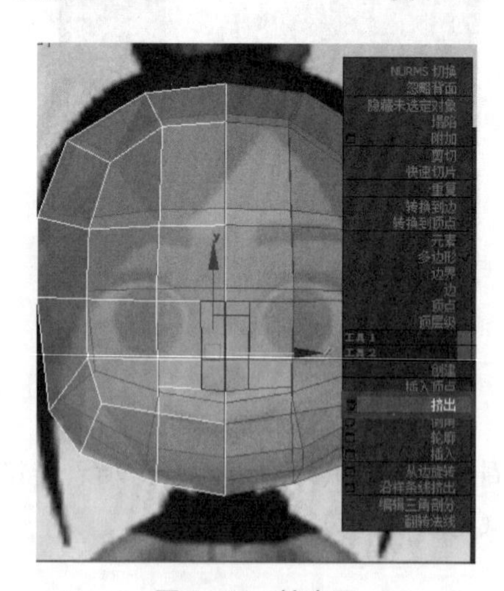

图 3-35　挤出面

（2）选中并删除鼻子里面的面（见图 3-36），再选择上面的线，单击鼠标右键，点击塌陷命令（见图 3-37）。

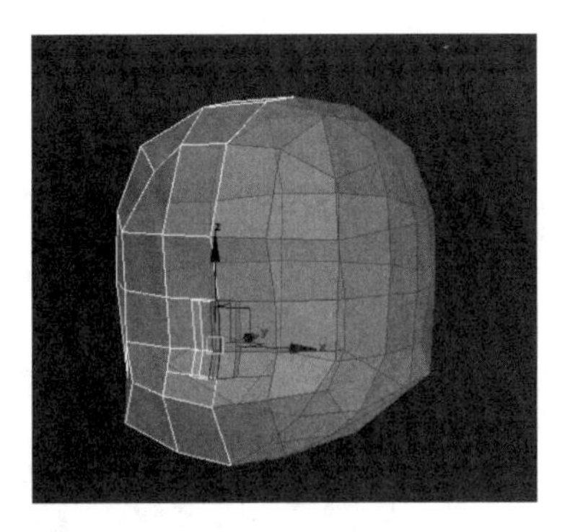

图 3-36 删除面

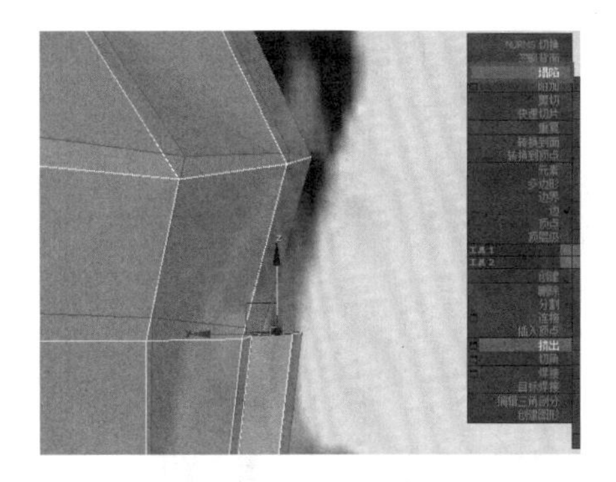

图 3-37 选塌陷命令

(3) 选中鼻子上的面，单击鼠标右键，选挤出命令（见图 3—38)。选中刚挤出鼻子里面的面，点击删除（见图 3—39)，鼻子就调整完成（见图 3—40)。

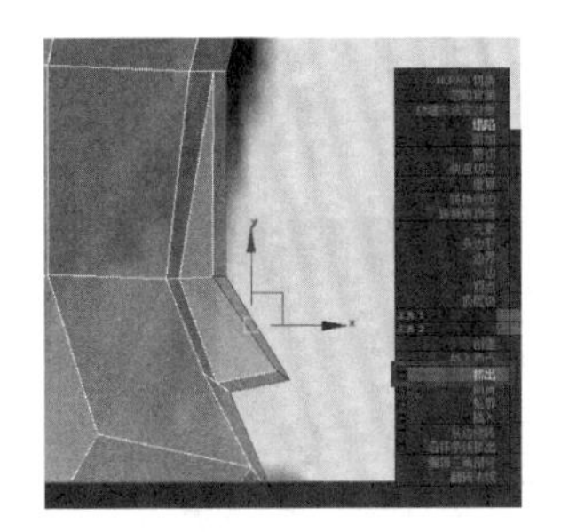

图 3-38 挤出面

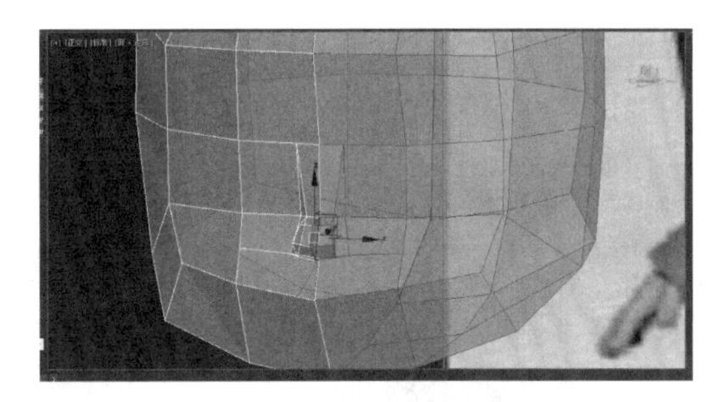

图 3-39 删除面

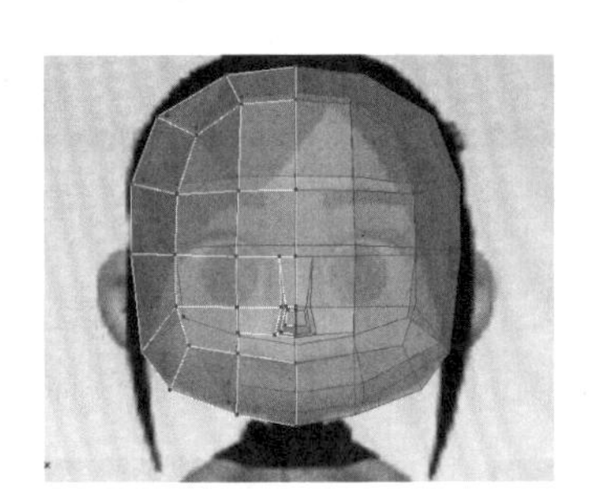

图 3-40 完成

(4) 选中下颚底面的 3 条线，单击鼠标右键，选择连接命令（见图 3—41)。再单击鼠标右键，点击连接到鼻子，调整线（见图 3—42)。

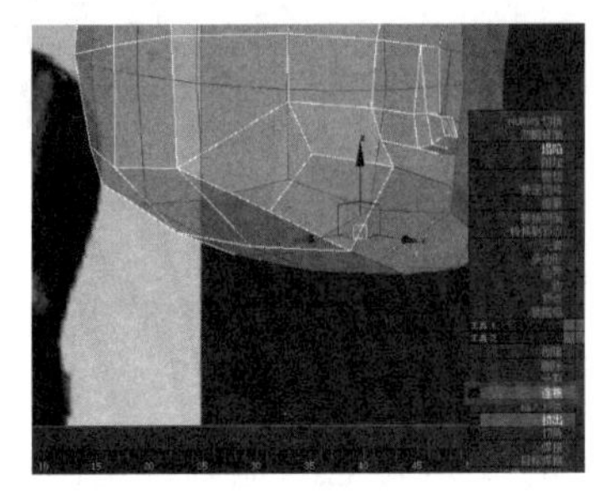

图 3-41 连接线

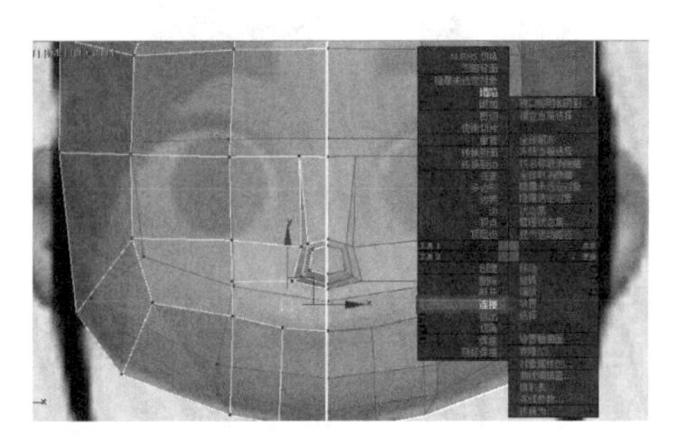

图 3-42 连接到鼻子

(5) 选中线，单击鼠标右键，选择切角命令（见图 3-43），将切角的值改为 2，再调整距离（见图 3-44）。

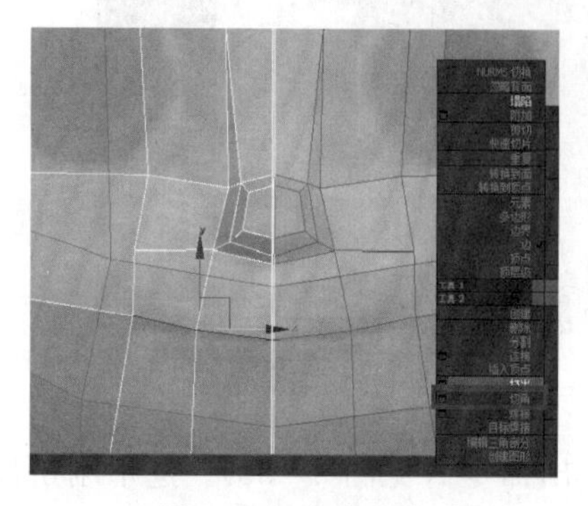
图 3-43　切角命令

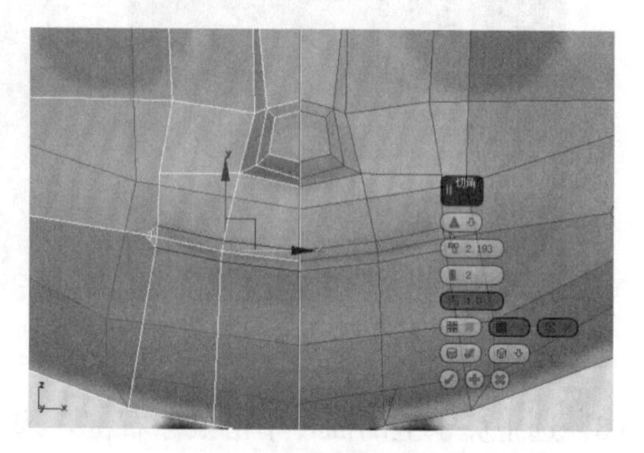
图 3-44　调整距离

(6) 选中嘴角的点，单击鼠标右键，选择塌陷命令（见图 3-45），向里面移动嘴巴中间的那一根线（见图 3-46）。

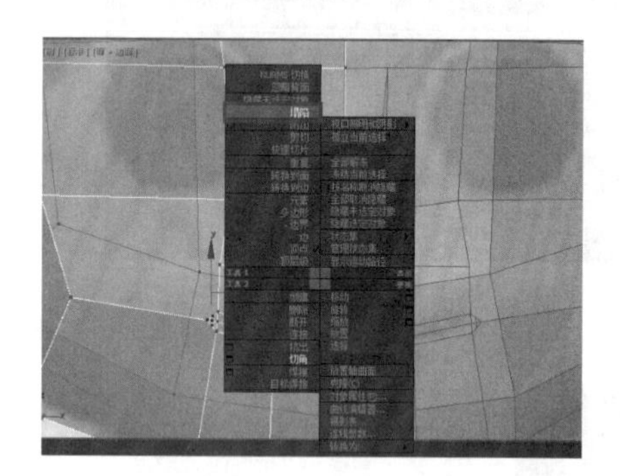
图 3-45　塌陷命令

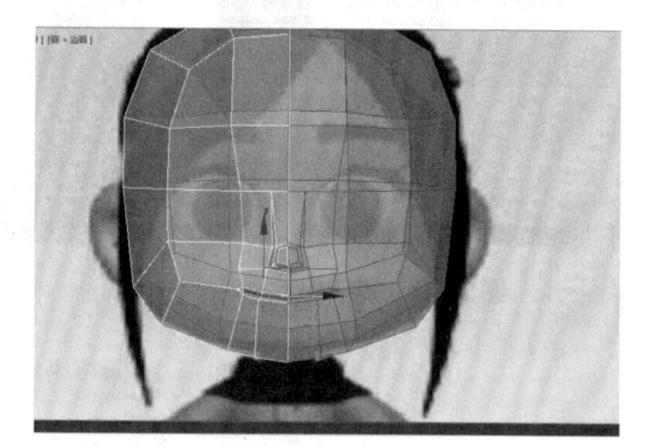
图 3-46　移动线

(7) 选中嘴巴下面的 4 条线，单击鼠标右键，点击连接命令（见图 3-47）。再把嘴巴的线连接到鼻子处，同样是单击鼠标右键，点击连接命令（见图 3-48）。

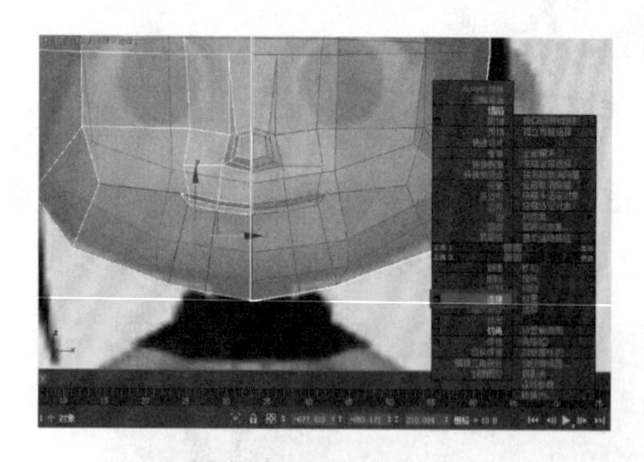
图 3-47　连接命令

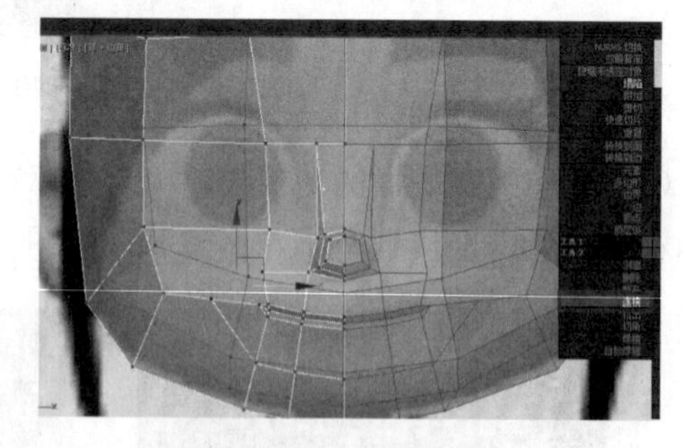
图 3-48　连接点

(8) 选中嘴巴周围一圈线，单击鼠标右键，点击连接命令（见图 3-49）。再选择眼睛位置的一圈线，单击鼠标右键，点击连接命令（见图 3-50）。

(9) 单击鼠标右键，点击连接命令，连接鼻子的线到眉毛的地方（见图 3-51）。再选中眼睛位置的 4 条线，单击鼠标右键，点击连接命令（见图 3-52）。

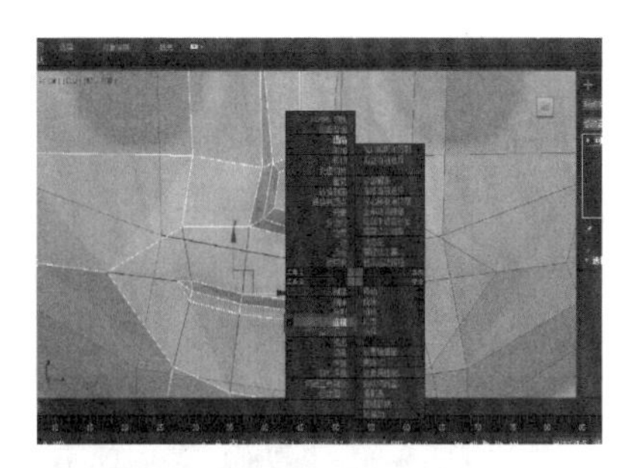

图 3-49　连接嘴巴周围线

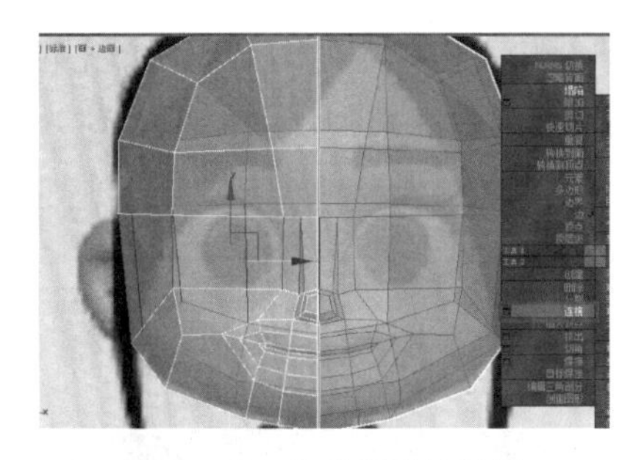

图 3-50　连接眼睛位置线

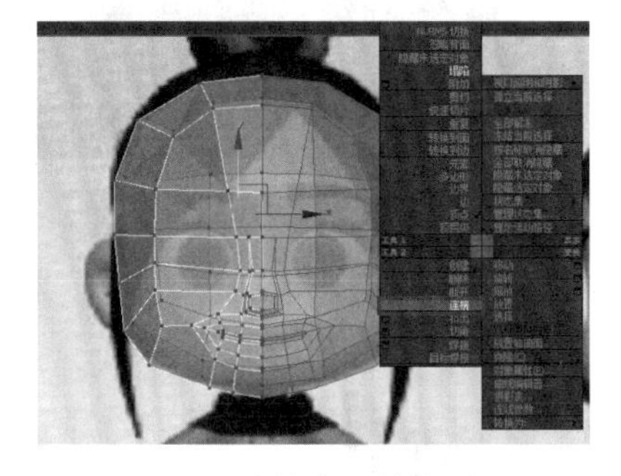

图 3-51　连接鼻子的线到眉毛

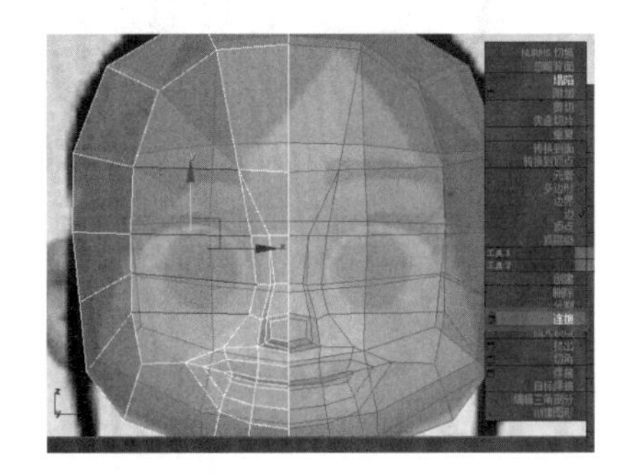

图 3-52　连接眼睛位置线

（10）调整眼睛位置，单击鼠标右键，点击连接点（见图 3-53），删除眼睛位置的面（见图 3-54）。

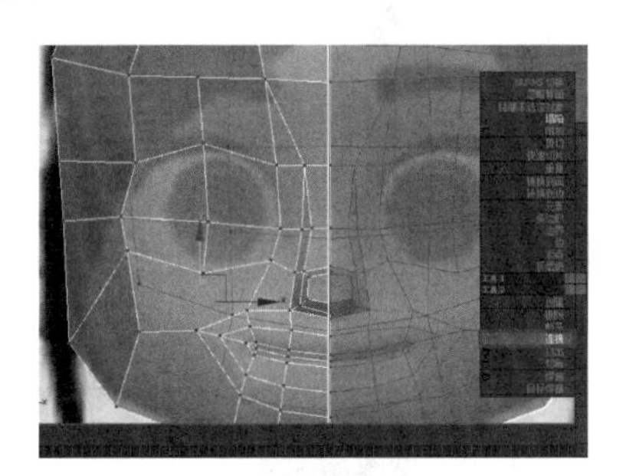

图 3-53　连接眼睛位置点

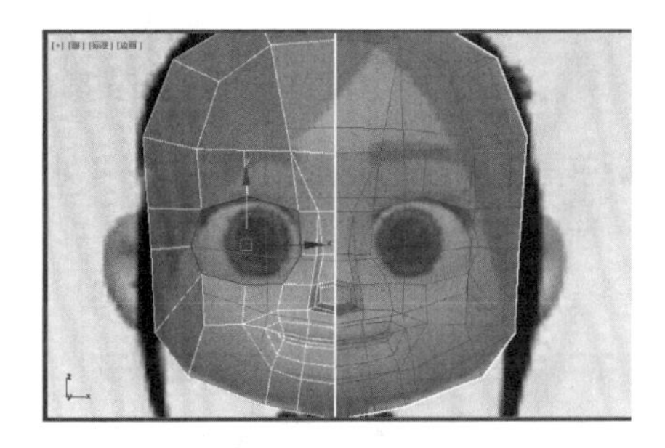

图 3-54　删除眼睛位置面

（11）选择眼睛周围一圈的线，单击鼠标右键，点击连接命令（见图 3-55）。再选择脸的一圈线，单击鼠标右键，点击连接命令（见图 3-56）。

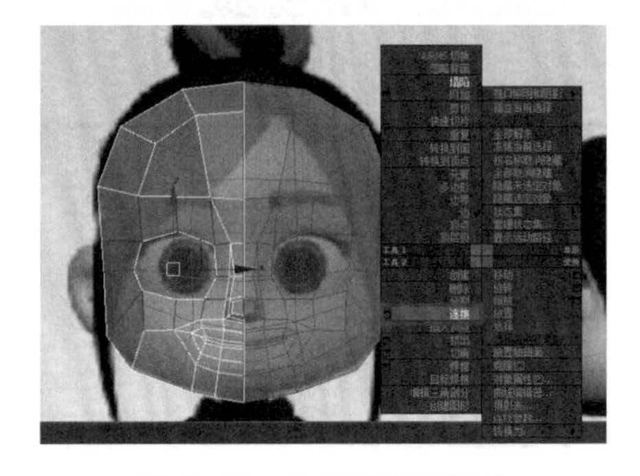

图 3-55　连接眼睛周围线

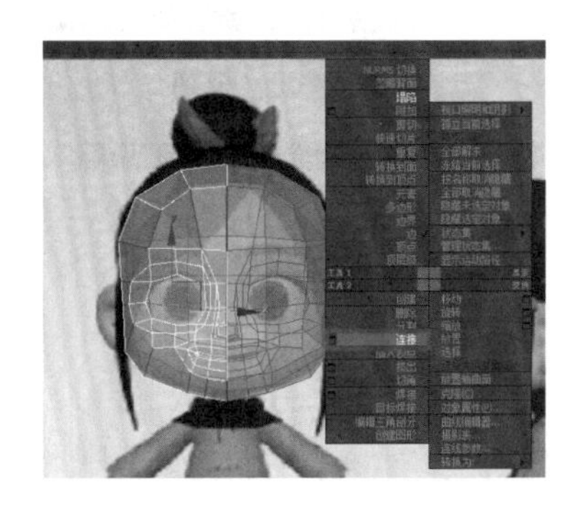

图 3-56　连接脸的一圈线

（12）选中下巴位置的两条线，单击鼠标右键，点击连接命令（见图 3－57）。再单击鼠标右键，连接点到脸颊位置（见图 3－58），面部调整后就完成啦（见图 3－59）。

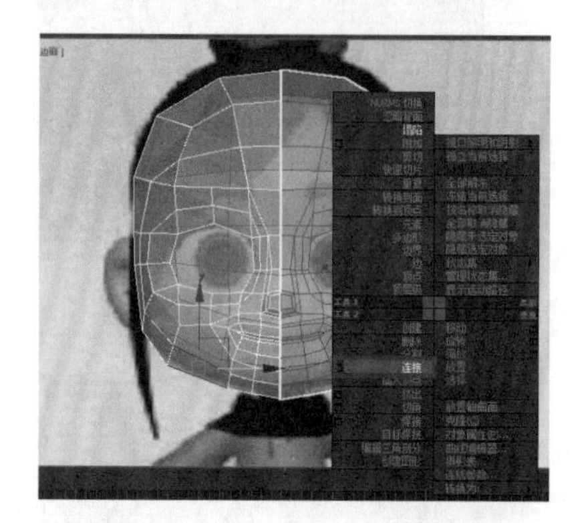

图 3－57 连接下巴位置线

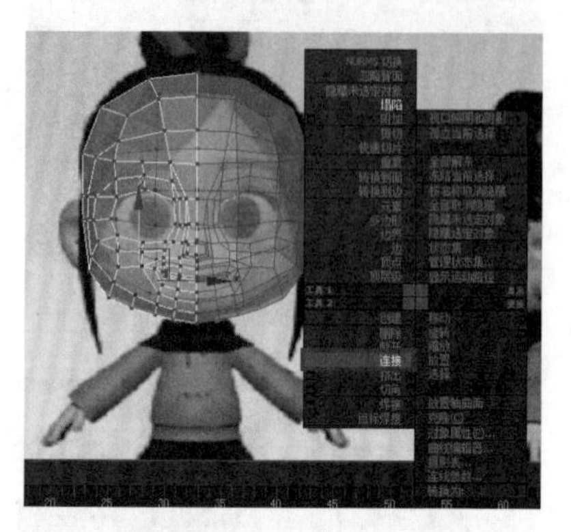

图 3－58 连接点到脸颊

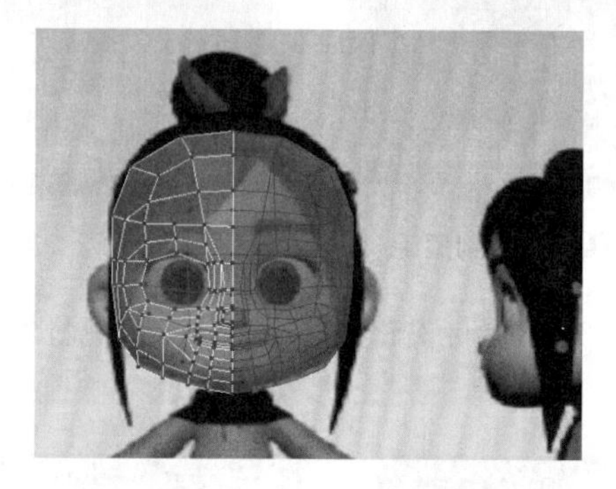

图 3－59 调整完成

（13）单击鼠标右键，点击剪切命令（见图 3－60），剪切完成后，调整点（见图 3－61）。

（14）选中两个点，单击鼠标右键，点击连接命令（见图 3－62），选择一圈线，单击鼠标命令，点击连接命令（见图 3－63）。

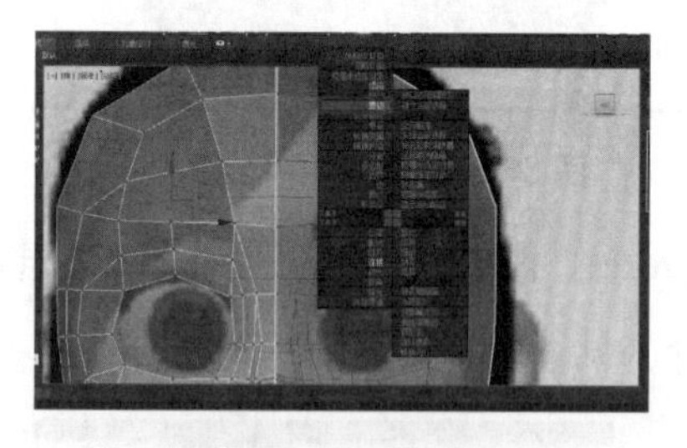

图 3－60 剪切

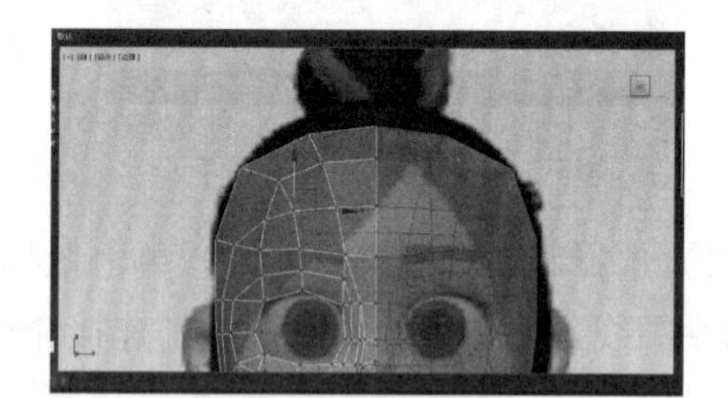

图 3－61 调整点

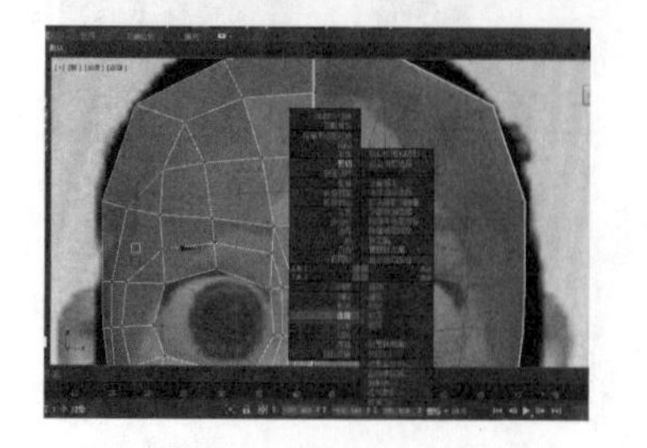

图 3－62 连接命令

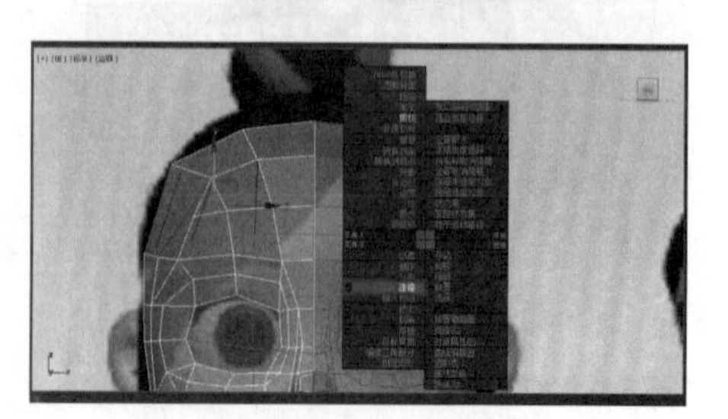

图 3－63 连接线

5. 耳朵的制作

(1) 侧面在耳朵位置选择两条线，单击鼠标右键，点击连接命令（见图 3-64）。在面的模式下，单击鼠标右键，点击挤出命令（见图 3-65）。

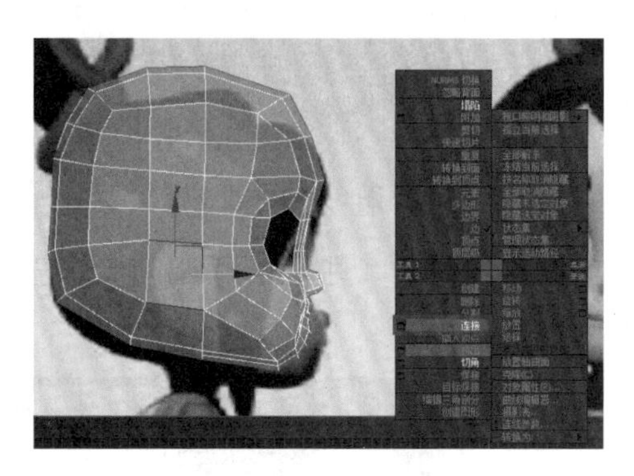

图 3-64 连接耳朵位置线

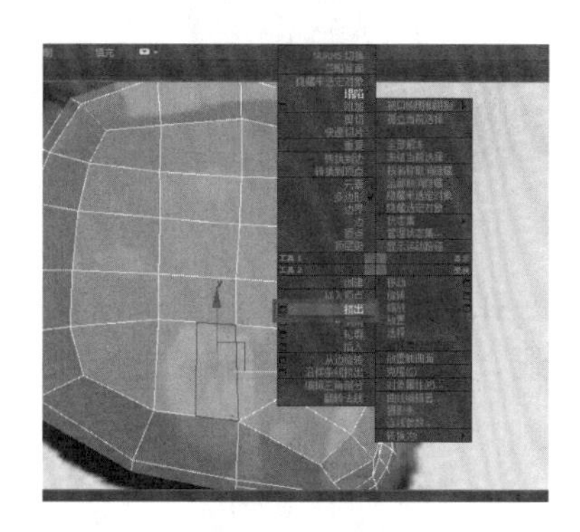

图 3-65 挤出面

(2) 选中耳朵的两条线，单击鼠标右键，点击连接命令（见图 3-66），调整形状，对齐到图片（见图 3-67）。

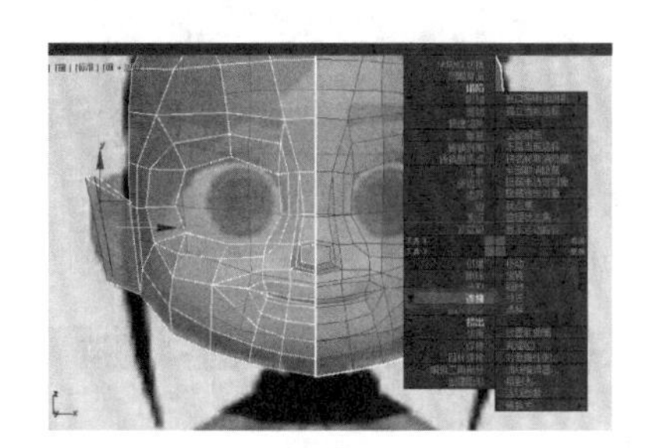

图 3-66 连接耳朵两条线

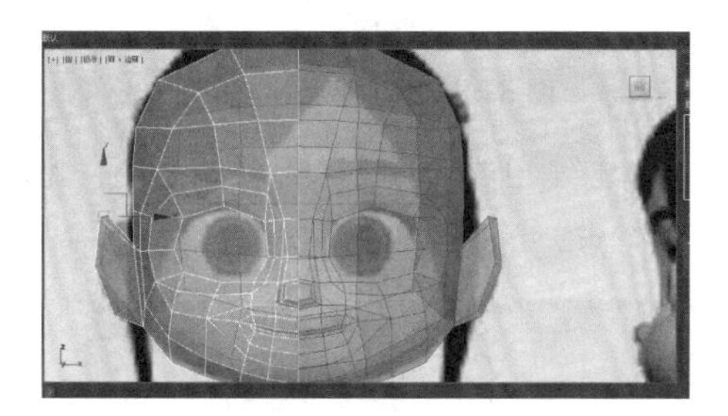

图 3-67 调整形状

(3) 选择点，单击鼠标右键，点击连接命令（见图 3-68）。再转到面的模式下，单击鼠标右键，点击插入命令（见图 3-69）。

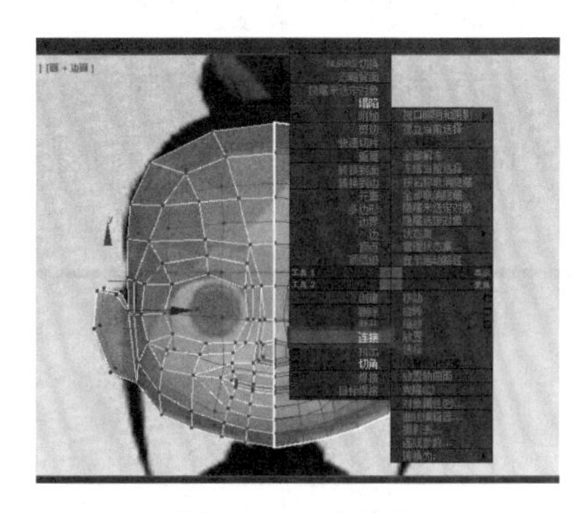

图 3-68 连接点

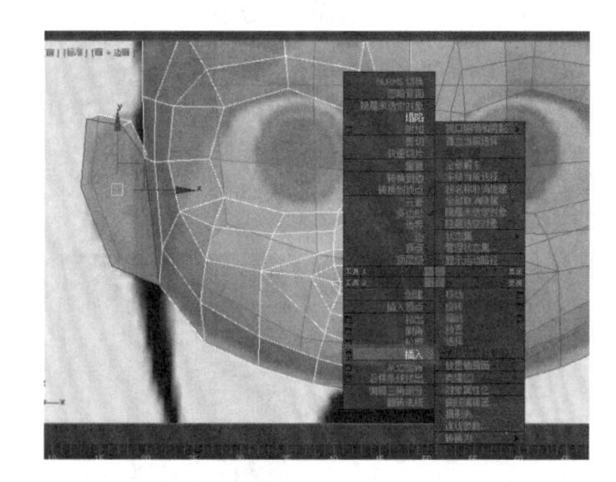

图 3-69 插入

(4) 插入完成后，在面的模式下单击鼠标右键，点击挤出命令（见图 3-70），然后点击输入数值（见图 3-71）。

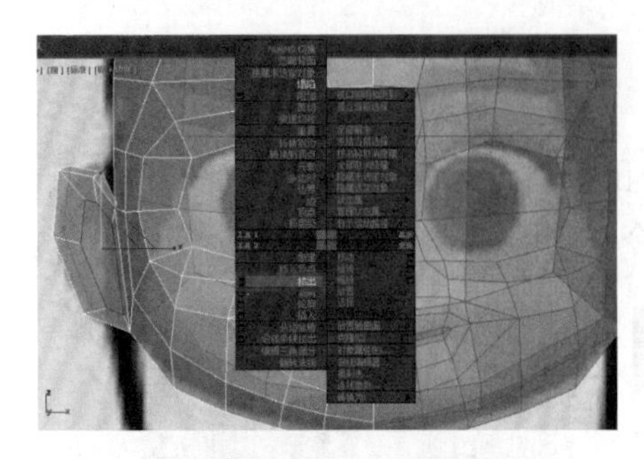

图 3-70　挤出面

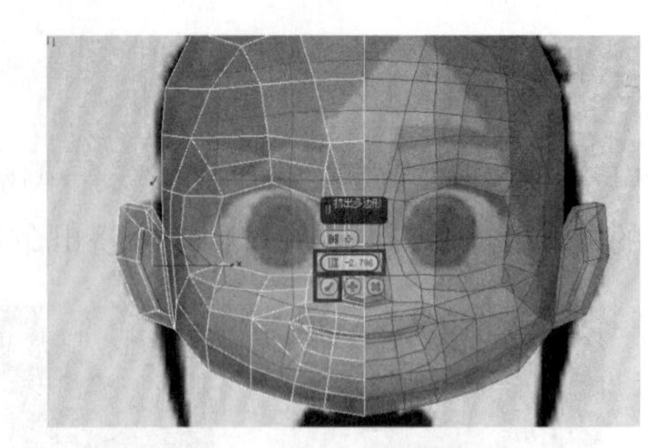

图 3-71　调整值

（5）在点的模式下，单击鼠标右键，选择连接命令（见图 3-72）。然后选择耳朵一圈的线，单击鼠标右键，点击连接命令（见图 3-73）。

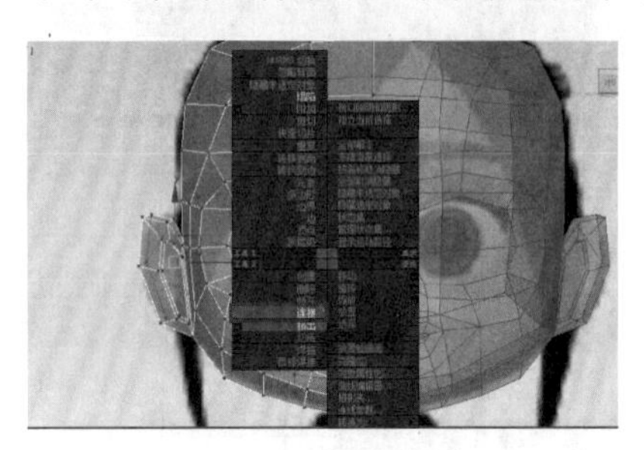

图 3-72　连接点

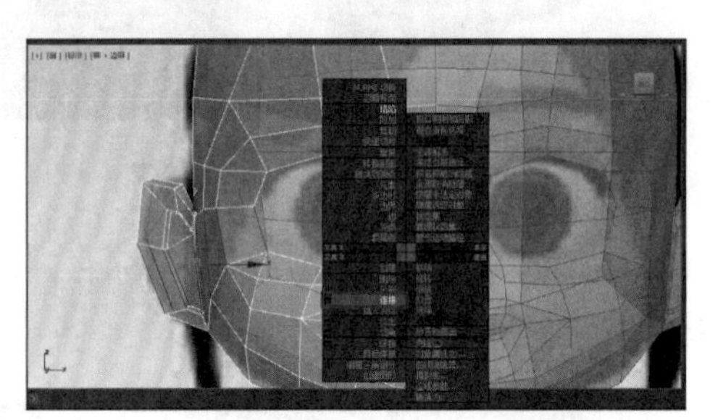

图 3-73　连接耳朵一圈线

（6）在耳朵里面的位置，选择两条边，单击鼠标右键，点击连接命令（见图 3-74）。再选择 4 个点，单击鼠标右键，点击连接命令（见图 3-75）。

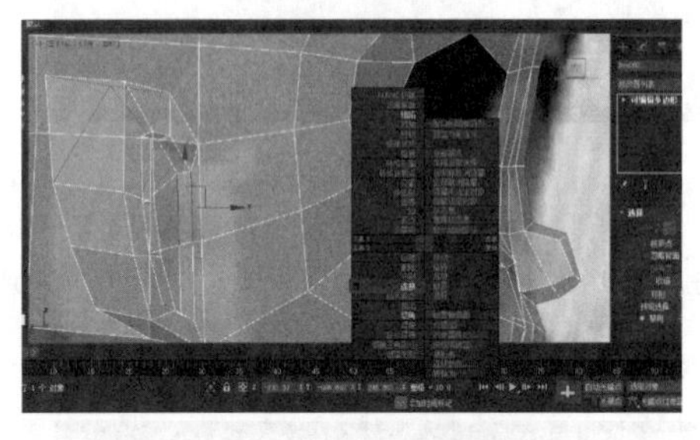

图 3-74　连接耳朵里面两条边

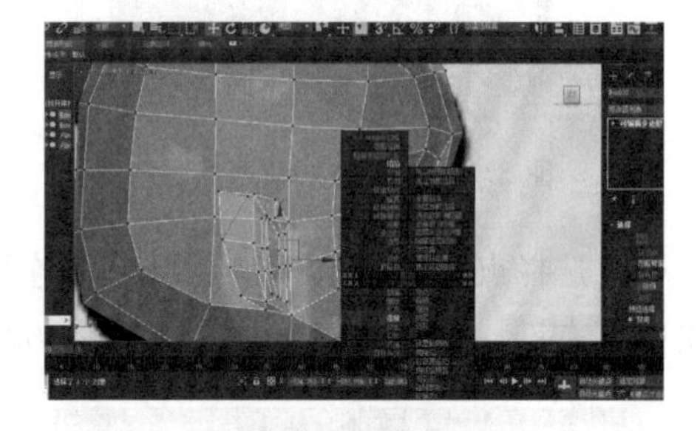

图 3-75　连接 4 个点

（7）在面的模式下，单击鼠标右键，点击挤出命令（见图 3-76）。调整挤出面的位置，进行缩放（见图 3-77）。

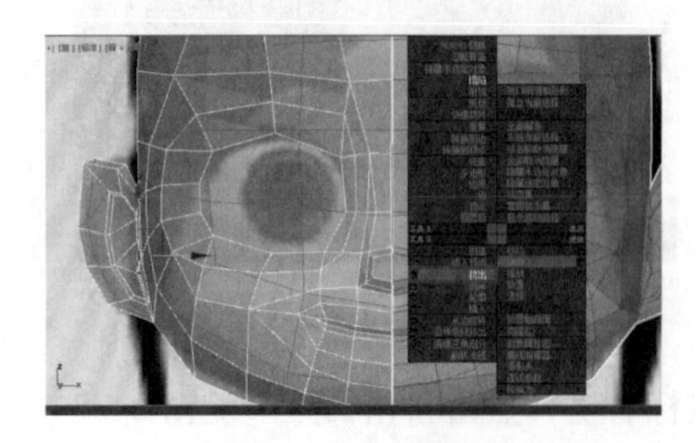

图 3-76　挤出面

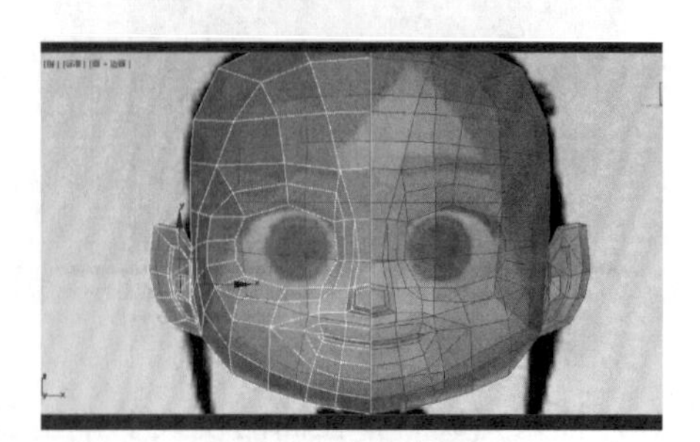

图 3-77　缩放面

（8）选择下巴下面的一圈线，点击鼠标右键，点击连接命令（见图 3－78）。再到点的命令下，单击鼠标右键，点击连接命令（见图 3－79）。

图 3－78　连接下巴下面线

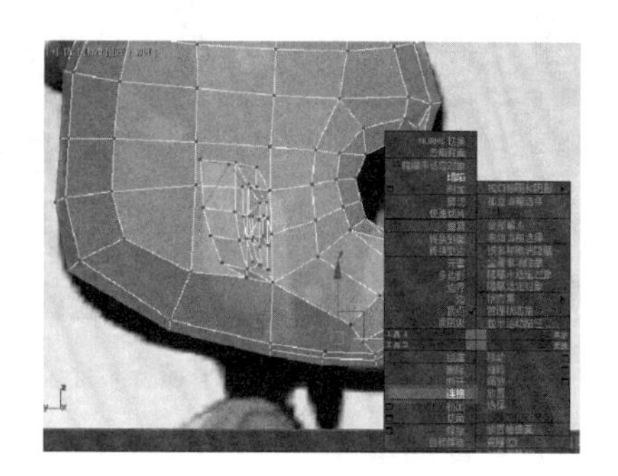

图 3－79　连接点

6. 基础头发的制作

（1）侧面，调整面做出头发的大致形状（见图 3－80）。再选择点，单击鼠标右键，点击切角命令（见图 3－81）。

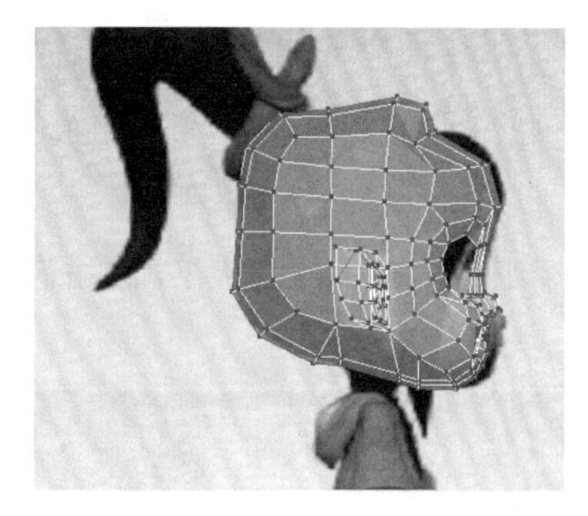

图 3－80　调整头发形状

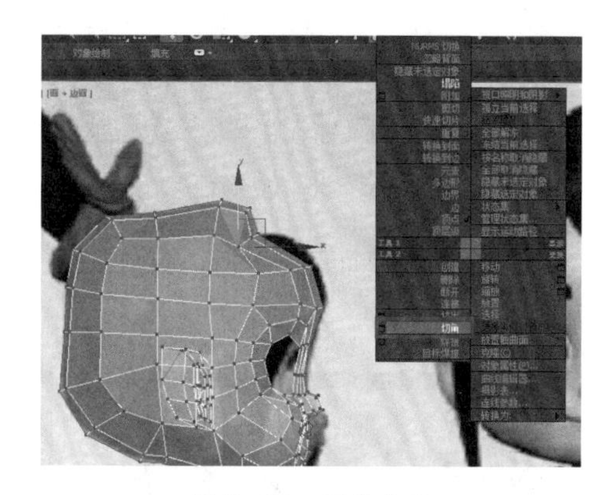

图 3－81　切角命令

（2）调整切好的位置，单击鼠标右键，点击连接命令，连接点（见图 3－82），再删除多余的线（见图 3－83）。

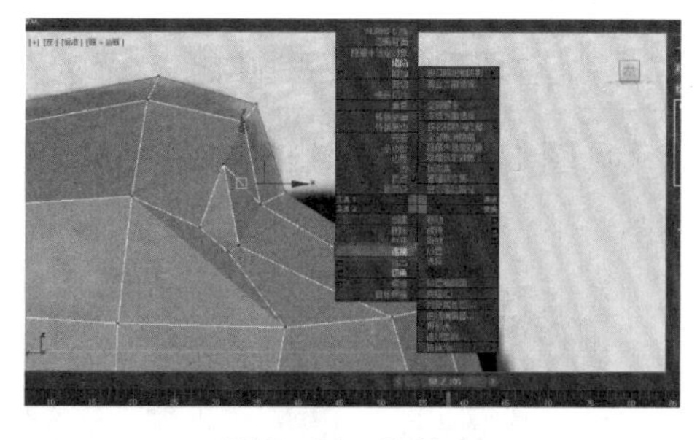

图 3－82　连接点

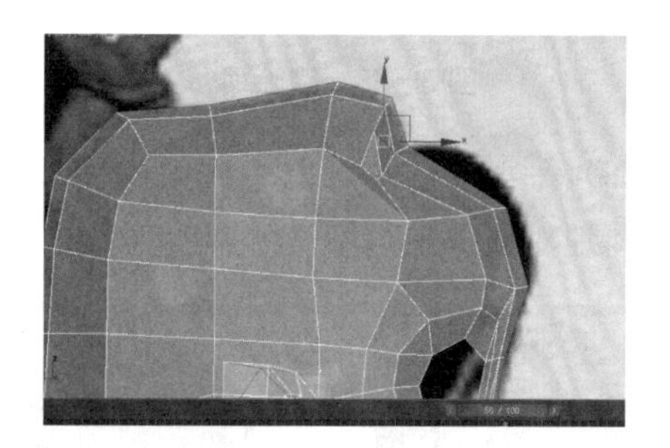

图 3－83　删除线

（3）选择两条边，单击鼠标右键，点击塌陷命令（见图 3－84）。然后再选择点，单击鼠标右键，单击连接命令（见图 3－85）。

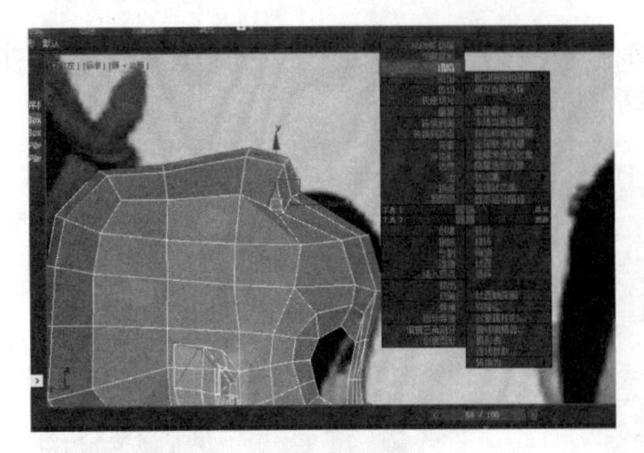

图 3-84　塌陷命令

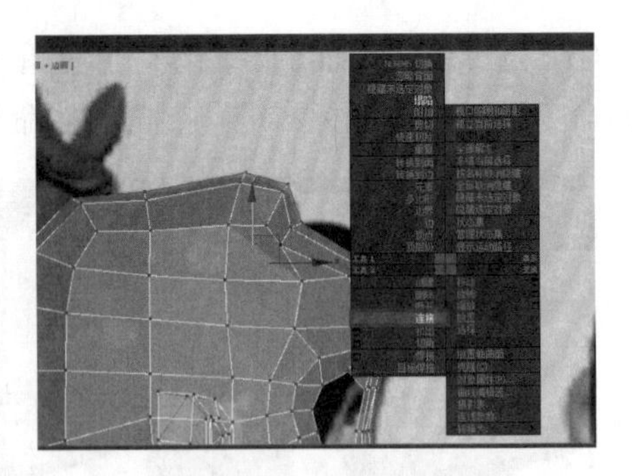

图 3-85　连接命令

（4）在面的模式下，按住 Shift，复制出头发的面，点击克隆到对象（见图 3-86），调整复制出的头发的边界，然后按住 Shift 缩放边界（见图 3-87）。

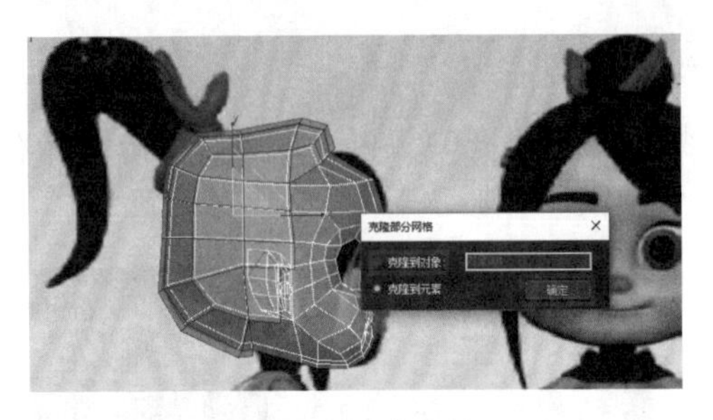

图 3-86　复制面

图 3-87　缩放边界

（5）删除头发里面不要的面（见图 3-88），到面部，在修改面板下，点击涡轮平滑（见图 3-89）。

图 3-88　删除面

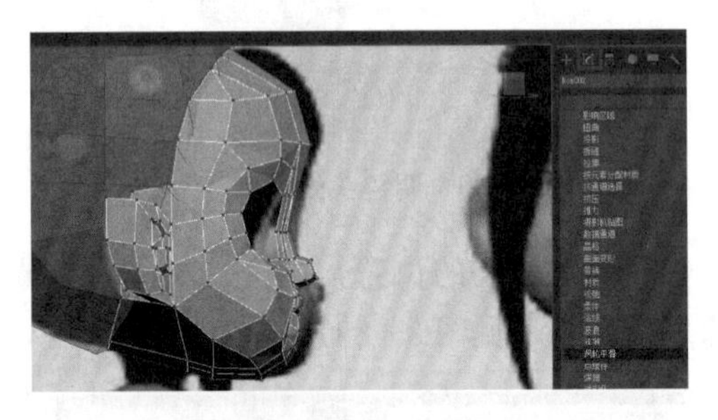

图 3-89　平滑物体

（6）平滑开启，可以点到可编辑多边形（见图 3-90），开启显示最终结果开关，再大体地对面部进行细微的调整（见图 3-91）。

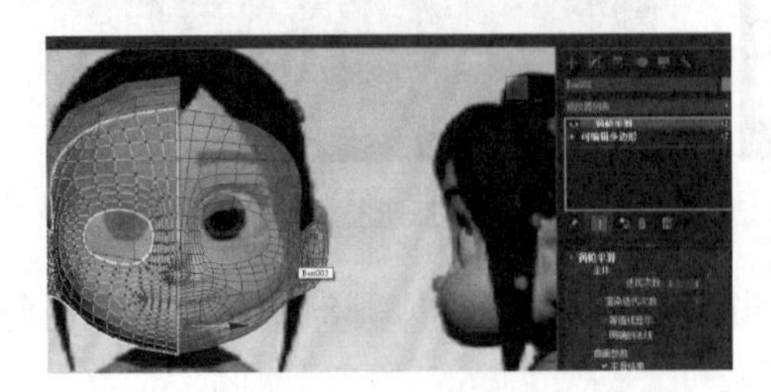

图 3-90　可编辑多边形

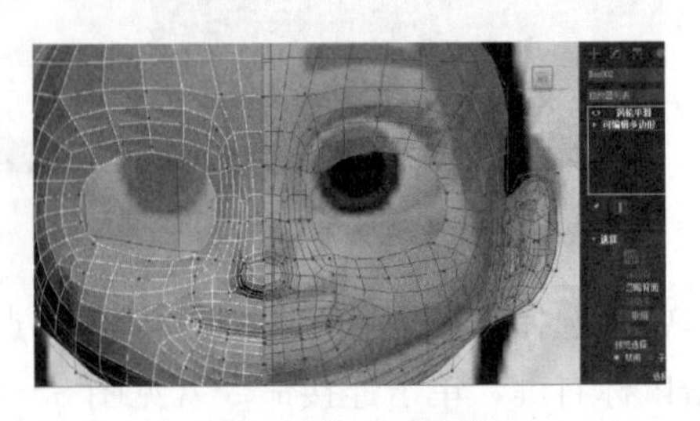

图 3-91　调整面部

（7）再点击鼠标右键，将面部转换为可编辑多边形（见图 3－92）。

7. 面部的完善

（1）在创建面板，点击球体，创建一个圆作为眼珠（见图 3－93）。

图 3－92　转为可编辑多边形

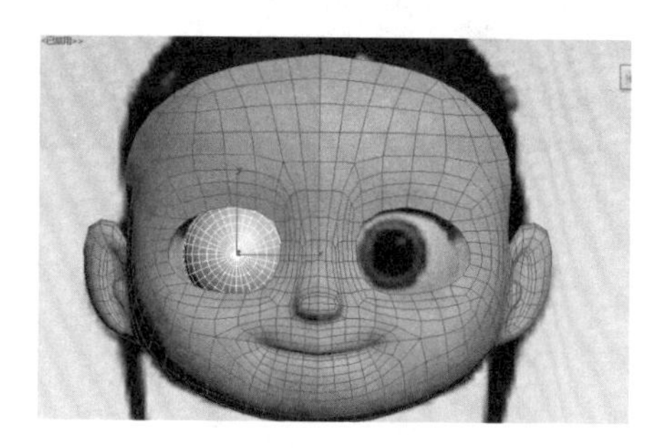

图 3－93　创建球体

（2）单击鼠标右键，将球转换为可编辑多边形后，调整到眼眶大小（见图 3－94），删除不要的面，再对齐到眼眶的位置（见图 3－95）。

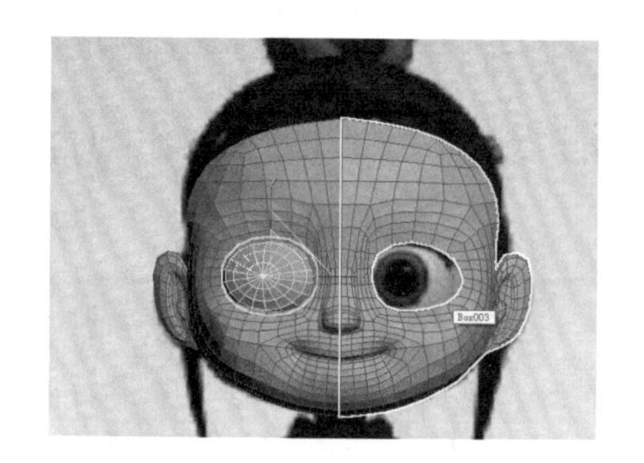

图 3－94　调整到眼眶大小

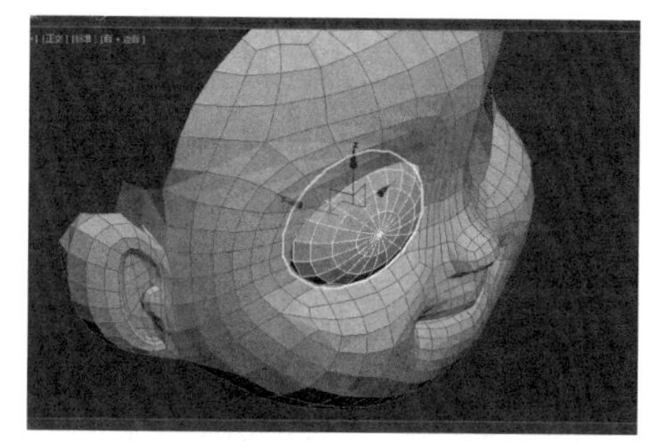

图 3－95　对齐眼眶位置

（3）再同样从创建面板创建一个球体出来（见图 3－96），转换为可编辑多边形，把球体移动对齐到眼珠的位置（见图 3－97），删除不要的面。

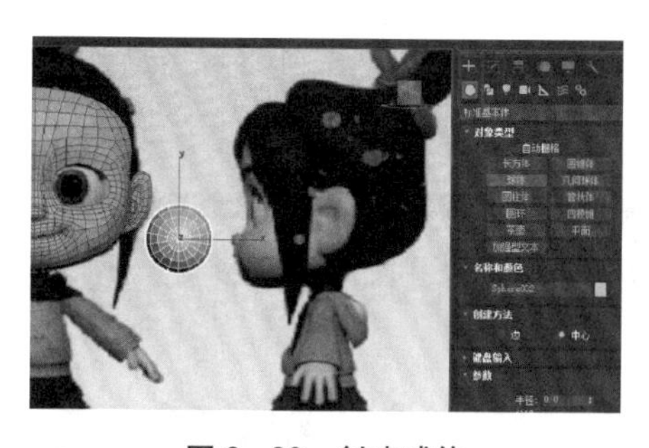

图 3－96　创建球体

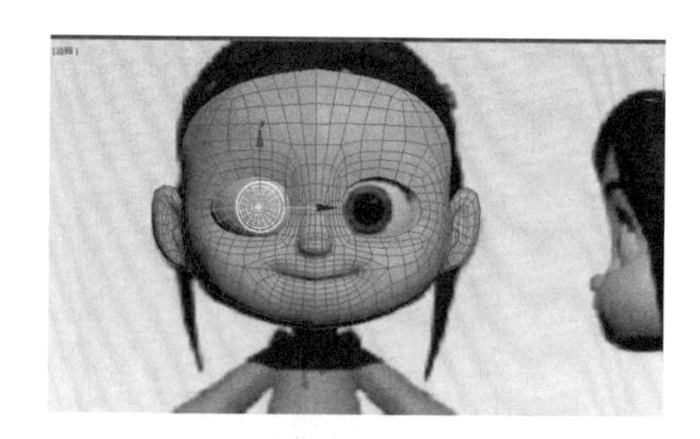

图 3－97　移动位置

（4）再选中所有，点击物体旁边的颜色，点击黑色（见图 3－98），确定后给整个面部换成统一的黑色线（见图 3－99）。

（5）选中眼眶的边界，进行缩放（见图 3－100），再选中边，单击鼠标右键，点击挤出命令（见图 3－101）。

图 3-98　选择黑色

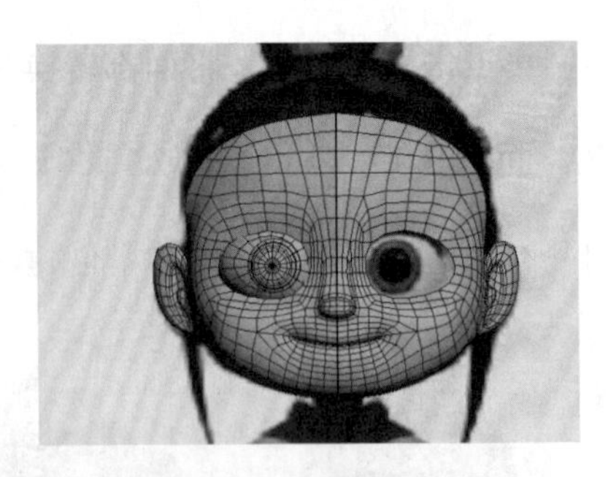

图 3-99　换成黑色线

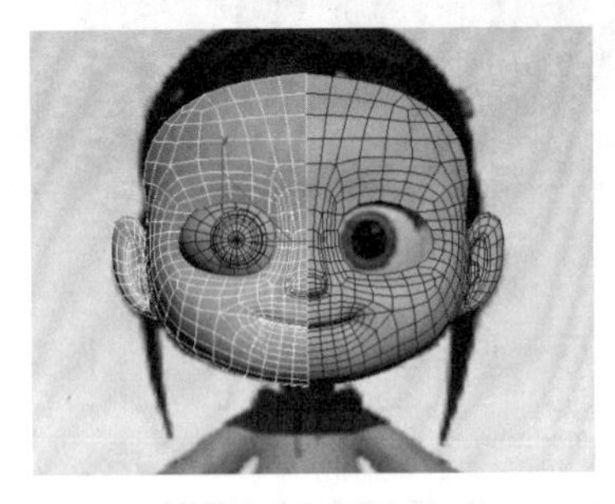

图 3-100　缩放边界

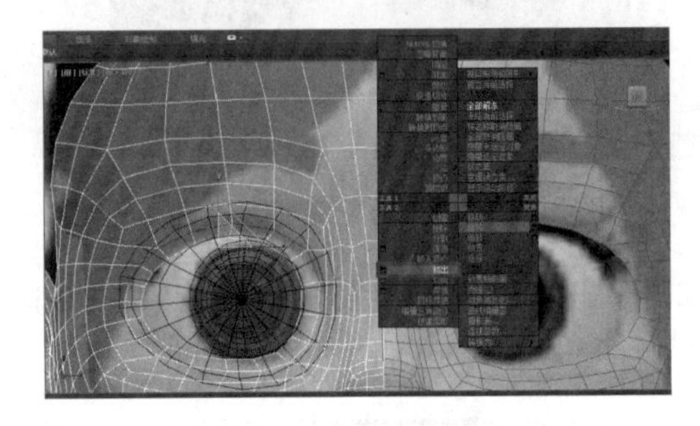

图 3-101　挤出边

（6）输入挤出的值，作为睫毛的长度（见图 3-102），再单击鼠标右键，点击塌陷掉睫毛尾部的位置的点（见图 3-103）。

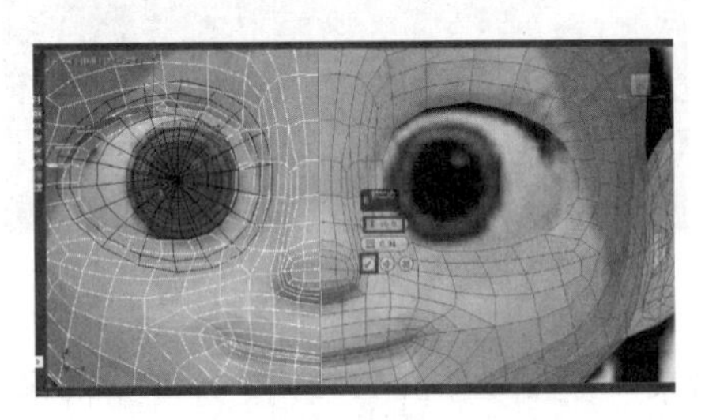

图 3-102　调整值

图 3-103　塌陷部分位置

（7）继续单击鼠标右键，塌陷掉睫毛尾部位置的点（见图 3-104），然后选中睫毛一圈的线（见图 3-105）。

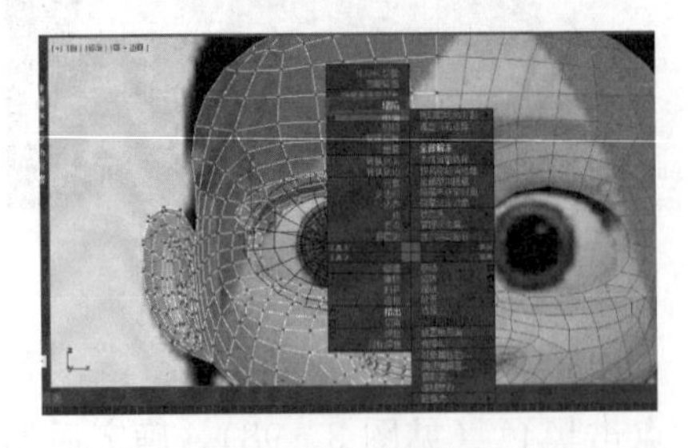

图 3-104　塌陷点

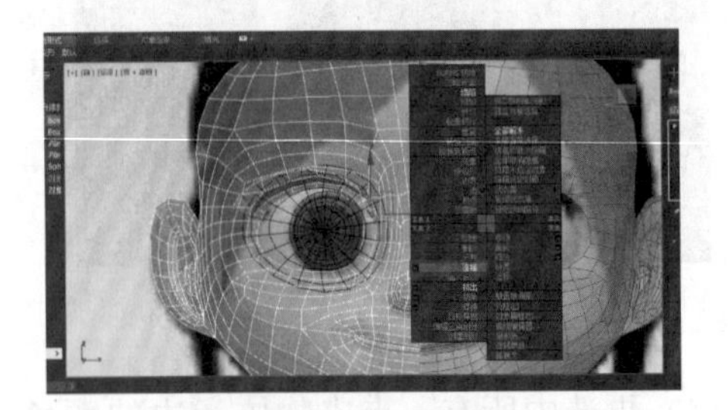

图 3-105　选线

（8）单击鼠标右键，点击连接命令（见图 3-106），向下移动线的位置，制作睫毛弧度（见图 3-107）。

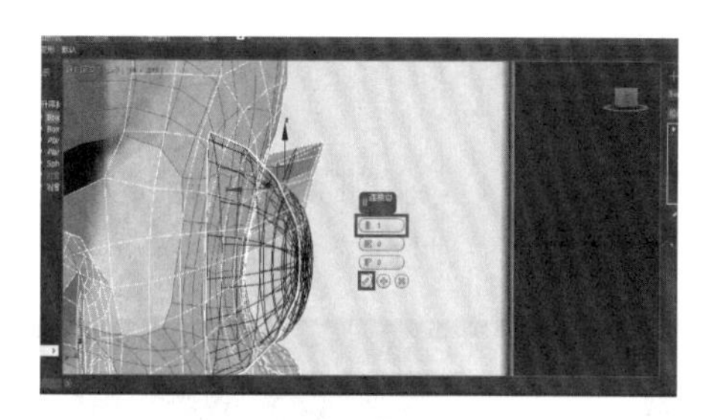

图 3-106 连接命令

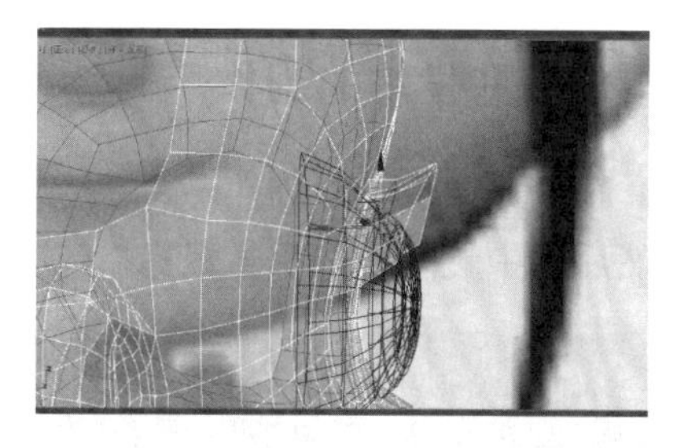

图 3-107 制作睫毛弧度

（9）单击鼠标右键，点击附加命令，将脸与眼睛附加到一起（见图 3-108）。弹出附加选项，直接点击确定就好（见图 3-109）

（10）将脸点击镜像复制，弹出镜像面板，克隆当前选择，改为复制，单击确定（见图 3-110）。然后单击鼠标右键，点击附加命令，附加给另一半脸（见图 3-111）。

（11）选中中间的点，单击鼠标右键，选择焊接命令（见图 3-112），输入焊接的值，点√就好了（见图 3-113）。

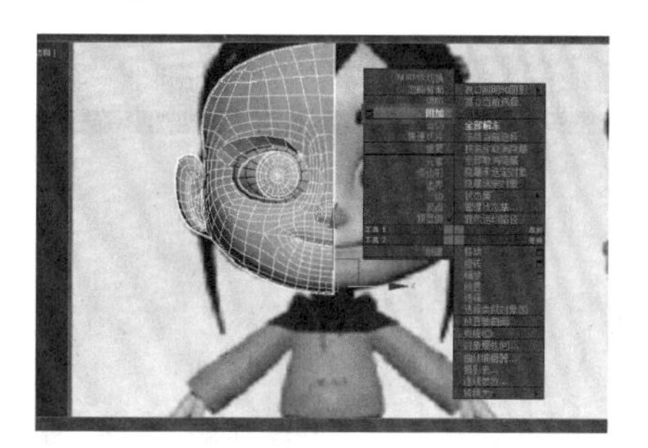

图 3-108 附加

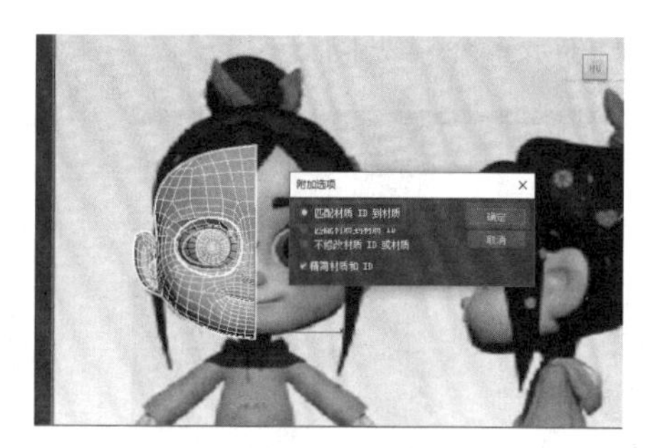

图 3-109 附加选项

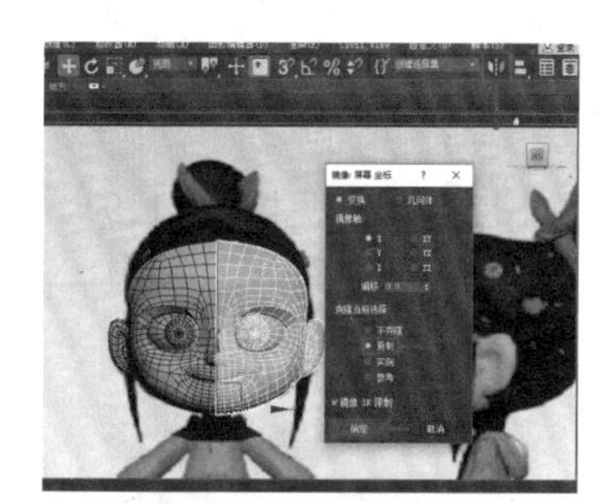

图 3-110 镜像复制

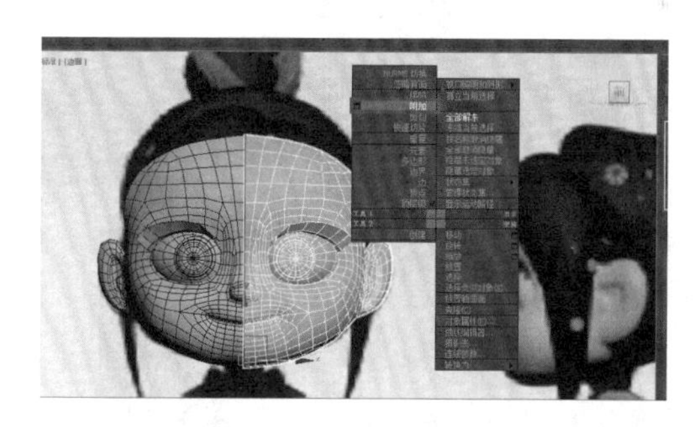

图 3-111 附加给另一半脸

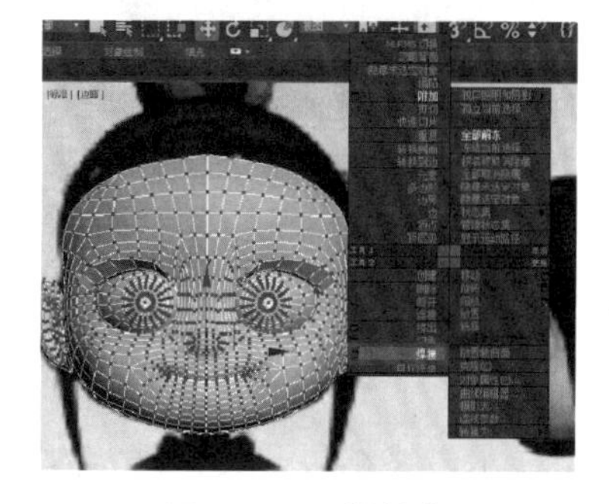

图 3-112 焊接点

图 3-113 输入焊接值

8. 发型和发饰的制作

（1）在创建面板下，创建一个正方体（见图 3－114），并将正方体转换为可编辑多边形，然后选中一圈线，单击鼠标右键，点击连接命令（见图 3－115）。

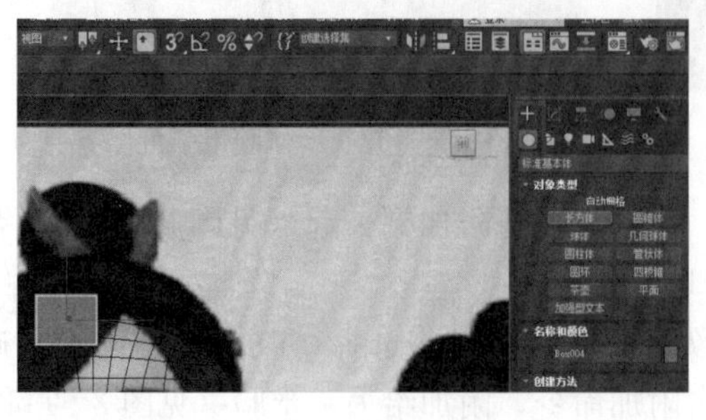

图 3－114　创建正方体

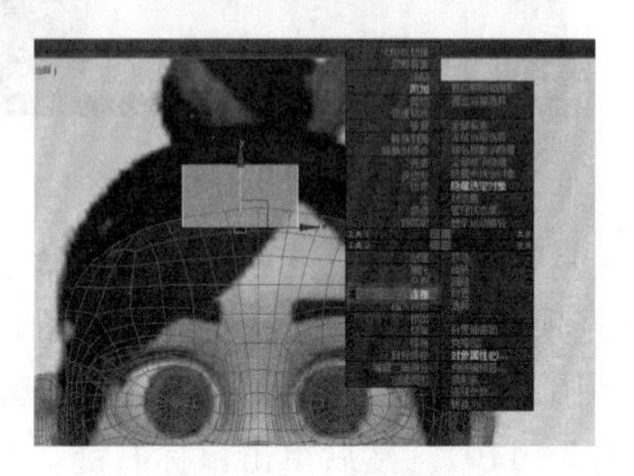

图 3－115　连接线

（2）选中侧面一圈线，单击鼠标右键，点击连接命令（见图 3－116），选中两侧的点，进行缩放命令（见图 3－117）。

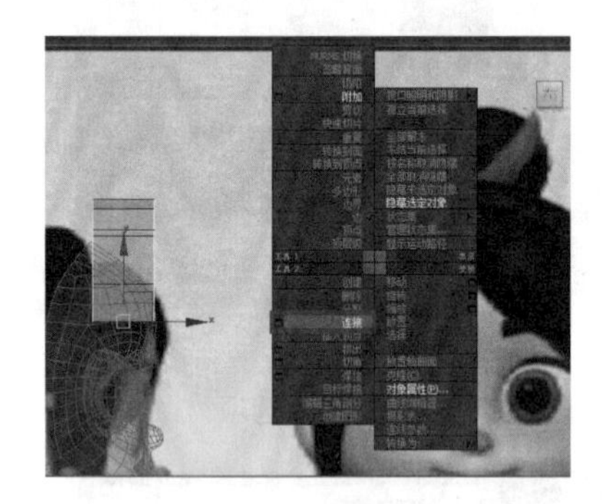

图 3－116　连接侧面

图 3－117　缩放两侧点

（3）选中面（见图 3－118），单击鼠标右键，对面不断挤出（见图 3－119）。

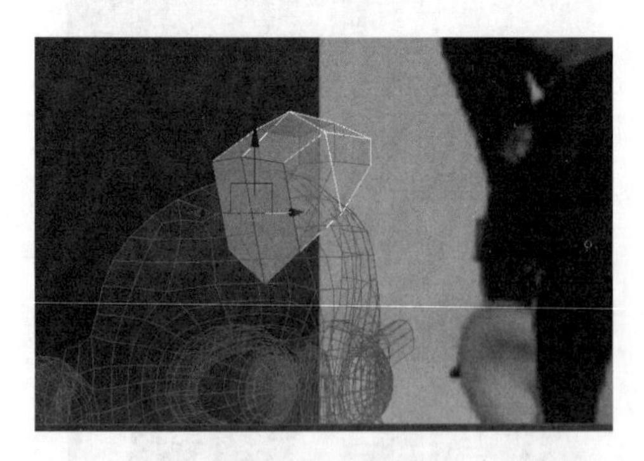

图 3－118　选中面

图 3－119　挤出边界

（4）挤出头发的大体外型后，单击鼠标右键，点击塌陷命令（见图 3－120），进入修改器列表，点击 FFD4×4×4（见图 3－121）。

（5）点击到可编辑多边形（见图 3－122），开启显示最终结果开关，再大体对面部进行细微的调整，完成后单击鼠标右键，转换为可编辑多边形（见图 3－123）。

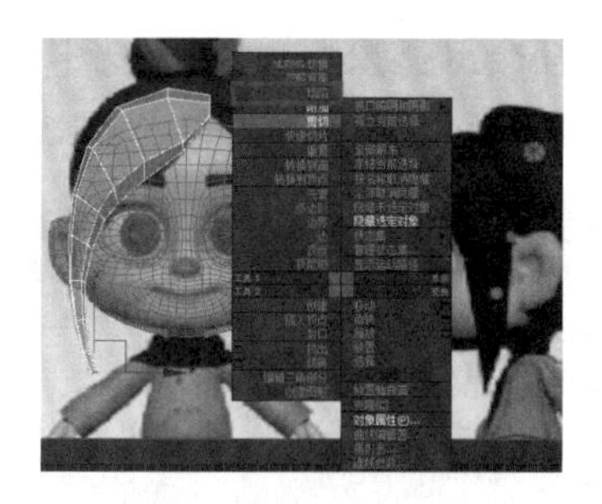

图 3－120　塌陷点

图 3－121　运用 FFD

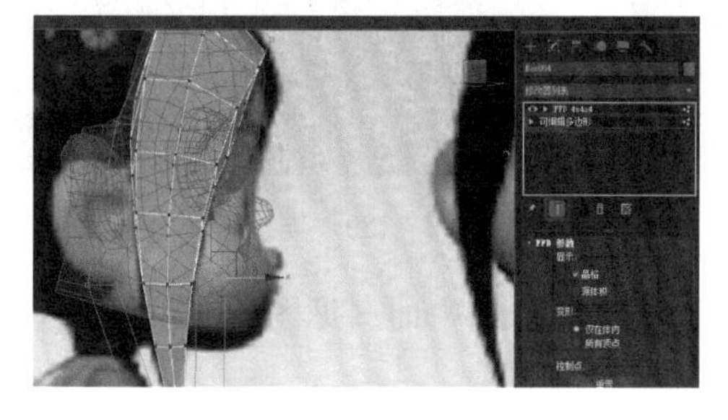

图 3－122　可编辑多边形

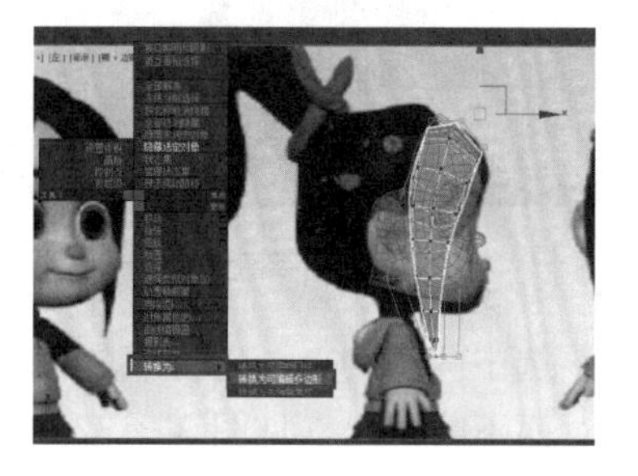

图 3－123　转为可编辑多边形

（6）再进入修改器列表，点击涡轮平滑命令（见图 3－124），点击到可编辑多边形，开启显示最终结果开关，再大体对面部进行细微的调整（见图 3－125）。

图 3－124　涡轮平滑

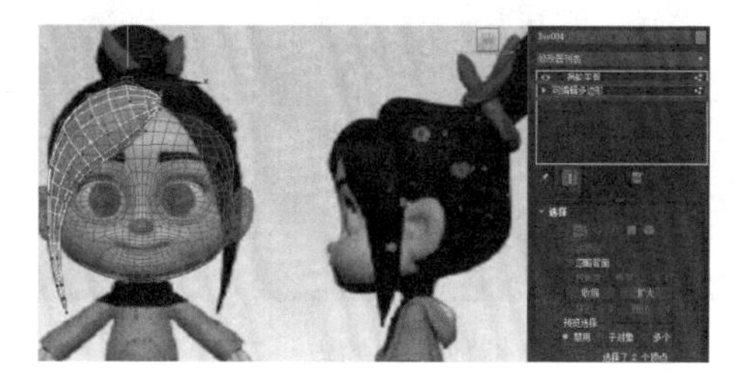

图 3－125　调整形状

（7）完成后单击鼠标右键，转换为可编辑多边形（见图 3－126），继续创建一个正方体，并将正方体转换为可编辑多边形，做头发右侧（见图 3－127）。

图 3－126　转为可编辑多边形

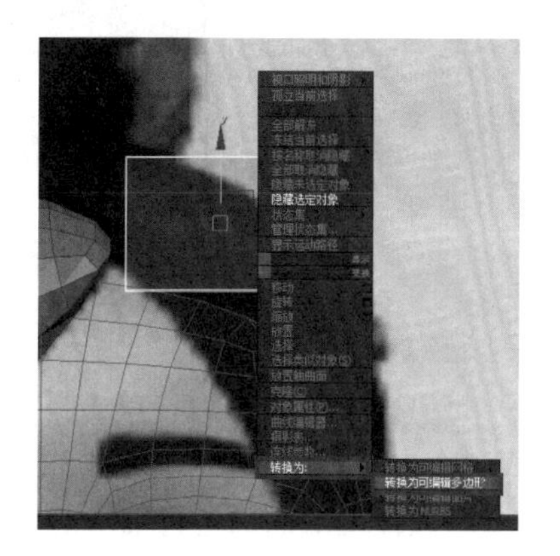

图 3－127　做头发右侧

（8）选中正面一圈线，单击鼠标右键，点击连接命令（见图 3－128），选中侧面一圈线，单击鼠标右键，点击连接命令（见图 3－129）。

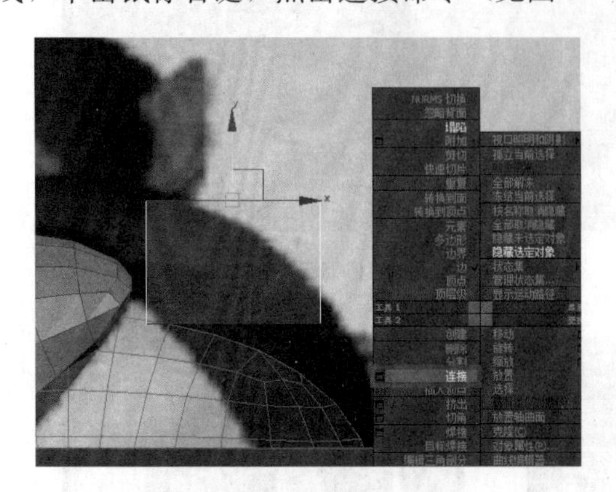

图 3－128　连接正面一圈线

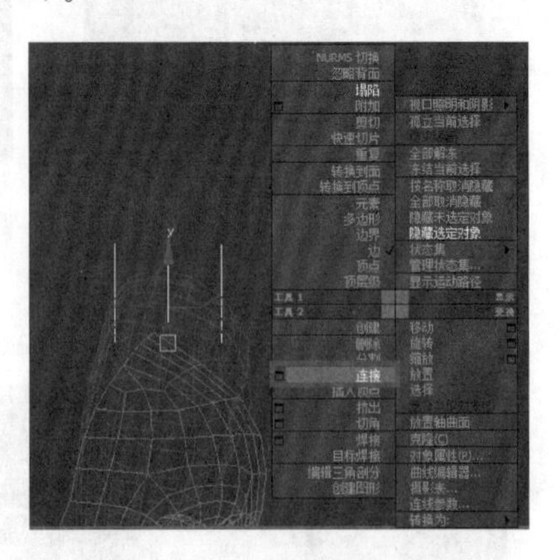

图 3－129　连接侧面一圈线

（9）选中两侧的点，进行缩放（见图 3－130），选中面（见图 3－131），单击鼠标右键，对面不断挤出（见图 3－132）。

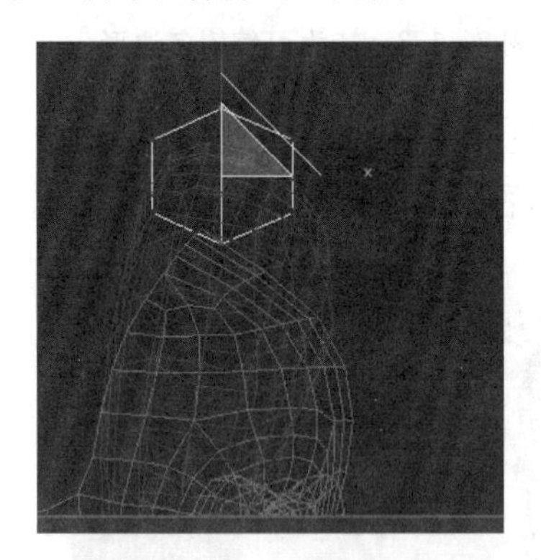

图 3－130　缩放两侧的点

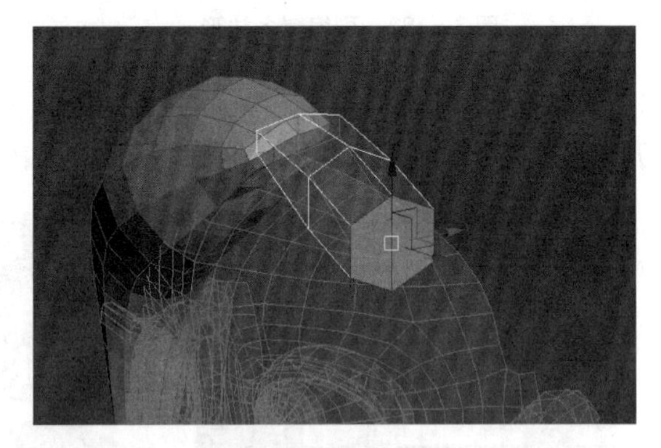

图 3－131　选中面

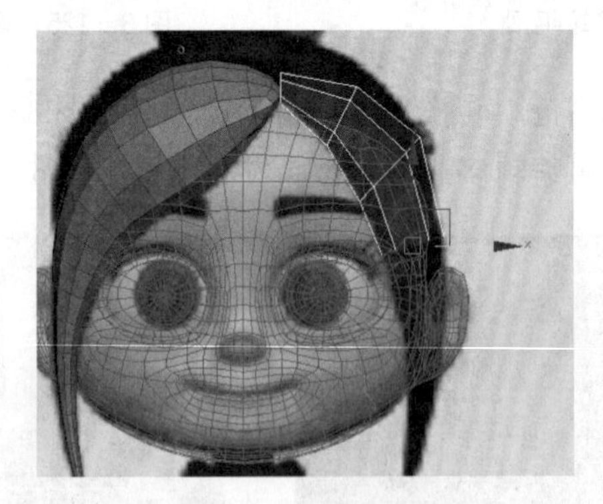

图 3－132　挤出边界

（10）挤出头发的大形后，单击鼠标右键，点击塌陷命令（见图 3－133），进入修改器列表，点击 FFD4×4×4（见图 3－134）。

（11）再大体地对面部进行细微的调整，完成后单击鼠标右键，转换为可编辑多边形（见图 3－135），再进入修改器列表，点击涡轮平滑命令（见图 3－136）。

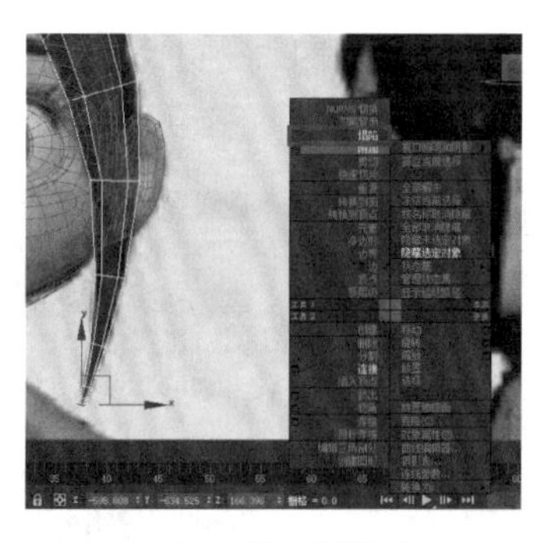

图 3-133 塌陷边

图 3-134 运用 FFD

图 3-135 转换为可编辑多边形

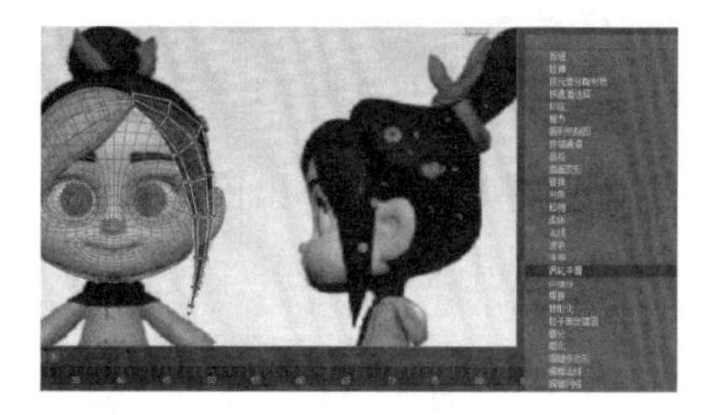

图 3-136 涡轮平滑

（12）完成后单击鼠标右键，转换为可编辑多边形（见图 3-137），再按 M 键，弹出材质编辑器窗口（见图 3-138）。

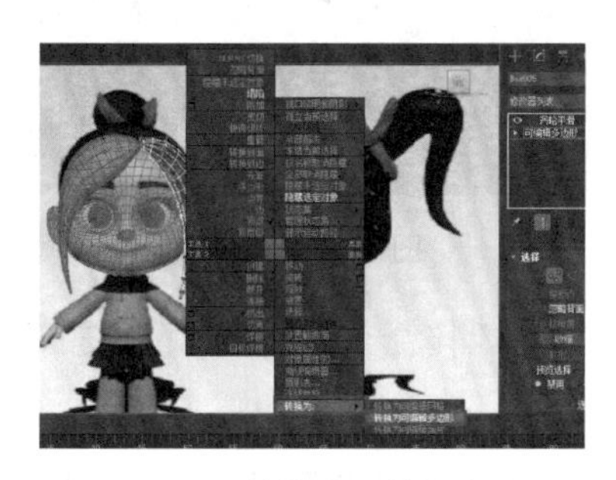

图 3-137 转换为可编辑多边形

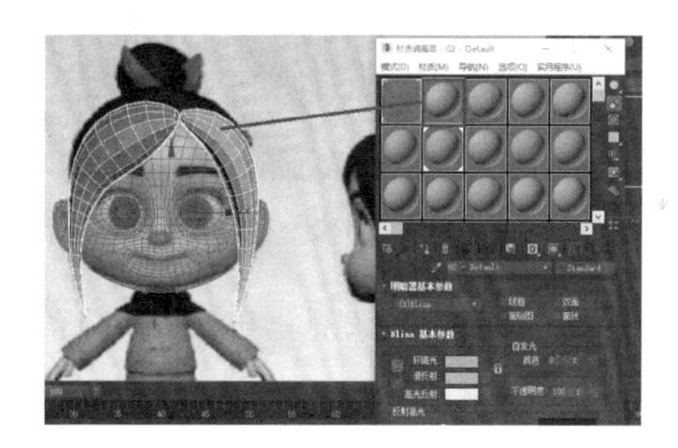

图 3-138 材质编辑器

（13）加选已经完成好的头发造型，选择材质编辑中的材质球，拖动到模型上（由于加选了多个模型，系统默认为集合），弹出指定材质窗口，选择“指定给选择集”（见图 3-139），再进入修改器列表，给原先的头发指定一个“涡轮平滑”命令（见图 3-140）。

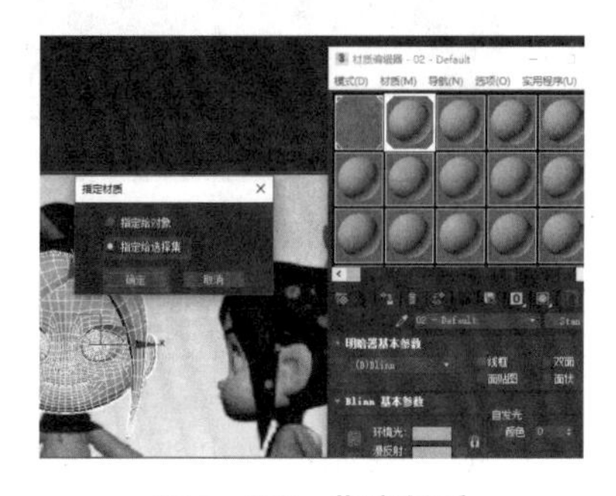

图 3-139 指定材质

图 3-140 涡轮平滑

（14）完成头发的造型部分后，转换为可编辑多边形（见图 3－141）。再选择头部的模型，将坐标位置居中对齐到中线（见图 3－142）。

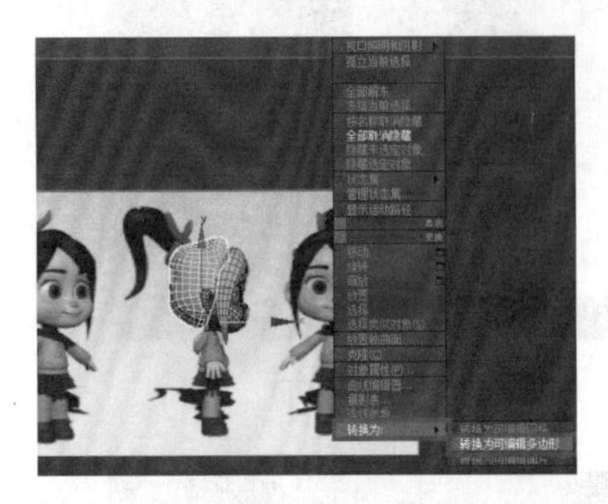

图 3－141　换为可编辑多边形

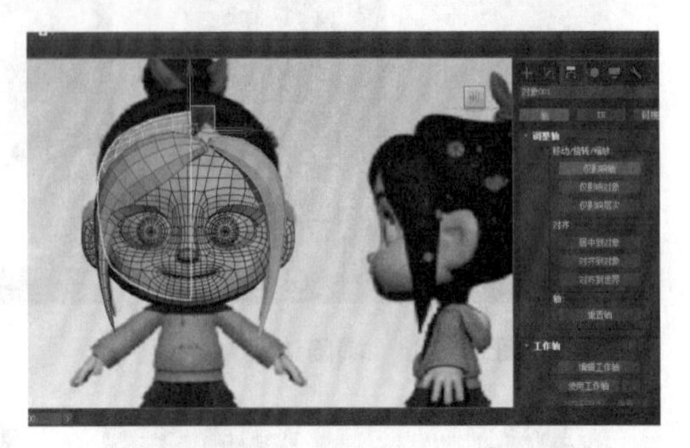

图 3－142　居中坐标

（15）点击镜像复制，弹出窗口，点击复制（见图 3－143），确定后单击鼠标右键，点击附加命令（见图 3－144）。

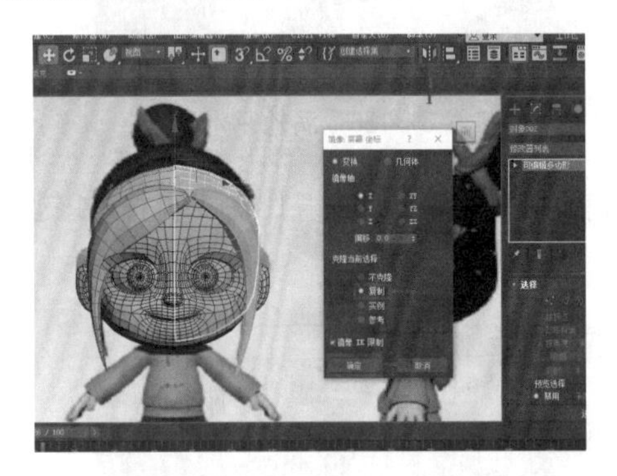

图 3－143　镜像复制

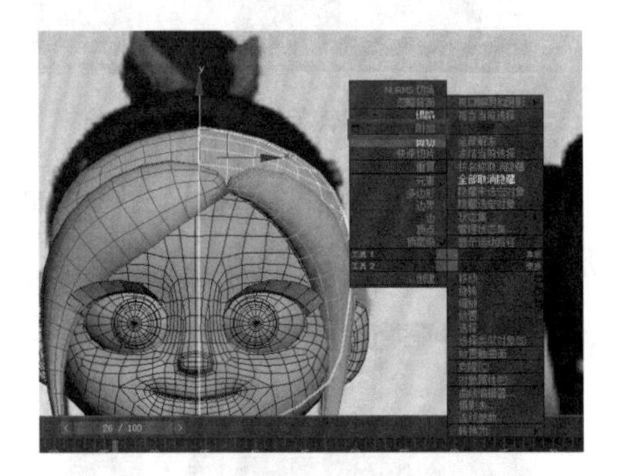

图 3－144　附加

（16）选中头发的中线点，单击鼠标右键，选择焊接命令（见图 3－145），创建一个圆柱体（见图 3－146）。

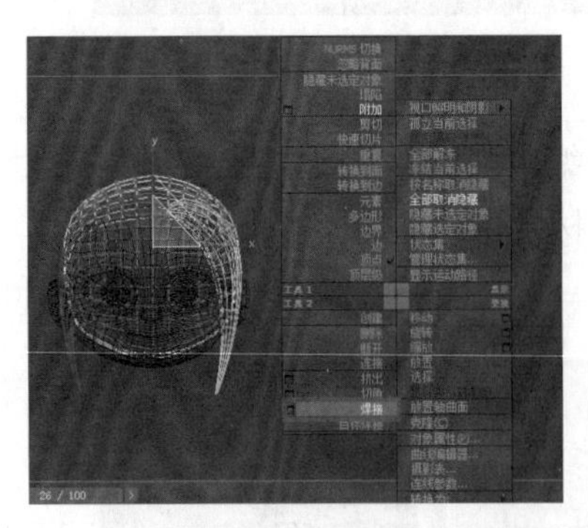

图 3－145　焊接头发中线点

图 3－146　创建圆柱体

（17）输入圆柱体的值为 1－1－6（见图 3－147），单击鼠标右键，转换为可编辑多边形（图 3－148），删除前后的面（见图 3－149）

（18）对齐头发的位置，选中边界，按住 Shift 拖动复制，做出头发的大形（见图 3－150），完成大形后，单击鼠标右键，点击塌陷命令（见图 3－151）。

图 3-147 输入值

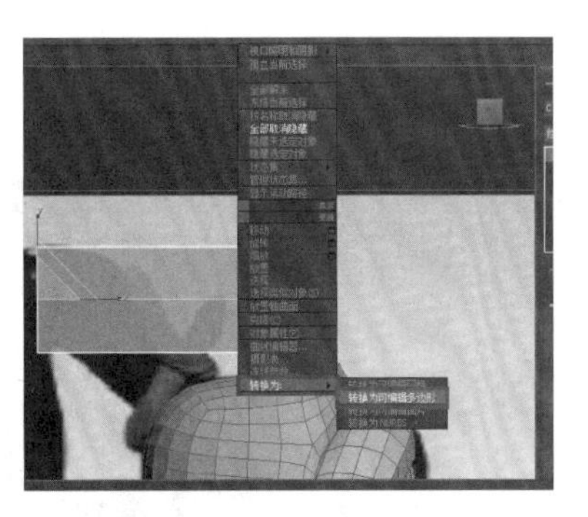

图 3-148 转换为可编辑多边形

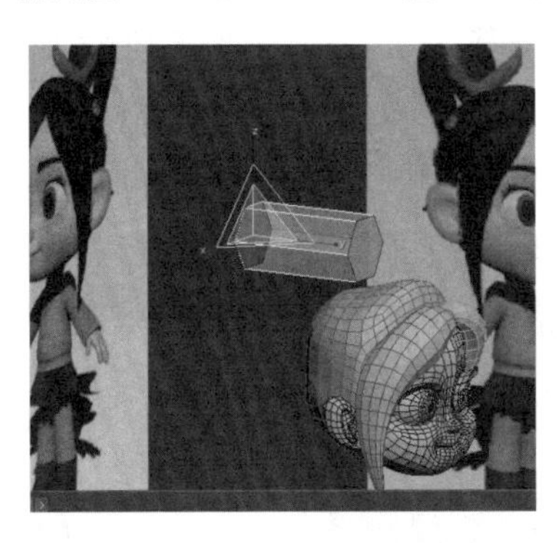

图 3-149 删除面

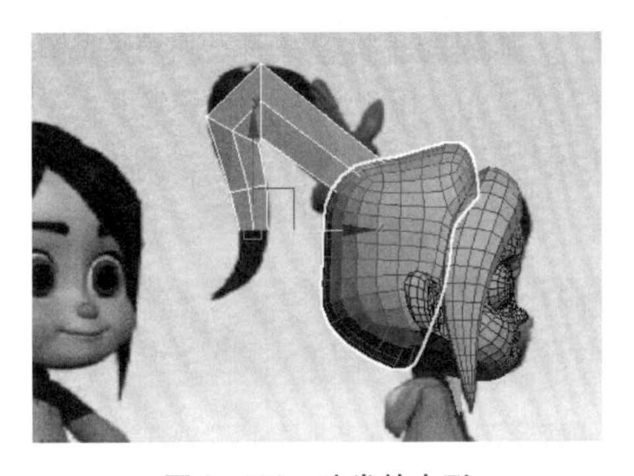

图 3-150 头发的大形

图 3-151 塌陷边

（19）选中线，单击鼠标右键，点击连接（见图 3-152），对头发进行细化，连接点（见图 3-153），防止出现五边面。

图 3-152 连接线

图 3-153 连接点

（20）选中一圈线，单击鼠标右键，点击连接命令（见图 3－154）。又选择一圈线，继续使用连接命令（见图 3－155）。

图 3－154　连接一圈线

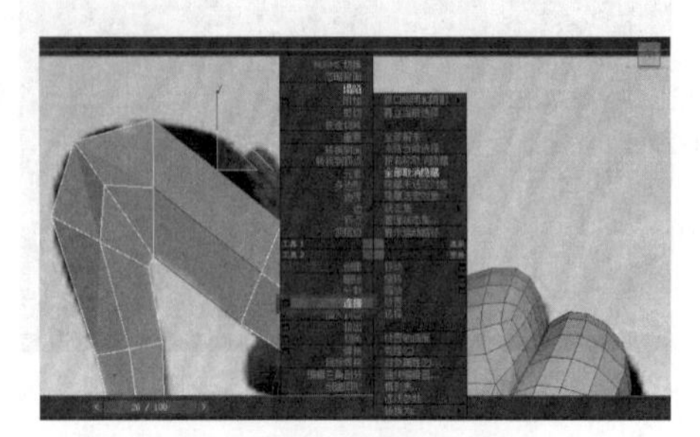

图 3－155　又连接一圈线

（21）完成头发大形后，再进入修改器列表，点击涡轮平滑命令（见图 3－156），点击到可编辑多边形，开启显示最终结果开关，再大体地对面部进行细微的调整（见图 3－157）。

图 3－156　涡轮平滑

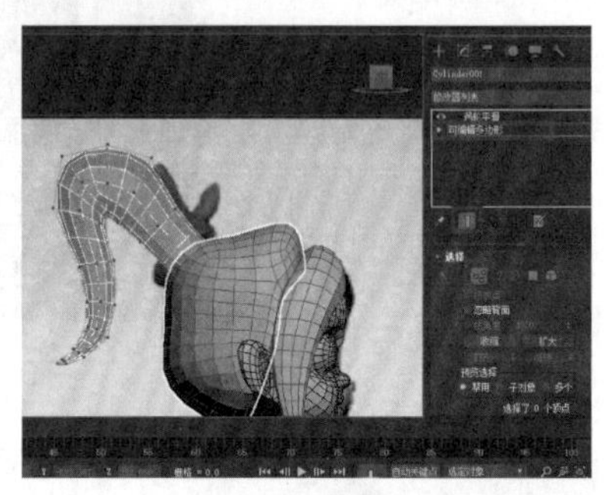

图 3－157　细微调整

（22）单击鼠标右键，转换为可编辑多边形（见图 3－158），然后在创建面板的图形中，点击线（见图 3－159）。

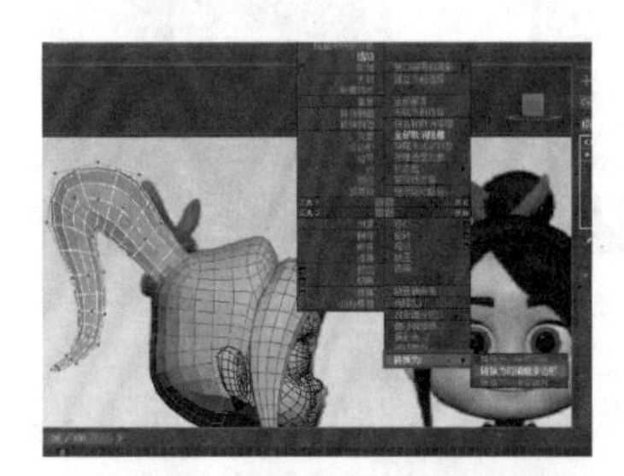

图 3－158　转换为可编辑多边形

图 3－159　点击线

（23）继续对着蝴蝶结调整线的形状（见图 3－160），然后在创建面板创建一个圆柱体（见图 3－161）。

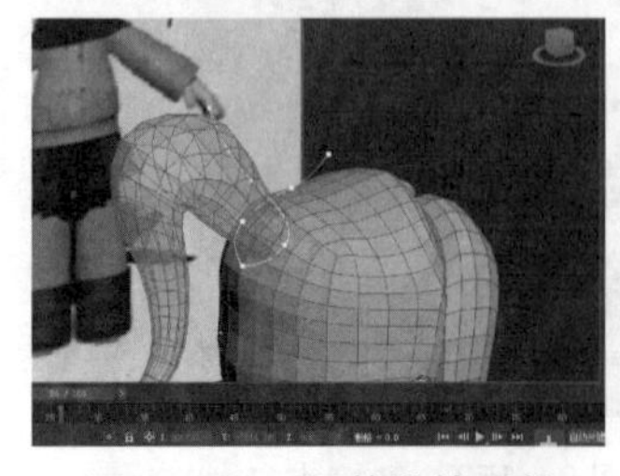

图 3－160　调整线的形状

图 3－161　创建圆柱体

（24）单击鼠标右键，将圆柱体转换为可编辑多边形（见图 3－162），再进入修改器列表，点击路径变形（WSM）（见图 3－163）。

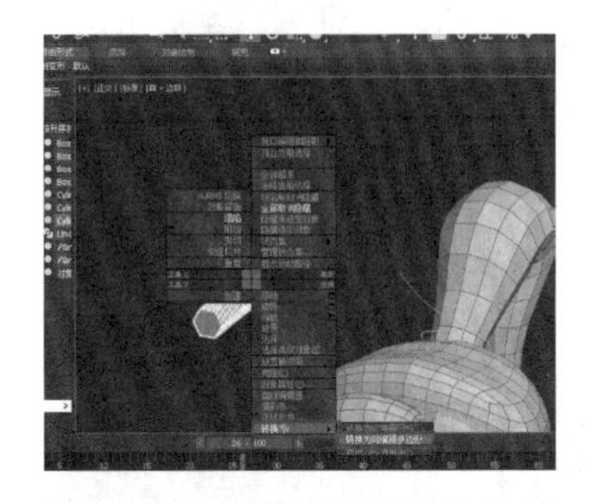

图 3－162　转换为可编辑多边形

图 3－163　路径变形

（25）将路径变形，拾取到路径（见图 3－164），设置拉伸和扭曲的参数值（见图 3－165）。

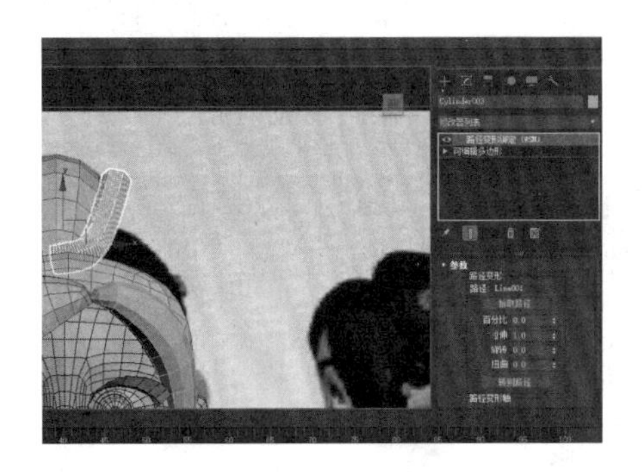

图 3－164　拾取到路径

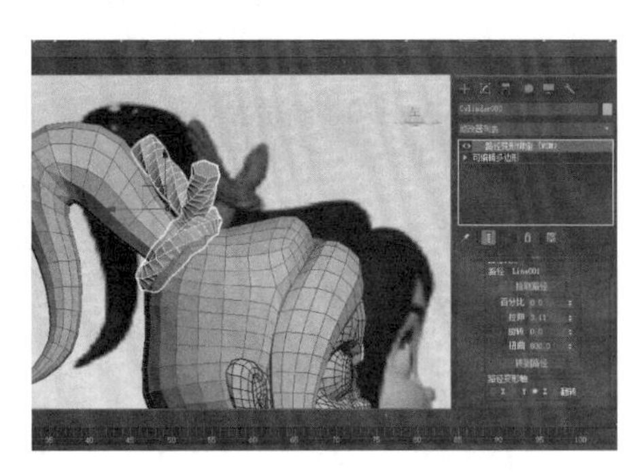

图 3－165　设置参数值

（26）选中一条边，单击鼠标右键，点击切角命令（见图 3－166），修改切角参数为 1－2（见图 3－167）。

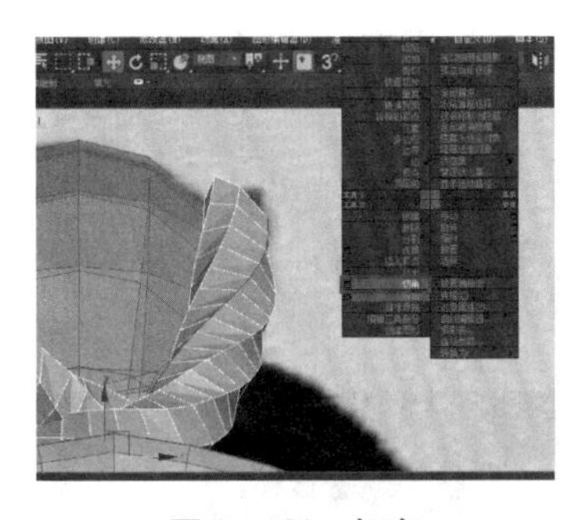

图 3－166　切角

图 3－167　修改参数值

（27）缩放中间线，然后选中其他 5 条边（见图 3－168），单击鼠标右键，点击切角命令，输入参数值（见图 3－169），再缩放 5 条边中间的线（见图 3－170）。

（28）缩放，并移动对齐（见图 3－171），完成（见图 3－172）。然后单击鼠标右键，点击隐藏选定对象（见图 3－173）。

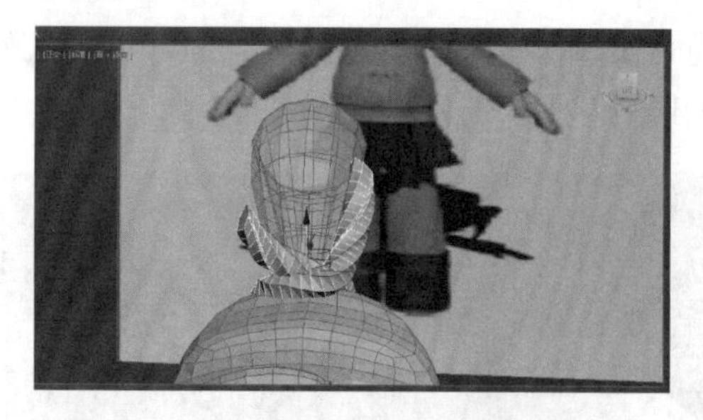

图 3－168　选择 5 条边

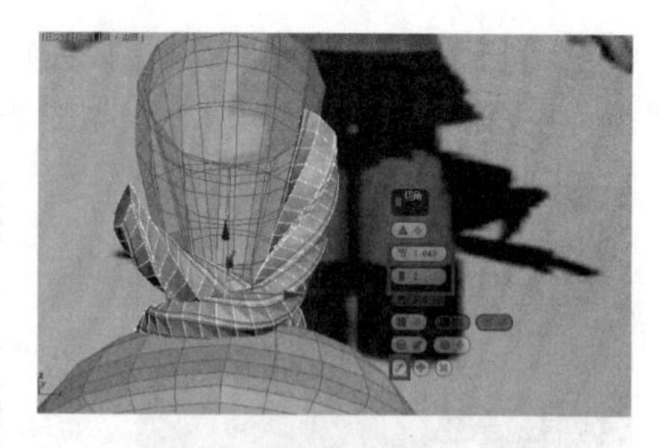

图 3－169　输入参数值

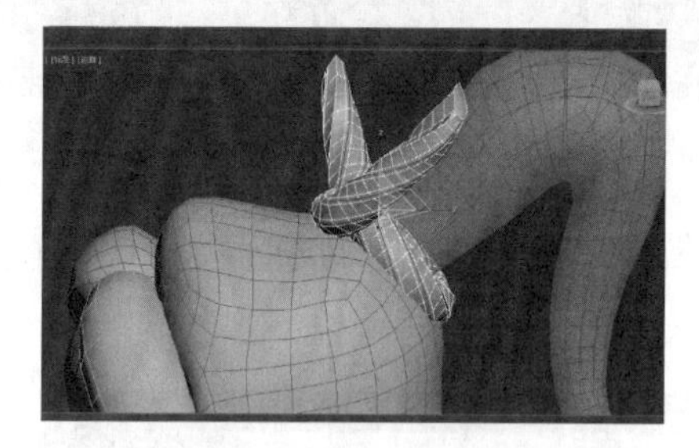

图 3－170　缩放线

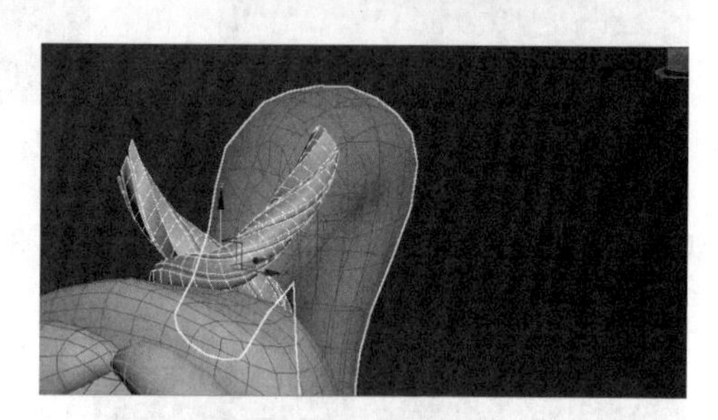

图 3－171　移动对齐

图 3－172　完成

图 3－173　隐藏选定对象

9. 上身的制作

（1）在创建面板创建一个正方体（见图 3－174），单击鼠标右键，将正方体转换为可编辑多边形（见图 3－175）。

图 3－174　创建正方体

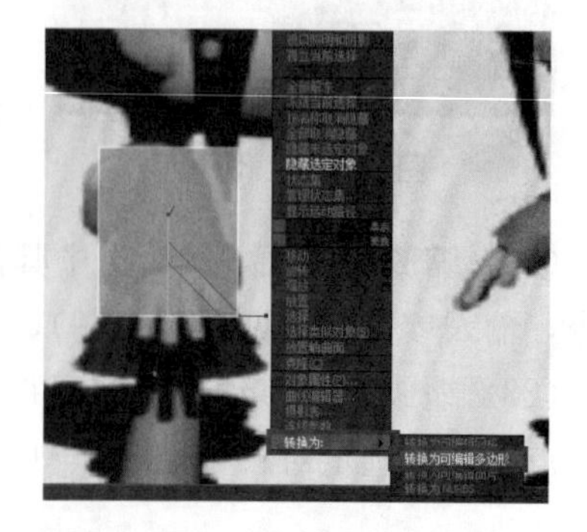

图 3－175　转为可编辑多边形

（2）竖着选中一圈线，单击鼠标右键，选择连接命令（见图 3－176），再横着选中一圈线，单击鼠标右键，选择连接命令（见图 3－177）。

图 3－176　连接竖线

图 3－177　连接横线

（3）从侧面再选择一圈线，单击鼠标右键，选择连接命令（见图 3－178），到俯视图，选中边后，进行缩放（见图 3－179）。

图 3－178　连接侧面线

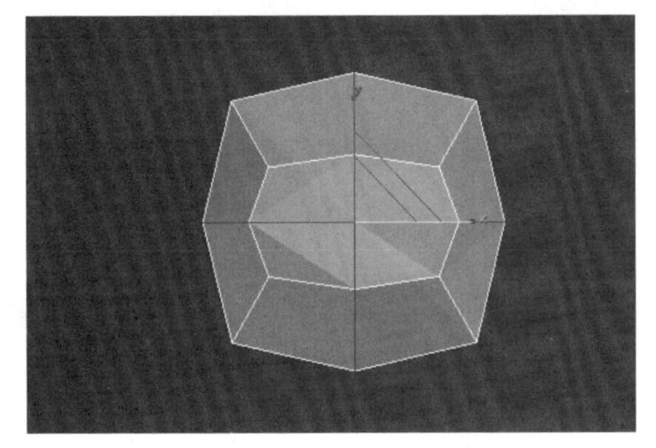

图 3－179　缩放

（4）选中竖着一圈线，单击鼠标右键，选择连接命令（见图 3－180），输入连接的参数（见图 3－181）。

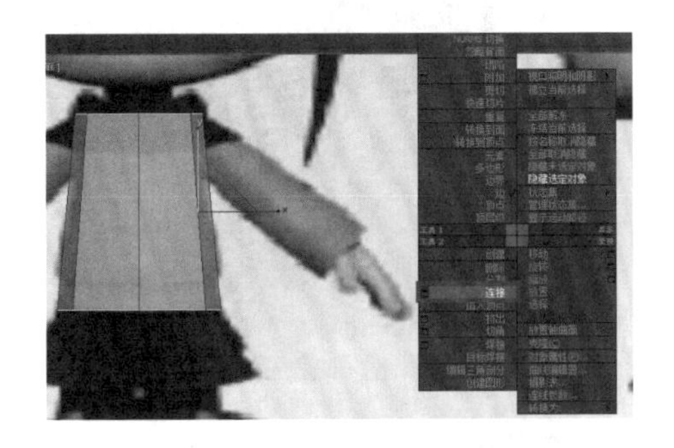

图 3－180　选择连接命令

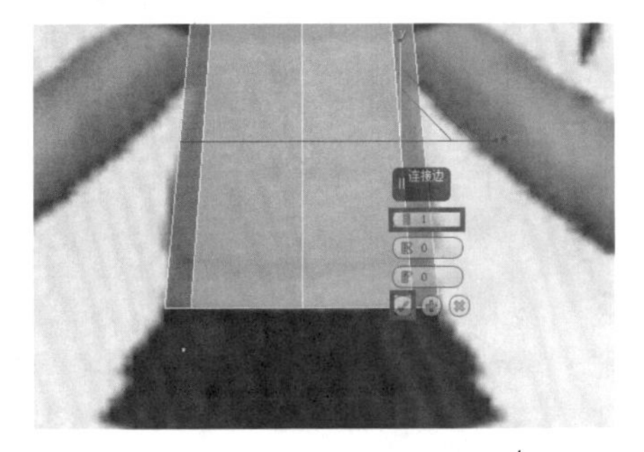

图 3－181　输入值

（5）继续重复选择线，单击鼠标右键，选择连接命令（见图 3－182），输入连接的参数（见图 3－183）。

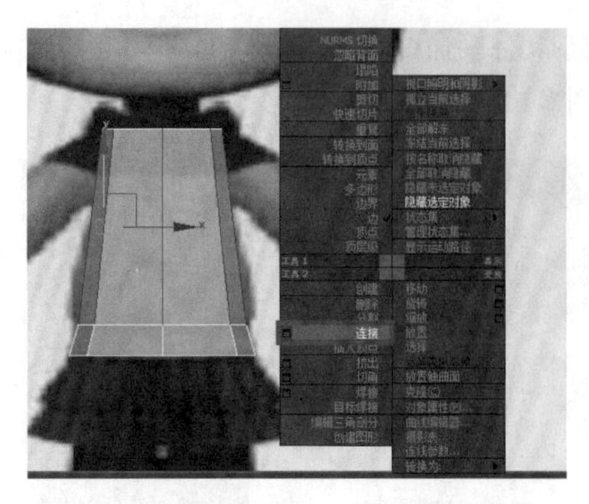

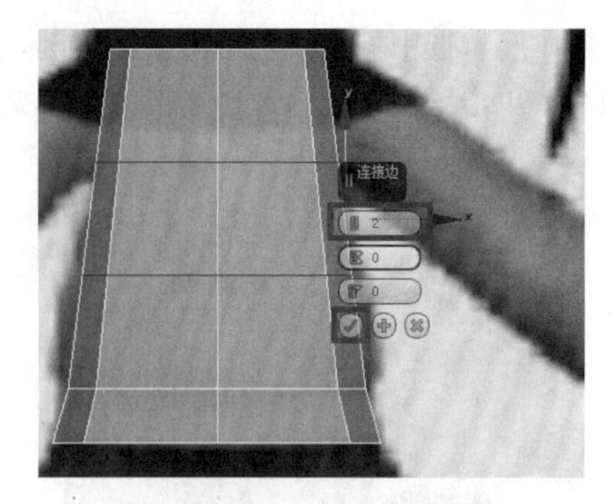

图 3－182　连接线　　　　图 3－183　输入参数值

（6）继续重复选择线，单击鼠标右键，选择连接命令（见图 3－184），输入连接的参数（见图 3－185）。

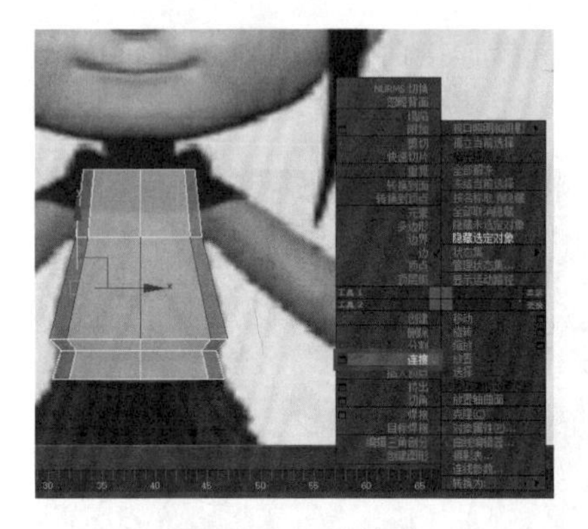

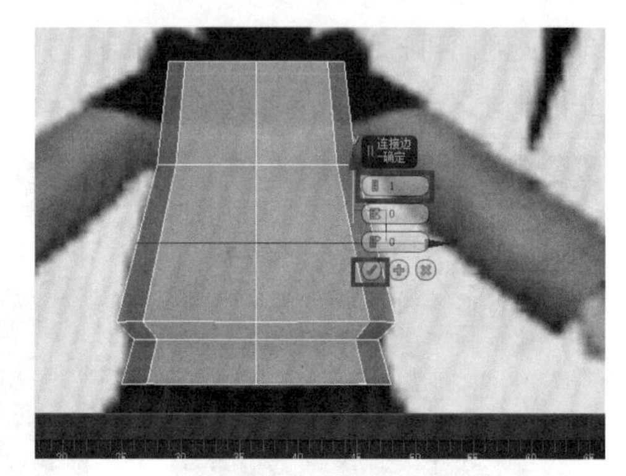

图 3－184　连接线　　　　图 3－185　输入参数值

（7）继续重复选择线，单击鼠标右键，选择连接命令（见图 3－186）。到侧面，继续重复选择线，单击鼠标右键，选择连接命令（见图 3－187）。

图 3－186　重复连接线　　　　图 3－187　连接侧面线

（8）选择点，再单击鼠标右键，选择切角命令（见图 3－188），再转到正面，删除另外一半（见图 3－189）

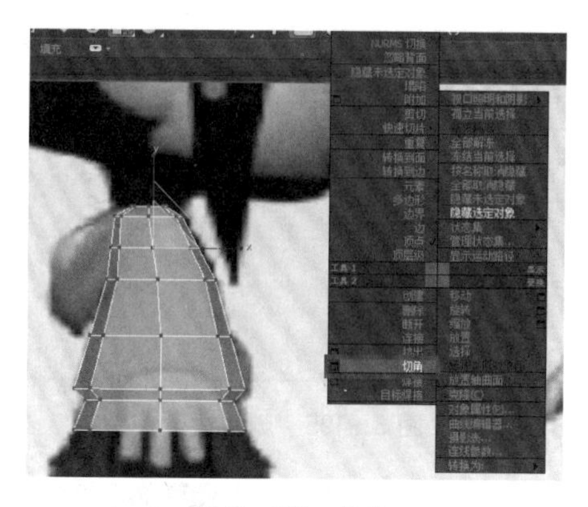

图 3-188 切角

图 3-189 删除另外一半

（9）选择两个点，单击鼠标右键，选择塌陷上两个点（见图 3-190），单击鼠标右键，选择塌陷下两个点（见图 3-191）。

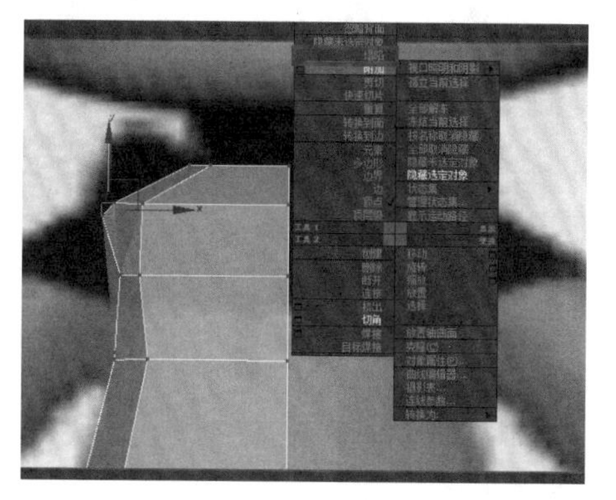

图 3-190 塌陷上两个点

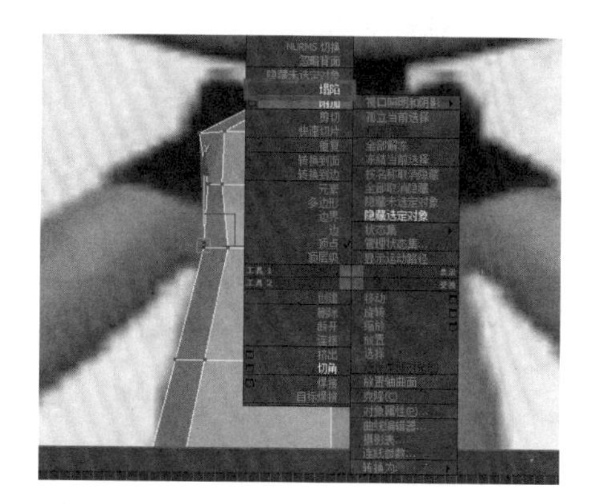

图 3-191 塌陷下两个点

（10）选择两个边，单击鼠标右键，选择连接命令（见图 3-192），再选择边，单击鼠标右键，选择连接命令（见图 3-193）。

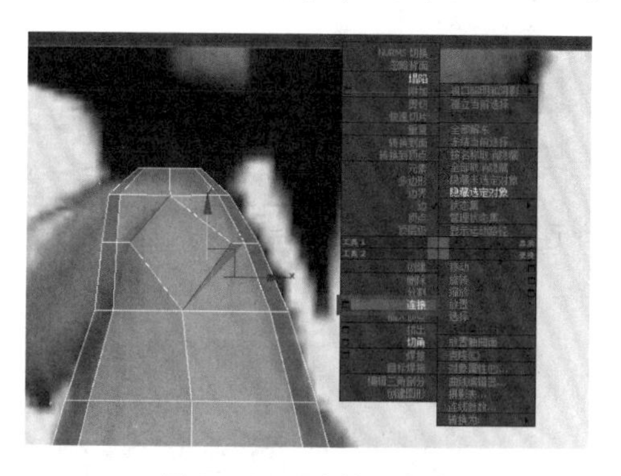

图 3-192 连接两个边

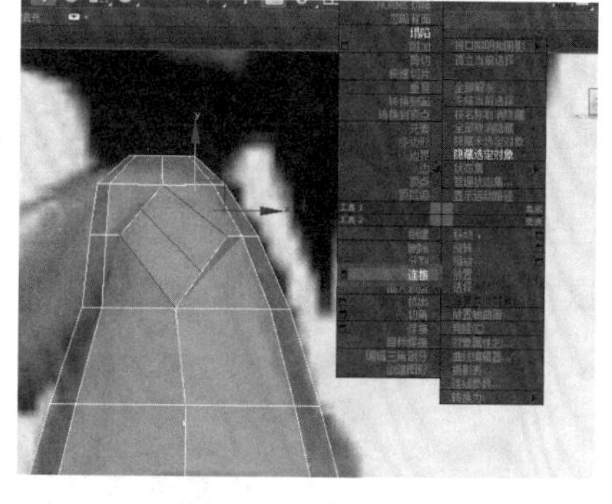

图 3-193 连接边

（11）调整好手臂的形状，然后选择四周的点，单击鼠标右键，单击连接命令（见图 3-194），然后删除多余的边（见图 3-195）。

（12）选中面删除（见图 3-196），再选中边界（见图 3-197），按住 Shift，推动复制（见图 3-198）。

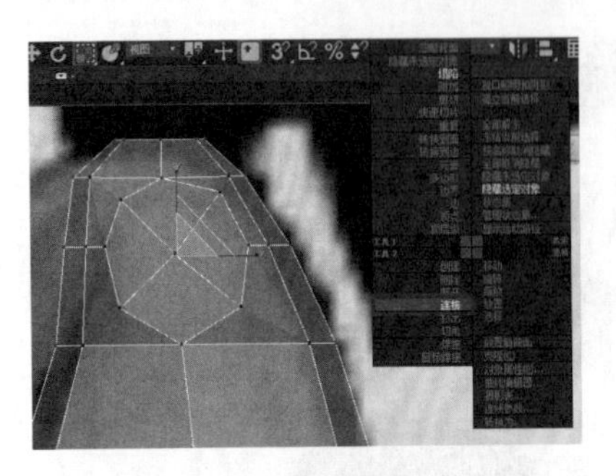
图 3-194　连接四周的点

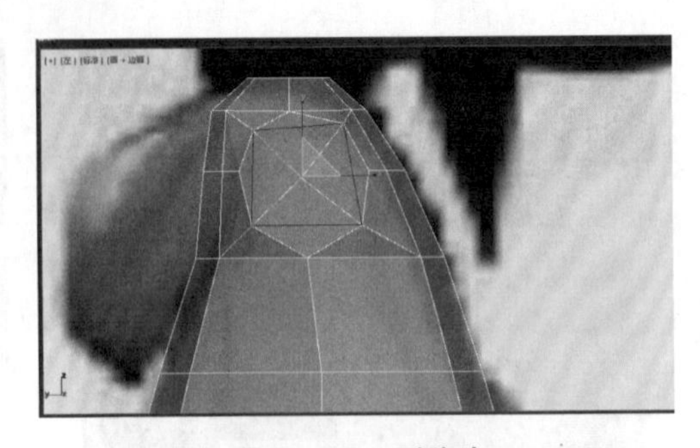
图 3-195　删除边

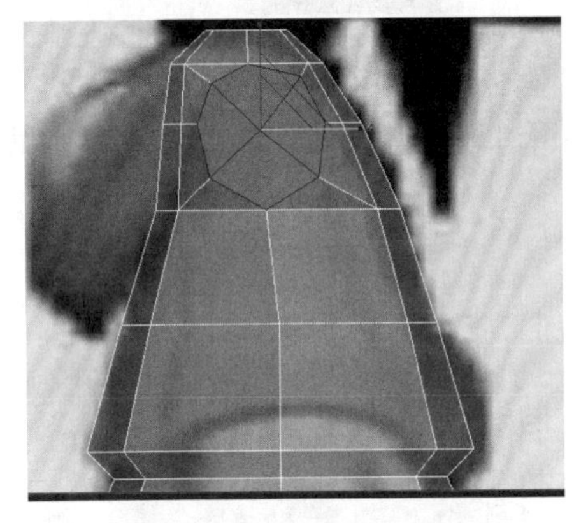
图 3-196　选中面删除

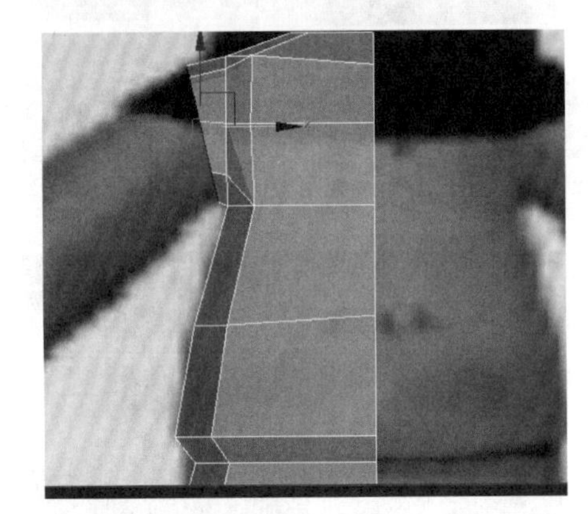
图 3-197　选中边界

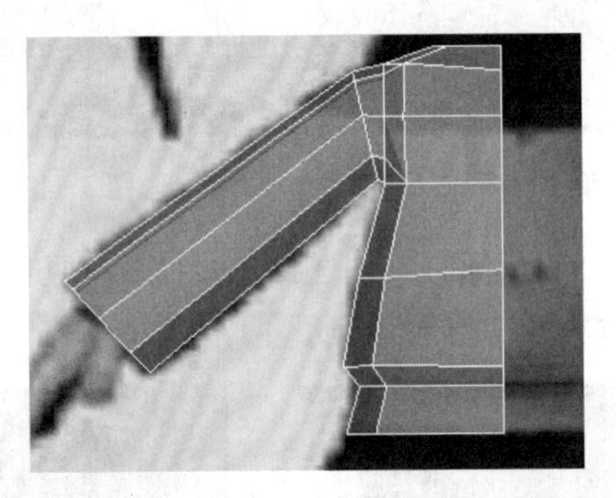
图 3-198　复制边界

（13）选中一圈线，单击鼠标右键，选择连接命令（见图 3-199），选中脖子的面，单击鼠标右键，点击挤出命令（见图 3-200）。

图 3-199　连接线

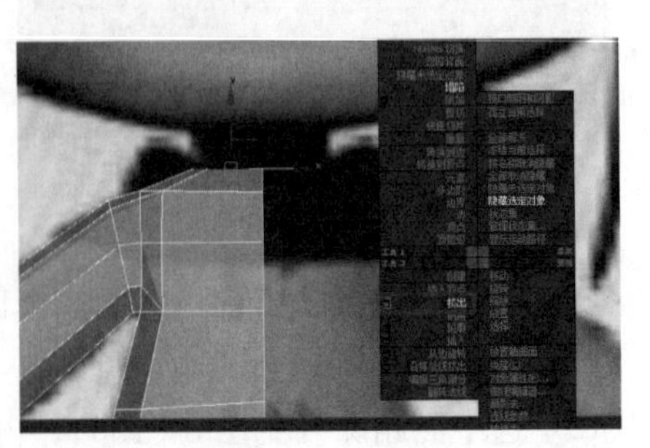
图 3-200　挤出面

（14）将挤出的面删除掉（见图 3－201），再选中一圈线，单击鼠标右键，选择连接命令（见图 3－202）。

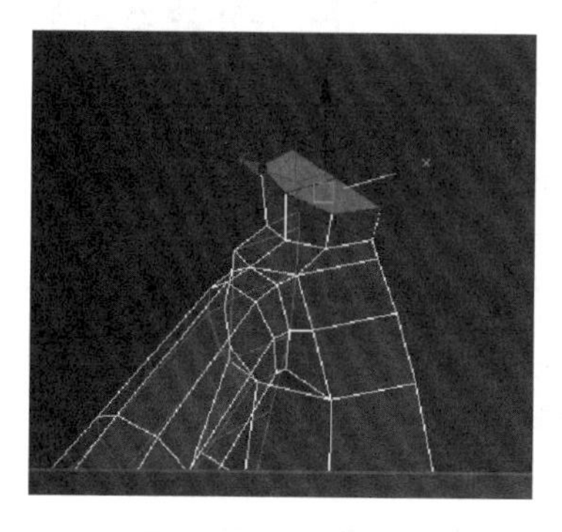

图 3－201　删除面

图 3－202　连接线

（15）选择一圈线，单击鼠标右键，选择连接命令（见图 3－203），调整并点击连接两个点（见图 3－204）。

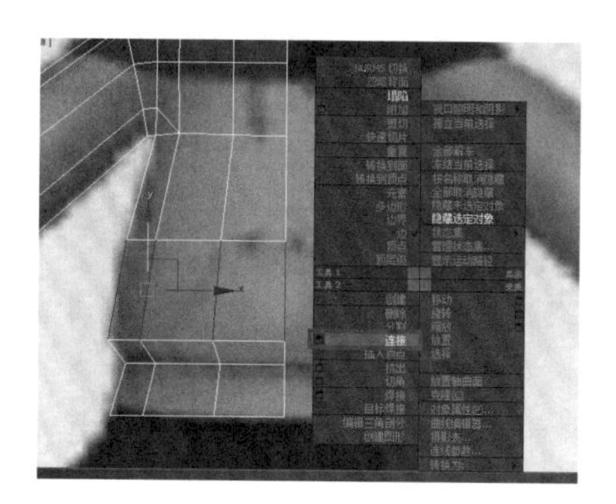

图 3－203　连接线

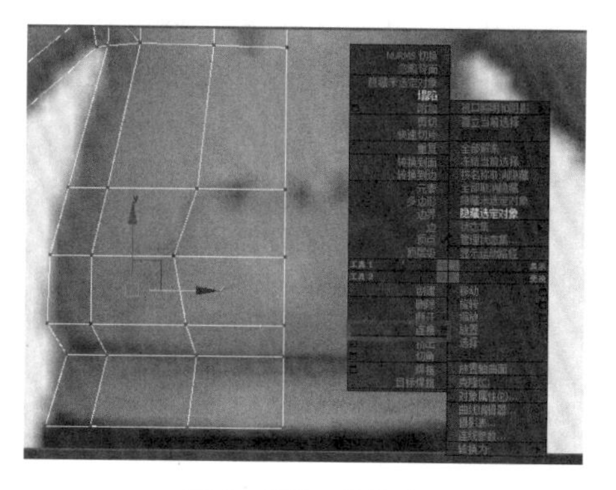

图 3－204　连接点

（16）选中面，单击鼠标右键，选择挤出命令（见图 3－205），缩放挤出面（见图 3－206）。

图 3－205　挤出面

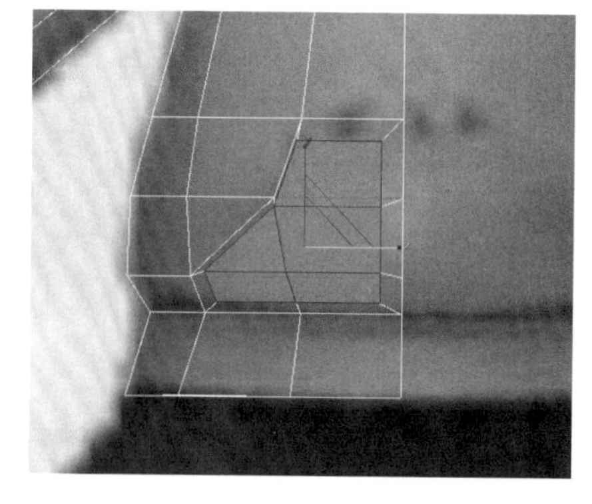

图 3－206　缩放面

（17）选中不要的面，删除掉（见图 3－207），选择一圈线，单击鼠标右键，选择连接命令（见图 3－208）。

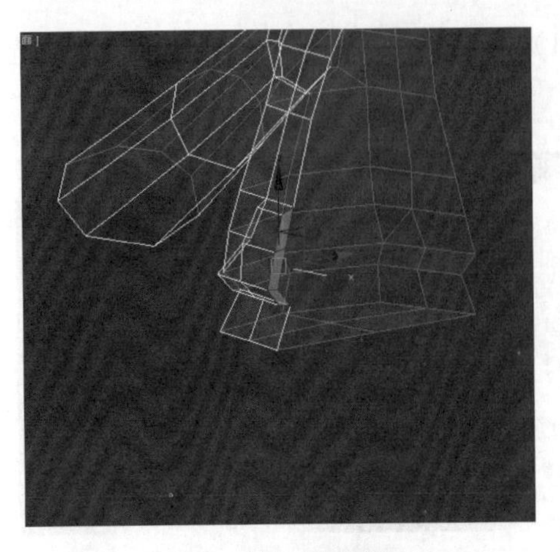

图 3－207　删掉面

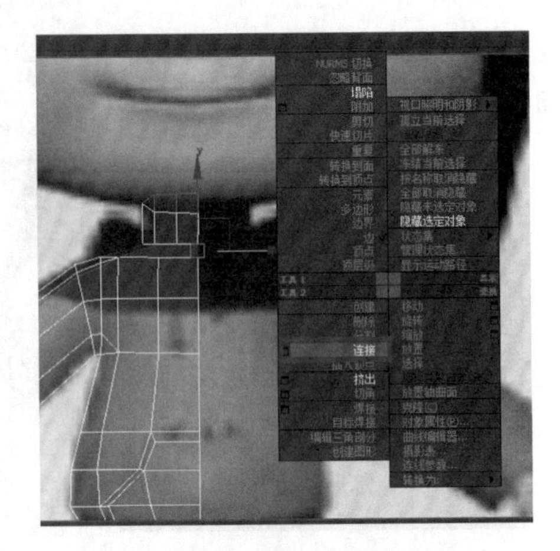

图 3－208　连接线

（18）选择一圈面，单击鼠标右键，选择挤出命令（见图 3－209），再选中一圈线，单击鼠标右键，选择连接命令（见图 3－210），调整线，见图 3－211。

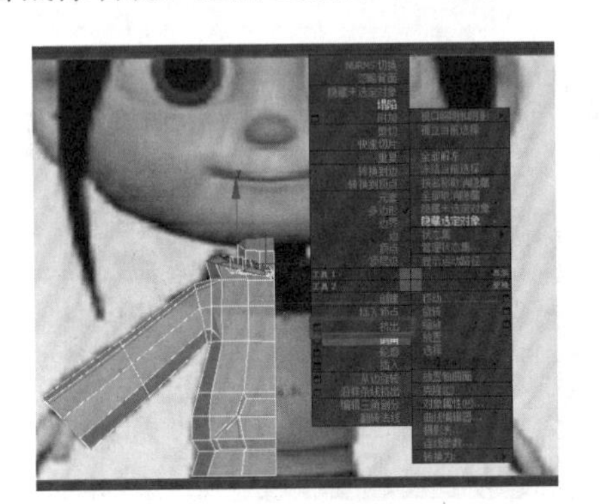

图 3－209　挤出面

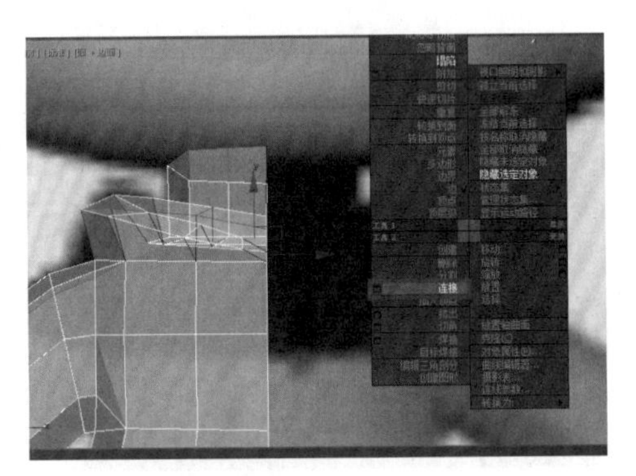

图 3－210　连接线

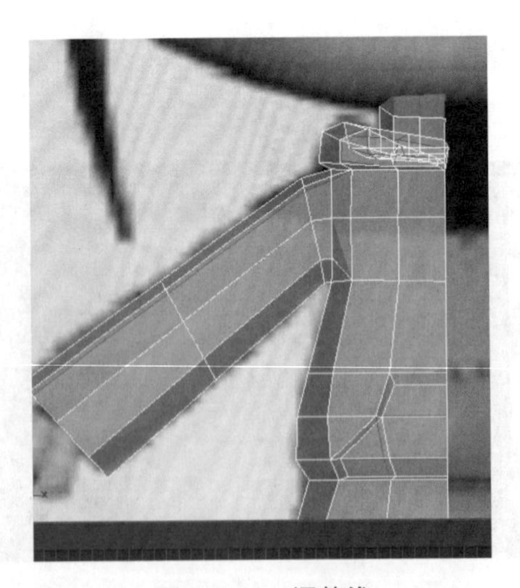

图 3－211　调整线

（19）选择后面的面，单击鼠标右键，选择挤出命令（见图 3－212），调整后，再继续选择一圈线，单击鼠标右键，选择连接命令（见图 3－213）。

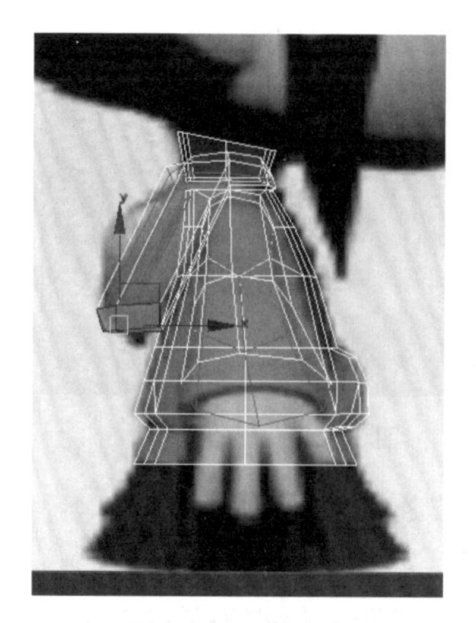

图 3－212　挤出面

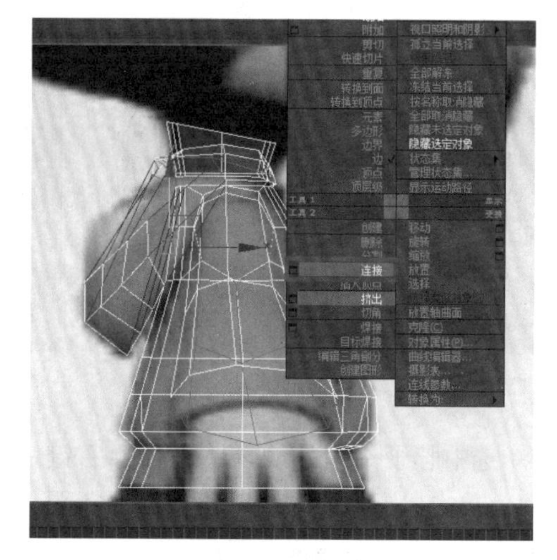

图 3－213　连接线

(20) 继续选择一圈线，单击鼠标右键，选择连接命令（见图 3－214）。再继续选择一圈线，单击鼠标右键，选择连接命令（见图 3－215）。

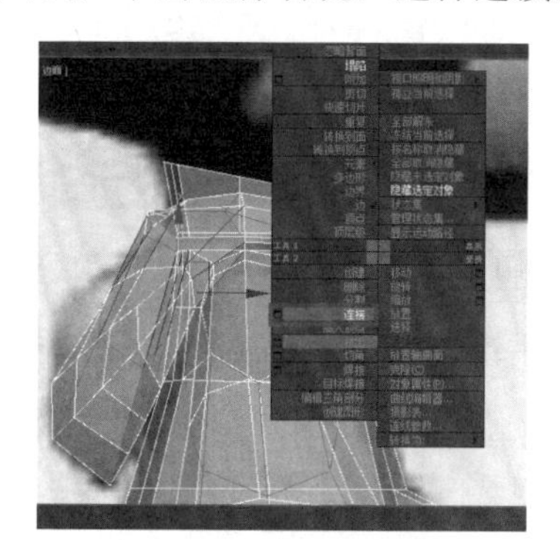

图 3－214　连接线

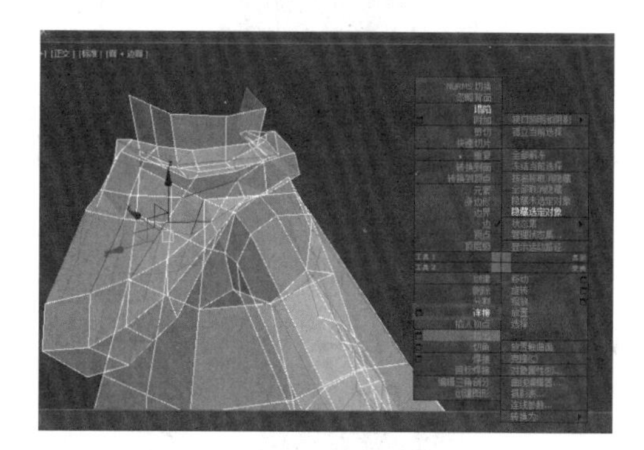

图 3－215　再连接线

(21) 再继续选择线，单击鼠标右键，选择连接命令（见图 3－216），选中点，单击鼠标右键，选择连接命令（见图 3－217）。

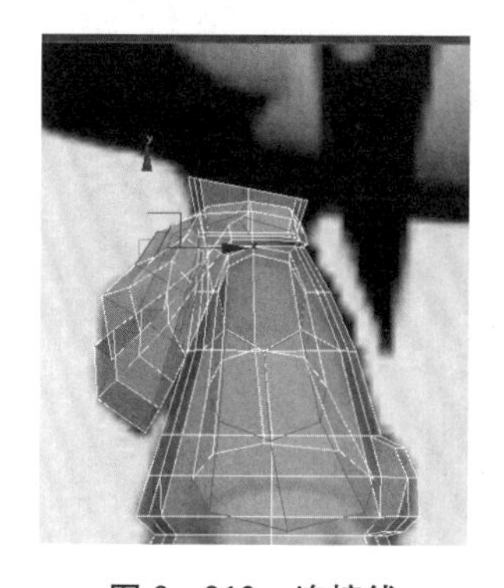

图 3－216　连接线

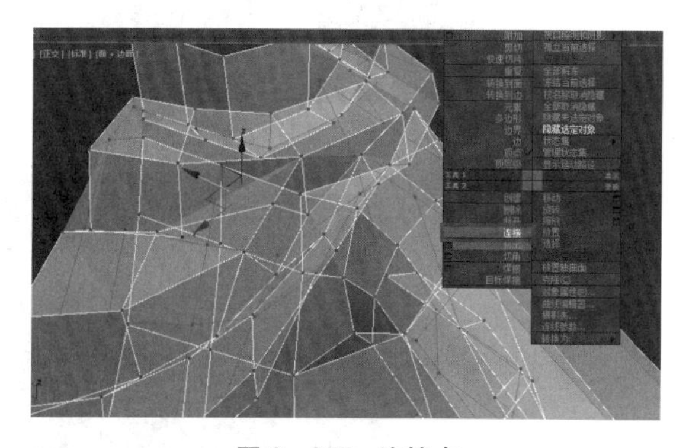

图 3－217　连接点

(22) 按住 Delete，删除多余的面（见图 3－218），单击鼠标右键将多余的线塌陷掉（见图 3－219）。

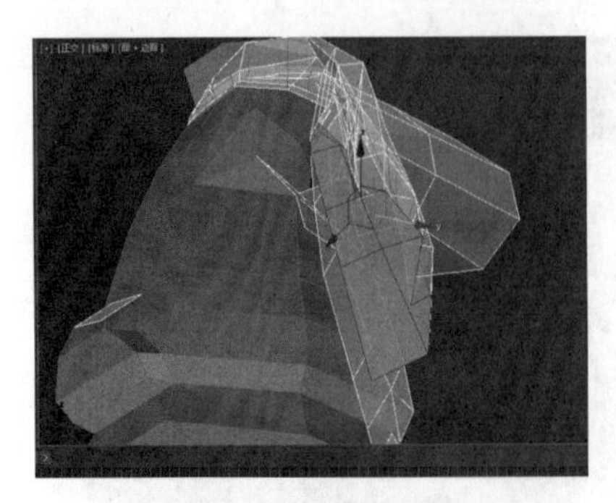

图 3－218　删除面

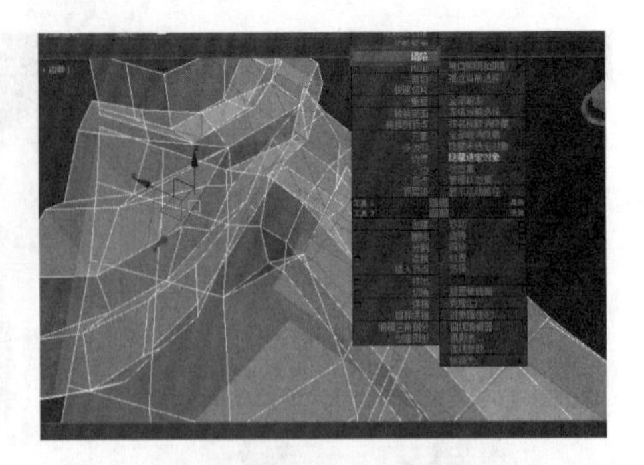

图 3－219　塌陷线

（23）选中脖子一圈的线，单击鼠标右键，点击连接命令（见图 3－220），再选中衣兜的面，单击鼠标右键，选择插入命令（见图 3－221）。

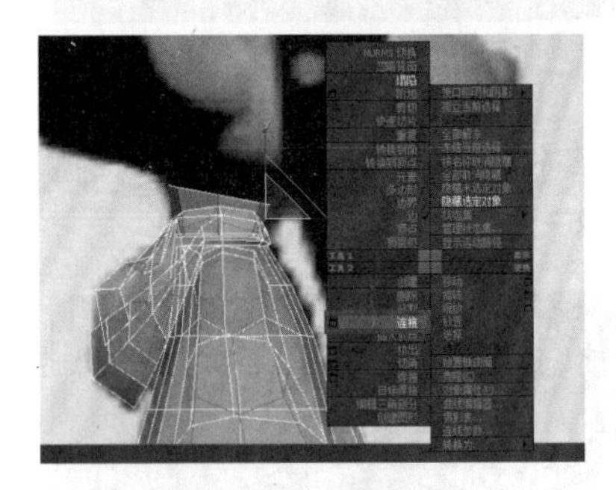

图 3－220　连接线

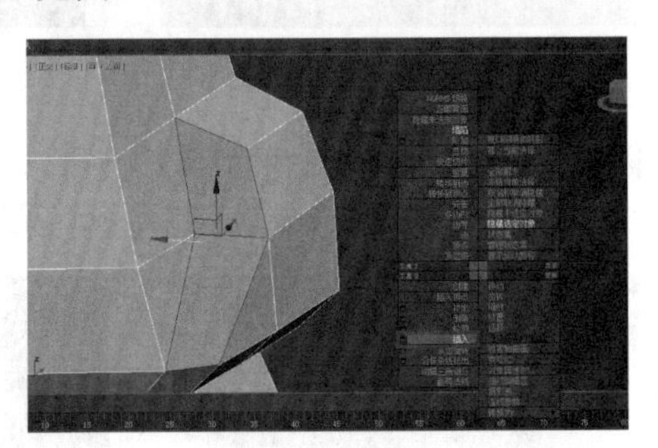

图 3－221　插入命令

（24）选择插入的面（见图 3－222），再单击鼠标右键，选择挤出命令（见图 3－223），再输入挤出的值（见图 3－224），向内挤出。

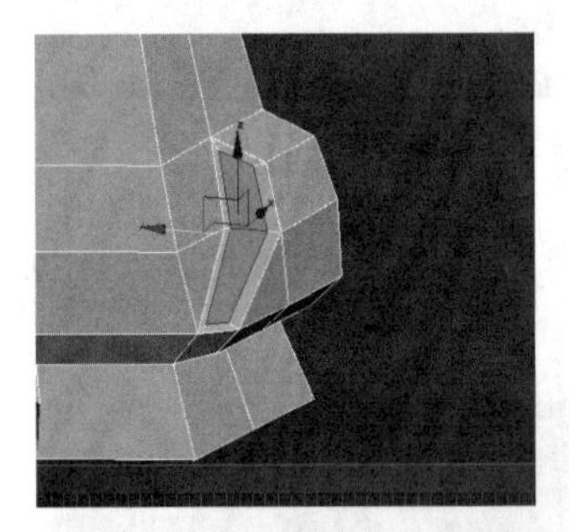

图 3－222　选择插入面

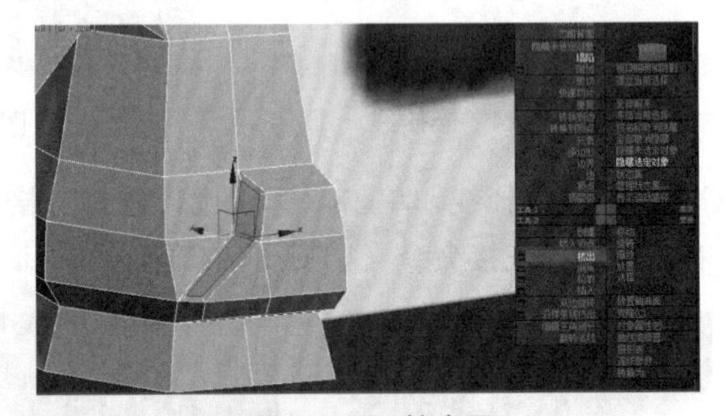

图 3－223　挤出面

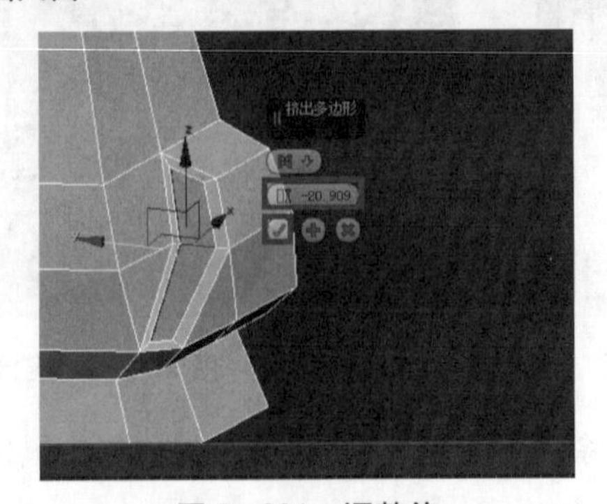

图 3－224　调整值

（25）选中衣服，再进入修改器列表，点击涡轮平滑命令（见图 3－225），点击衣服下方线，单击鼠标右键，点击切角命令（见图 3－226）。

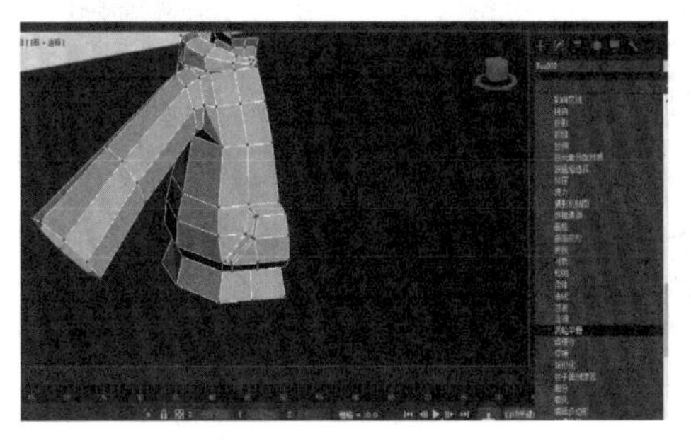

图 3－225　涡轮平滑

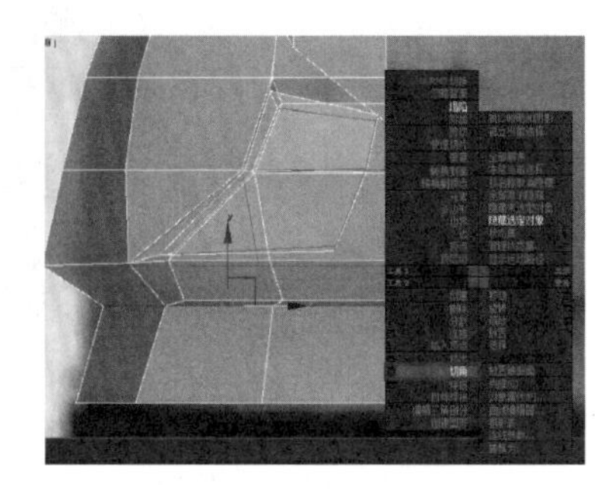

图 3－226　切角

（26）单击鼠标右键，塌陷掉多余的线（见图 3－227），继续塌陷多余的线（见图 3－228）。

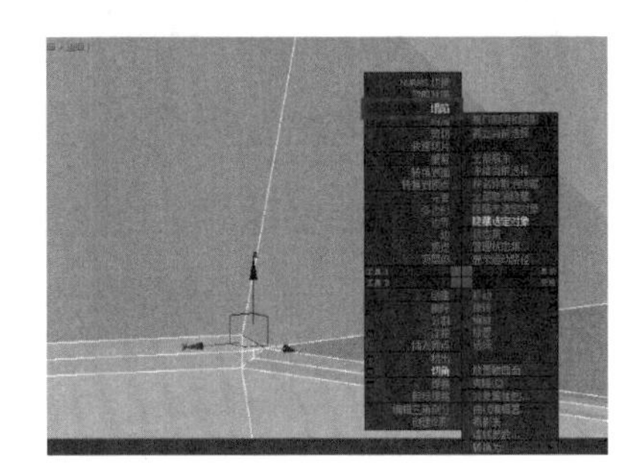

图 3－227　塌陷线

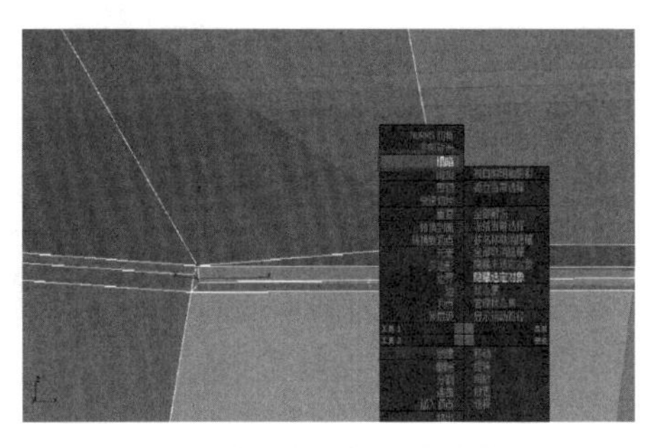

图 3－228　继续塌陷线

（27）删除衣服领口的一个面（见图 3－229），再单击鼠标右键，转换为可编辑多边形（见图 3－230）

图 3－229　删除面

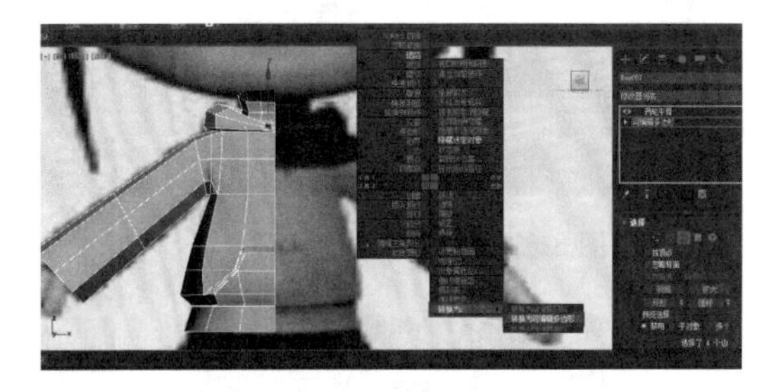

图 3－230　转换为可编辑多边形

（28）移动线（见图 3－231），再按住 Shift，复制绳子的位置（见图 3－232）。

（29）选中转角，单击鼠标右键，给一圈线一个切角命令（见图 3－233），选中衣服边界，按住 Shift，收缩衣服袖口（见图 3－234）。

（30）按住 Shift，缩放边（见图 3－235），再点击镜像复制，点击复制，确定后完成（见图 3－236）

（31）单击鼠标右键，选择附加命令（见图 3－237），再选中中间的点，单击鼠标右键，选择焊接命令（见图 3－238）。

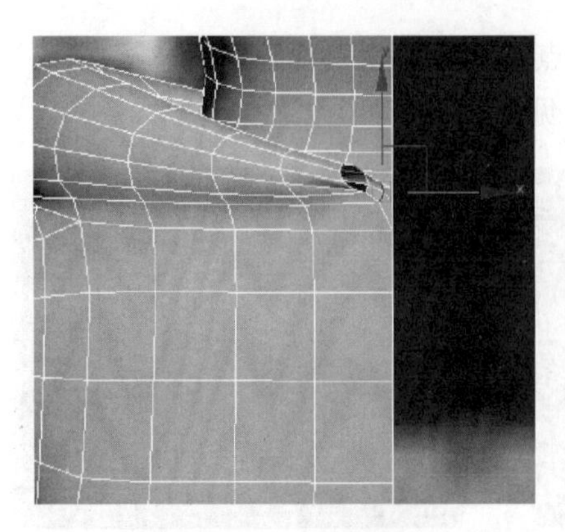

图 3-231　移动线

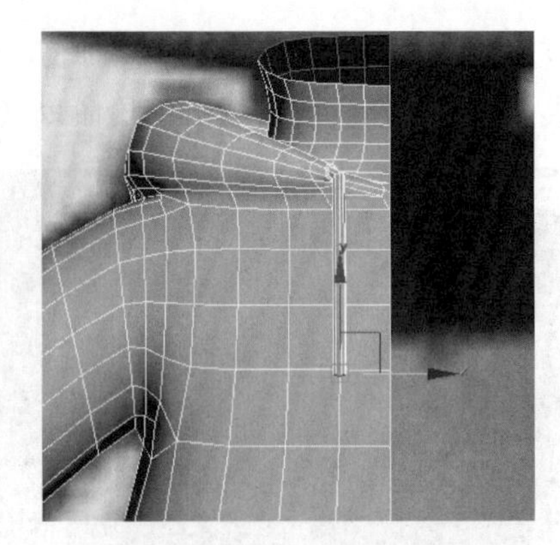

图 3-232　复制

图 3-233　切角

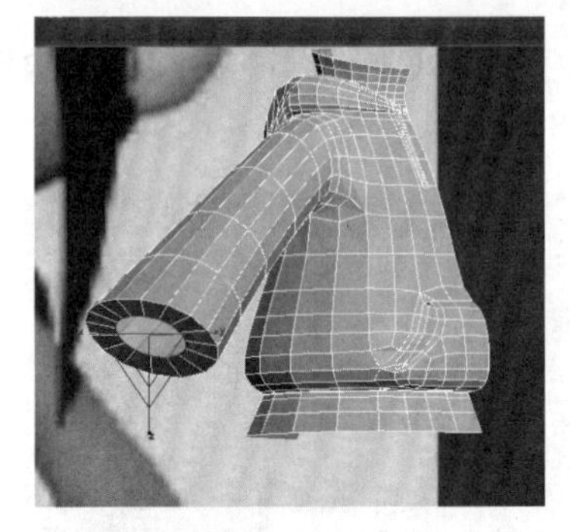

图 3-234　收缩袖口

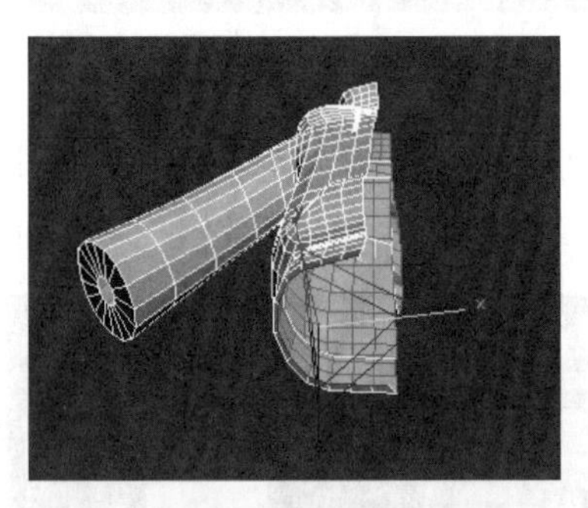

图 3-235　缩放边

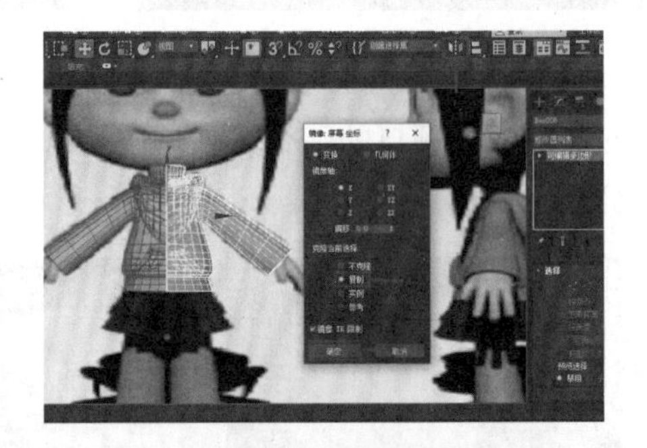

图 3-236　镜像复制

图 3-237　附加

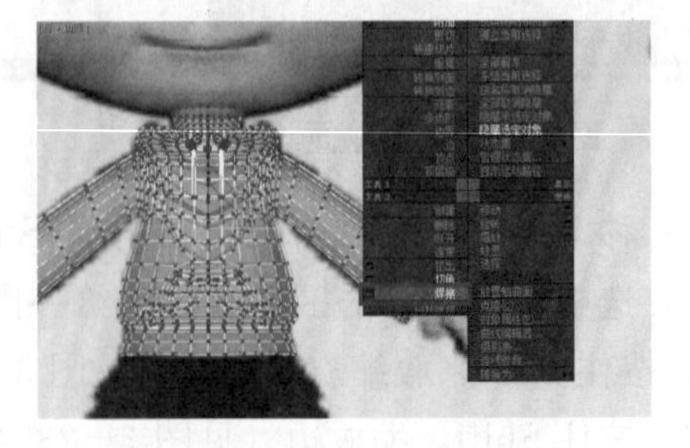

图 3-238　焊接点

（32）选中绳子一圈的线，单击鼠标右键，选择连接命令（见图 3-239），输入连接的参数值（见图 3-240），调整两个绳子的长度（见图 3-241）。

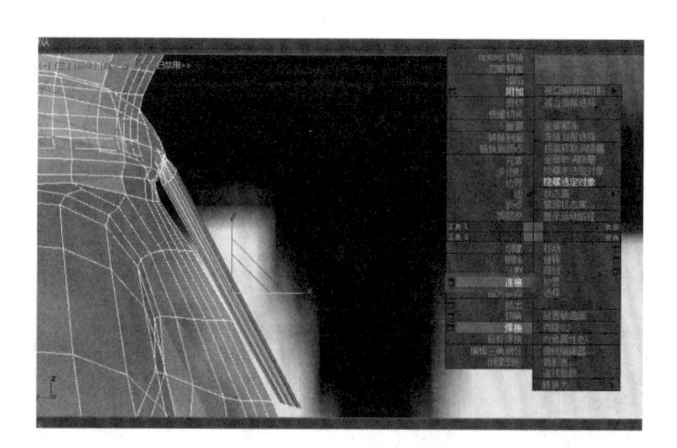

图 3-239 连接线

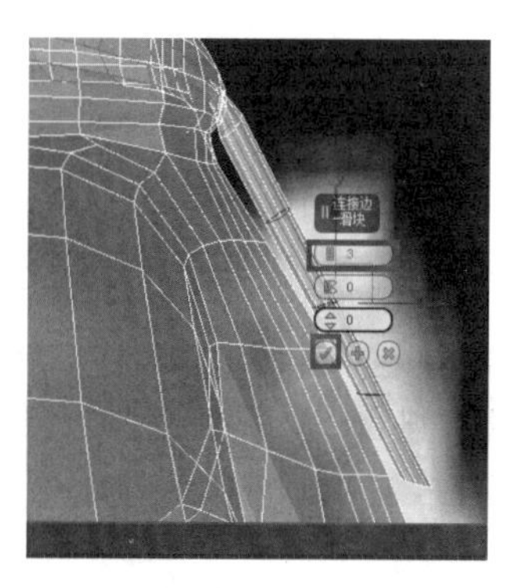

图 3-240 输入参数值

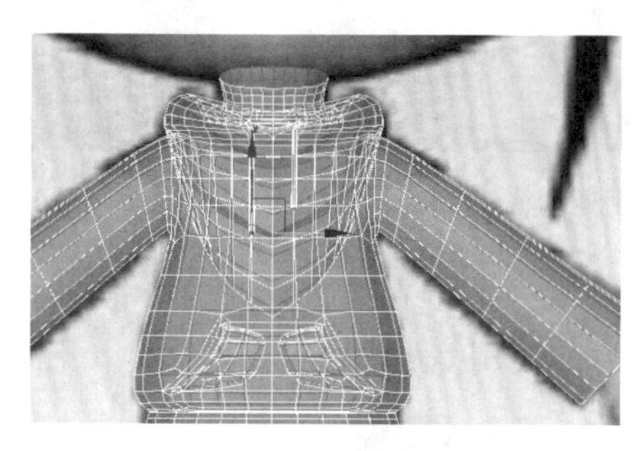

图 3-241 调整长度

（33）制作出绳头的形状，再单击鼠标右键，选择塌陷命令（见图 3-242）。制作出绳头的另外一个形状，再单击鼠标右键，选择塌陷命令（见图 3-243）

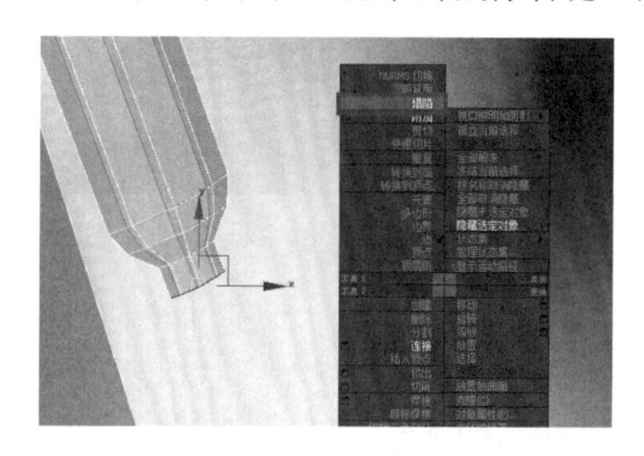

图 3-242 塌陷线

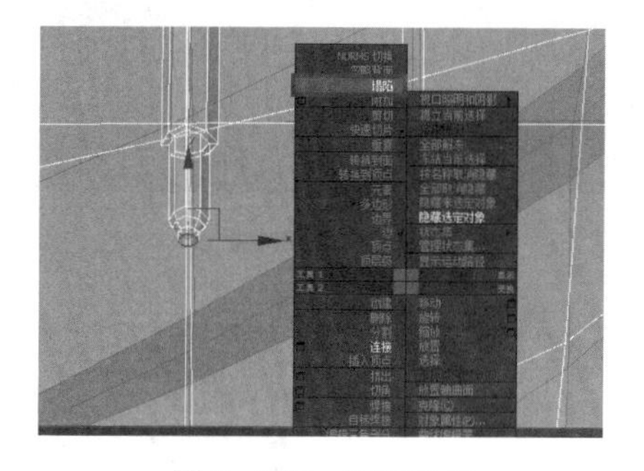

图 3-243 再塌陷线

（34）单击鼠标右键，选择剪切命令（见图 3-244），完成剪切后，调整（见图 3-245）。

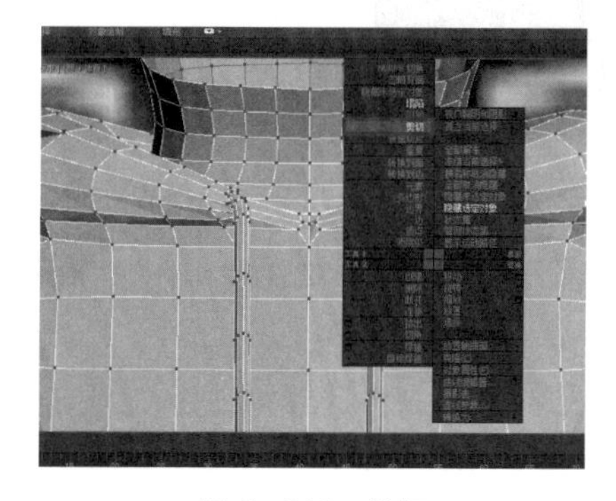

图 3-244 剪切

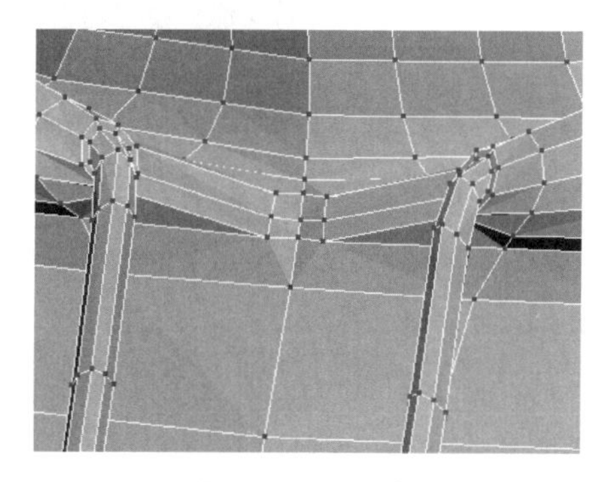

图 3-245 调整

10. 下身的制作

（1）在创建面板创建一个圆柱体（见图3-246），单击鼠标右键，将圆柱体转换为可编辑多边形（见图3-247）。

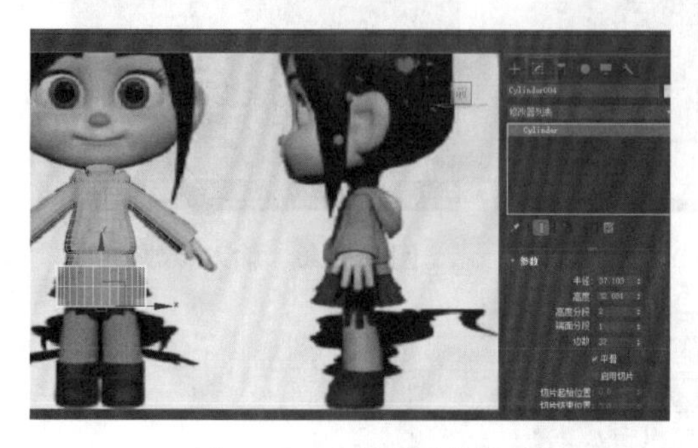

图3-246 创建圆柱体

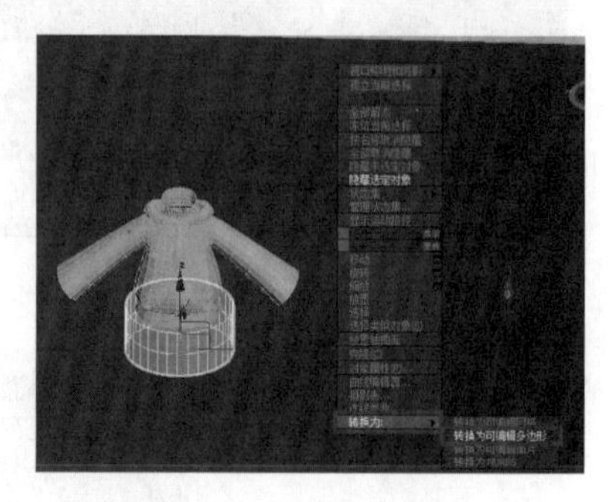

图3-247 转为可编辑多边形

（2）按Delete删除上下的面（见图3-248），每隔一条边选择一竖点（见图3-249），然后转到俯视图，使用缩放命令，向内缩放（见图3-250）。

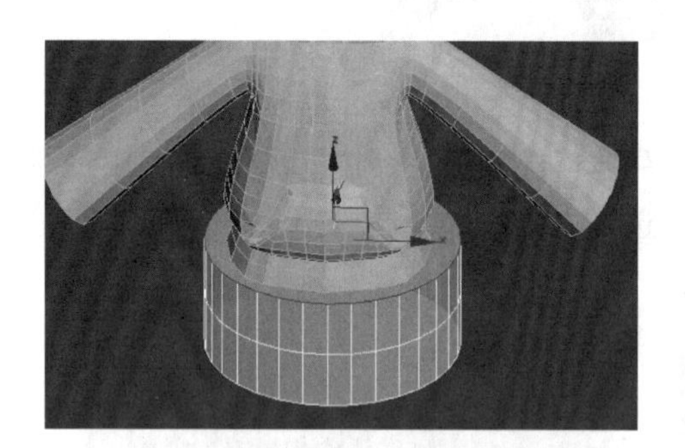

图3-248 删除面

图3-249 选点

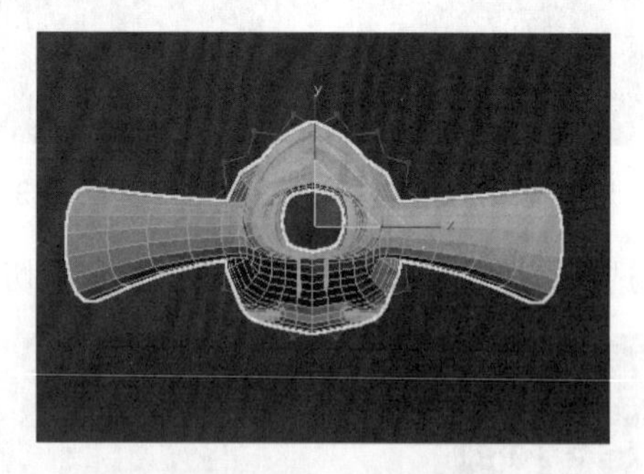

图3-250 向内缩放

（3）选择一圈线，单击鼠标右键，选择切角命令（见图3-251），向内缩放下面一圈线（见图3-252）。

（4）选择底下的点，按R键把其压平（见图3-253）。再选择第二条线，向下移动调整（见图3-254）。

（5）选择底下的边界，单击鼠标右键，选择封口命令（见图3-255）。

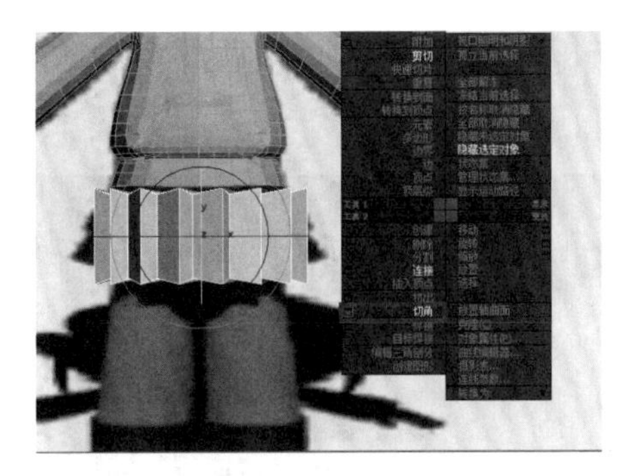
图 3-251　切角

图 3-252　缩放线

图 3-253　压平点

图 3-249　调整点

图 3-255　封口面

（6）在创建面板创建一个圆柱体（见图 3-256），单击鼠标右键，将圆柱体转换为可编辑多边形（见图 3-257）。

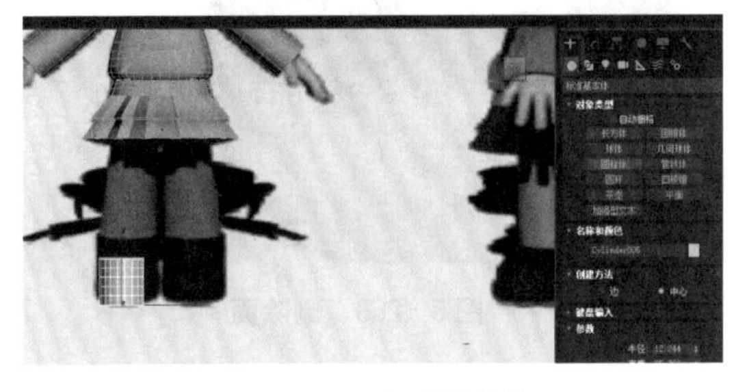
图 3-256　创建圆柱体

图 3-257　转换为可编辑多边形

（7）按 Delete 删除上的面（见图 3－258），进入修改器列表，点击 FFD4×4×4（见图 3－259）。

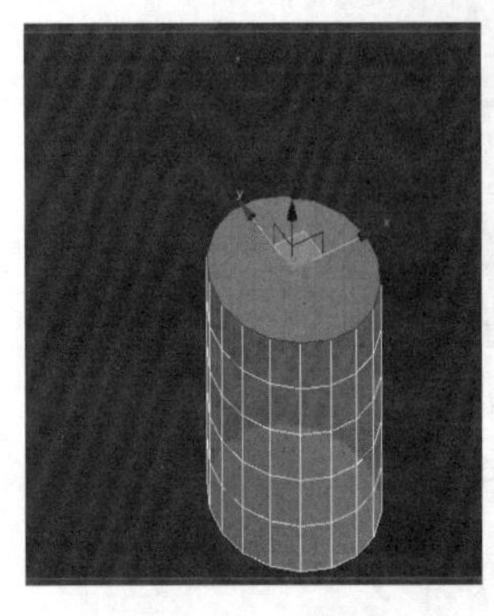

图 3－258 删除面

图 3－259 运用 FFD

（8）转到点的模式下，正面调整大小与图片对齐（见图 3－260），再转到侧面调整大小与图片对齐（见图 3－261）。

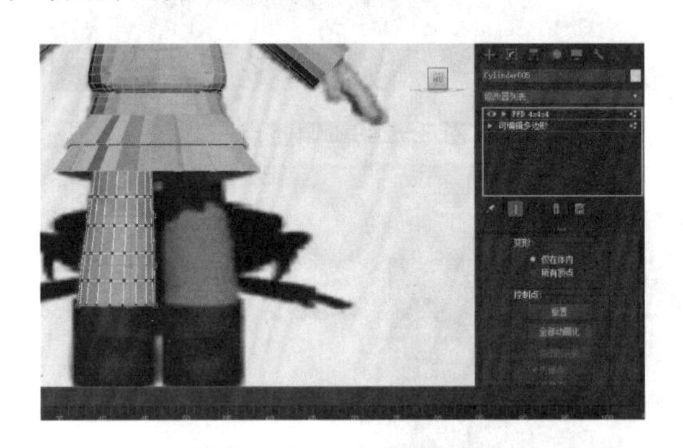

图 3－260 正面调整大形

图 3－261 侧面调整大形

（9）单击鼠标右键，将调整好的圆柱体转换为可编辑多边形（见图 3－262），再删除底面的面（见图 3－263）。

图 3－262 转换为可编辑多边形

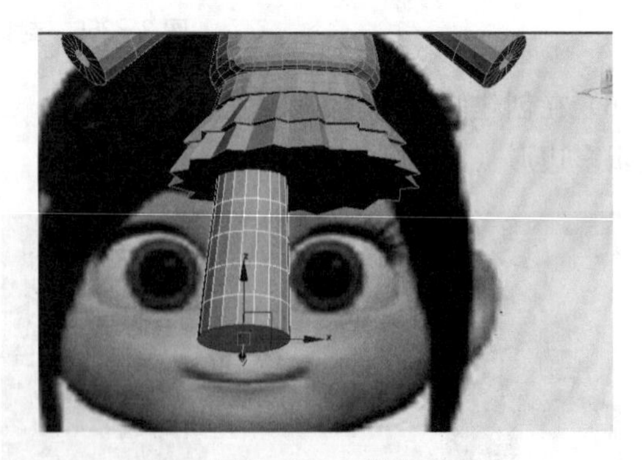

图 3－263 删除面

（10）在边界的模式下，按住 Shift 推动复制（见图 3－264），再选择下面半圈的面，单击鼠标右键，选择挤出命令（见图 3－265）。

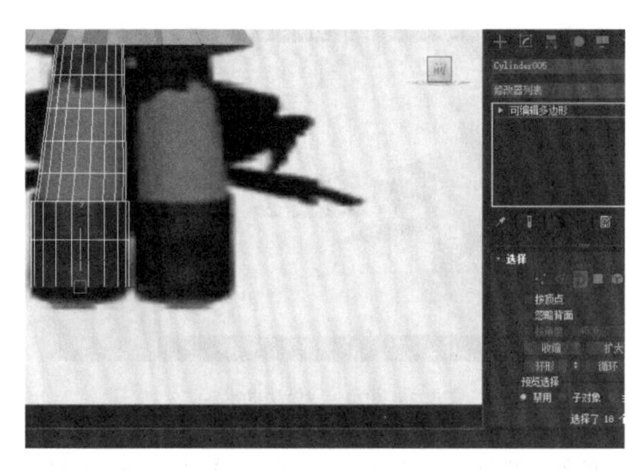

图 3-264 复制边界

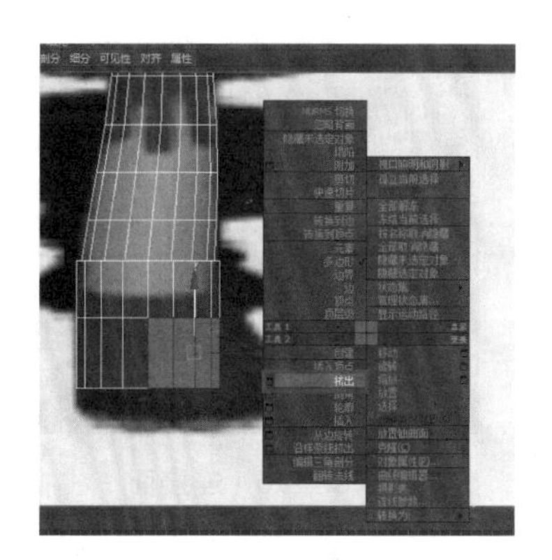

图 3-265 挤出面

(11) 选中上面一圈的点，向下移动（见图 3-266），再转到底面，删除脚底面的面（见图 3-267）。

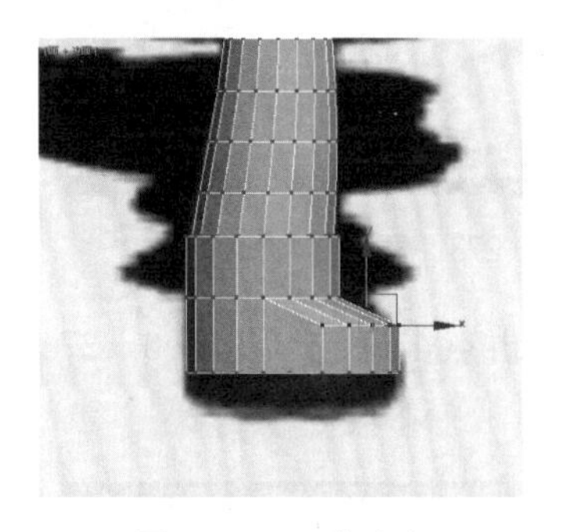

图 3-266 移动点

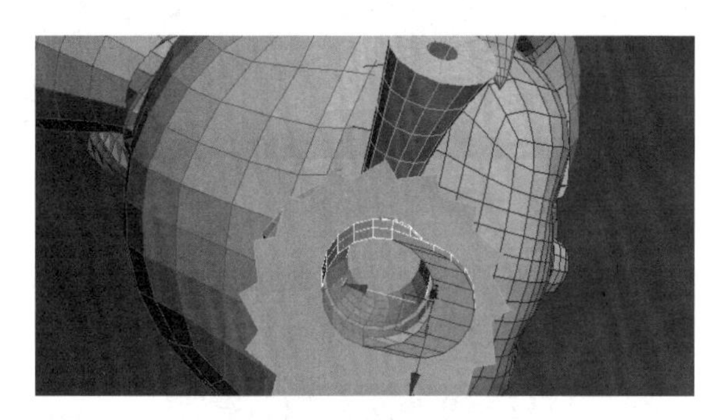

图 3-267 删除面

(12) 选中鞋子边的两圈线，单击鼠标右键，选择切角命令，输入切角的值（见图 3-268），后拖动复制，并收缩脚底的边界，再单击鼠标右键，选择封口命令（见图 3-269）。

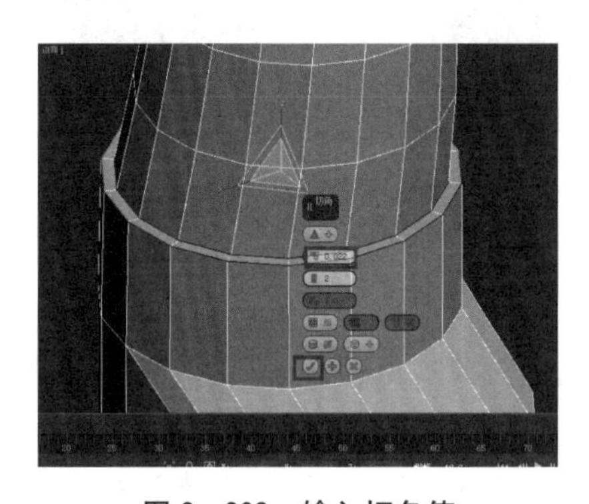

图 3-268 输入切角值

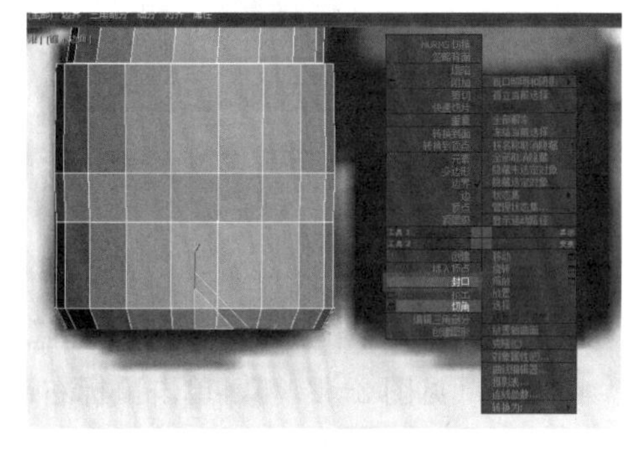

图 3-269 封口

(13) 将脚底封好口的面连接好（见图 3-270），进入修改器列表，点击涡轮平滑命令（见图 3-271）。

(14) 单击鼠标右键，将脚转换为可编辑多边形（见图 3-272），点击仅影响轴，坐标位置居中（见图 3-273）。

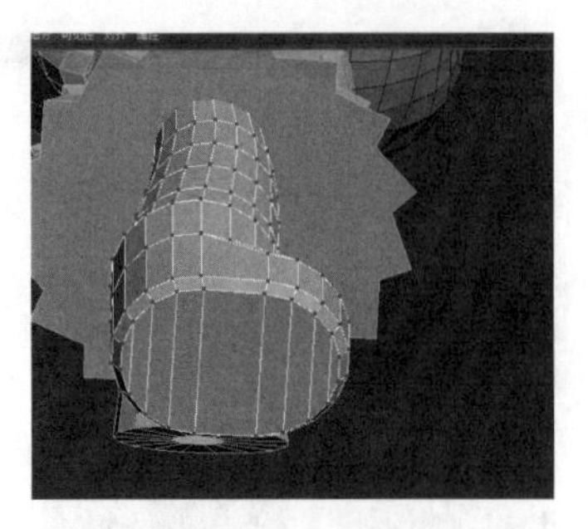

图 3-270　连接面

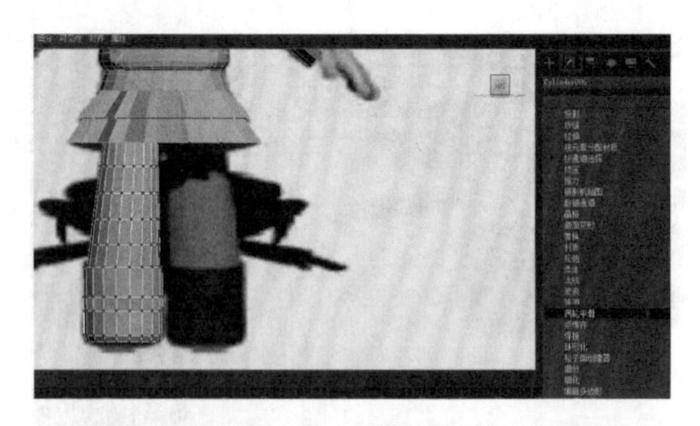

图 3-271　涡轮平滑

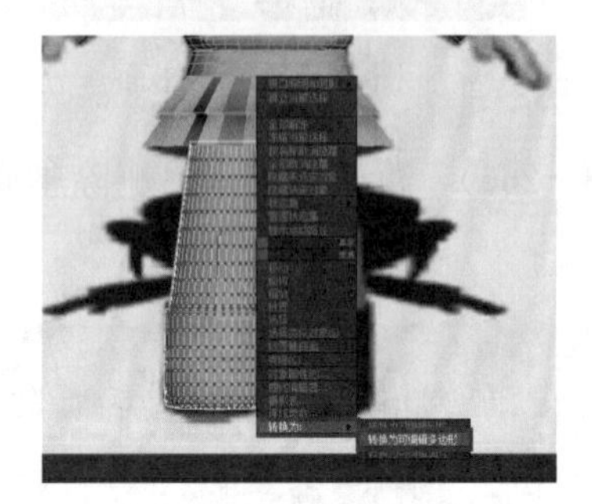

图 3-272　转换为可编辑多边形

图 3-273　居中坐标

（15）点击镜像复制，弹出镜像页面，点击复制，再点击确定（见图 3-274），微调一下，下半身就完成啦（见图 3-275）。

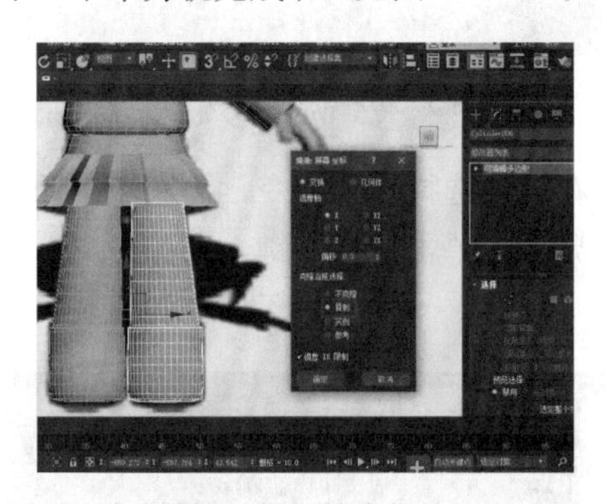

图 3-274　镜像复制

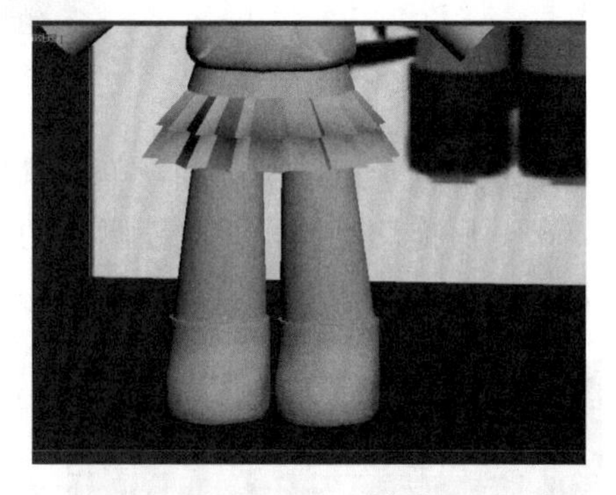

图 3-275　下半身

11. 手部建模

（1）选中模型，单击鼠标右键，选择隐藏选定对象（见图 3-276），在创建面板创建一个正方体（见图 3-277），单击鼠标右键，将正方体转换为可编辑多边形。

（2）将正方体对齐手的位置后，选择一圈线，单击鼠标右键，点击连接命令（见图 3-278），连接好后对齐进行缩放命令（见图 3-279）。

（3）继续选择一圈线，单击鼠标右键，选择连接命令（见图 3-280），选择侧面的面，点击鼠标右键，选择挤出命令（见图 3-281）。

（4）选择面，点击鼠标右键，选择挤出命令（见图 3-282），选择三条边，单击鼠标右键，选择连接命令（见图 3-283）。

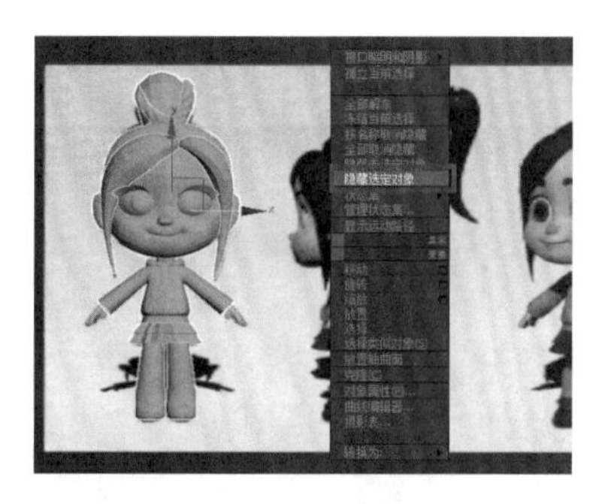

图 3-276　隐藏选定对象

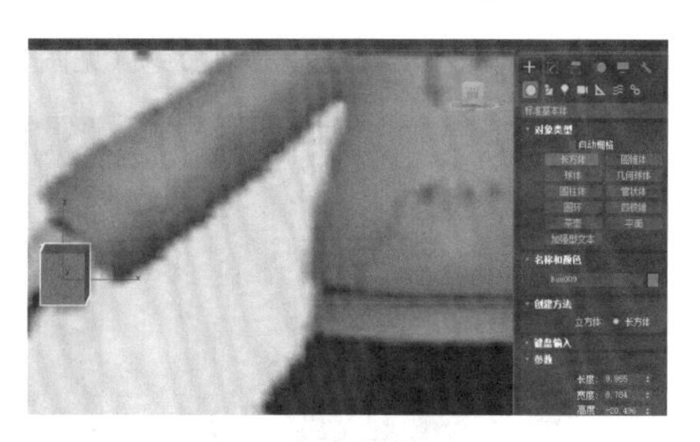

图 3-277　创建正方体

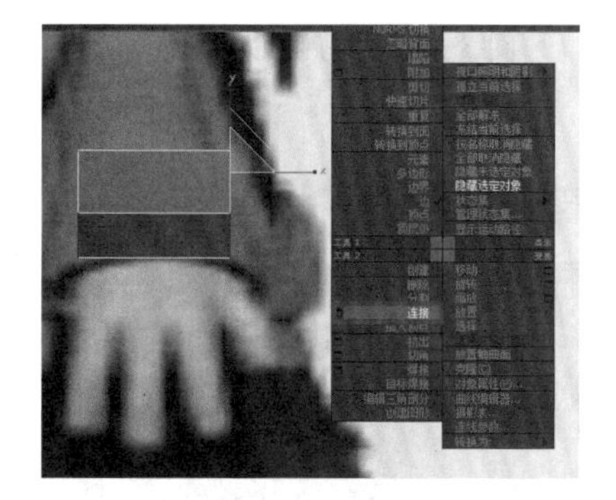

图 3-278　连接线 1

图 3-279　缩放

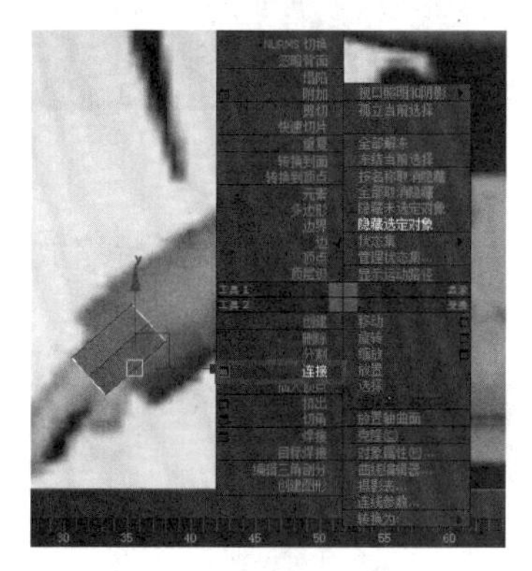

图 3-280　连接线 2

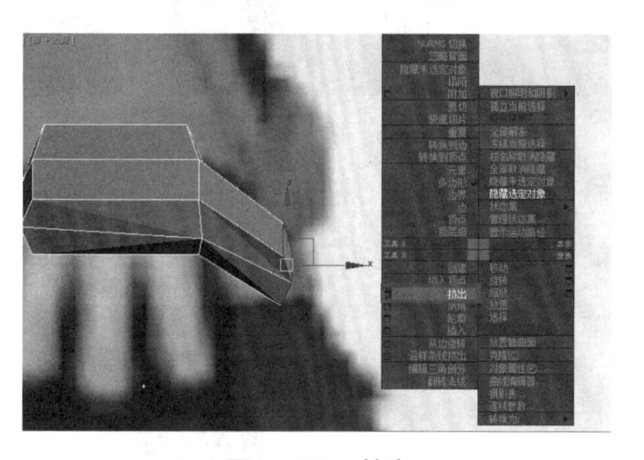

图 3-281　挤出

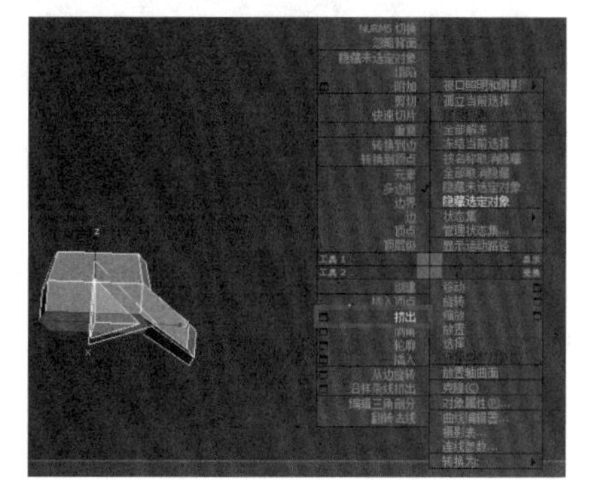

图 3-282　挤出

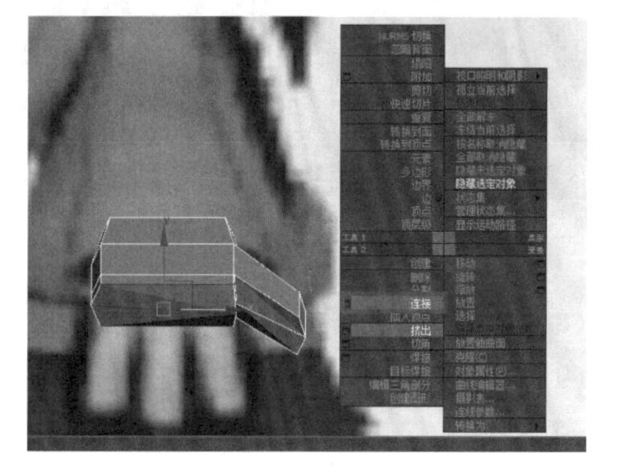

图 3-283　连接边

（5）单击鼠标右键，选择剪切命令（见图 3-284），剪切完成后见图 3-285。

图 3-284 剪切

图 3-285 剪切完成

（6）选中面，单击鼠标右键，点击挤出命令（见图 3-286），然后对面进行缩放。继续进行上一步的操作，进行挤出命令，然后缩放面（见图 3-287）。

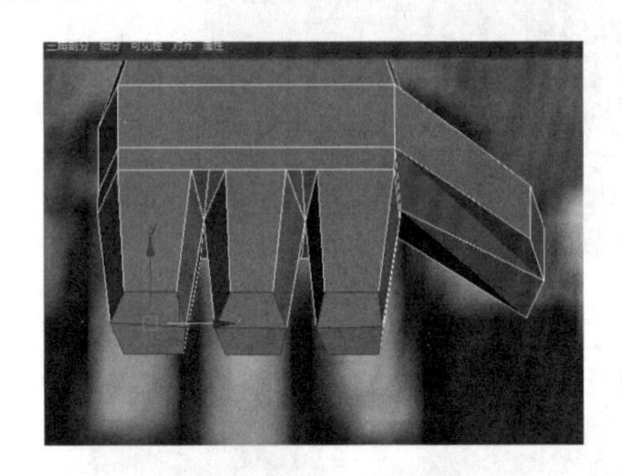

图 3-286 挤出

图 3-287 缩放

（7）选择一圈线，单击鼠标右键，点击连接命令（见图 3-288），然后缩放调整，单击鼠标右键，点击连接，连接三个手指所有的线（见图 3-289）。

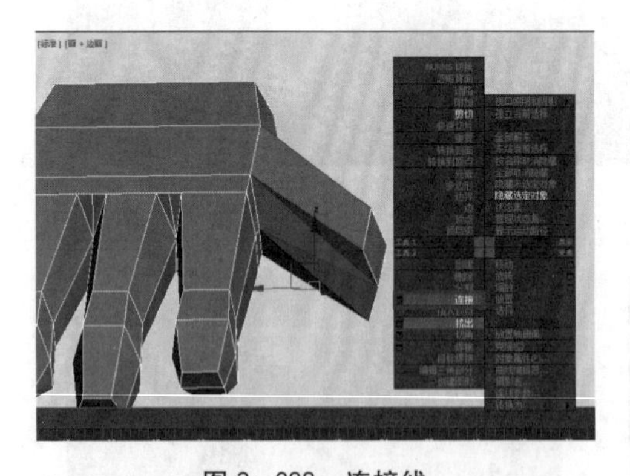

图 3-288 连接线

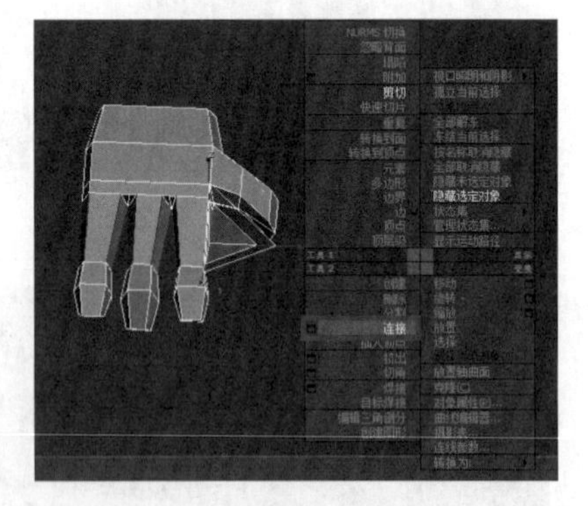

图 3-289 连接三个手指的线

（8）选择点，进行移动调整（见图 3-290），删除手上面的一个面（见图 3-291）

（9）选择三条线，单击鼠标右键，选择连接命令（见图 3-292），再连接点（见图 3-293）。

（10）选中手指位置的面，单击鼠标右键，点击插入命令（见图 3-294），然后继续单击鼠标命令，选择挤出命令（见图 3-295）。

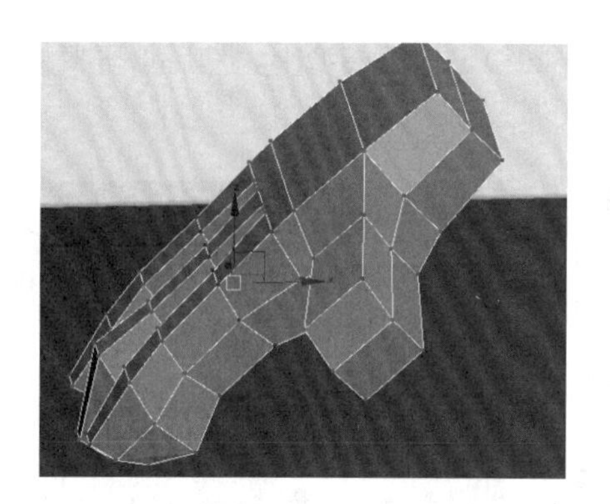

图 3-290 调整

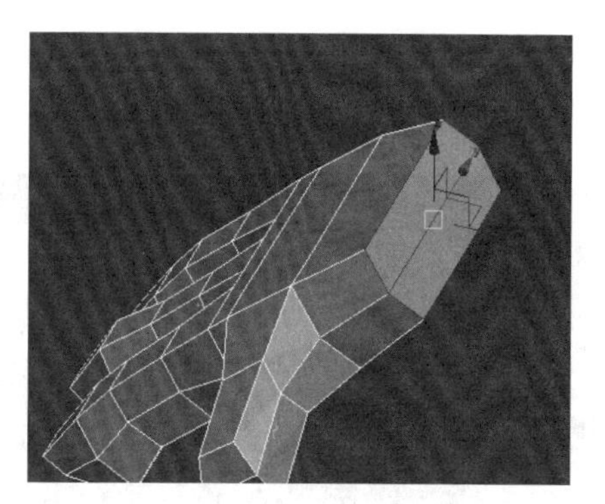

图 3-291 删除

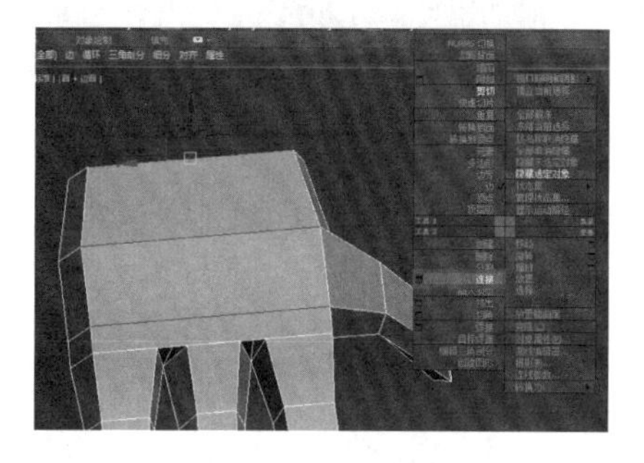

图 3-292 连接线

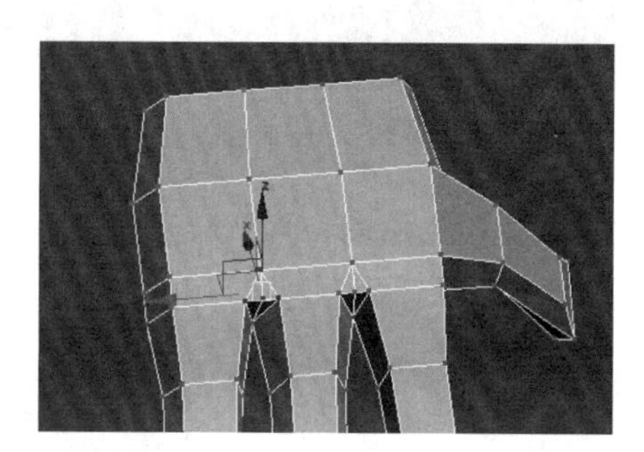

图 3-293 连接点

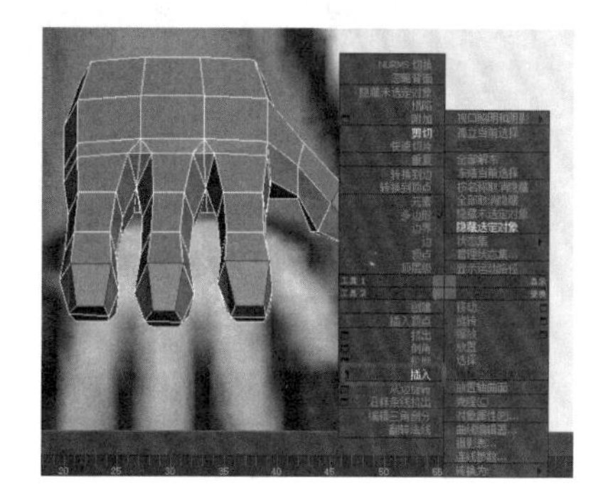

图 3-294 插入

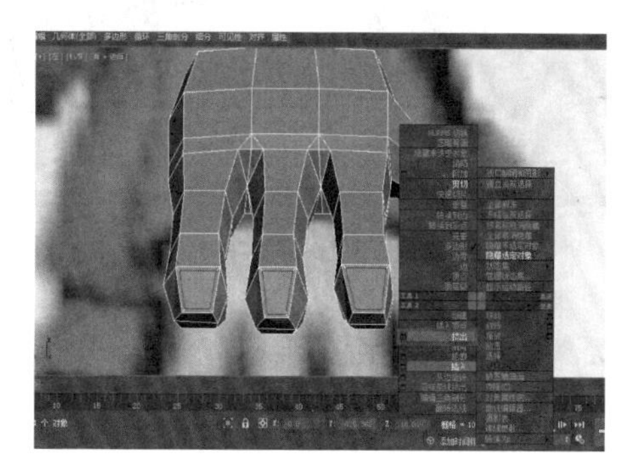

图 3-295 挤出

（11）进入修改器面板，点击涡轮平滑命令（见图 3-296），再单击鼠标右键，转换为可编辑多边形（见图 3-297）。

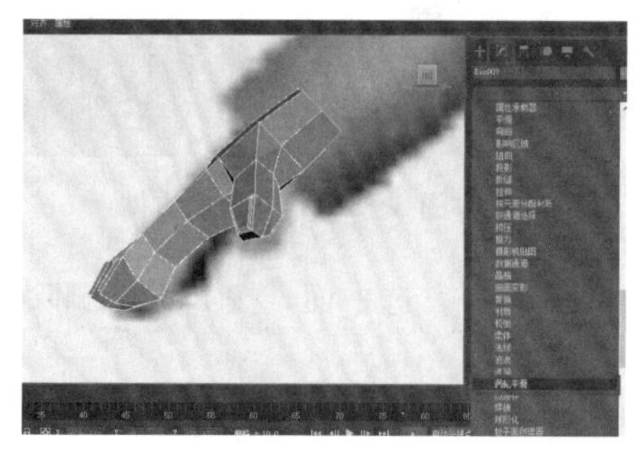

图 3-296 涡轮平滑

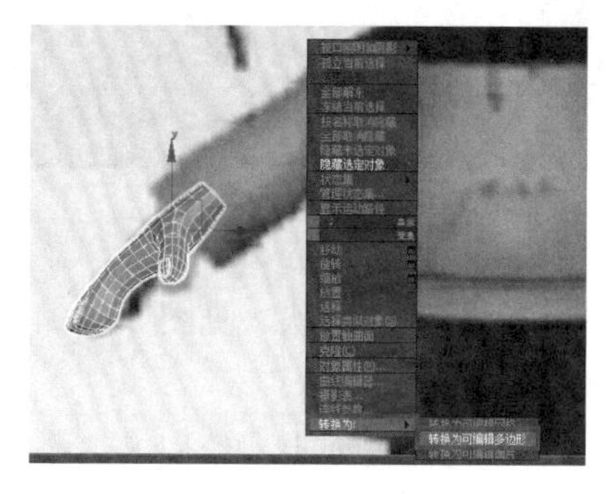

图 3-297 转换为可编辑多边形

（12）按M键，弹出材质球窗口（见图3－298），拖到模型上，然后点击鼠标右键，选择全部取消隐藏命令（见图3－299）。

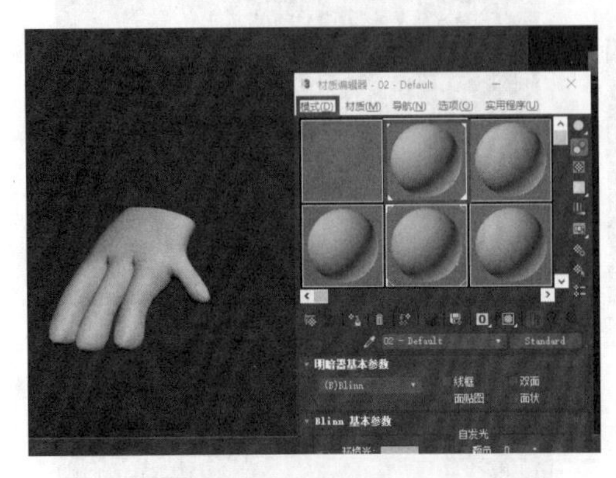

图3－298　材质球窗口

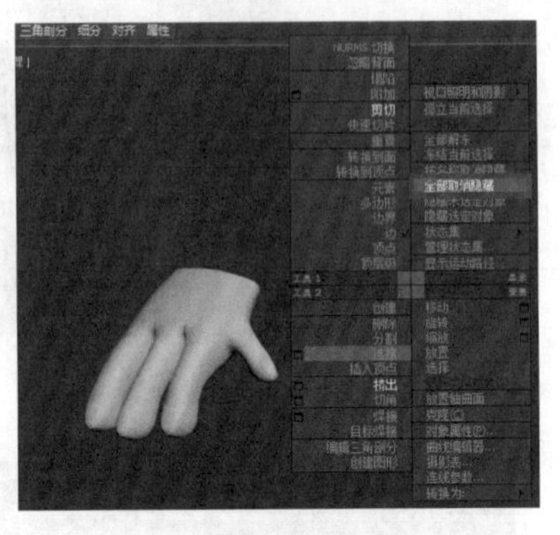

图3－299　取消隐藏

（13）单击仅影响轴，将坐标位置居中到衣服的中间位置（见图3－300），单击镜像复制，弹出窗口后点击复制，再点击确定（见图3－301）。

图3－300　居中坐标

图3－301　镜像复制

12. 整体缝合和调节

（1）调整袖子的细节处（见图3－302），在创建面板创建一个长方体（见图3－303）。

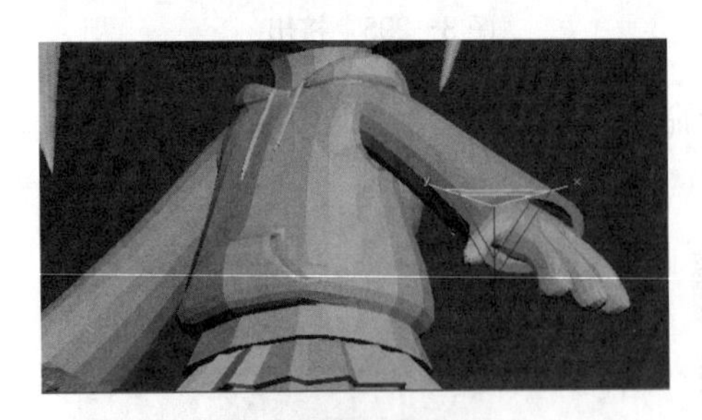

图3－302　调整袖子

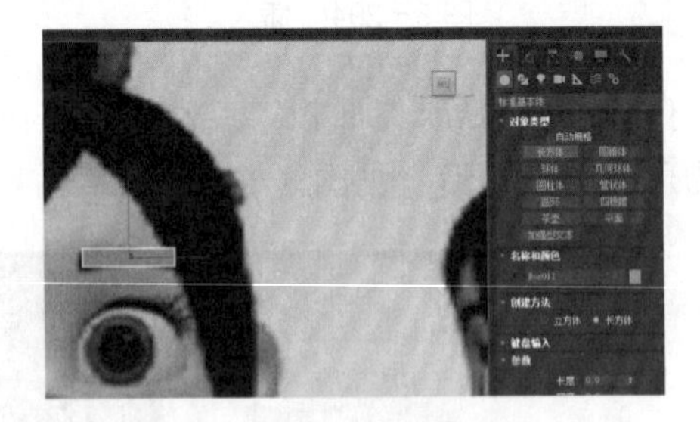

图3－303　创建长方体

（2）调整眉毛的形状（见图3－304），与图片对齐，选中面，按Delete删除里面的面（见图3－305）。

（3）再到修改器列表，给眉毛一个涡轮平滑（见图3－306），然后单击鼠标右键，转换为可编辑多边形后，镜像复制，弹出页面，点击复制（见图3－307）。

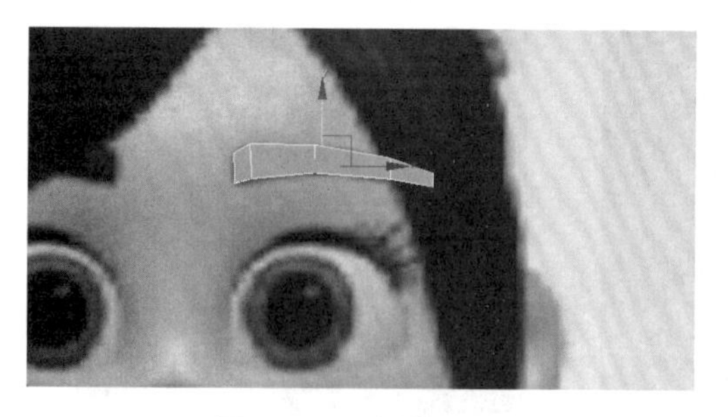

图 3－304　调整眉毛

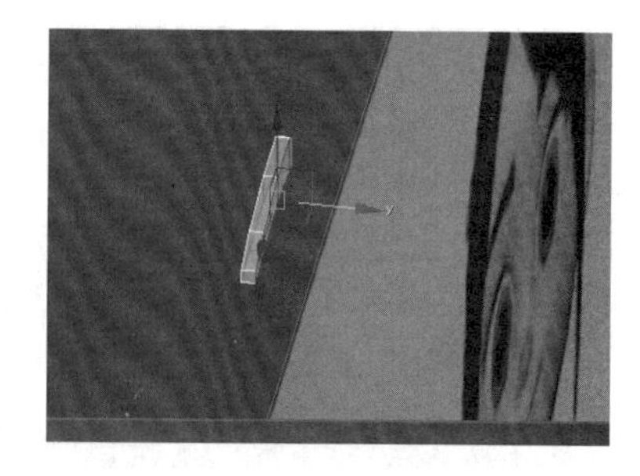

图 3－305　删除

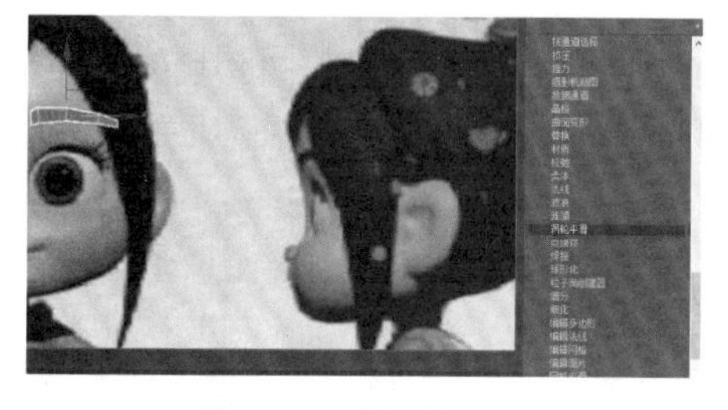

图 3－306　涡轮平滑

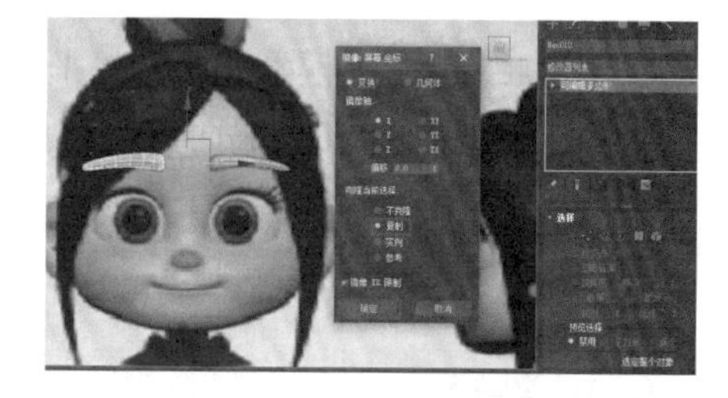

图 3－307　镜像复制

（4）单击鼠标右键，点击全部取消隐藏（见图 3－308），进入修改器列表，选择 FFD4×4×4（见图 3－309）。

图 3－308　全部取消隐藏

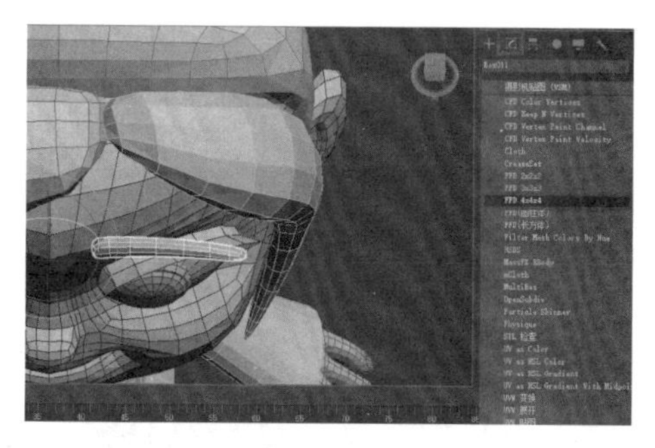

图 3－309　选择 FFD4×4×4

（5）调整好位置后，单击鼠标右键，选择转换为可编辑多边形（见图 3－310）。在创建面板创建一个长方体，选择一圈线，单击鼠标右键，选择连接命令（见图 3－311）。

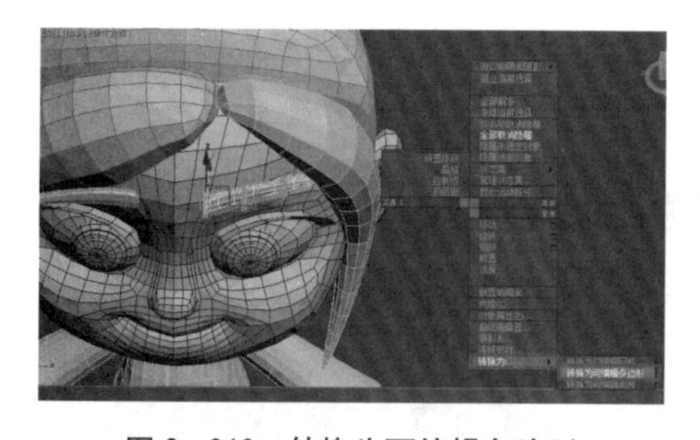

图 3－310　转换为可编辑多边形

图 3－311　连接线

（6）调整好位置后，单击鼠标右键，选择连接命令（见图 3－312），再继续单击鼠标右键，点击附加命令（见图 3－313）。

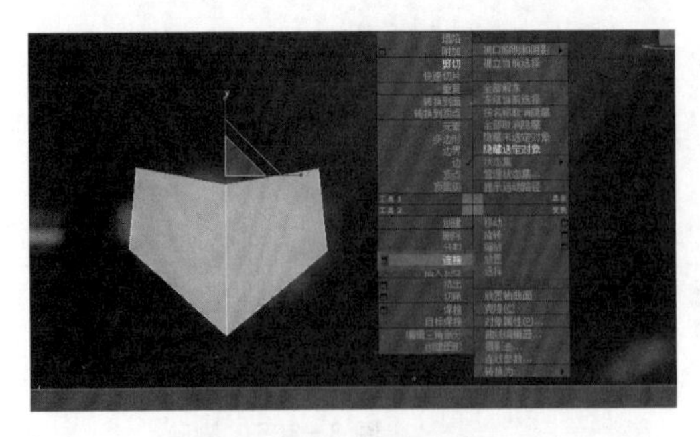

图 3-312　连接线

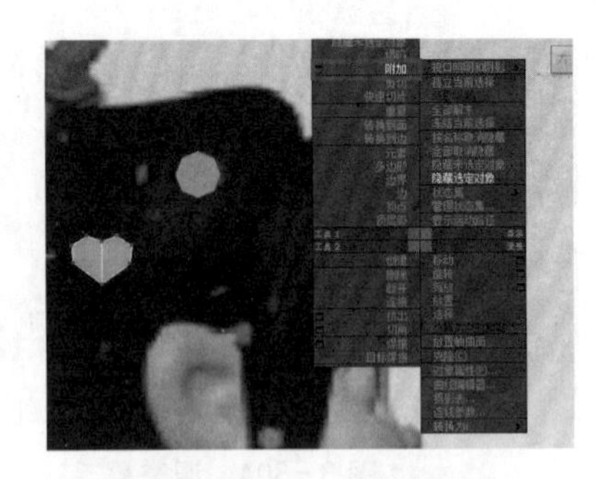

图 3-313　附加物体

（7）给附加好的两个模型一个涡轮平滑，然后再单击鼠标右键，将其转换为可编辑多边形（见图 3-314），在创建面板创建一个圆柱体（见图 3-315）。

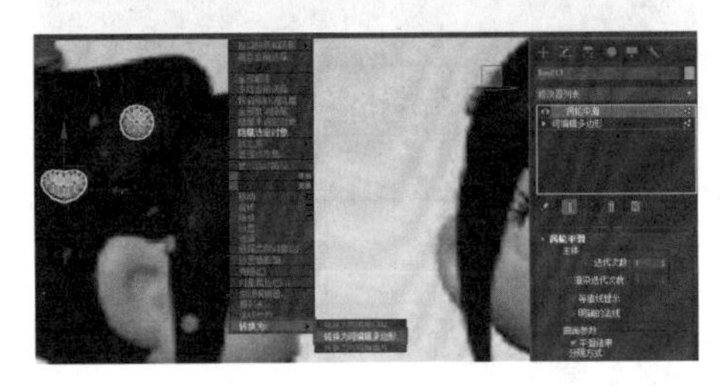

图 3-314　涡轮平滑

图 3-315　创建圆柱体

（8）在创建面板选择扩展基本体（见图 3-316），然后选择胶囊，拖到视图中创建（见图 3-317）。

图 3-316　扩展基本体

图 3-317　创建胶囊

（9）通过复制移动缩放胶囊（见图 3-318），对齐到头发上糖果的位置后，再单击鼠标右键，选择附加命令附加到所有（见图 3-319）。

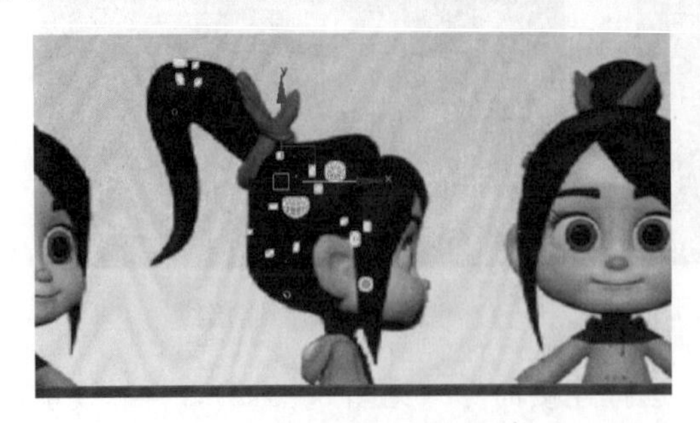

图 3-318　复制

图 3-319　附加

（10）再选中袖子的两条边，单击鼠标右键，点击切角命令（见图 3－320），然后无敌破坏王里面的小女孩模型就完成了（见图 3－321）。

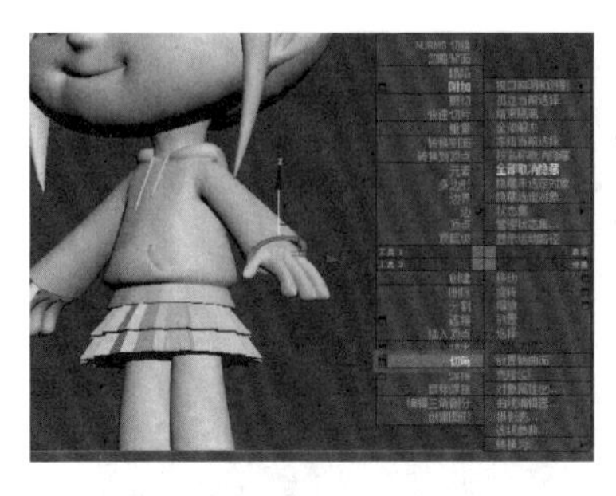

图 3－320　切角

图 3－321　完成

第三节　游戏角色的制作

人物模型的创建要求建模者对人物的结构有一个清楚的认识和了解。我们需要掌握线条、结构比例，从而进行细微的刻画。本节我们以偏写实的女性游戏角色为案例进行讲解。

本节需要制作的游戏角色见图 3－322。

图 3－322　游戏角色效果图

1. 建模前的分析

（1）本案例的游戏角色以女性为例子。在建模的过程中，除了基本人体比例外，还应考虑到女性角色的丰满度及其线条的优美感。

（2）创建模型的思路是从大形到细节刻画，先做出角色的基本体，再对角色的五官、肢体、头发、服饰进行一一细化。既要把握大形结构比例，又要注重细节刻画。

2. 基本人体造型的创建

（1）创建平面，将图片进行导入。校对正视图和侧视图是否准确。

（2）将界面切换到前视图，创建一个长方体（见图 3－323），转化为可编辑多边形，按 Alt+X 半透明。保持正视图不变，将长方体的上方与人物的头顶持平，下方与人物的脚底持平（见图 3－324）。

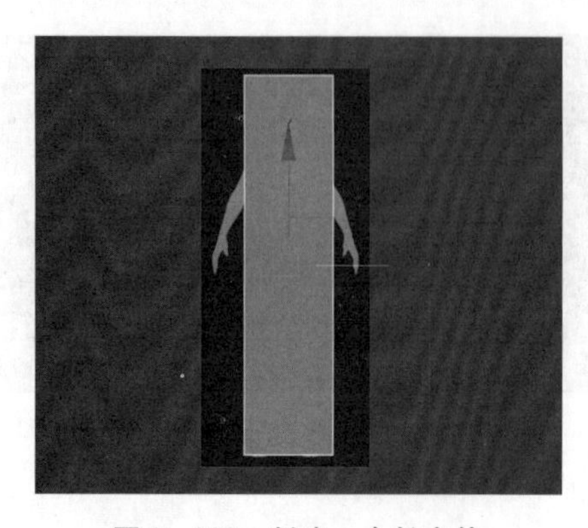

图 3－323　创建一个长方体

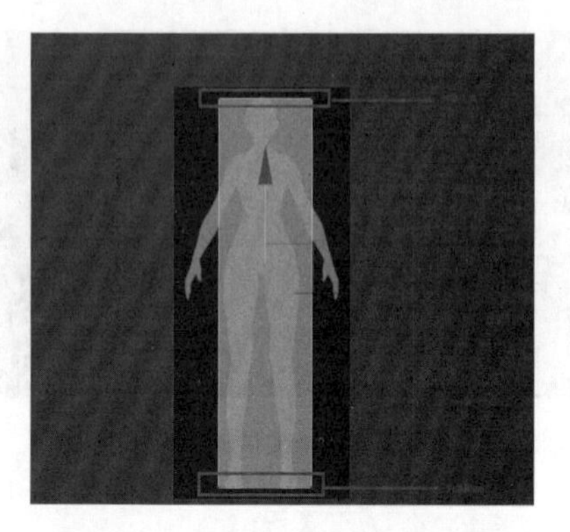

图 3－324　将长方体与人物对齐

（3）切换到左视图。保持长方体不变，移动侧视图，进行对齐（见图 3－325）。

（4）冻结参考图。选中正视图和侧视图，单击右键，选择对象属性，勾选冻结，去掉以灰色显示冻结对象（见图 3－326）。

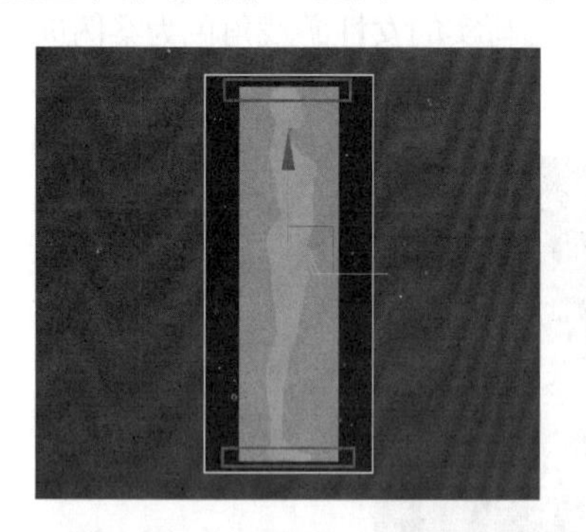

图 3－325　侧视图与长方体对齐

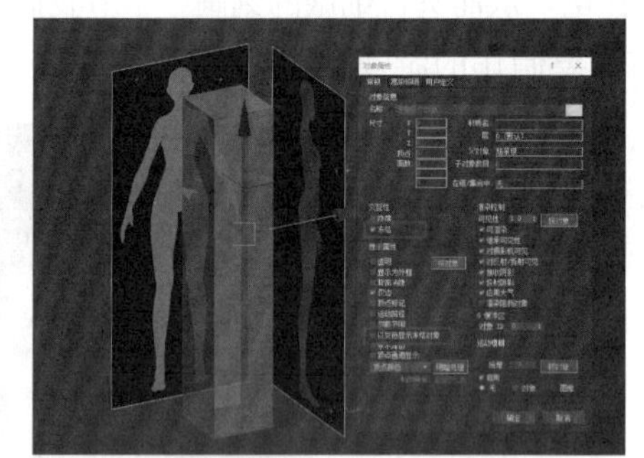

图 3－326　冻结参考图

（5）Ctrl+S 保存（为防止软件出现致命错误，建议边做边保存）。

（6）从胯部开始做，创建人物的基本形。根据正视图和侧视图，调整长方体的形状。正视图见图 3－327，侧视图见图 3－328。

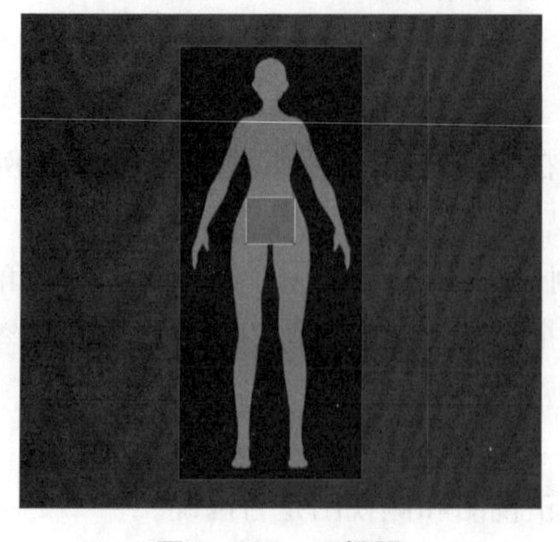

图 3－327　正视图

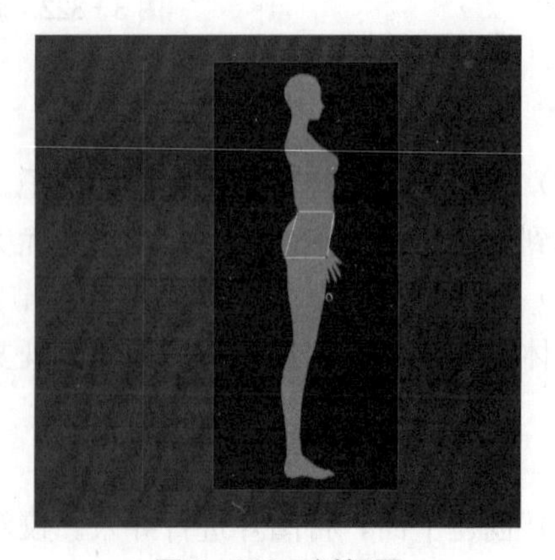

图 3－328　侧视图

（7）因为身体左右两侧相同，所以可采取做一半身体再复制（或实例）的方法完成制作。切换至前视图，在长方体中间加一条线（见图 3－329），删除一半（见图 3－330），坐标轴放置到长方体最右侧，选择镜像，选择实例。实例过后，改变一边，另外一边也会同步（见图 3－331）。

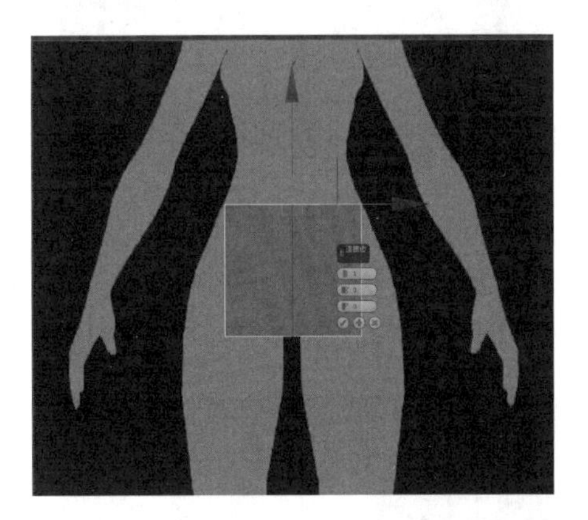

图 3－329　在正方体中间加一条线

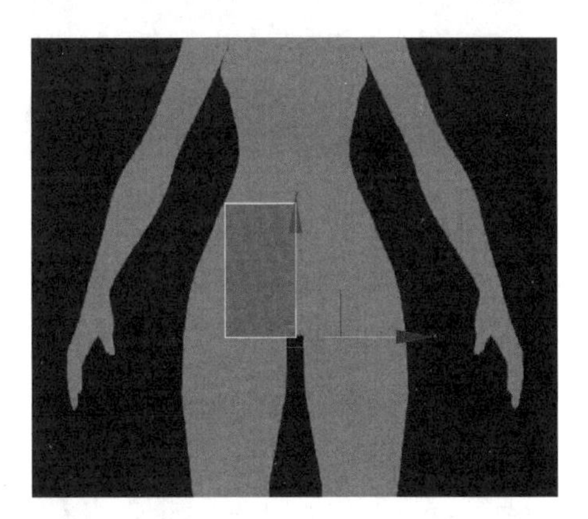

图 3－330　删除一半

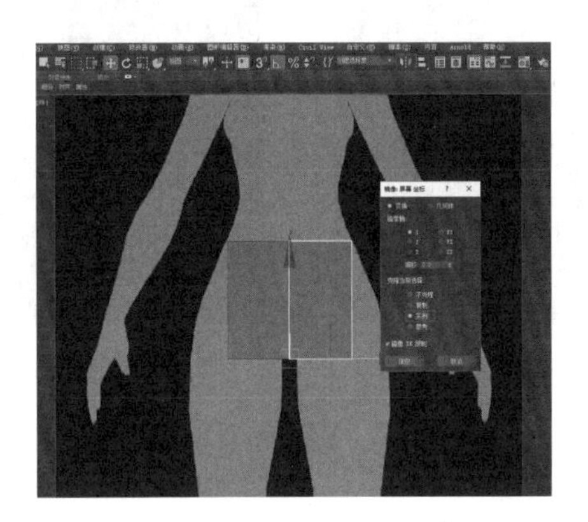

图 3－331　实例另外一半

（8）根据参考视图对位调整做出人物胯部（见图 3－332、图 3－333）。

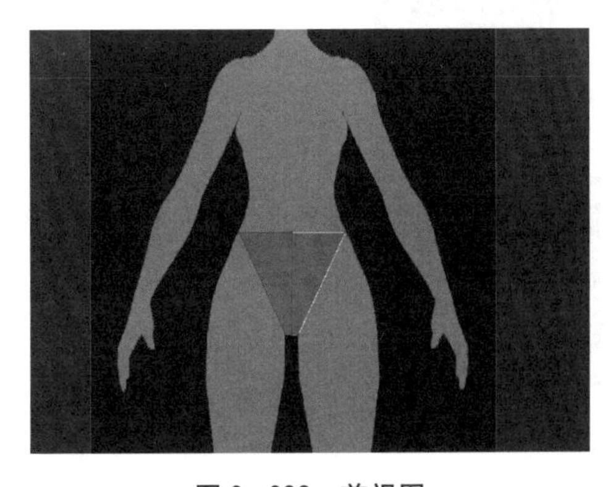

图 3－332　前视图

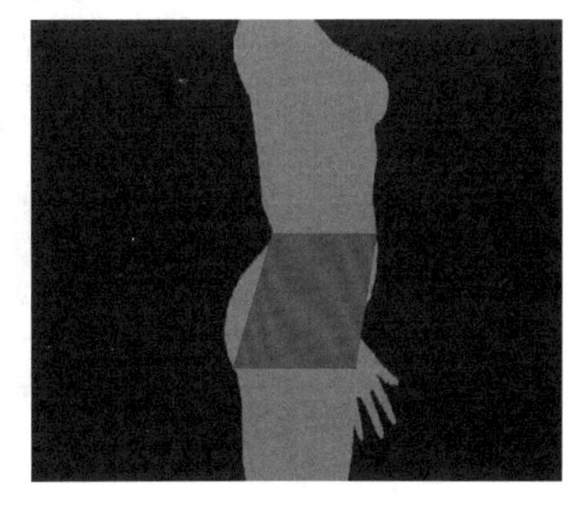

图 3－333　侧视图

（9）选择面进行挤出（见图 3－334），界面切换至正视图，根据正视图进行调整（见图 3－335）

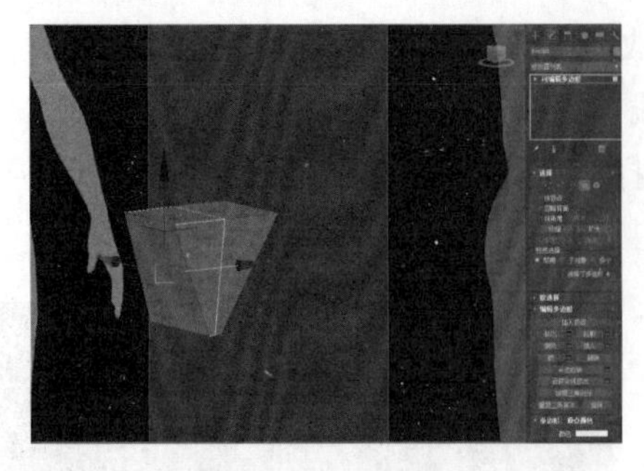

图 3－334　挤出

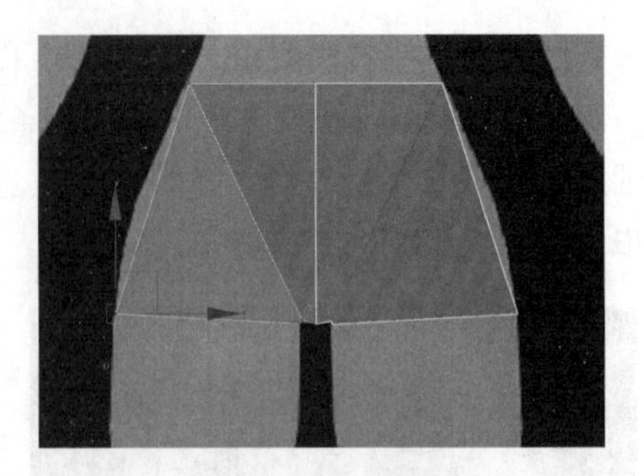

图 3－335　调整

（10）界面切换到正视图中，继续挤出，并调整，制作大腿（见图 3－336）。挤出并调整，制作小腿（见图 3－337）。

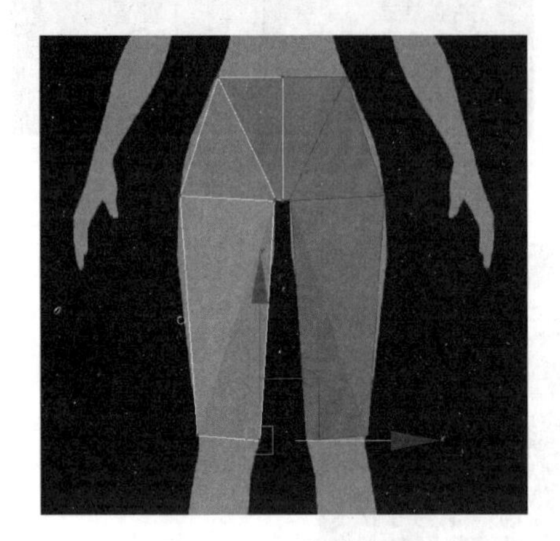

图 3－336　制作大腿

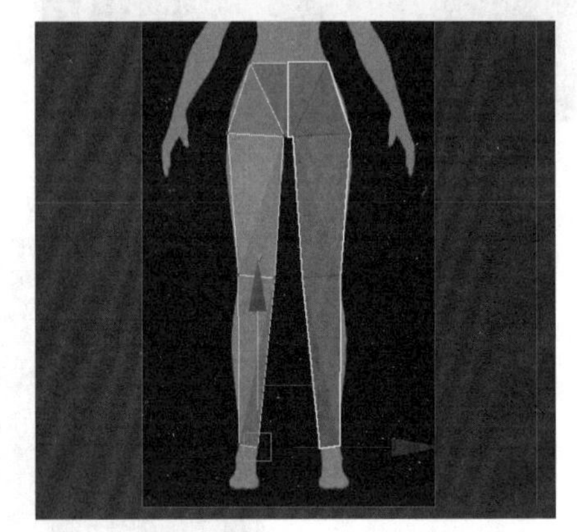

图 3－337　制作小腿

（11）界面切换至左视图，选中左边和右边的身体，按 Alt+X 半透明显示。根据侧视图，调整线条（见图 3－338）。

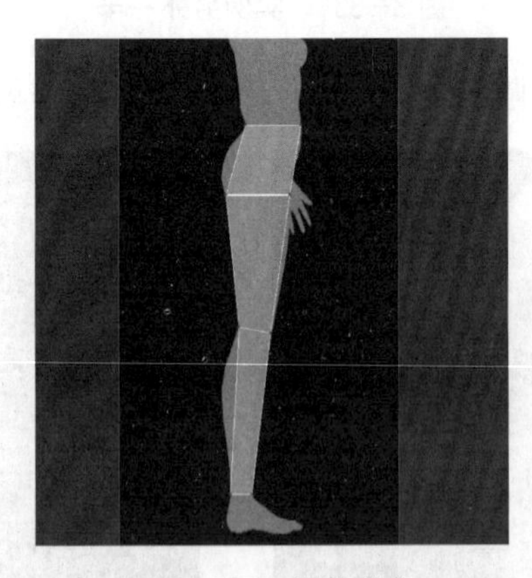

图 3－338　调整线条

（12）脚的制作。继续向下挤出面作为脚后跟，根据左视图调整（见图 3－339），根据前视图调整（见图 3－340）。选中脚跟的面，向前挤出脚掌（见图 3－341），界面切换至左视图，根据侧视图调整造型（见图 3－342）。

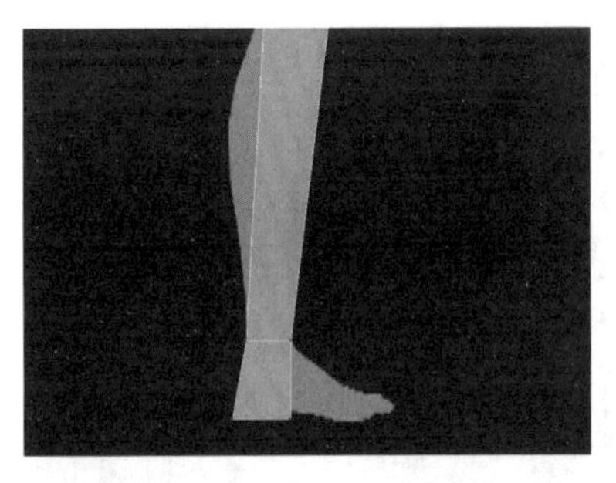

图 3-339 左视图脚后跟

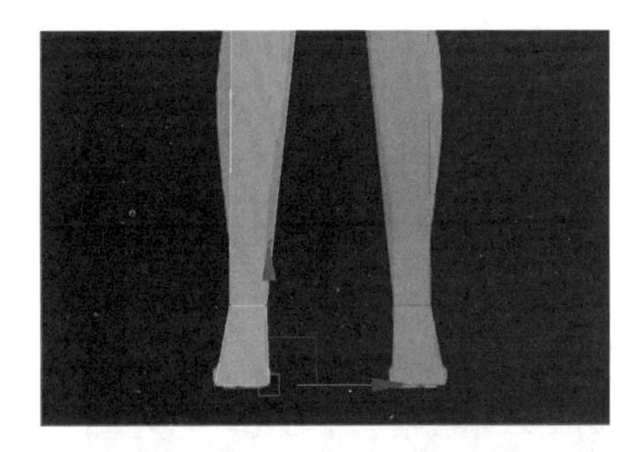

图 3-340 前视图脚后跟

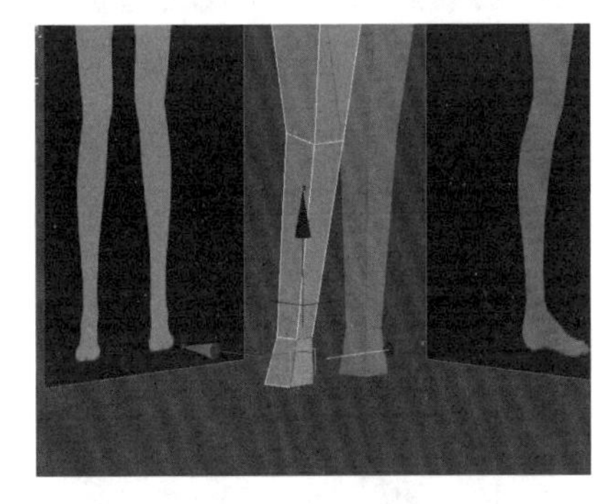

图 3-341 选中面挤出

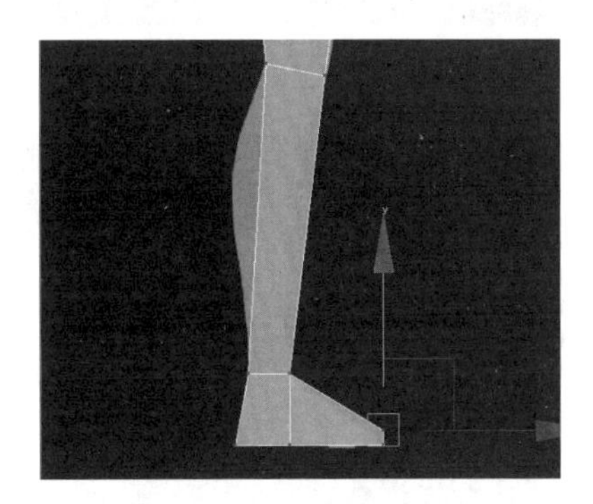

图 3-342 脚掌侧视图

（13）上半身的基本形制作。选择面，向上挤出做出腰的部分，根据参考图，分别在正视图（见图 3-343）和侧视图调整造型（见图 3-344）

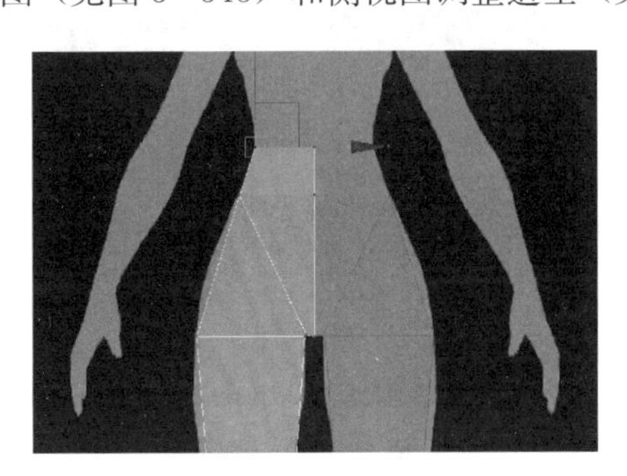

图 3-343 正视图调整

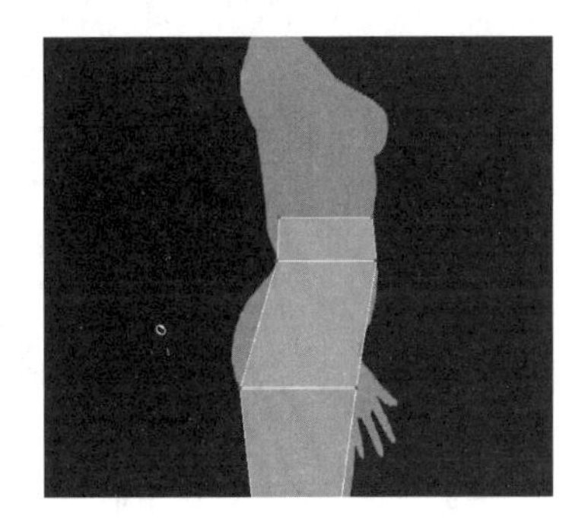

图 3-344 侧视图调整

（14）依次向上挤出，并根据正视图和侧视图的结构对点线面进行调整（见图 3-345、图 3-346）。

（15）继续挤出脖子，在侧视图中调整线条（见图 3-347），在正视图中调整线条（见图 3-348）。

（16）头部的制作。先将脖子上的面进行挤出（见图 3-349）。选择面（见图 3-350），继续挤出（见图 3-351），切换至前视图中，根据结构调整点线面（见图 3-352）。

（17）选择头部上的面（见图 3-353），继续挤出。在侧视图中调整挤出的形状（见图 3-354）。加线（见图 3-355），调整头部的结构。头部正视图见图 3-356，头部侧视图见图 3-357。

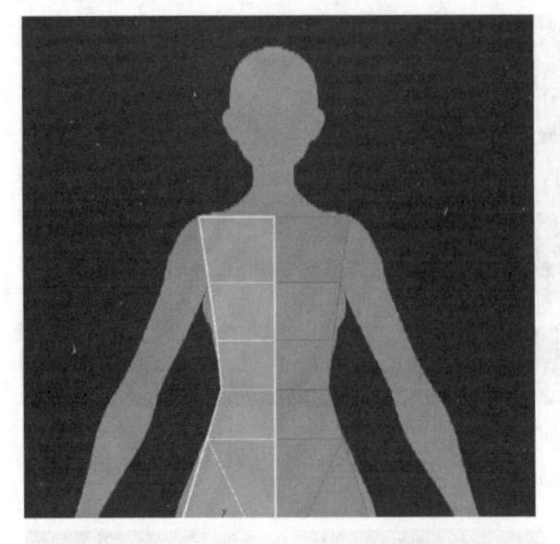
图 3-345　上半身正视图

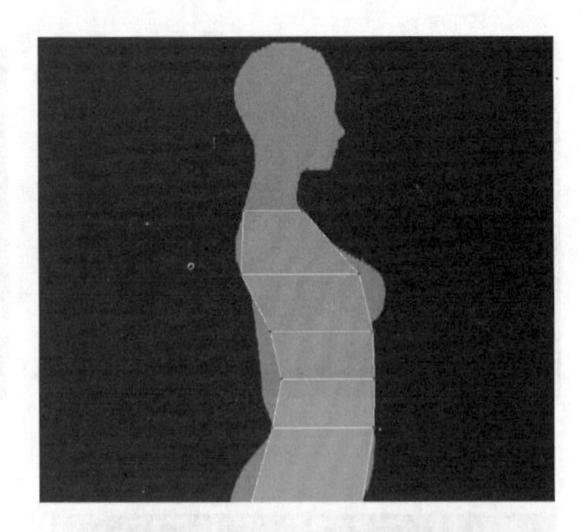
图 3-346　上半身侧视图

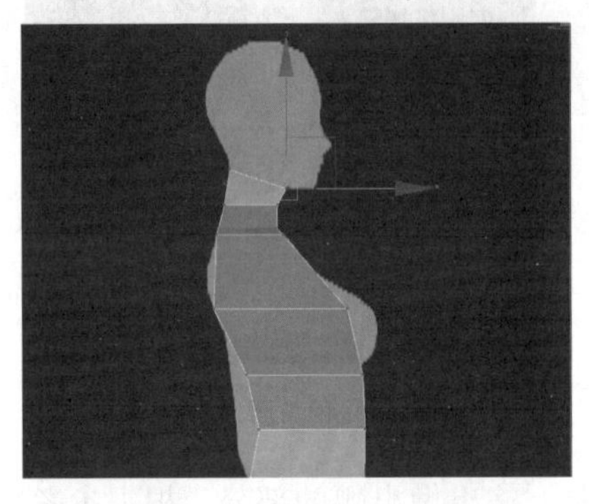
图 3-347　在侧视图中调整线条

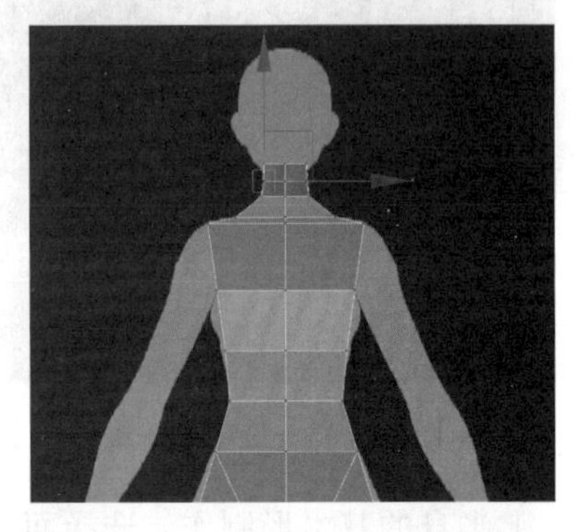
图 3-348　在正视图中调整线条

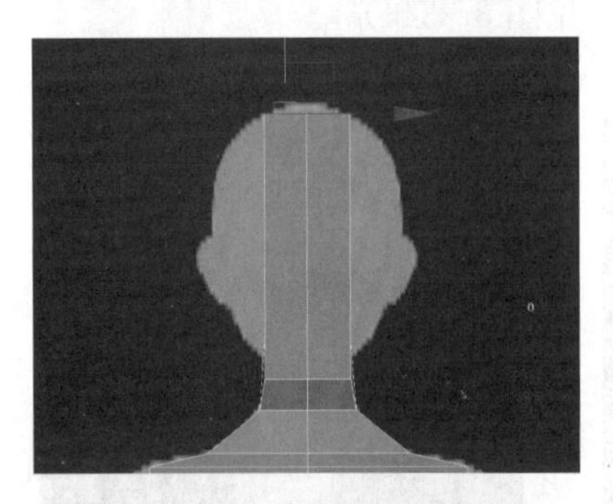
图 3-349　将脖子上的面挤出

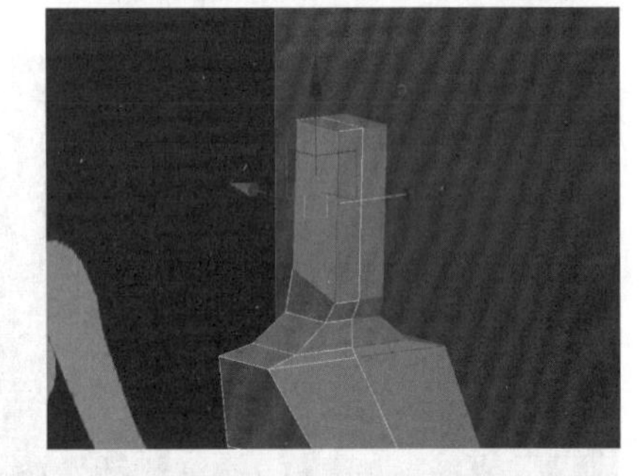
图 3-350　选择面

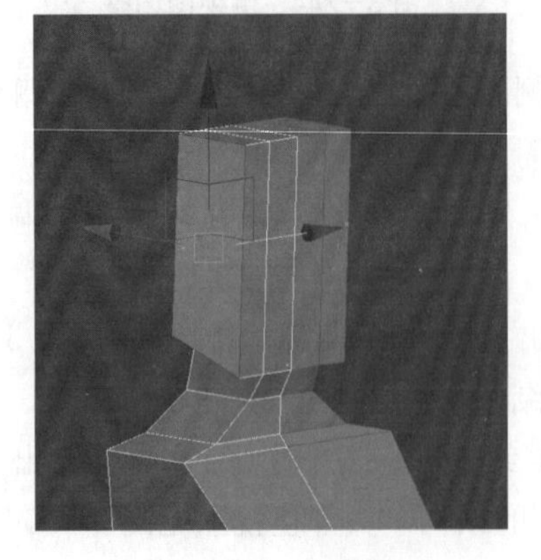
图 3-351　挤出面

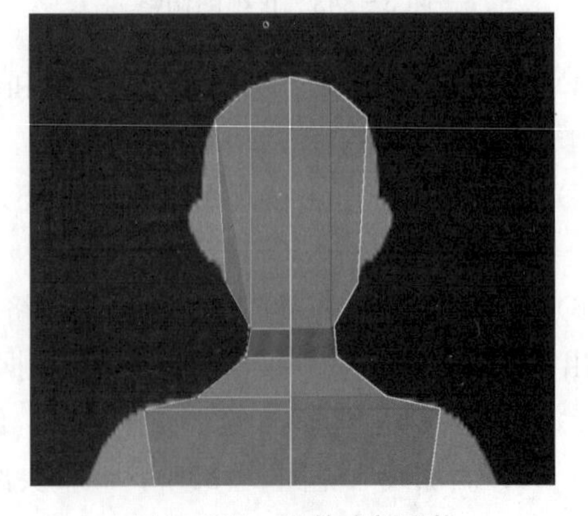
图 3-352　调整头部形状

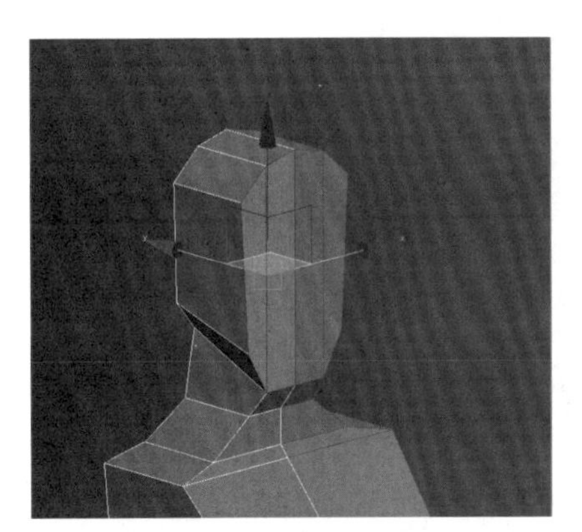

图 3-353　选择面，挤出

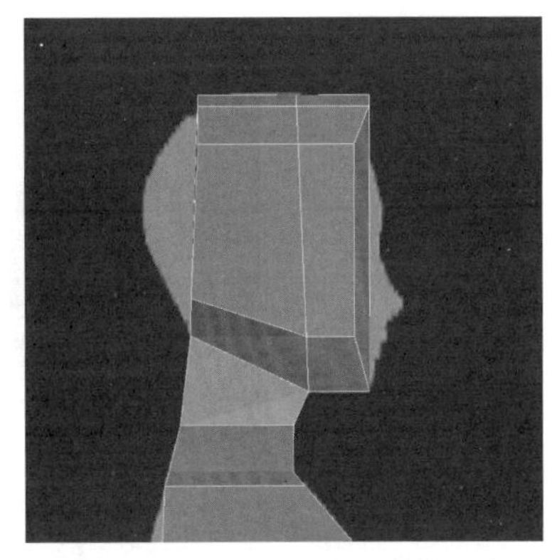

图 3-354　侧视图中调整形状

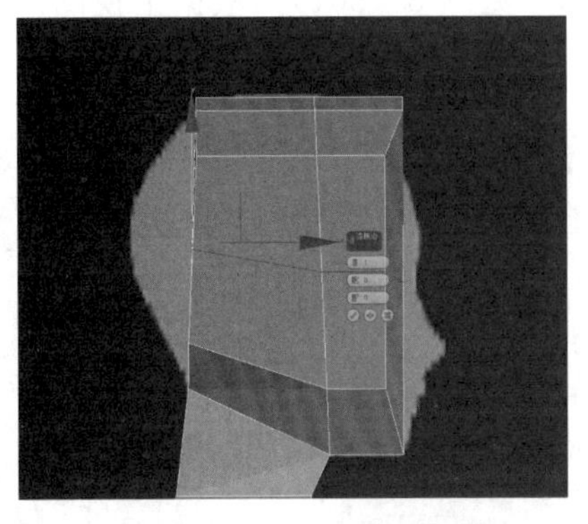

图 3-355　加线

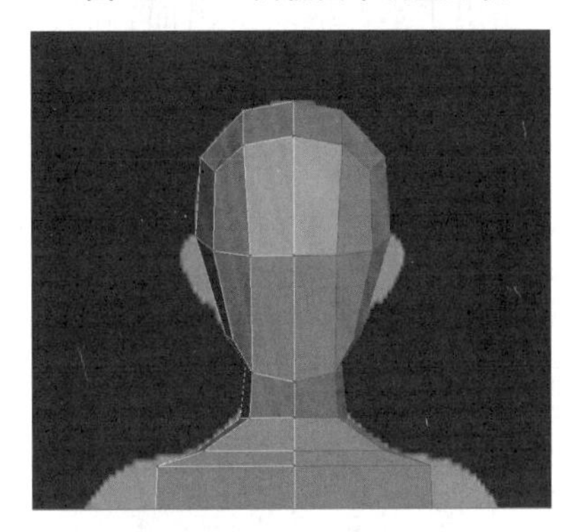

图 3-356　头部正视图

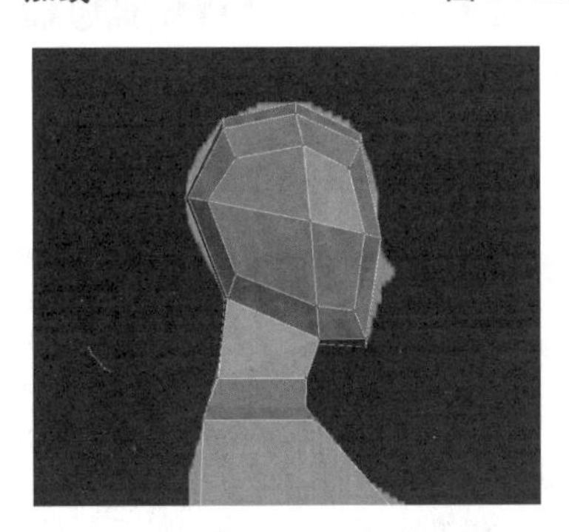

图 3-357　头部侧视图

（18）手臂的制作。先挤出肩膀（见图 3－358），调点。然后继续挤出手臂（见图 3－359），调整手臂的造型（见图 3－360）。

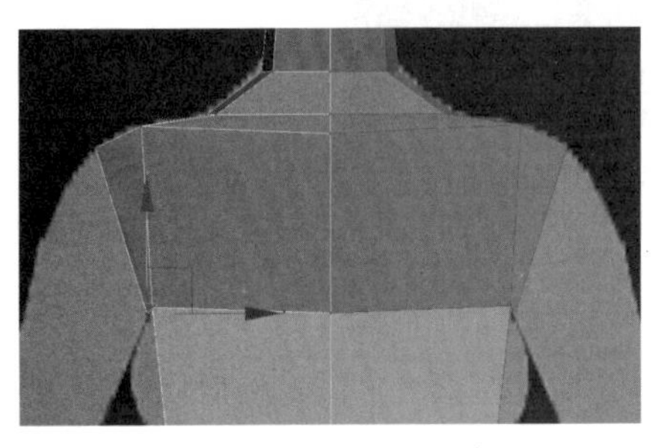

图 3-358　挤出肩膀

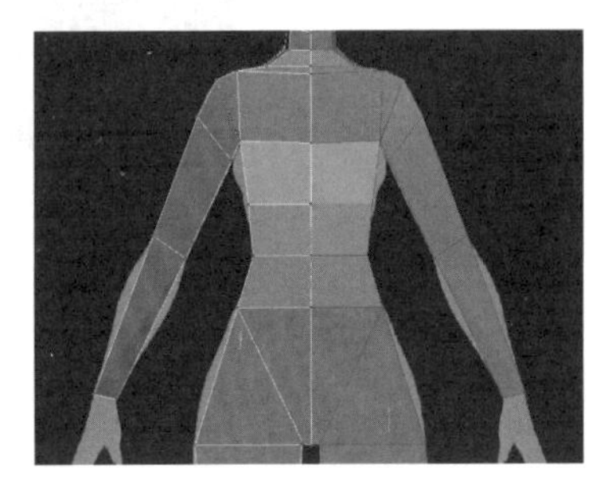

图 3-359　挤出手臂

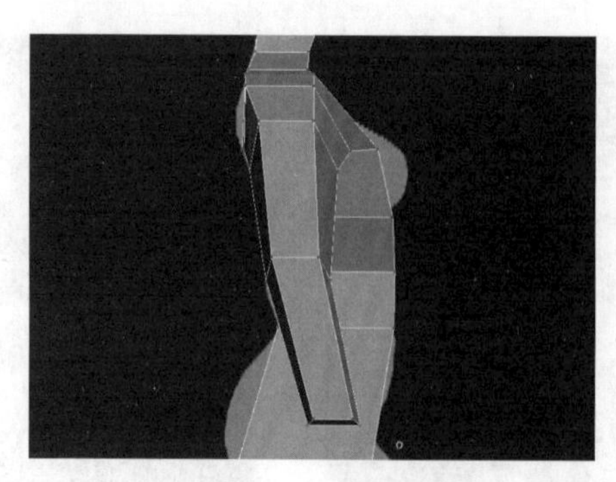

图 3-360　调整手臂造型

（19）挤出手掌。继续挤出面，制作手掌（见图 3-361），根据正视图调整结构，根据侧视图调整结构（见图 3-362）。

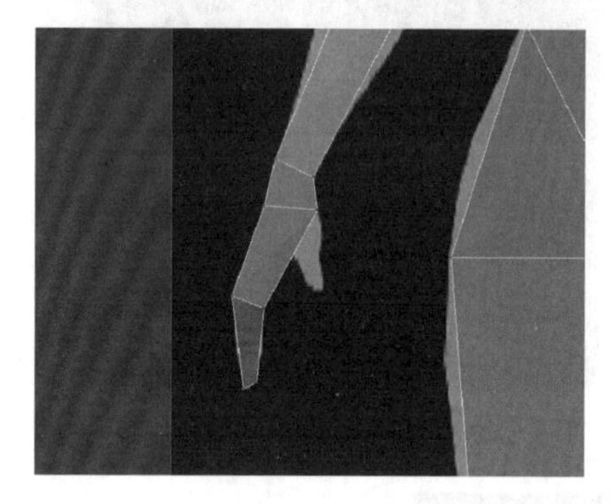

图 3-361　挤出手臂

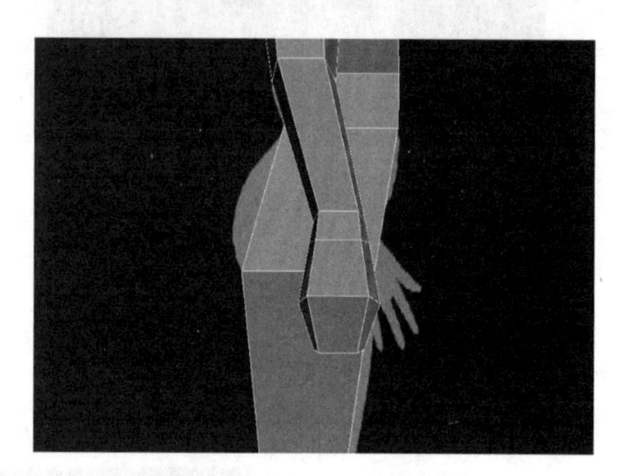

图 3-362　侧视图调整

（20）人体的基本造型创建完毕（见图 3-363）。

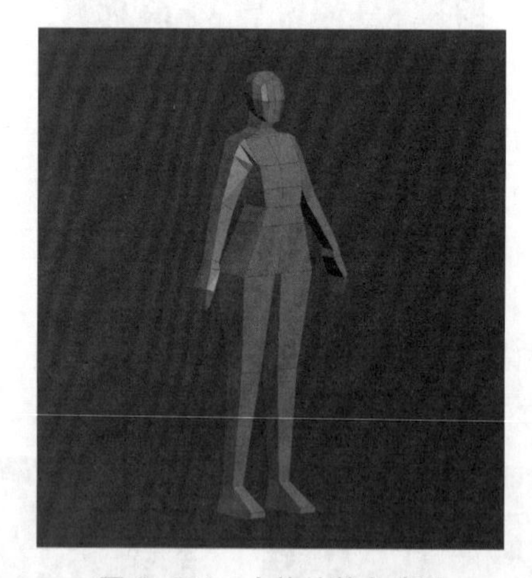

图 3-363　人体的基本造型

3. 人体造型的细化

（1）删除一半的身体，删除中间多余的面（见图 3-364）。然后实例另外一半身体（见图 3-365）。

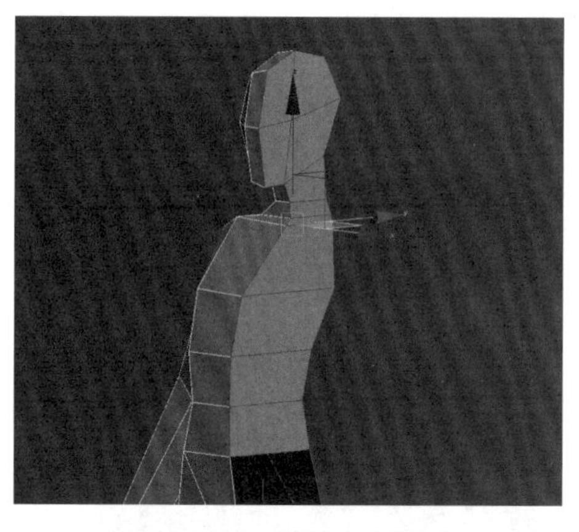

图 3-364 删除多余的面

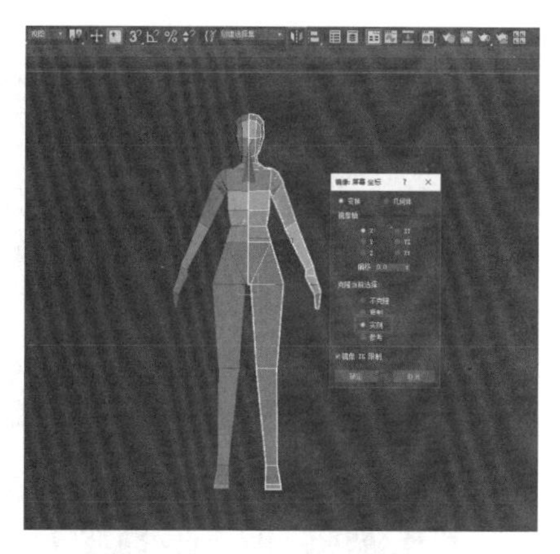

图 3-365 实例另外一半身体

（2）将模型半透明显示（按 Alt+X）。在这里介绍另外一种半透明显示模型的方法，按快捷键 M 显示材质编辑器，选中一个材质球，在基本参数下，调整不透明度的参数（见图 3-366），再将材质球拖曳至模型即可。两种方法的对比见图 3-367。

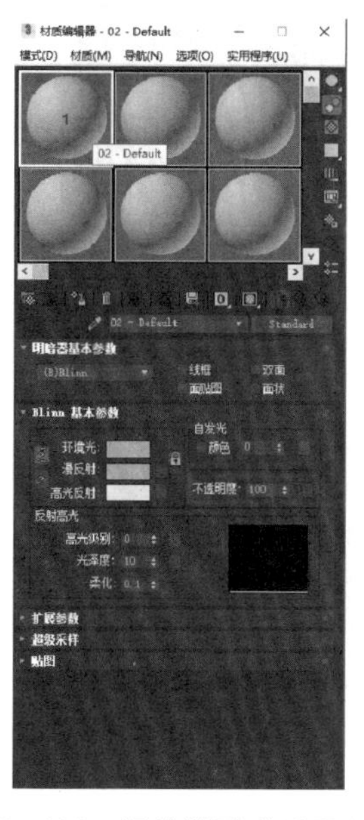

图 3-366 调整材质球透明参数

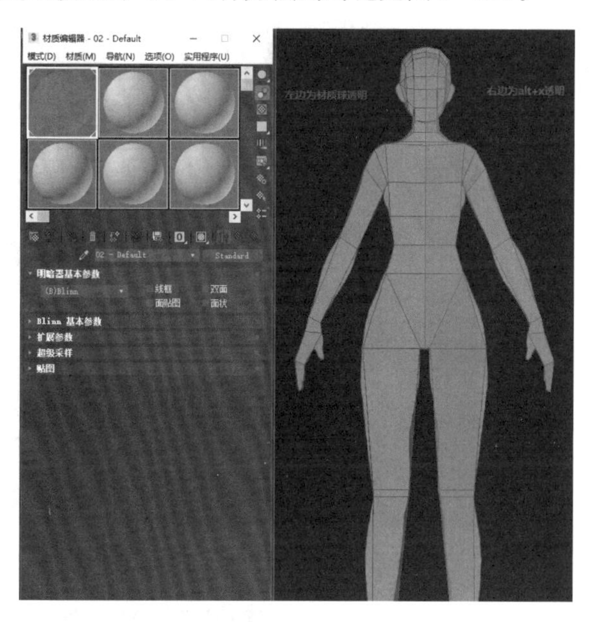

图 3-367 两种方法的对比

（3）半透明显示模型后，根据正视图和侧视图，对模型身体进行加线处理，并对照参考图做出造型调整（见图 3-368）。

（4）使用切角命令，在关节处加线（见图 3-369），根据参考图调整，正视图见图 3-370，侧视图见图 3-371。

（5）切角后，切换至透视界面，合并脚腕处多余的点（见图 3-372）。选中要合并的点，在键盘快捷键关闭的情况下，组合键 Ctrl+Alt+C 合并到两点中心（也可以使用焊接、目标焊接工具）。

（6）使用切割工具，在人物模型胸前、背后，分别切割出一条线（见图 3-373、图 3-374）。

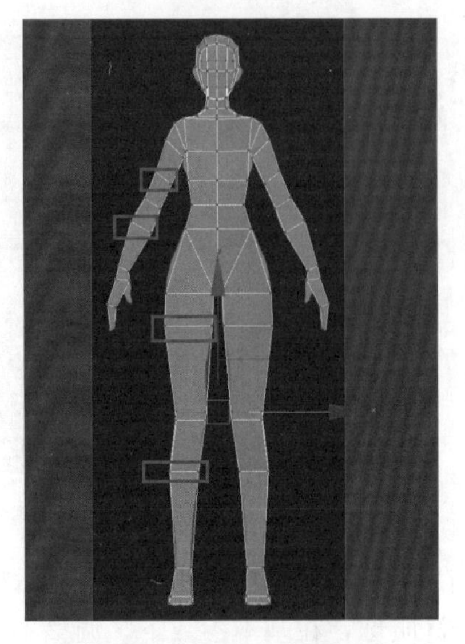

图 3－368　加线调整造型

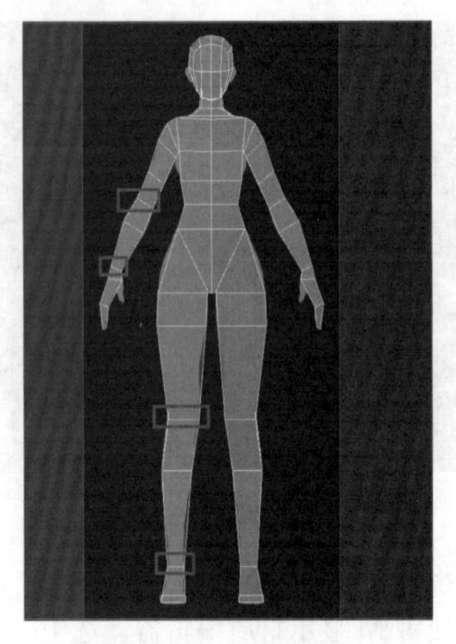

图 3－369　关节处加线

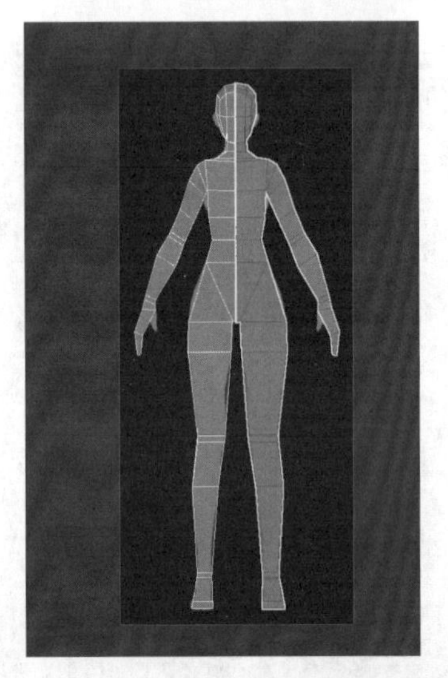

图 3－370　正视图

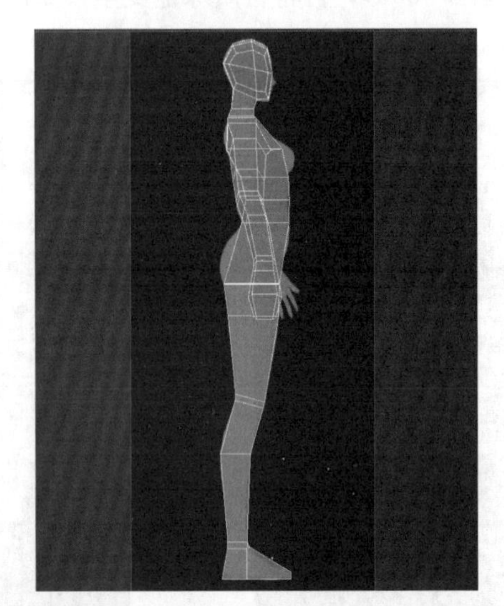

图 3－371　侧视图

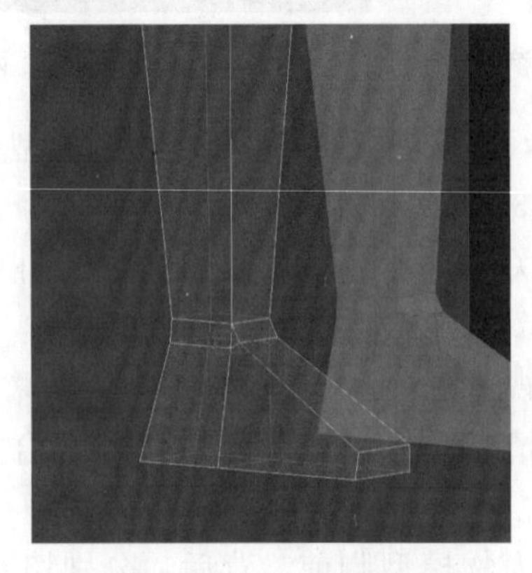

图 3－372　合并多余的点

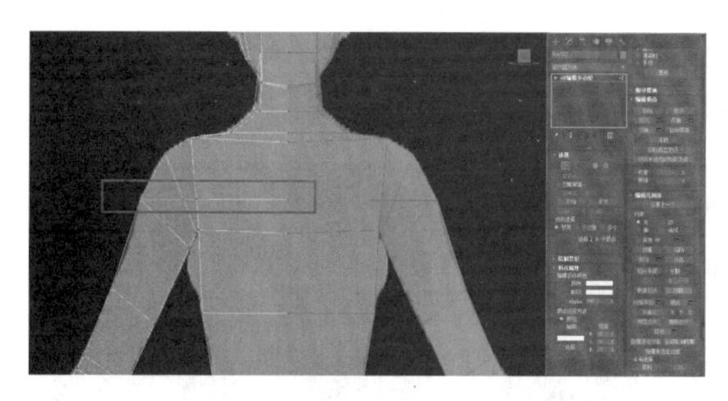

图 3-373 胸前切割线

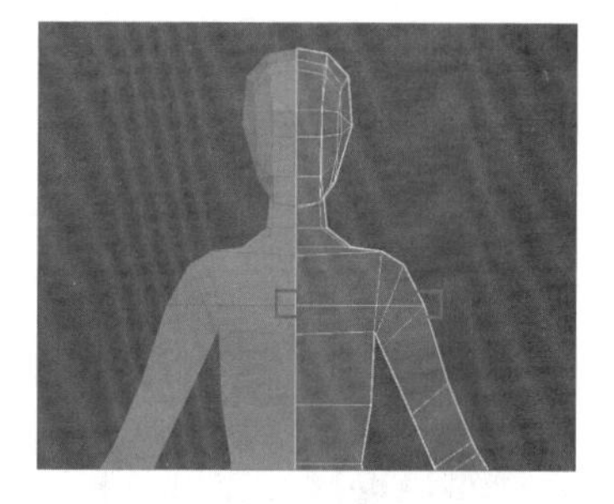

图 3-374 背后切割线

（7）简单人体轮廓创建完毕后，选中模型，再给定一个涡轮平滑命令（见图 3-375）。勾选等值线显示，线条数显示会变少，以方便调整（见图 3-376）。

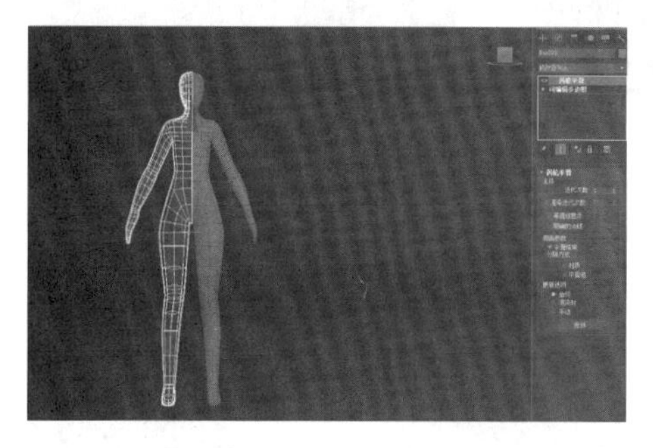

图 3-375 涡轮平滑

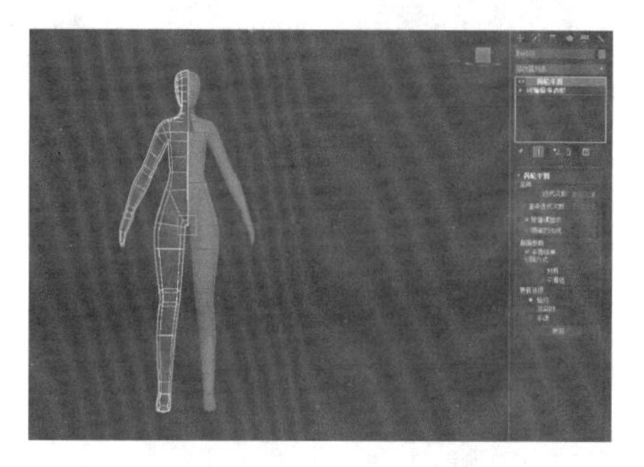

图 3-376 勾选等值线显示

（8）微调已经涡轮平滑的模型，打开显示最终结果开关，在选中模型的情况下，四周会出现黄色的线（见图 3-377），然后根据三视图，对点、线、面进行调整。需注意的是，使用涡轮平滑后先不要转化为可编辑多边形，如转化为可编辑多边形，旁边的操作命令行就会消失，则不能再调整。

（9）为了使形体更细致，加线（见图 3-378），并对位调整。

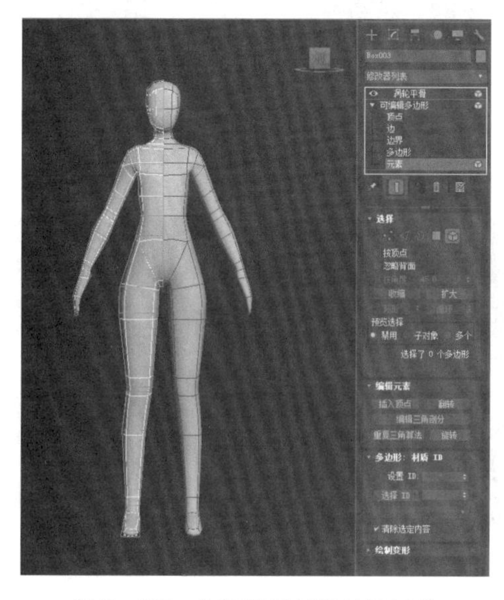

图 3-377 打开显示最终结果开关

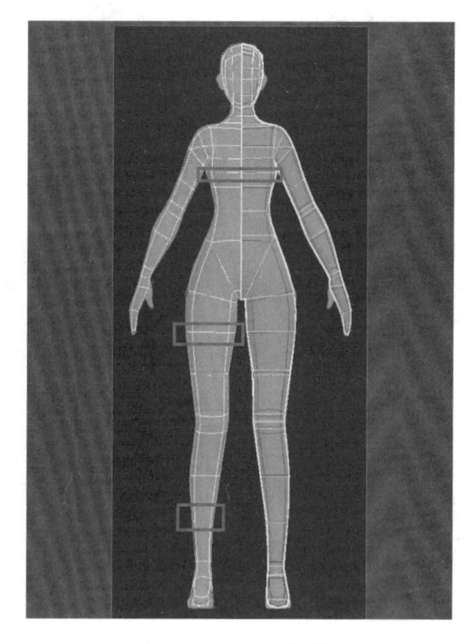

图 3-378 加线

（10）臀部的调整。关闭涡轮平滑的显示，在臀部上切割出一条线（见图 3－379），然后开启涡轮平滑显示，侧视图进行调整（见图 3－380）。

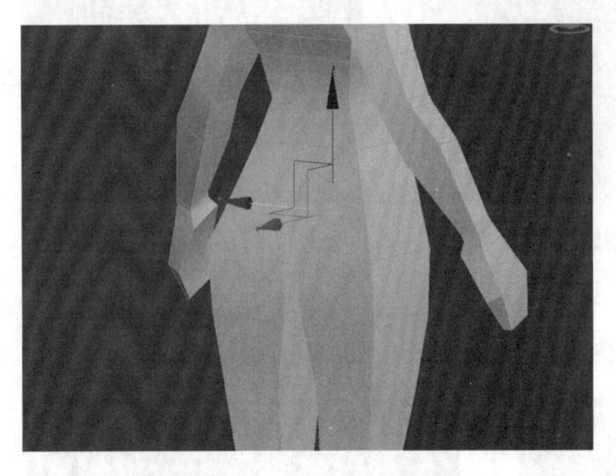

图 3－379　在臀部切割线

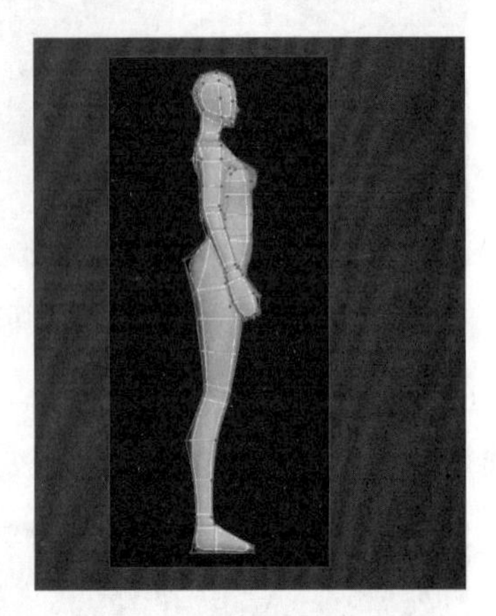

图 3－380　侧视图调整

（11）大形搭建完毕后，转化为可编辑多边形，删一半，实例另一半。

（12）胸部的制作。选择面（见图 3－381），塌陷（见图 3－382）

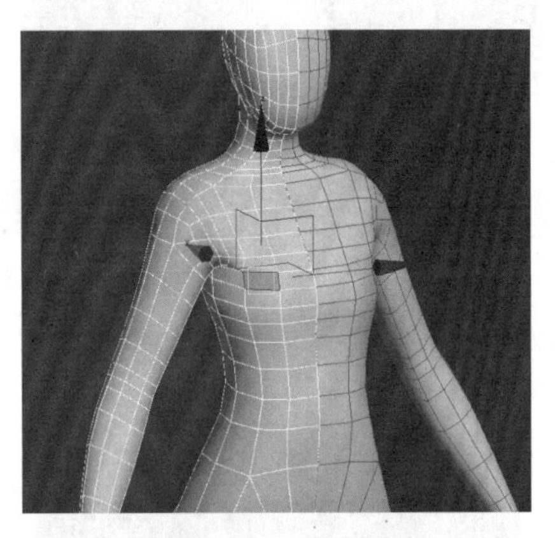

图 3－381　选择面

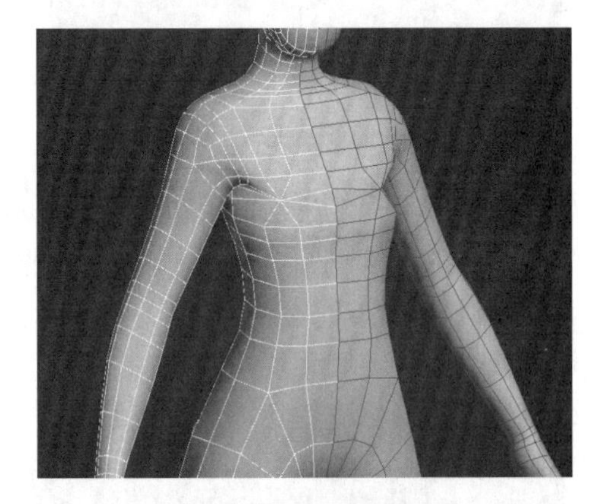

图 3－382　塌陷

（13）加线，调整胸部结构（见图 3－383），继续加线，根据正视图、侧视图、透视图，调整点线面（见图 3－384），做出胸部的造型。

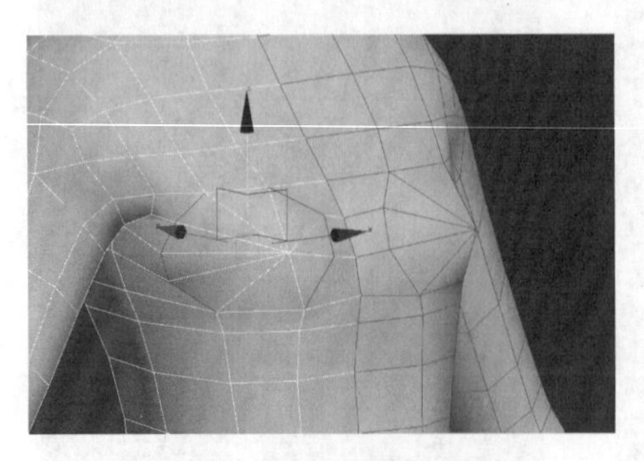

图 3－383　调整胸部结构

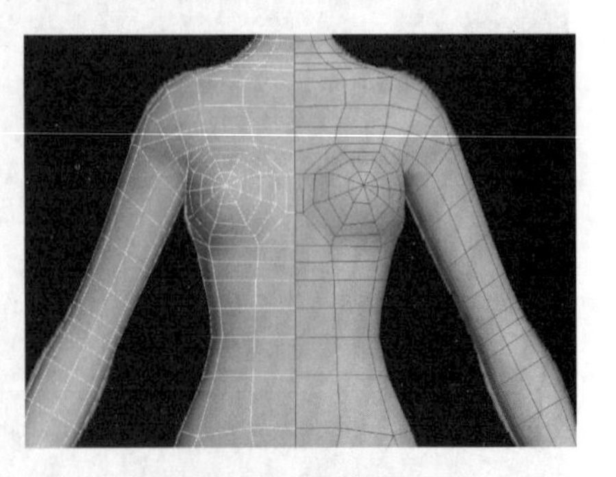

图 3－384　调整点线面

（14）合并头部多余的线条（见图 3－385）。

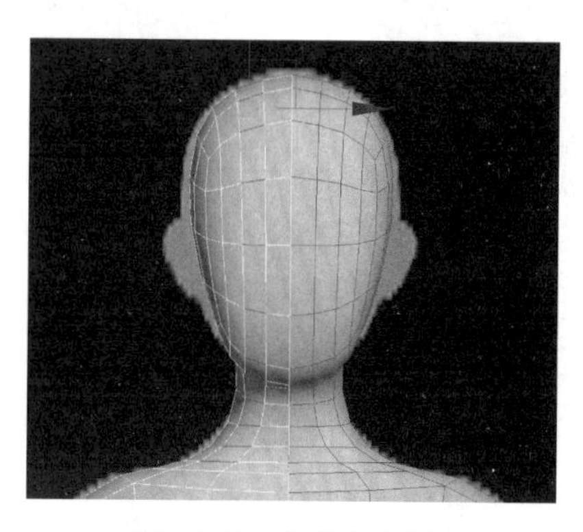

图 3－385 合并多余线条

（15）整理模型的线条，使得布线合理化。调整造型结构，让模型更美观。正视图见图 3－386，侧视图见图 3－387。

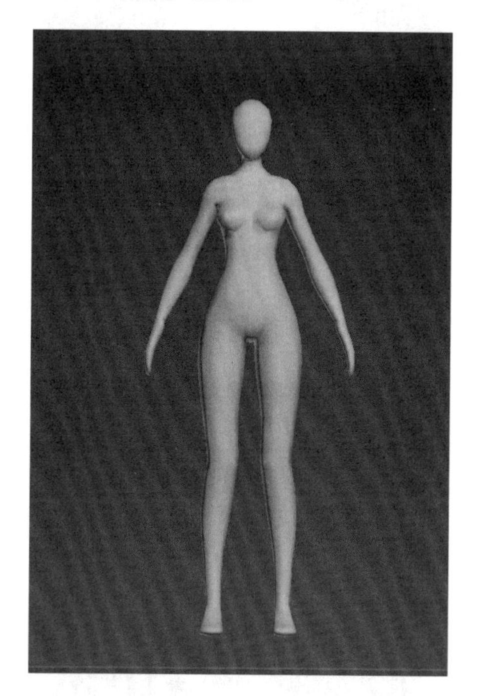

图 3－386 正视图

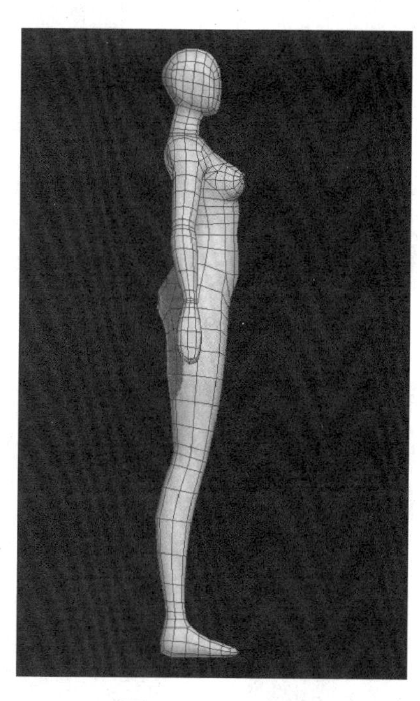

图 3－387 侧视图

（16）将两半身体焊接为一体。

4. 面部轮廓的细化

（1）完善脸部的布线。先将头部单独分离下来，删一半，实例（见图 3－388）。

（2）然后根据侧视图，调整点，加线（见图 3－389），做出鼻子的形状（见图 3－390）。

（3）调整线条，选中线（见图 3－391），使用切角命令（见图 3－392），做出眼睛的轮廓。

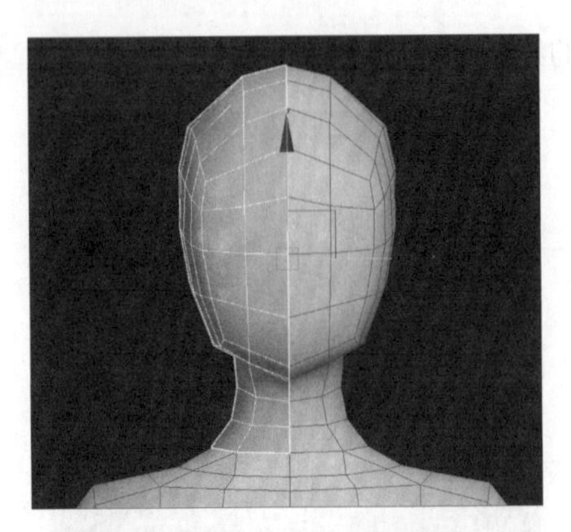

图 3-388　实例一半的头

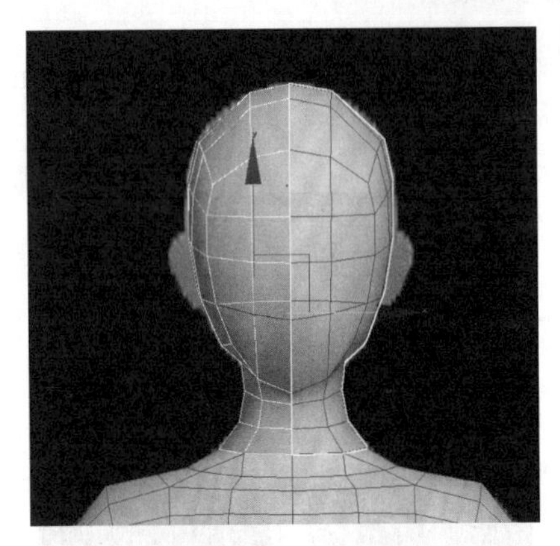

图 3-389　加线

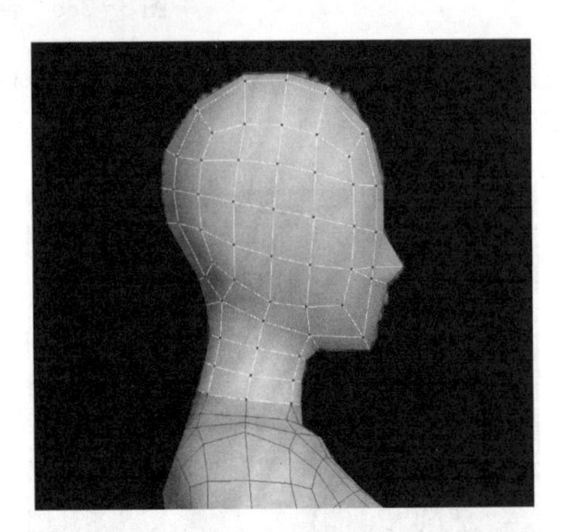

图 3-390　鼻子的形状

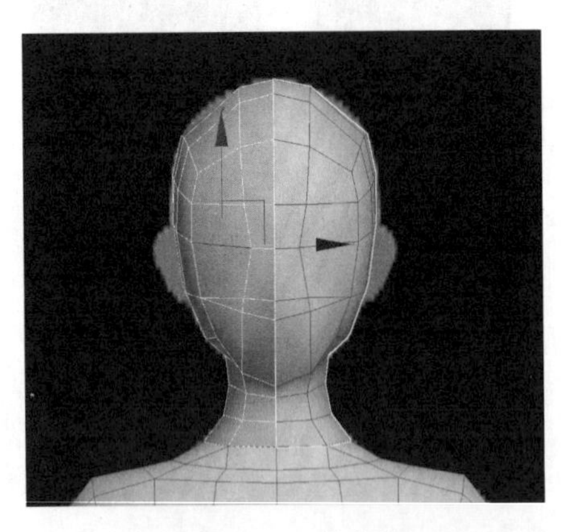

图 3-391　选中线

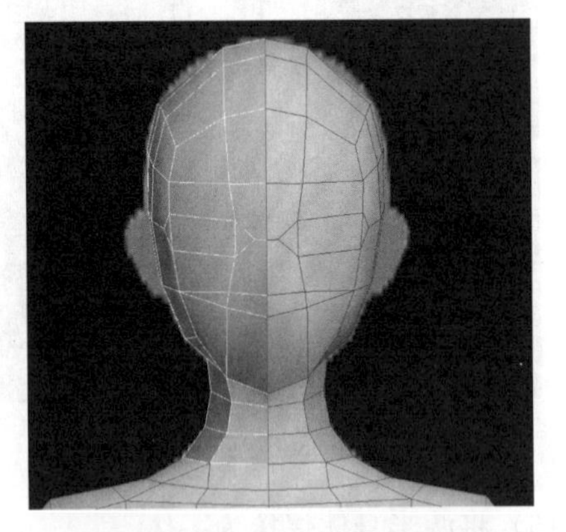

图 3-392　切角

（4）面部的加线（跟随脸部结构走向布线），使用切割工具加线（见图 3－393）。使用同样的方法（切角）做出嘴巴，并调整面部线条分布（见图 3－394）。

（5）继续在鼻翼周围加线（见图 3－395），调整结构（见图 3－396）。在眼睛加线（见图 3－397），选线向外拉，做出眉弓的形状（见图 3－398）。

（6）调整面部的布线和结构，合并眼部的点（见图 3－399），并调整眼部形状（见图 3－400）。

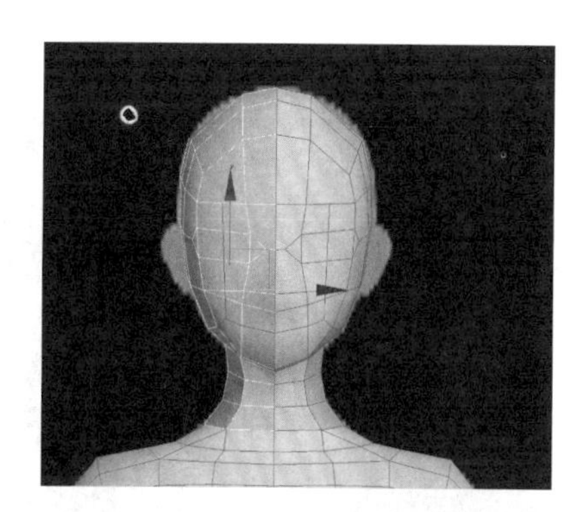

图 3-393　面部的加线

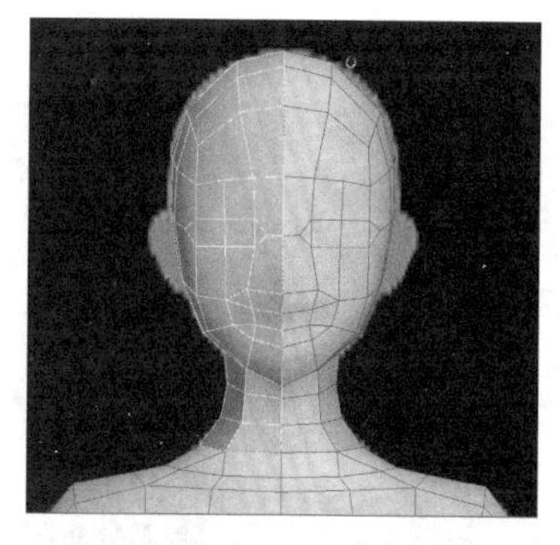

图 3-394　调整面部线条

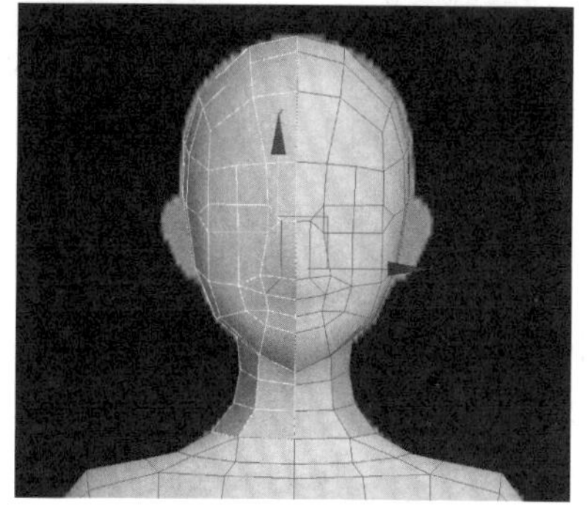

图 3-395　鼻翼周围加线

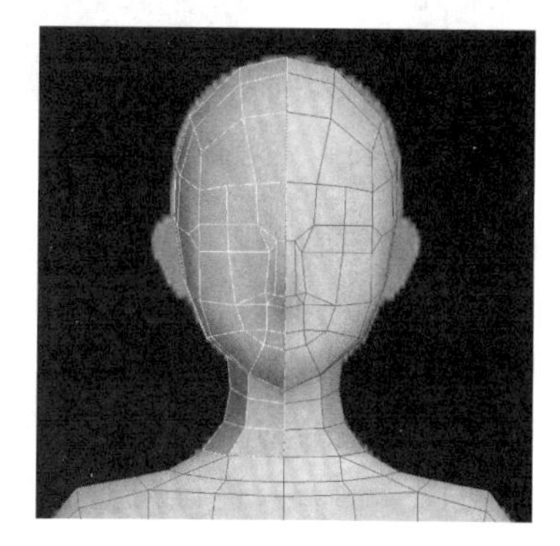

图 3-396　调整结构

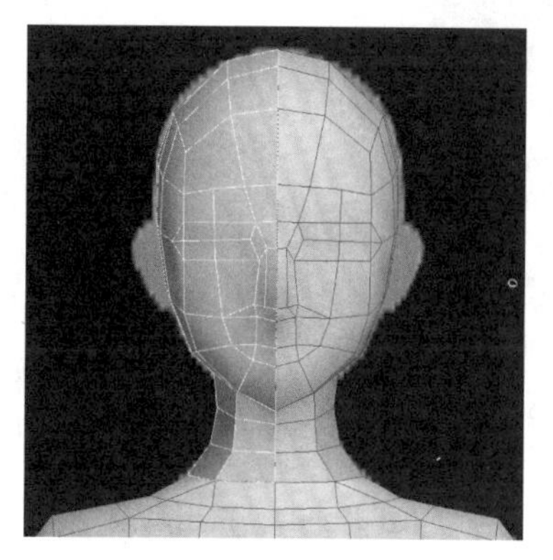

图 3-397　眼睛加线

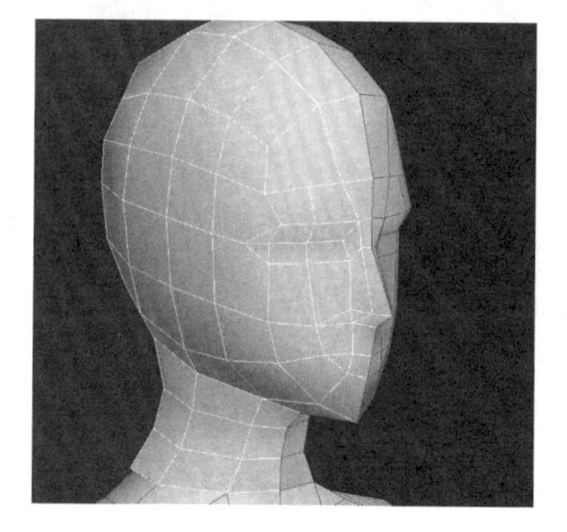

图 3-398　做出眉弓结构

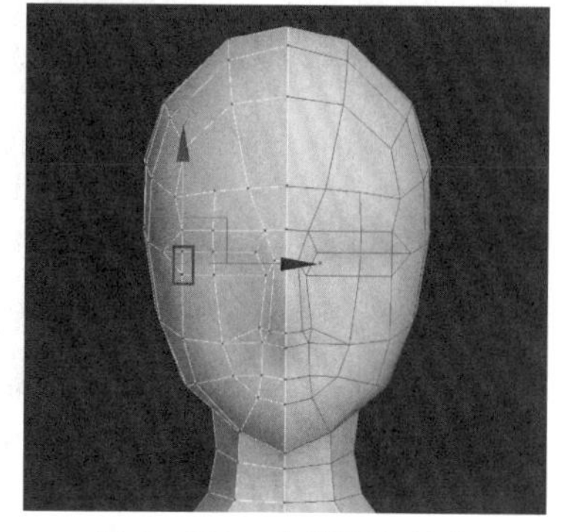

图 3-399　合并眼部的点

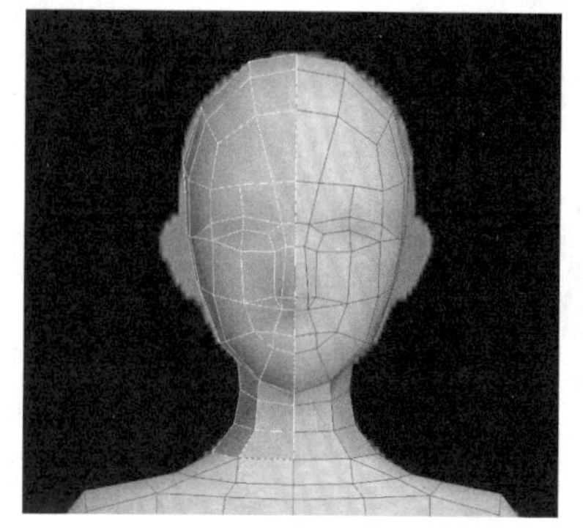

图 3-400　调整眼部形状

（7）在嘴部加线，并进行调整，正视图见图 3－401，侧视图见图 3－402。

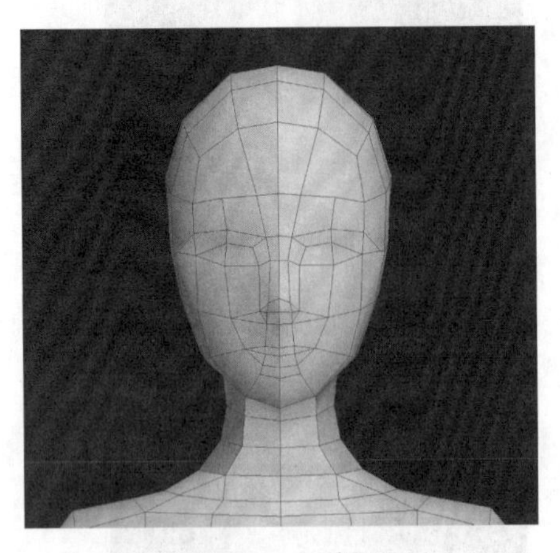
图 3－401　正视图

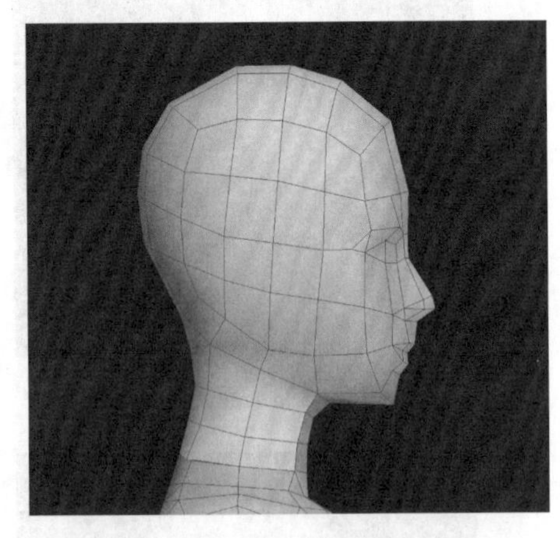
图 3－402　侧视图

（8）用切割工具勾勒出耳朵的结构（见图 3－403）。选择面，挤出耳朵（见图 3－404）。合并多余的点（见图 3－405），调整结构。

（9）切割加线，删除多余的线，不断地调整，整理面部的结构走线。布线要求线随结构走，美观。在调整结构的时候，结合正视图（见图 3－406）、侧视图（图 3－407）以及透视图（见图 3－408）进行调整。大型轮廓出来后，接下来我们对五官进行细化。

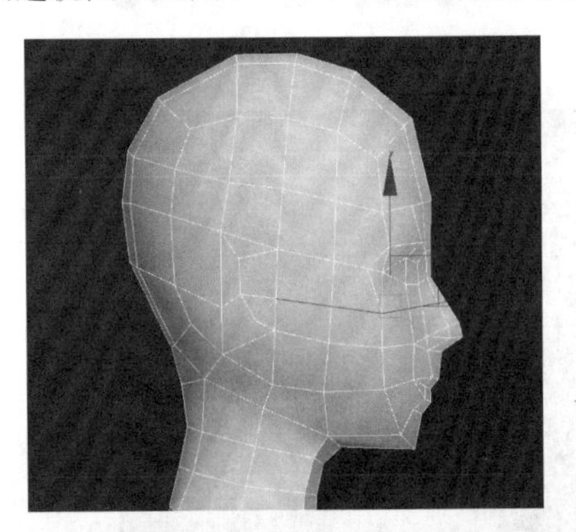
图 3－403　勾勒耳朵形状

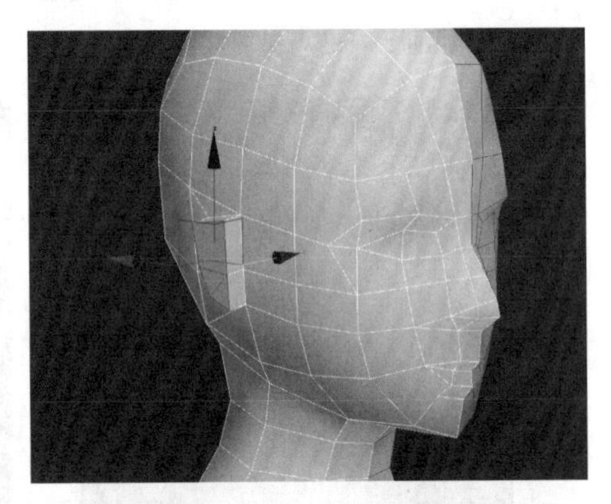
图 3－404　挤出耳朵

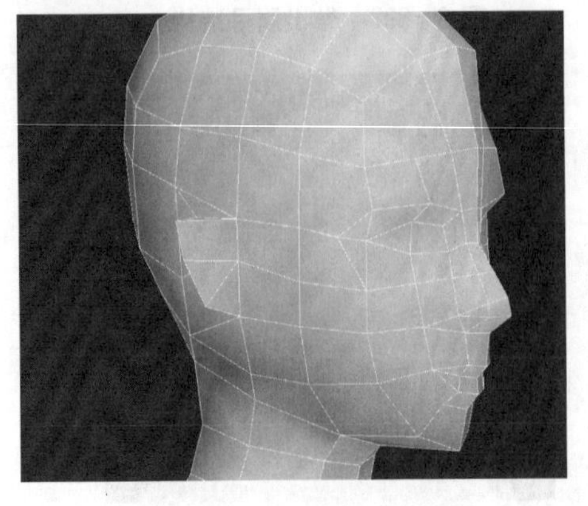
图 3－405　合并多余的点

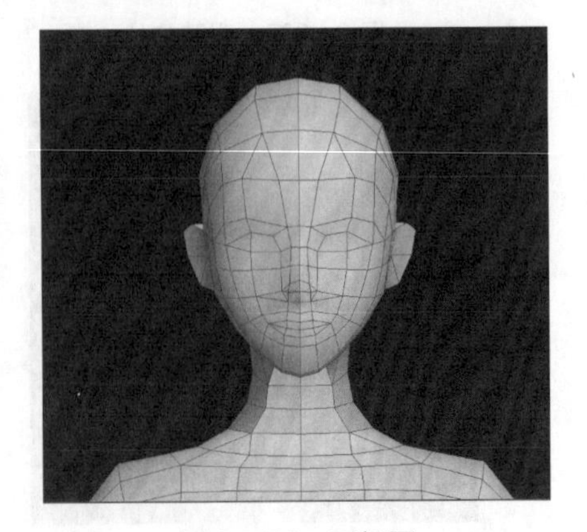
图 3－406　正视图

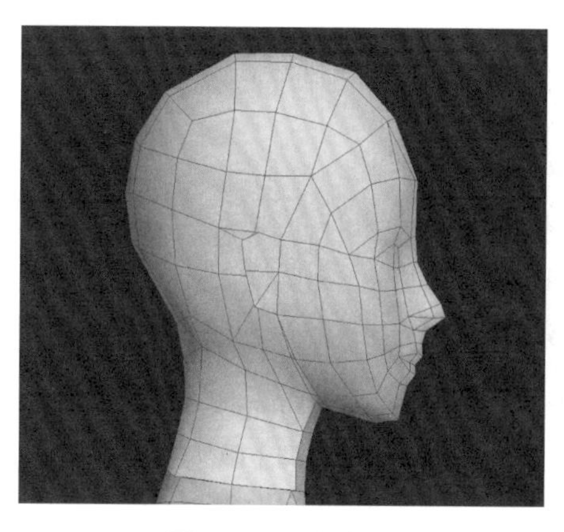
图 3-407 侧视图

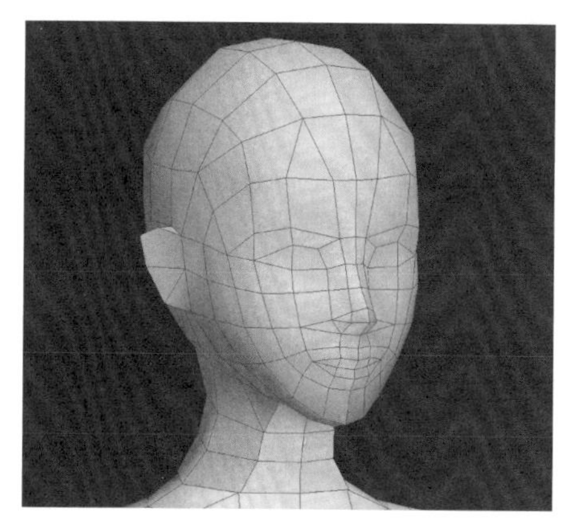
图 3-408 透视图

5. 眼睛的制作

(1) 眼睛的制作。先选中眼睛的面，向外挤出（见图 3-409），缩放。然后向内挤出（见图 3-410），缩放，调整。

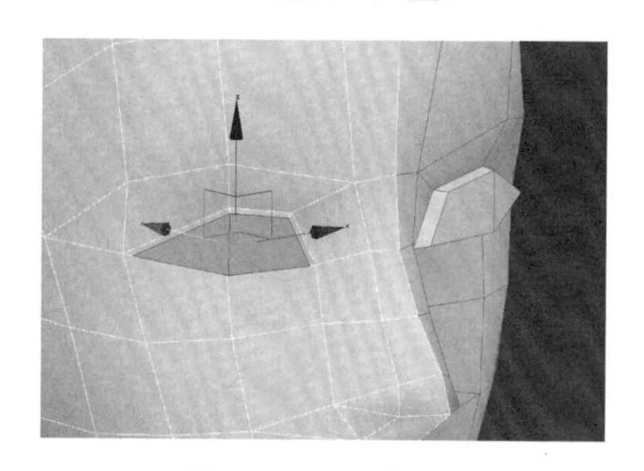
图 3-409 向外挤出

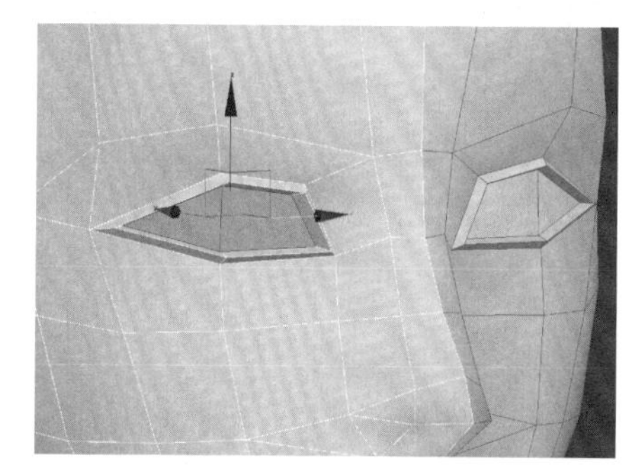
图 3-410 向内挤出

(2) 合并眼睛周围多余的点（见图 3-411），调整布线。加线，调整（见图 3-412）。

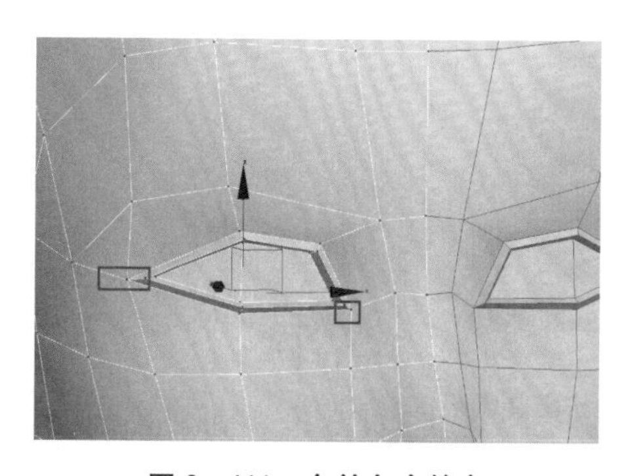
图 3-411 合并多余的点

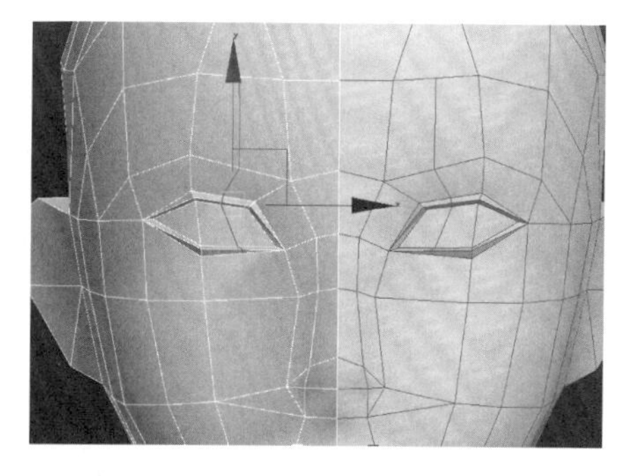
图 3-412 加线调整

(3) 继续加线，对眼部造型进行调整（见图 3-413），向前拖动，使面部更饱满（见图 3-414）。

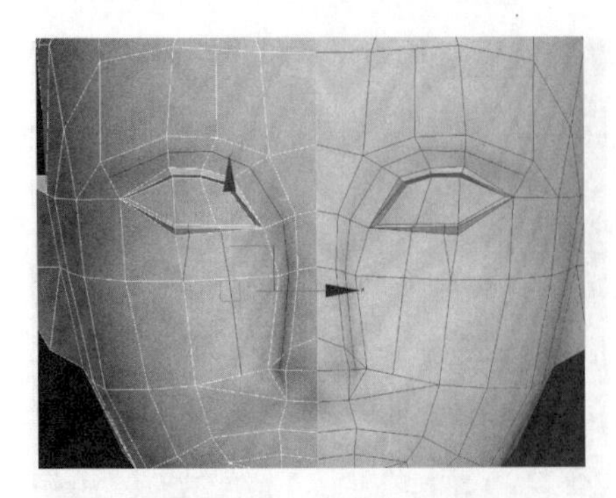

图 3-413　眼部的加线

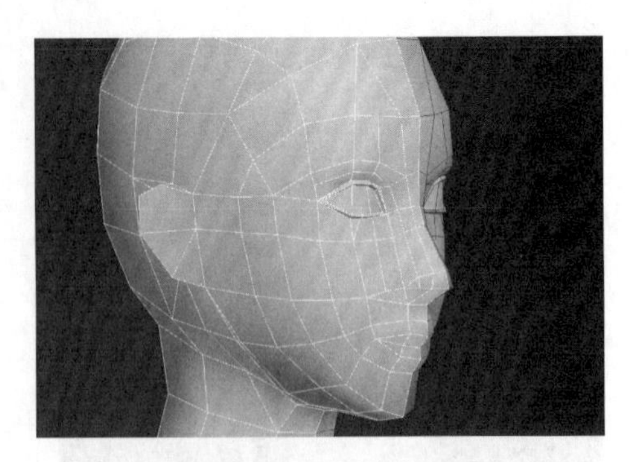

图 3-414　调整眼部造型

6. 鼻子的制作

（1）删掉多余的线，使用切割工具加线，调点布线（见图 3-415）。加线，选点切角做出鼻孔（见图 3-416）。选择点，向内挤出并塌陷（见图 3-417）。

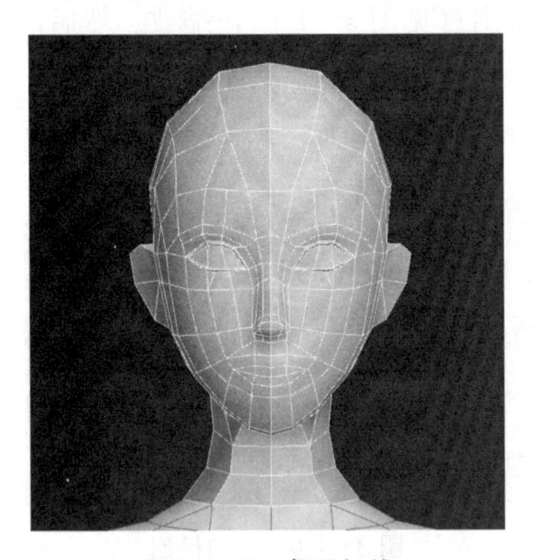

图 3-415　鼻子加线

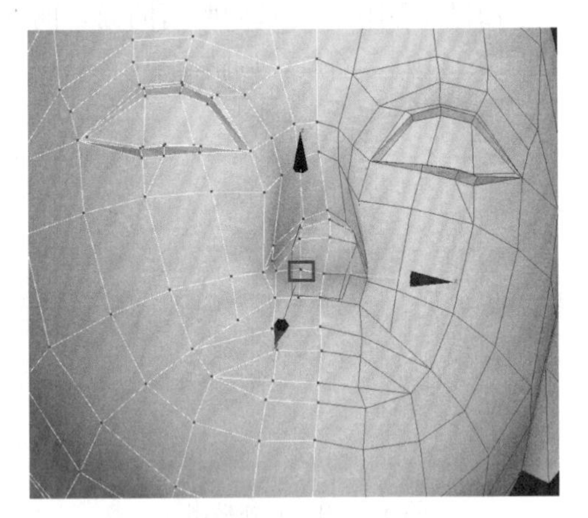

图 3-416　选点切角

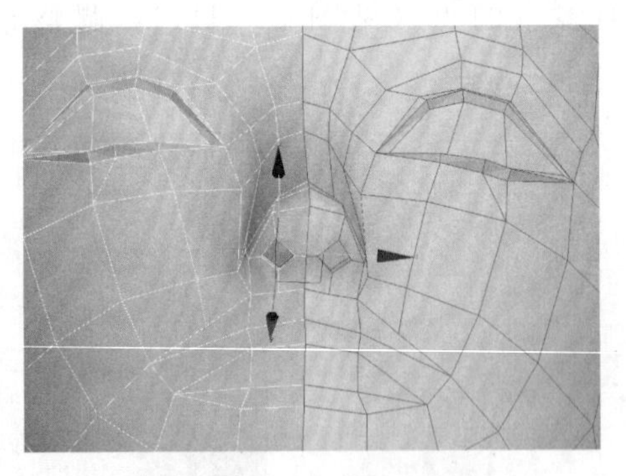

图 3-417　向内挤出并塌陷

（2）继续加线，调整造型（见图 3-418）。整理布线方向（见图 3-419）。

（3）调整鼻子的整体造型，正视图见图 3-420，侧视图见图 3-421。

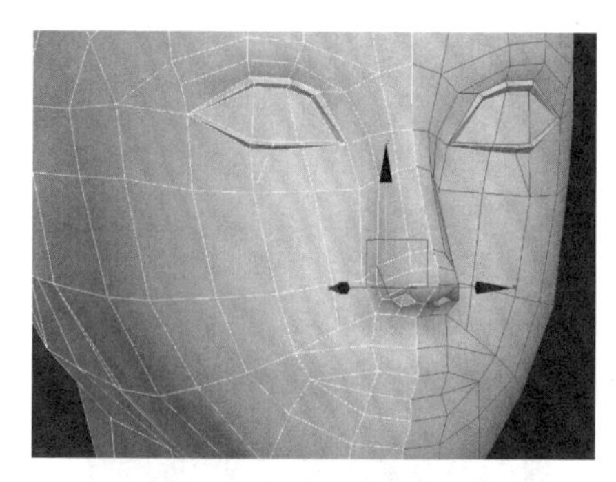

图 3－418 加线调整造型

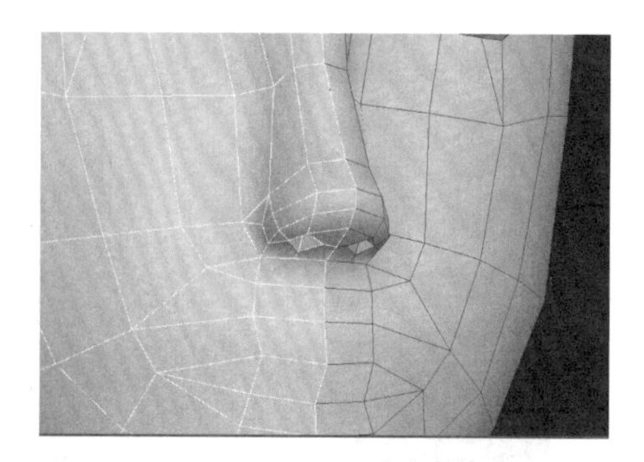

图 3－419 整理布线

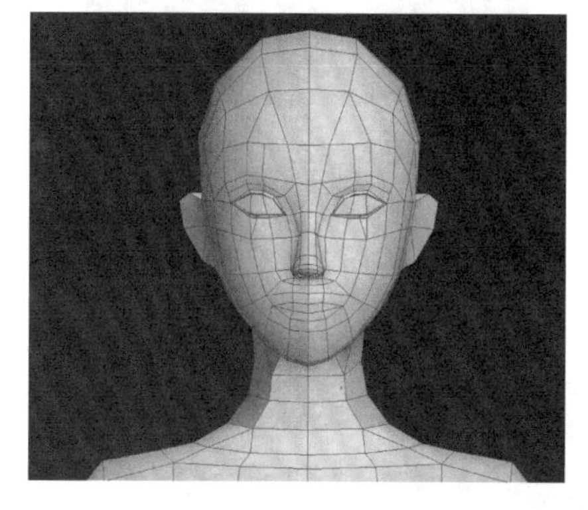

图 3－420 正视图

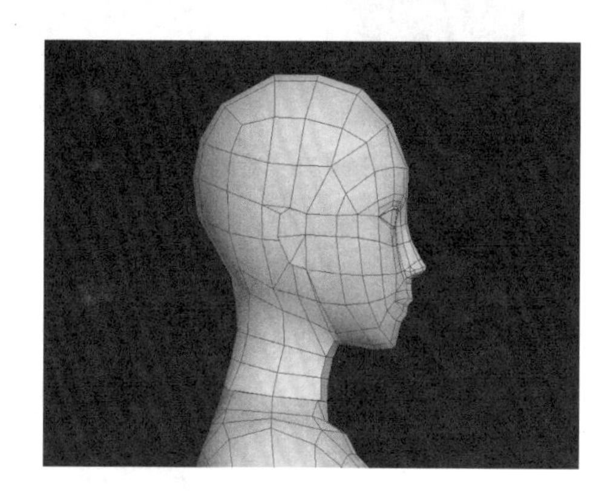

图 3－421 侧视图

7. 嘴巴的制作

（1）在之前的嘴唇轮廓基础上加线（见图 3－422），删除原本线条。调整唇部凸起的造型（见图 3－423）。

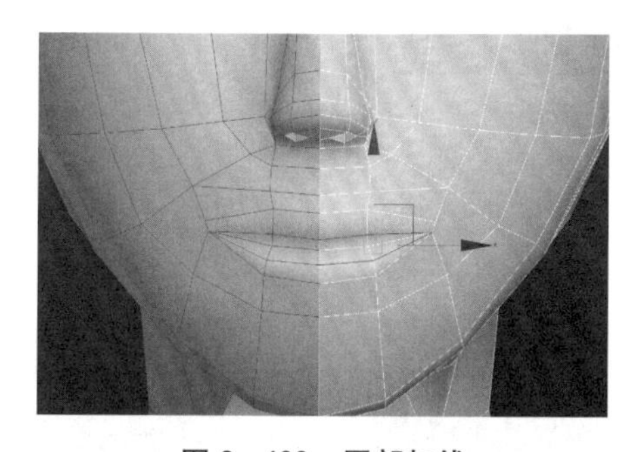

图 3－422 唇部加线

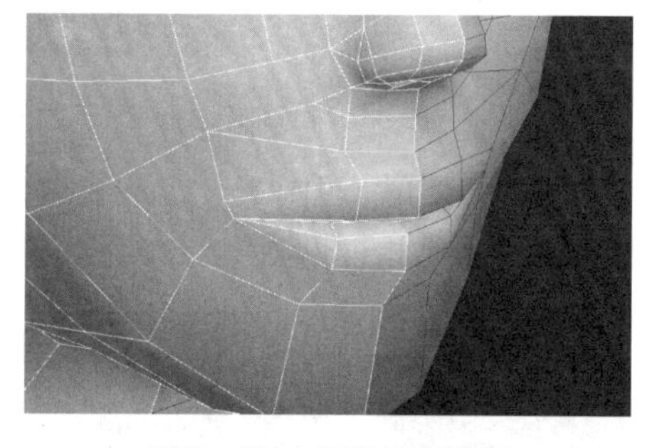

图 3－423 调整唇部造型

（2）分别在上嘴唇、下嘴唇加线、删线，不断调整整体线条。注意细节的把握，调整线的分布（见图 3－424）以及嘴唇的外形。

（3）整理线条，调整结构，面部的制作完整。将头部和身体焊接在一起（见图 3－425）。

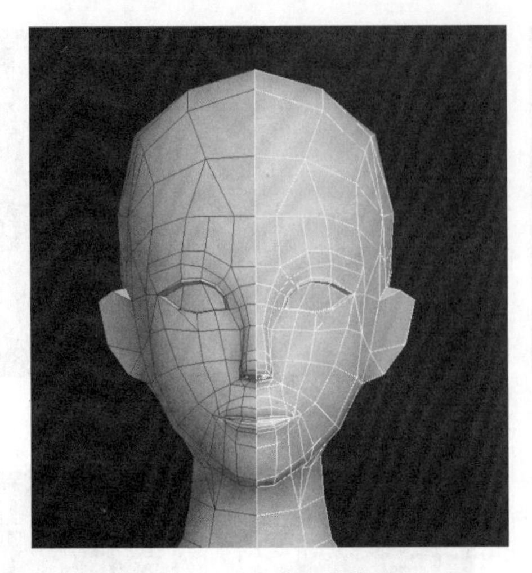

图 3-424 嘴唇的布线

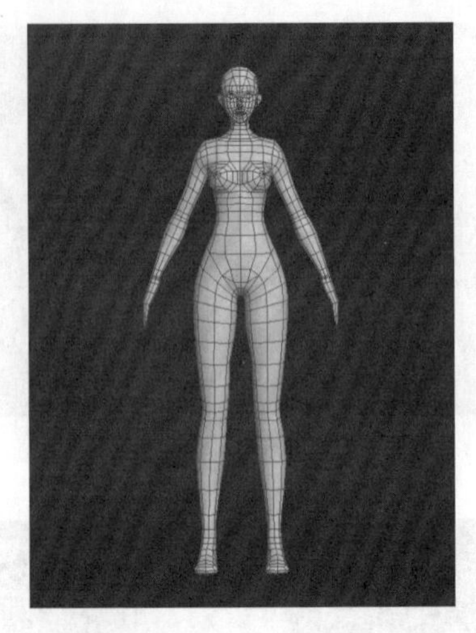

图 3-425 焊接

8. 手的制作

（1）将手分离下来（见图 3-426）单独显示。

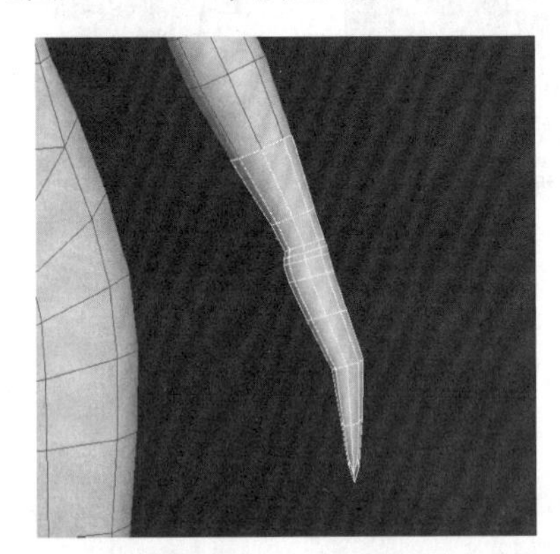

图 3-426 将手分离

（2）选点，切角（见图 3-427），挤出大手指（见图 3-428），选线切角（见图 3-429），整理线条，调整结构（见图 3-430）。

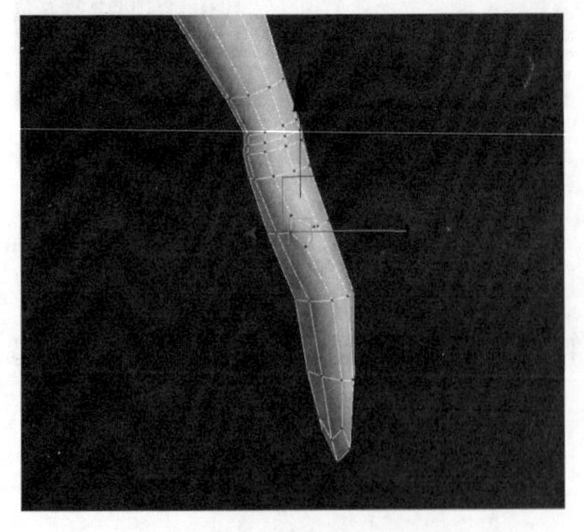

图 3-427 选点，切角

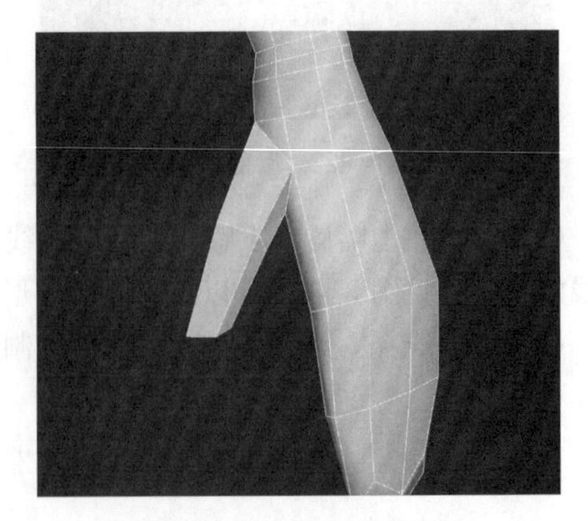

图 3-428 挤出大拇指

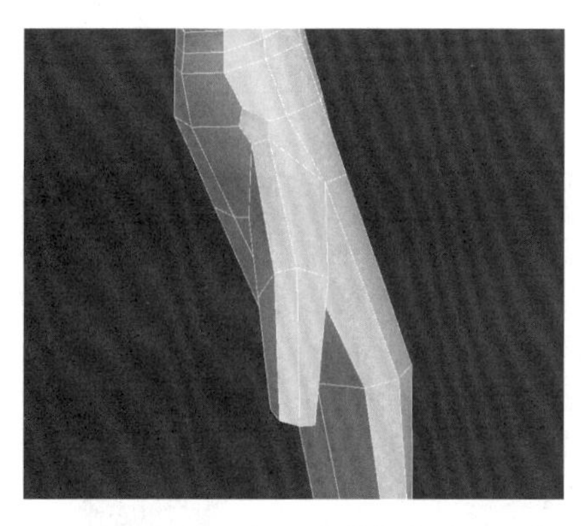

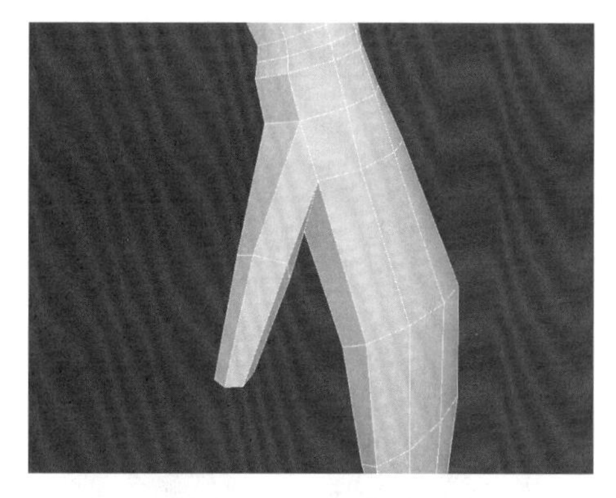

图 3-429 选线切角

图 3-430 调整结构

（3）制作其余四个手指。删除手掌的底端，封口（见图 3－431），在横截面加线（见图 3－432）。

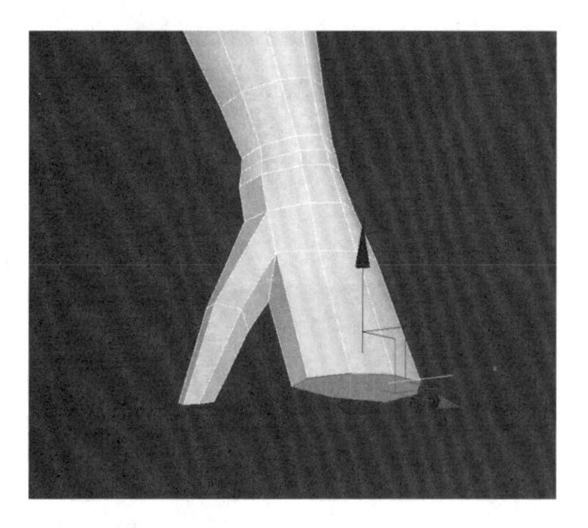

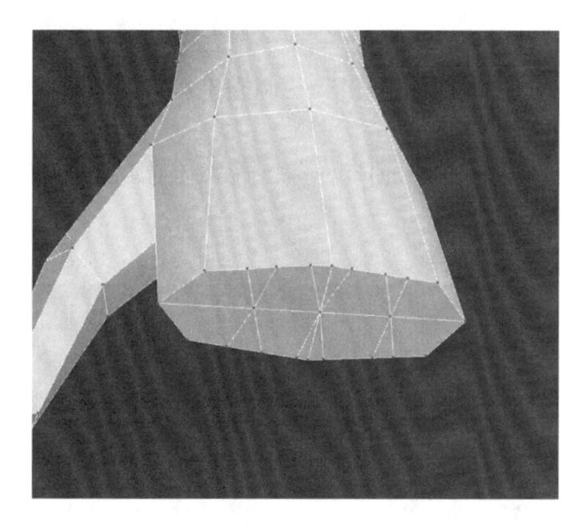

图 3-431 封口

图 3-432 横截面加线

（4）调整横截面，挤出，做出手指（见图 3－433），调整弧度，再次挤出指尖（见图 3－434），缩放，调整。

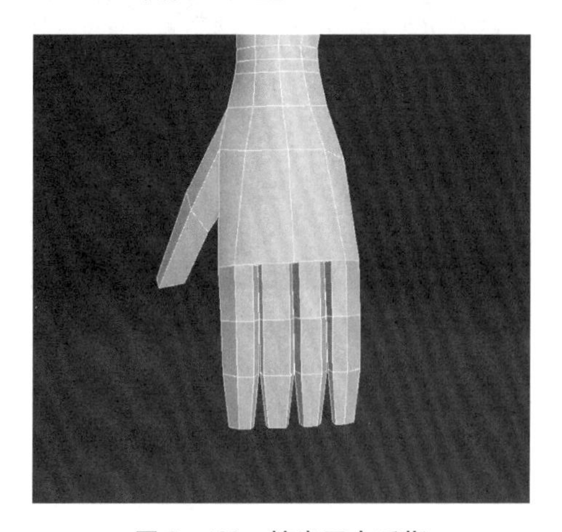

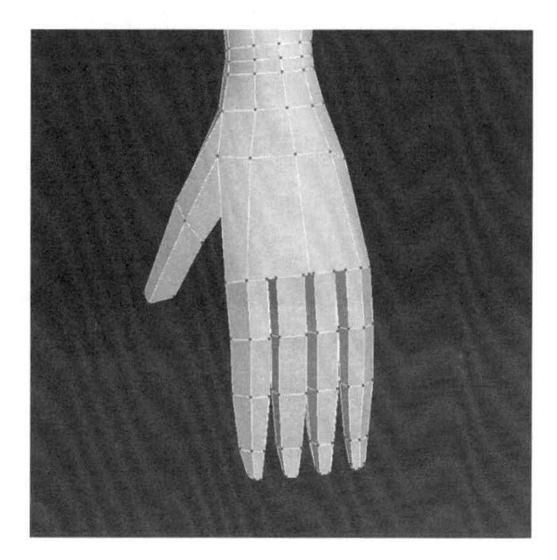

图 3-433 挤出四个手指

图 3-434 挤出指尖

（5）调整造型（见图 3－435），并整理手部线条（见图 3－436）。给定一个平滑组，将手臂焊接到身体上。

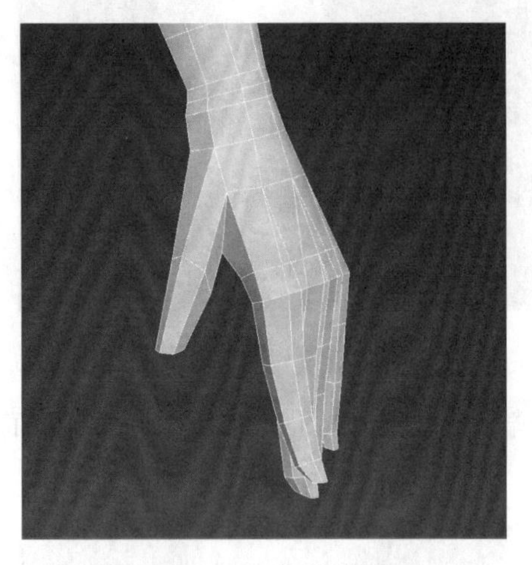
图 3－435 调整造型

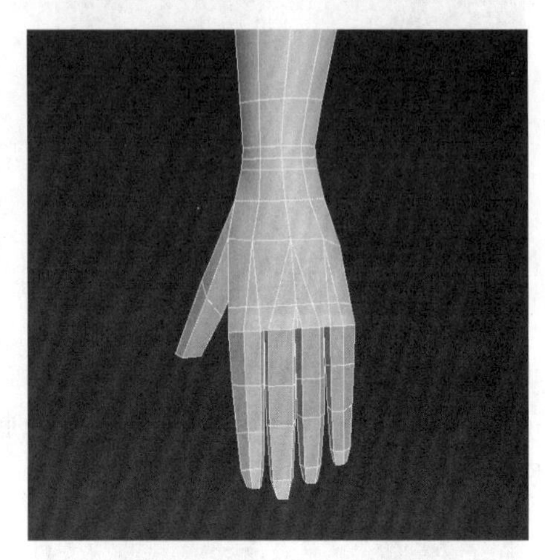
图 3－436 整理手部线条

（6）对称复制手臂，将所有模型附加，并焊接接缝。正视图见图 3－437，侧视图见图 3－438。

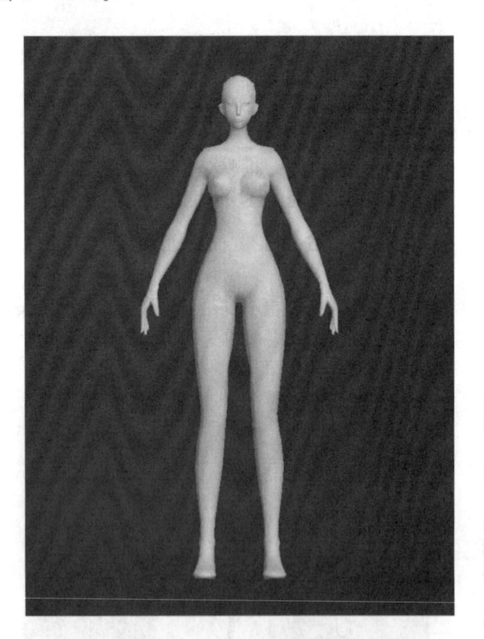
图 3－437 正视图

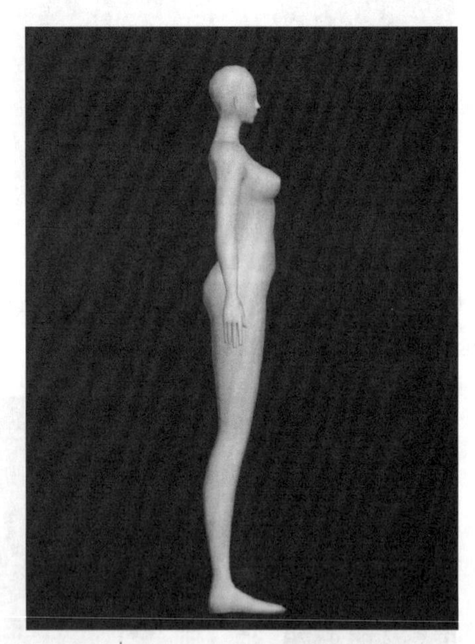
图 3－438 侧视图

9. 发饰的制作

（1）制作头发。选择头顶上的面（见图 3－439），复制，放大，删除一半，选择实例（见图 3－440）。

（2）调整点线面，制作头发的基本造型，正视图见图 3－441，侧视图见图 3－442。

（3）选择边（见图 3－443），将后面的头发向内收来包住头（见图 3－444）。

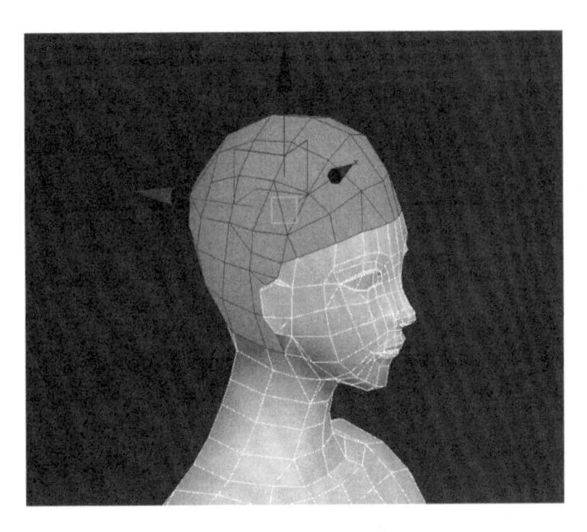

图 3－439 选择面

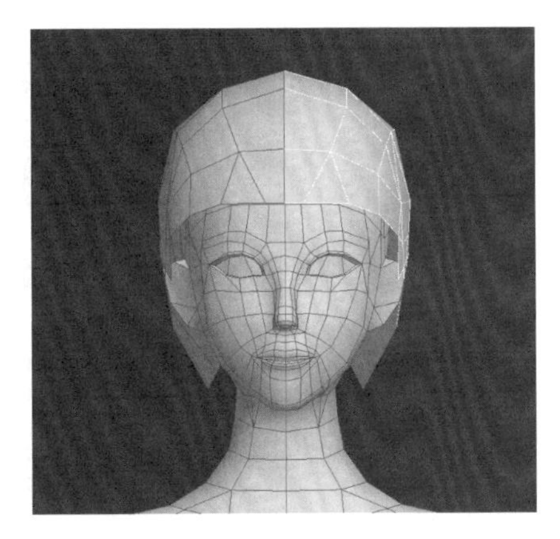

图 3－440 放大并实例

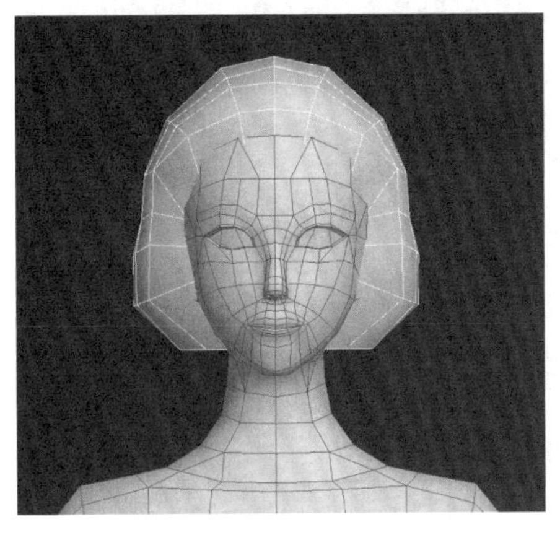

图 3－441

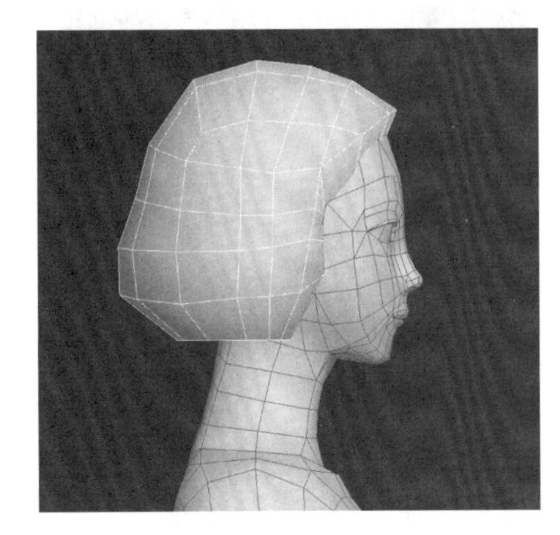

图 3－442

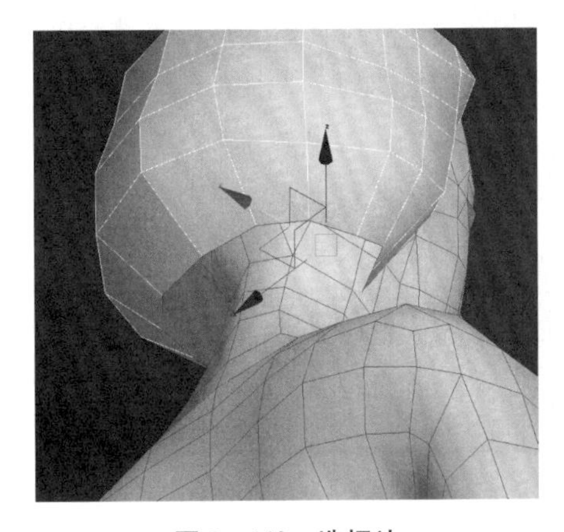

图 3－443 选择边

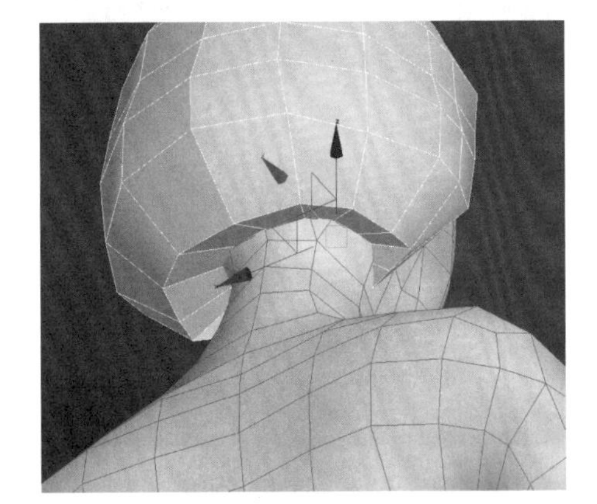

图 3－444 向内收

（4）继续完善发型。选择面（见图 3－445），挤出（见图 3－446）。删除多余的面，焊接点，调整造型（见图 3－447）。

（5）选择面，挤出头发前面的造型（见图 3－448），调整。将实例的左右两边发型焊接起来，继续挤出后面的马尾。选点，切角（见图 3－449）。挤出（见图 3－450），调整造型，焊接多余的点。

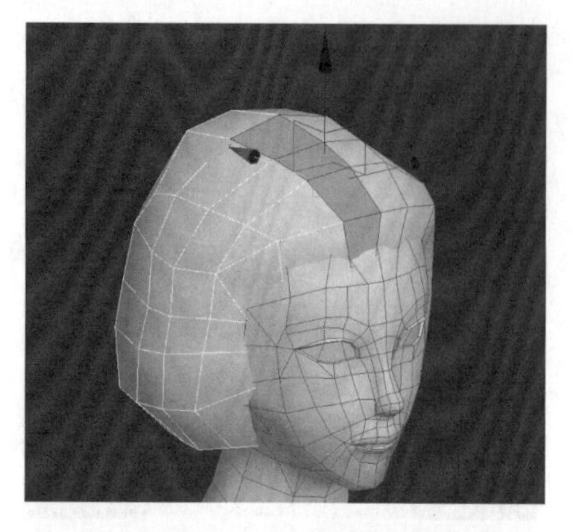
图 3－445　选择面

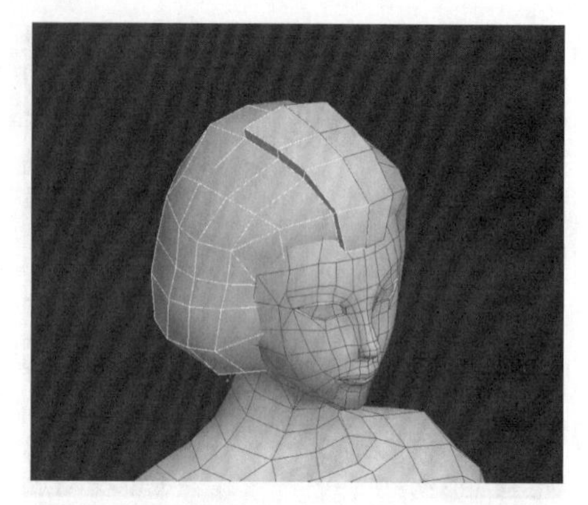
图 3－446　挤出

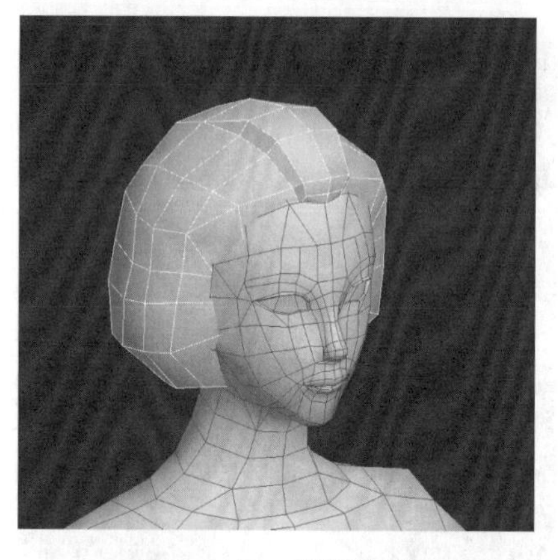
图 3－447　调整造型

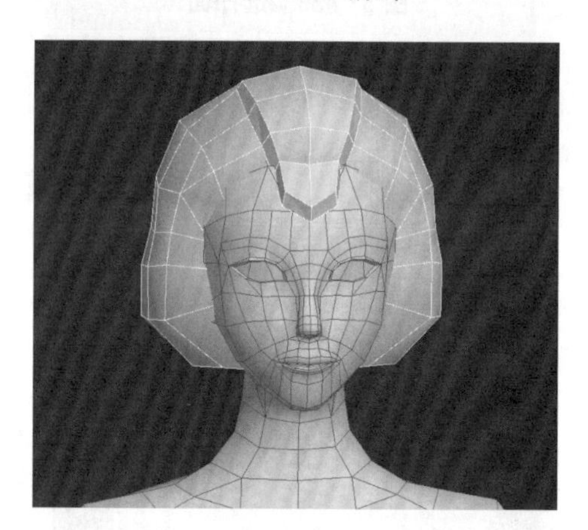
图 3－448　挤出前面的造型

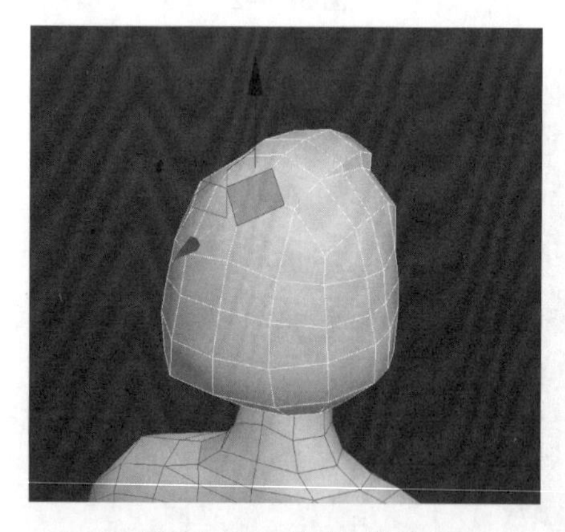
图 3－449　选点，切角

图 3－450　挤出

（6）继续挤出，调整造型，做出头发的形状，侧视图见图 3－451，后视图见图 3－452。

（7）制作头发上的饰品。复制面（见图 3－453），分离，删除一半，实例，加线调整造型（见图 3－454）。选择边，Shift＋鼠标向下拖，挤出面（见图 3－455），让造型更立体。

（8）选择后面的面（见图 3－456），挤出调整，做造型（见图 3－457）。

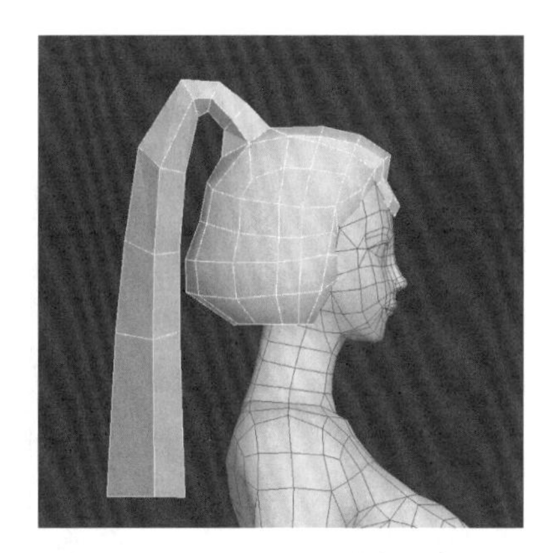

图 3－451 侧视图

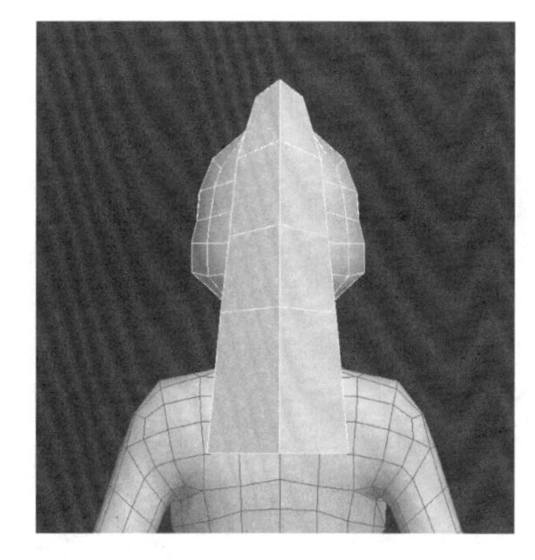

图 3－452 后视图

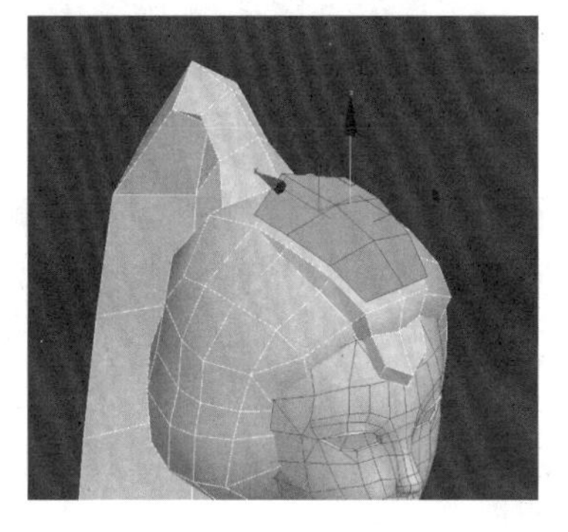

图 3－453 复制面

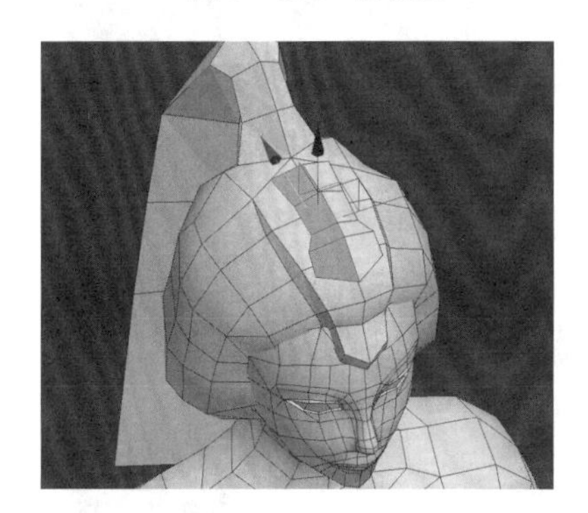

图 3－454 调整造型

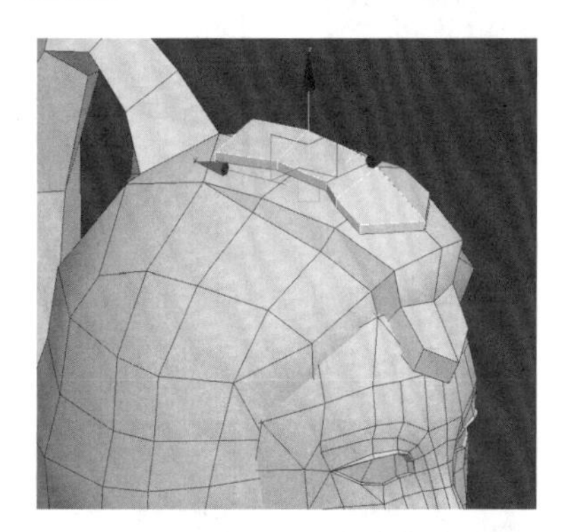

图 3－455 挤出面

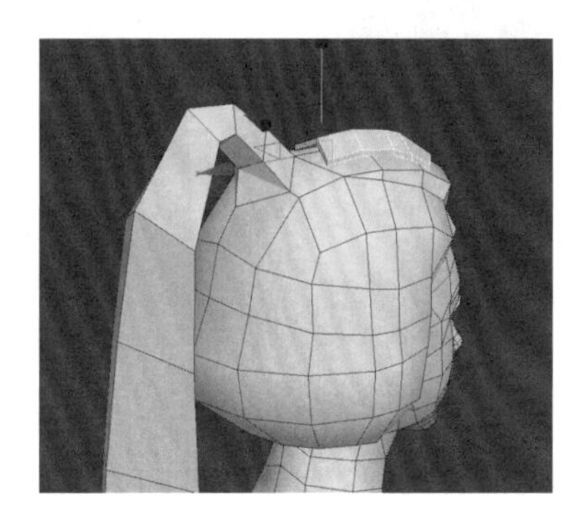

图 3－456 选面

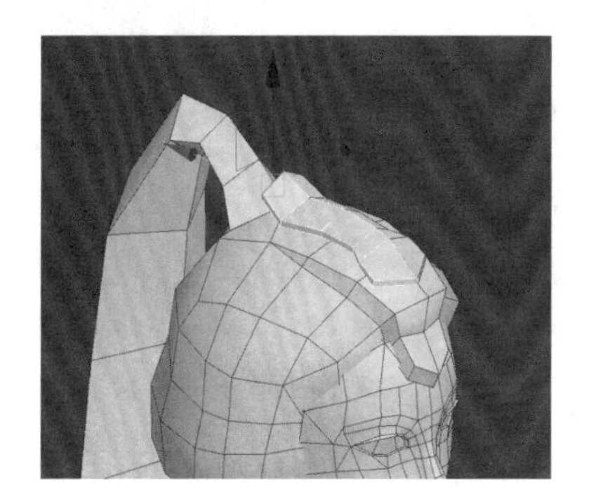

图 3－457 挤出，做造型

（9）不断挤出，并调整，做出发饰中间的结构（见图 3－458）。选择面，挤出（见图 3－459），调整结构，删除多余的面，做出旁边的结构（见图 3－460、图 3－461）。

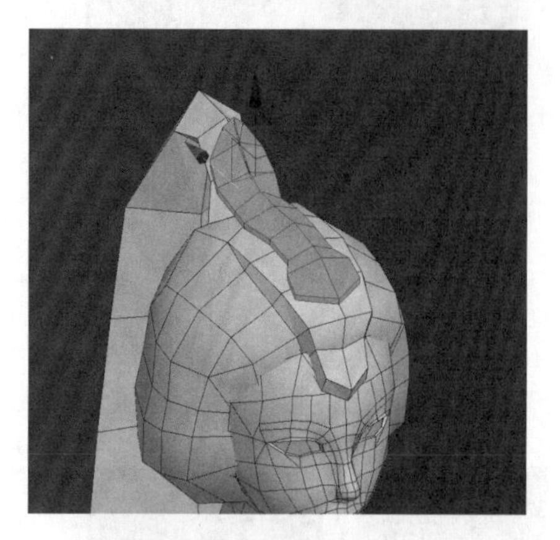
图 3－458　发饰中间的结构

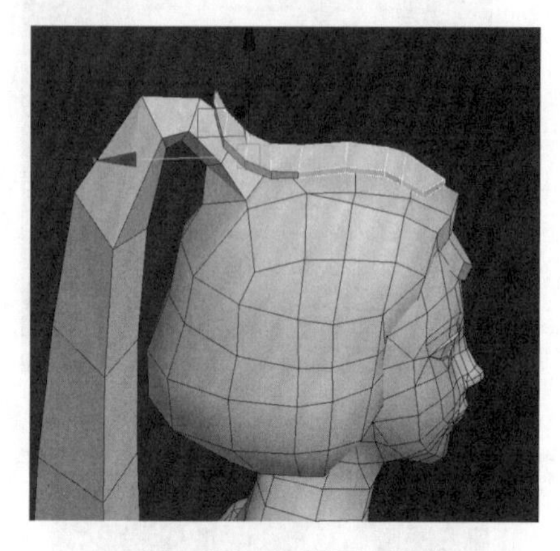
图 3－459　选择面，挤出

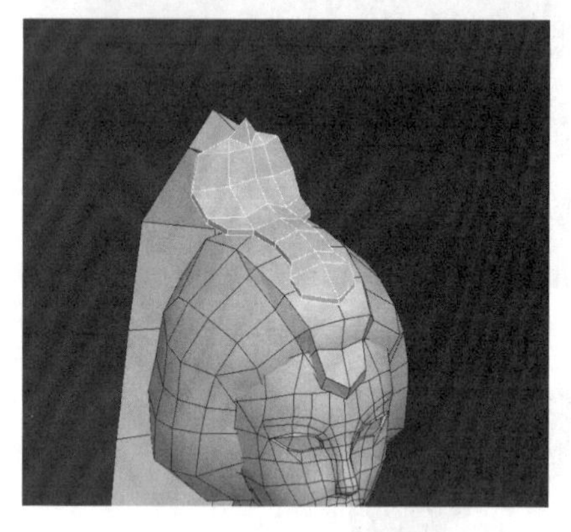
图 3－460　调整线，做出结构

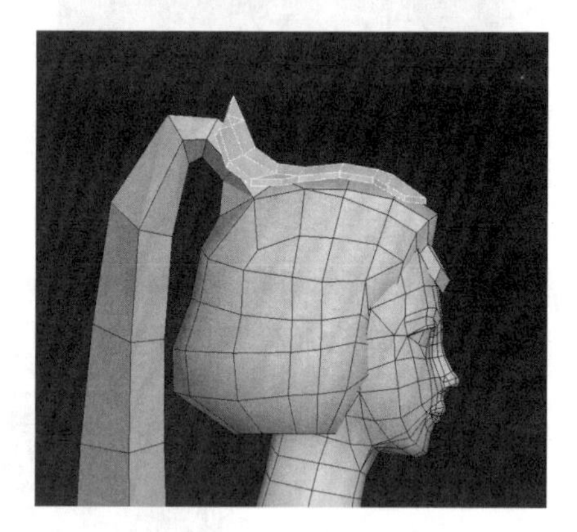
图 3－461　发饰侧面图

（10）继续制作发饰旁边的结构。创建一个长方体，加线，调整结构，做出叶子的形状（见图 3－462）。删线，调整结构（见图 3－463）。

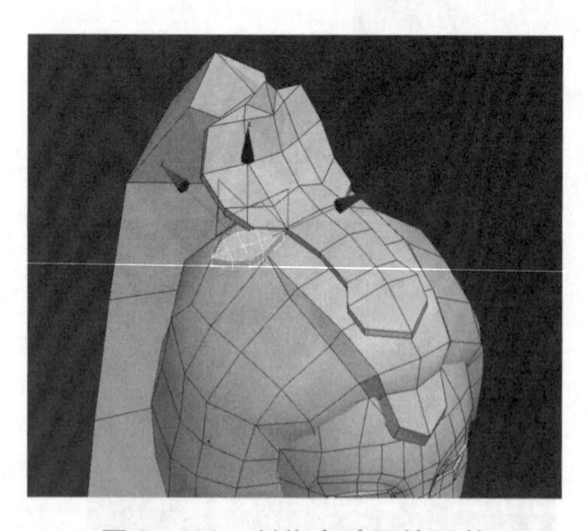
图 3－462　制作出叶子的形状

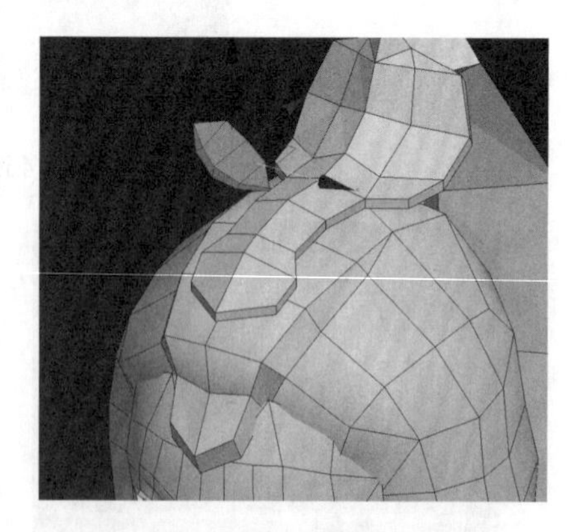
图 3－463　调整结构

（11）复制两个叶子（见图 3－464），调整结构。调整线条（见图 3－465），选择面，用“桥”的命令，将结构进行连接（见图 3－466），调整结构。

（12）删除一半，复制一半。发饰完成（见图 3－467）。

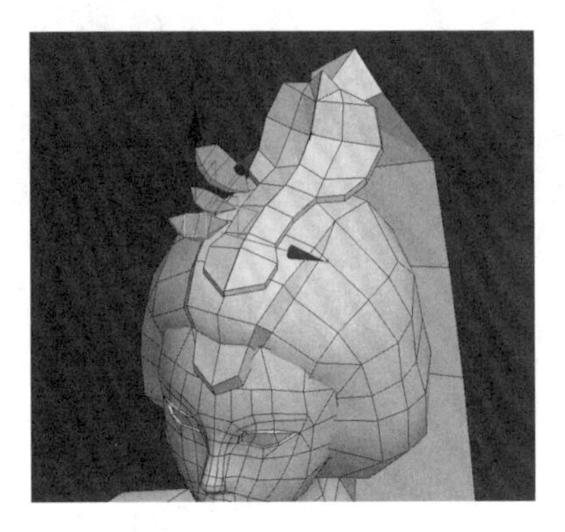

图 3－464 复制

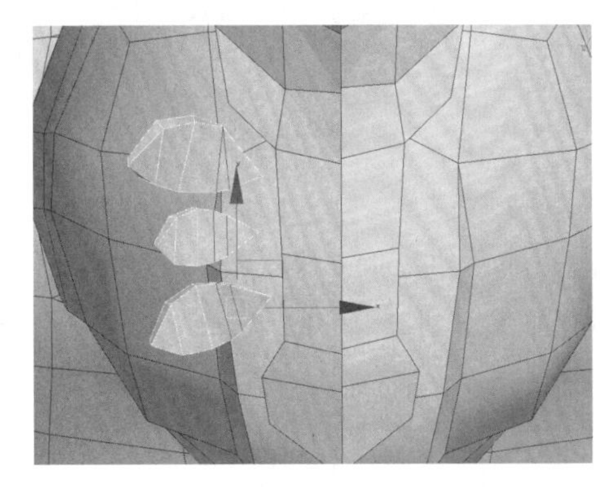

图 3－465 调整线条

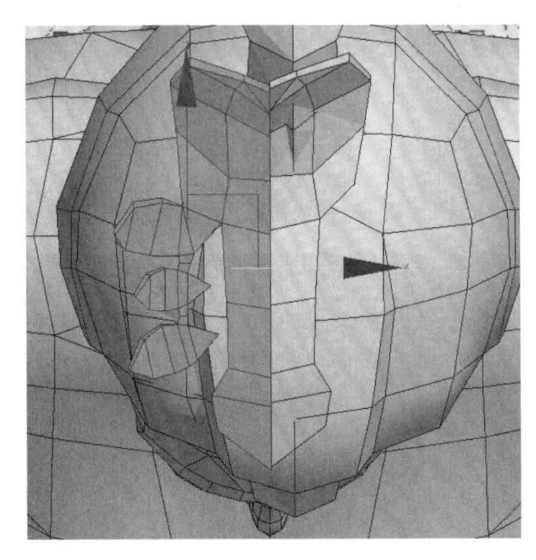

图 3－466 连接

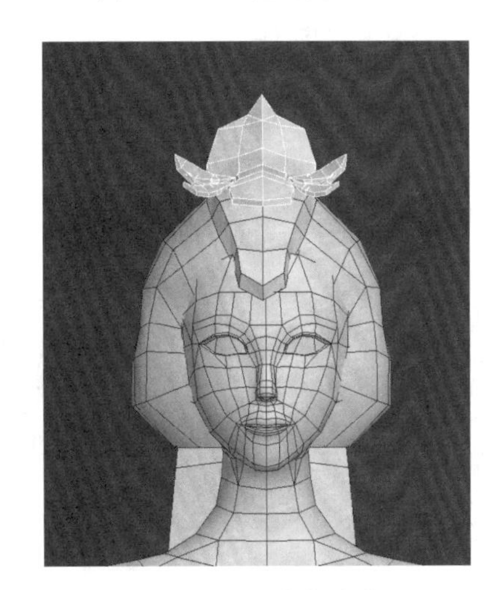

图 3－467 发饰完成

（13）接下来做两边的刘海。选择面，复制分离出来（见图 3－468）。整理线条，调整造型，刘海正视图见图 3－469，侧视图见图 3－470。

（14）复制另外一半。这样头部整体造型就完成了（见图 3－471）。最后要制作的是人物角色的服饰。

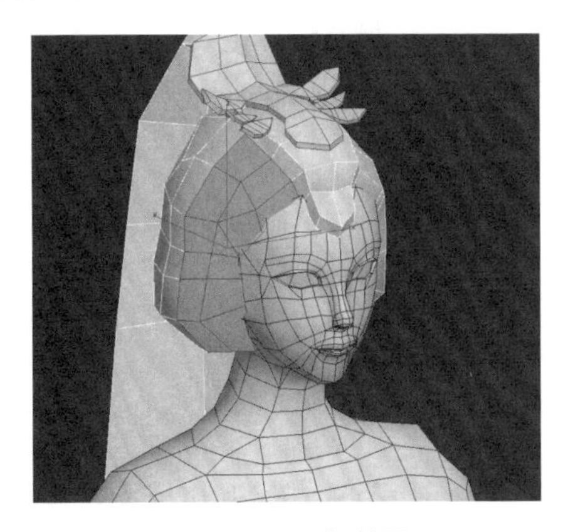

图 3－468 复制面

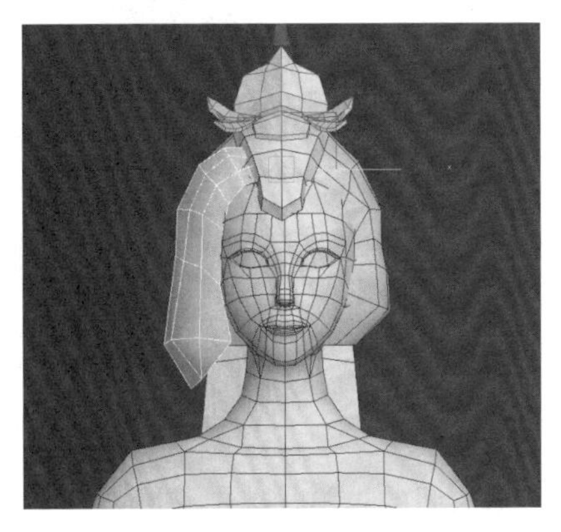

图 3－469 刘海正视图

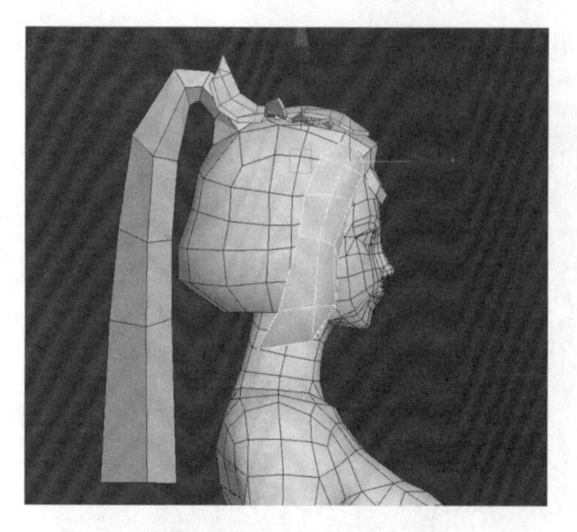

图 3－470　刘海侧视图

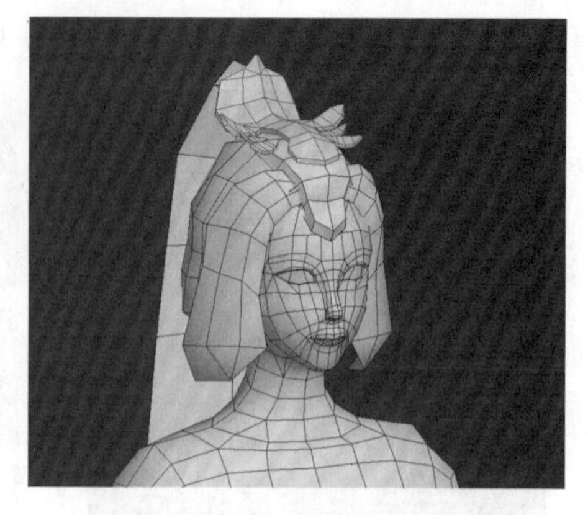

图 3－471　头部造型完成

10. 服饰的制作

（1）上衣的制作。删除一半的身体，实例。在身体上用切割工具加线，画出衣领的大致轮廓（见图 3－472）。将身体和衣服分离（见图 3－473），再次用切割工具勾勒出衣服袖口一圈的线条轮廓（见图 3－474）。

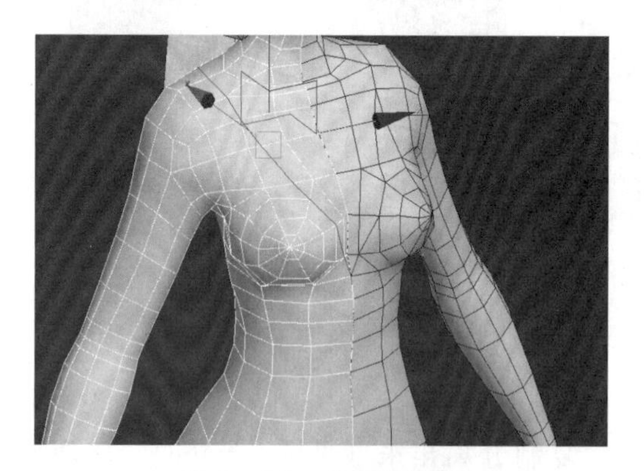

图 3－472　衣领的轮廓

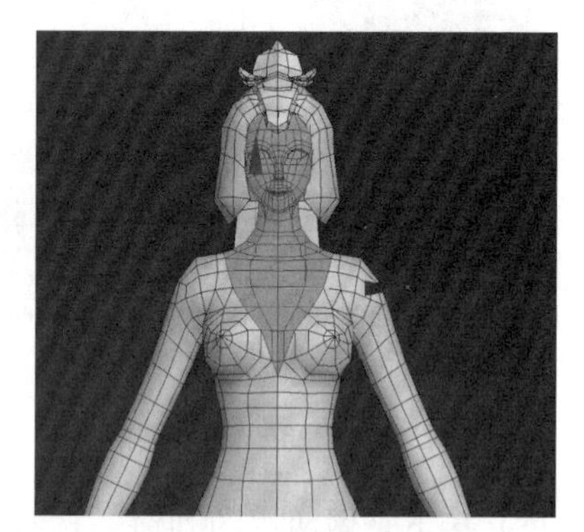

图 3－473　将衣服和身体分离

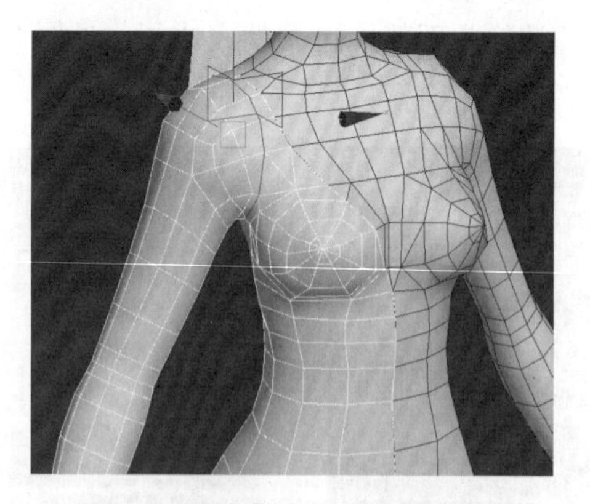

图 3－474　勾勒出袖口一圈的线条

（2）做衣服的衣领。选中衣服领口的边（见图 3－475），按 Shift 拖动，快速挤出边，向外拉出衣领，挤出边，调整结构，注意布线（见图 3－476）。挤出，做出衣领。

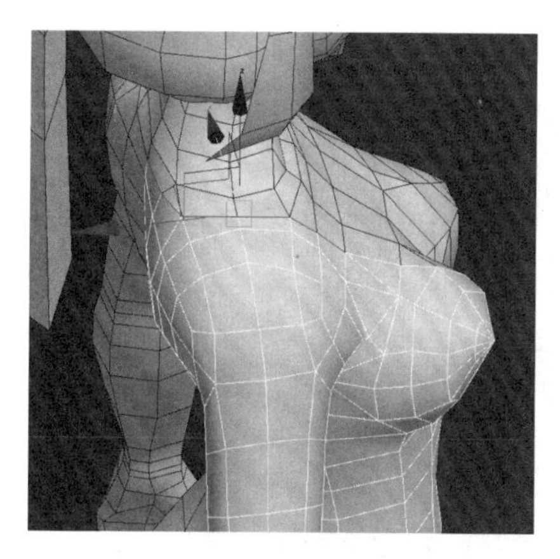

图 3-475 选择边

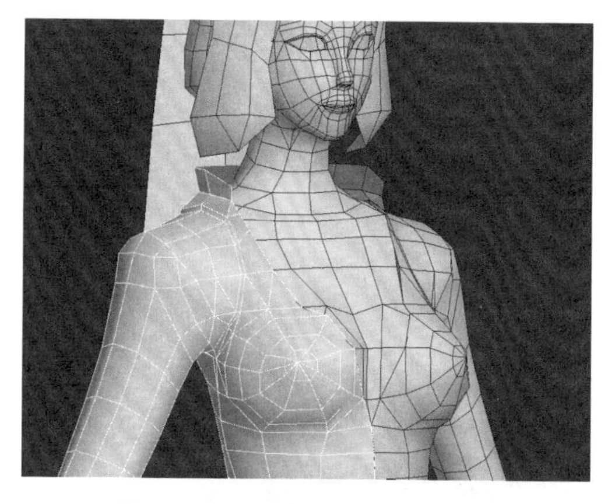

图 3-476 拉出衣领，调整布线

（3）挤出拉出面，调整点线面，合理布线，做出衣领侧视图（见图 3-477）、正视图（见图 3-478）。

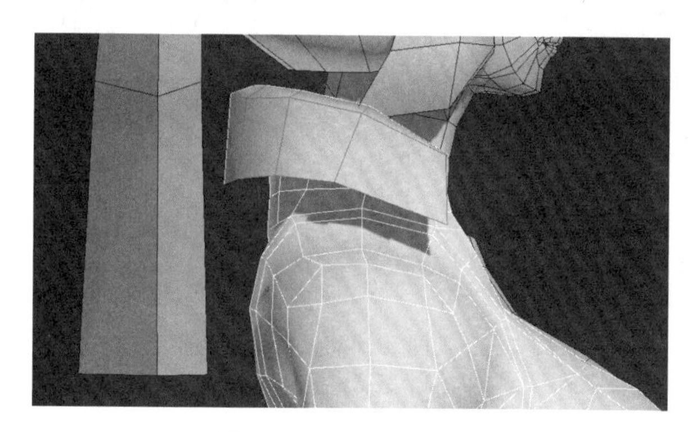

图 3-477 衣领侧视图

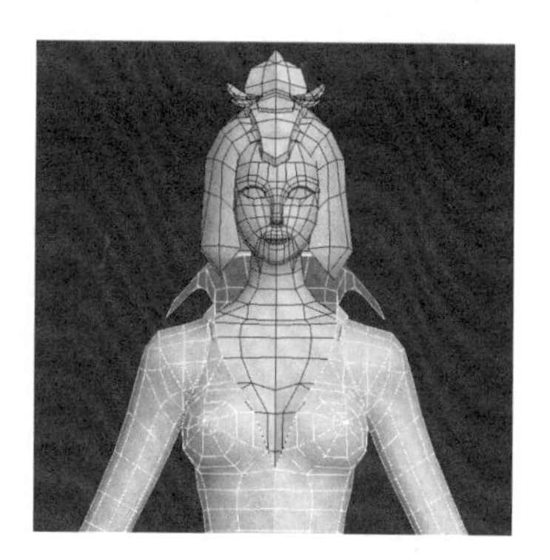

图 3-478 衣领侧视图

（4）连线，添加两圈线，调整线，做出凹凸感，制作衣袖袖口的造型（见图 3-479）。

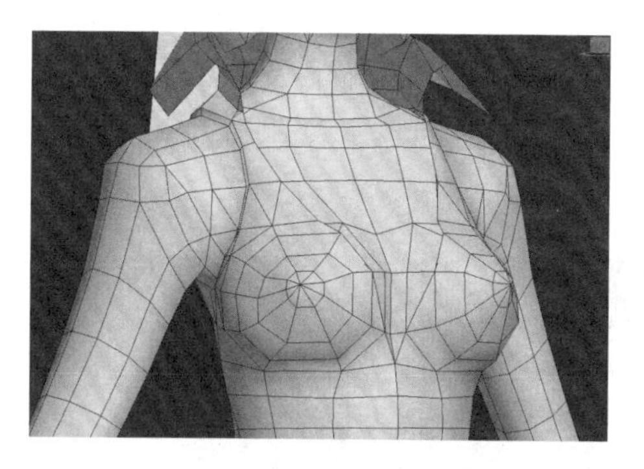

图 3-479 袖口的造型

（5）然后是手臂上的造型。选择中手臂上的线，切角加两条线（见图 3-480）。然后选择线，调整造型（见图 3-481）。

（6）选择面（见图 3-482），复制，调整结构（见图 3-483）。

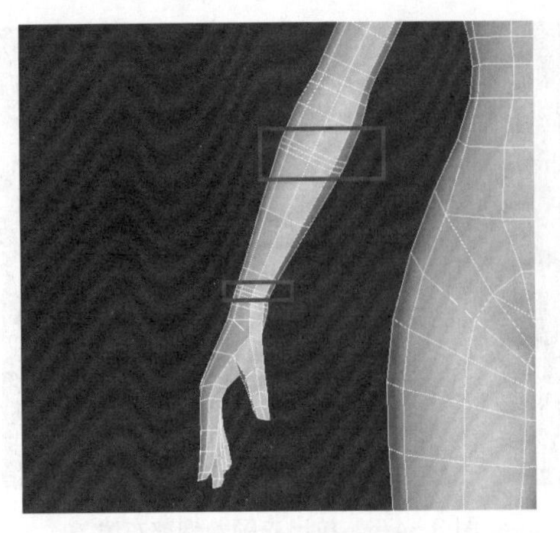

图 3-480　切角加线

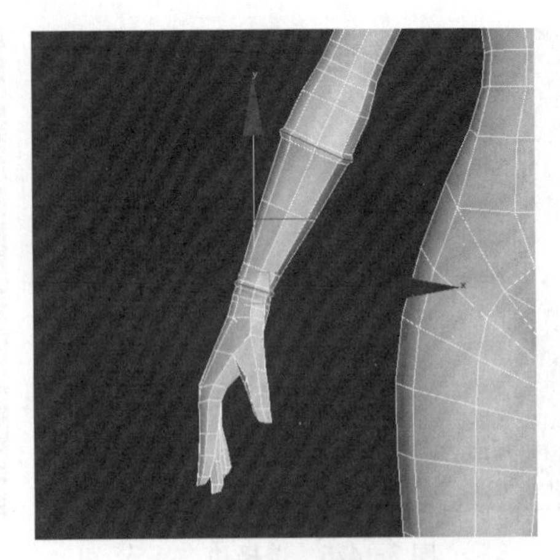

图 3-481　调整造型

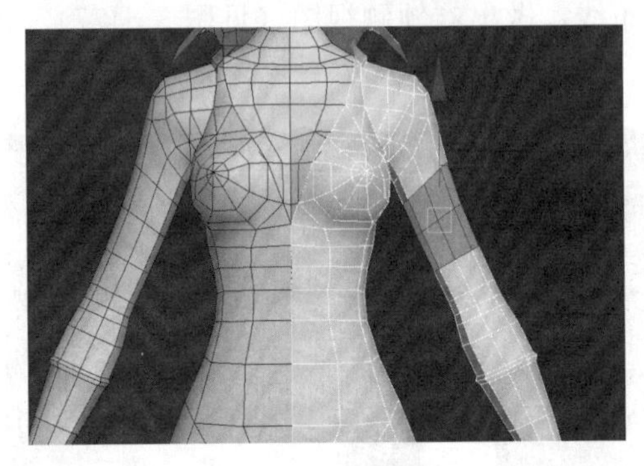

图 3-482　选择面

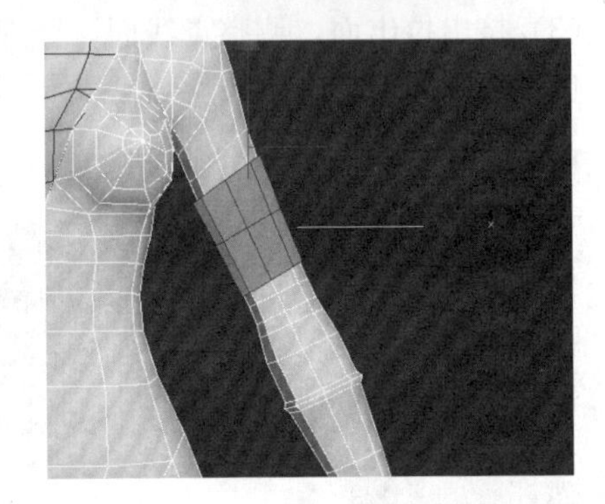

图 3-483　复制，调整结构

（7）上身造型完成（见图 3-484）。

（8）接下来制作下半身的裙子。加线，删线，调整身体上的线条（见图 3-485）。选择面，复制出来（见图 3-486、图 3-487），调整制作裙子。

（9）整理裙子的线条。前面布线见图 3-488，后面布线见图 3-489。

（10）选择面，挤出腰带（见图 3-490）。调整裙子的前面，做出造型（见图 3-491）。不断地挤出面，调整结构，做裙摆造型（见图 3-492），给定平滑组。

（11）制作腰间装饰。复制面（见图 3-493）。删除多余的线，调整造型，挤出结构（见图 3-494）。

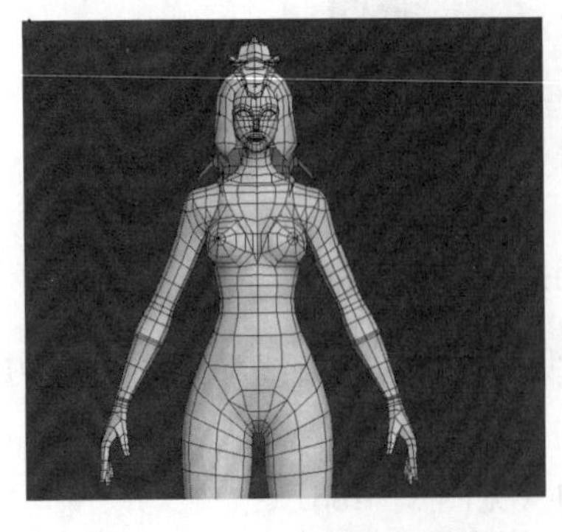

图 3-484　上半身造型完成

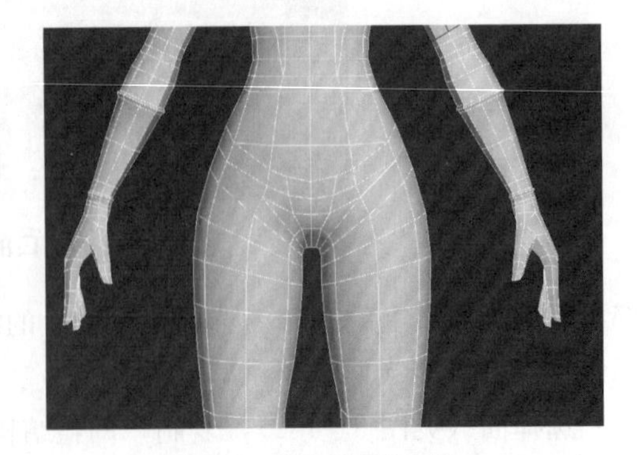

图 3-485　调整布线

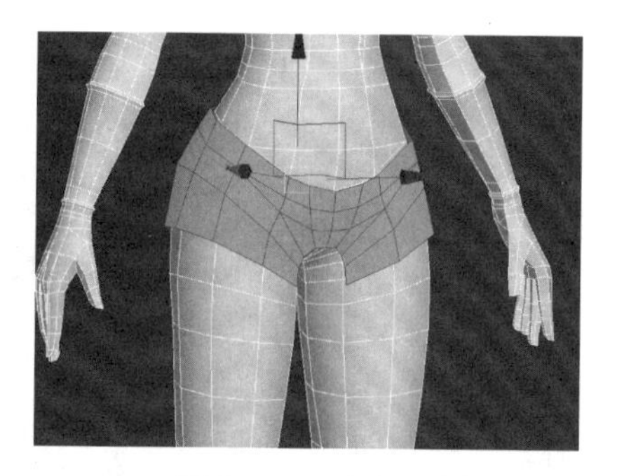

图 3-486　复制面

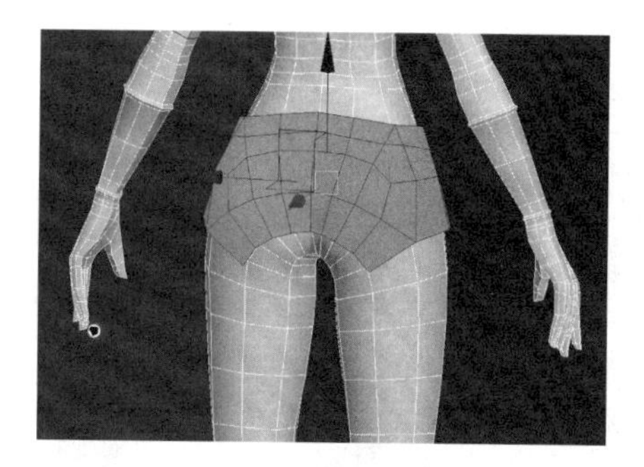

图 3-487　背后

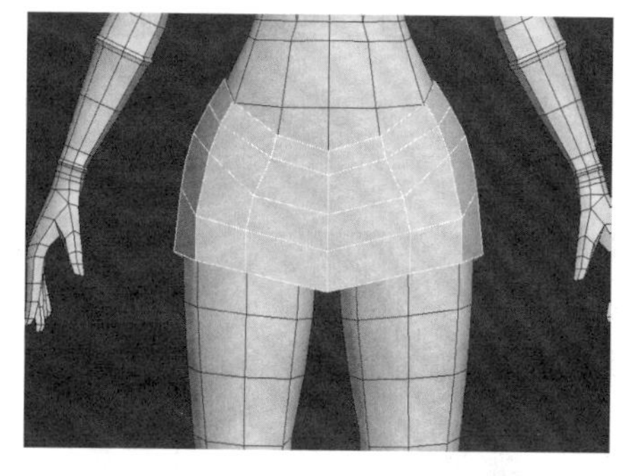

图 3-488　裙子前面的布线

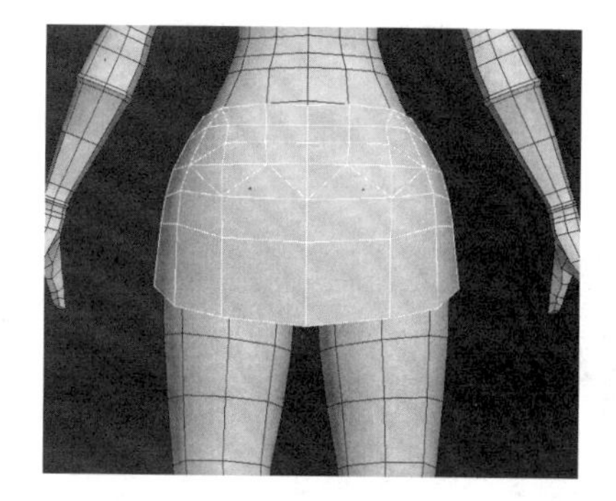

图 3-489　裙子后面的布线

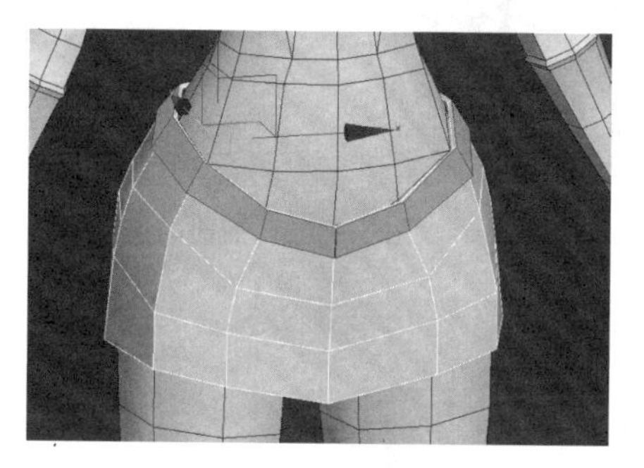

图 3-490　挤出腰带

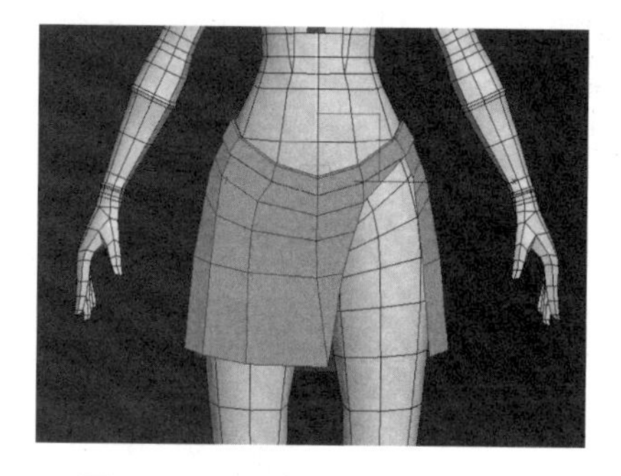

图 3-491　调整裙子前面的造型

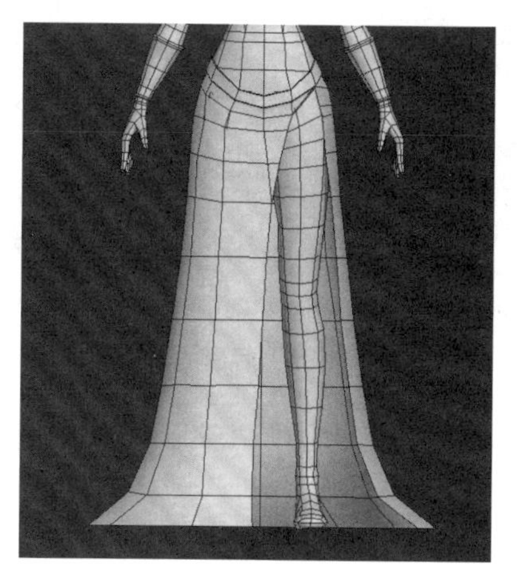

图 3-492　裙摆造型

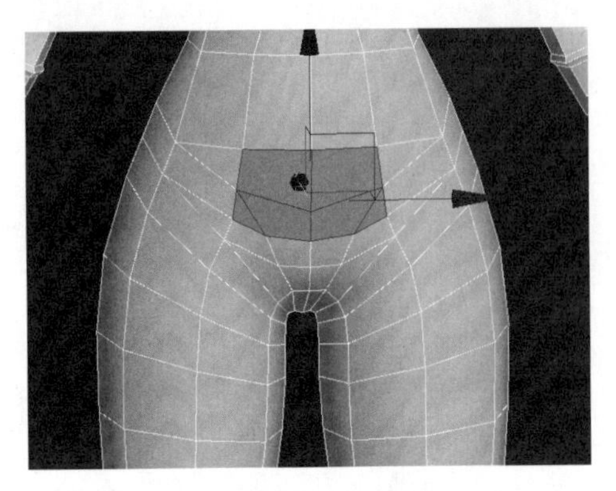
图 3-493　复制面

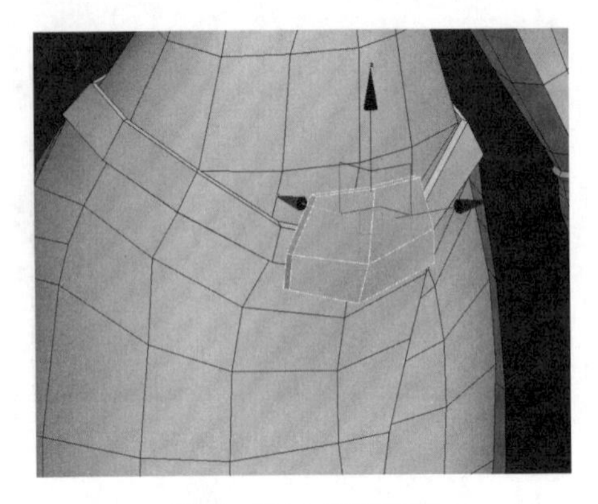
图 3-494　挤出结构

（12）选中面，复制（见图 3-495）。调整点线面，整理线条，调整裙摆造型（见图 3-496、图 3-497）。

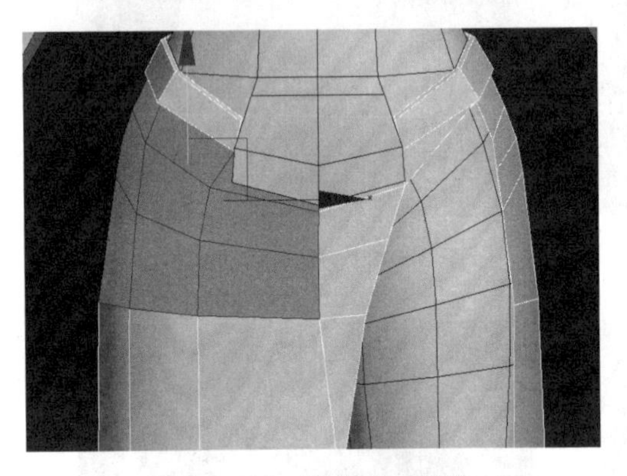
图 3-495　选中面，复制

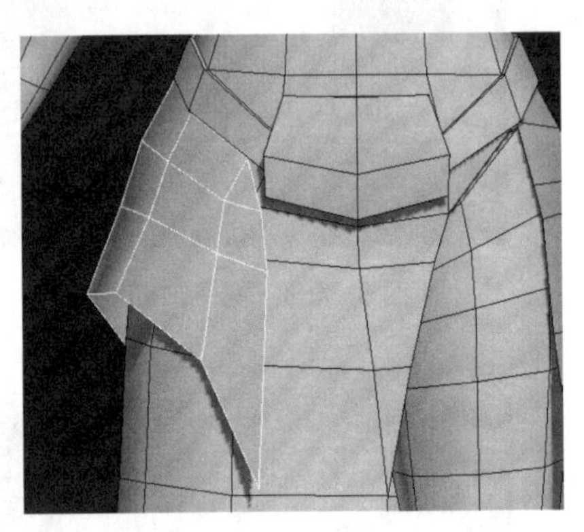
图 3-496　前面的造型

图 3-497　后面的造型

（13）将模型合并起来，焊接断开的地方。游戏人物角色完成，正视图见图 3-498，侧视图见图 3-499。

图 3-498　正视图

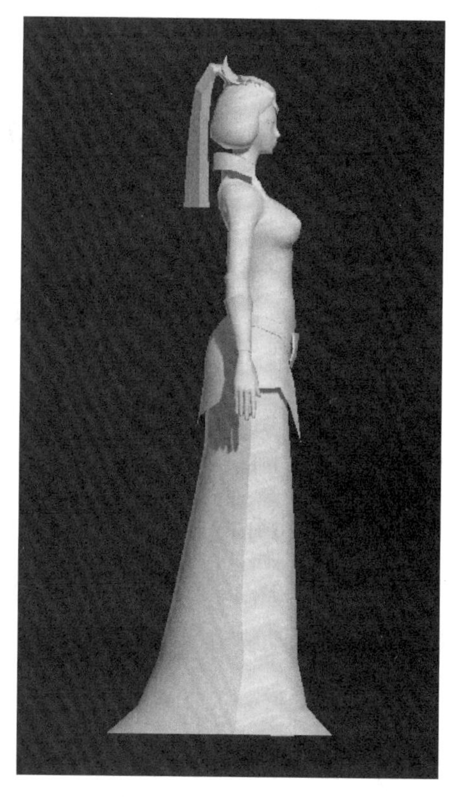
图 3-499　侧视图

第四节　本章小结

(1) 角色人物模型可分为卡通人物和写实人物，在制作这两类模型时，注意观察角色的特征、区别和细节，提前厘清建模思路。

(2) 在制作卡通人物时，要先分析人物的人体结构、骨骼结构和肌肉结构以及它们对人物角色建模表现的影响程度等，尽可能地将卡通人物的特点制作出来，同时要注意布线合理性。

(3) 制作写实人物模型时，要充分地了解人物的身体结构、比例关系，同时需注意写实人物的布线要美观、合理，线随结构分布。

(4) 建模的思路是从大形到细节的刻画，先做基本角色的本体，再对角色的五官、肢体、头发、服饰进行慢慢的细化。女性的角色还需要注意角色的丰满度和线条的优美。

第四章　动物模型建模

第一节　Q版动物模型的制作

在了解了动物模型的特点之后，本节以一个Q版动物为例，讲解Q版动物模型的制作步骤，常用的工具、方法等。

1. 建模前的分析

（1）图4-1至图4-3为本小节需要制作模型的三视图——Q版小龙。

（2）制作卡通动物模型时，需要对照三视图来进行建模，这样可以确保模型的准确度和相似度。

2. 身体的制作

（1）将图片导入软件之后，创建一个长方体，转换为可编辑多边形，对照三视图，进行适当的加线和调整，将小龙身体的大形制作出来（见图4-4）。

图4-1　前视图

图4-2　左视图

图4-3　顶视图

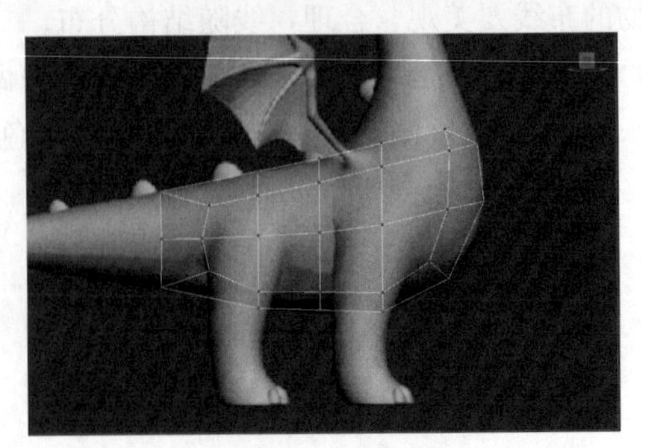

图4-4　身体大形

（2）选中如图 4－5 所示的面，使用挤出命令，并根据三视图调整，将小龙脖子的大形制作出来（见图 4－6）。

图 4－5　需要挤出的面

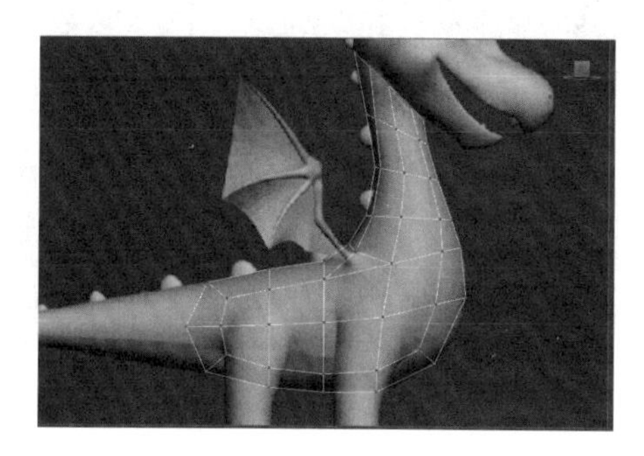

图 4－6　脖子大形

（3）选中如图 4－7 所示的面，使用命令挤出，再对照三视图进行调整，将尾巴的大形制作出来（见图 4－8）。

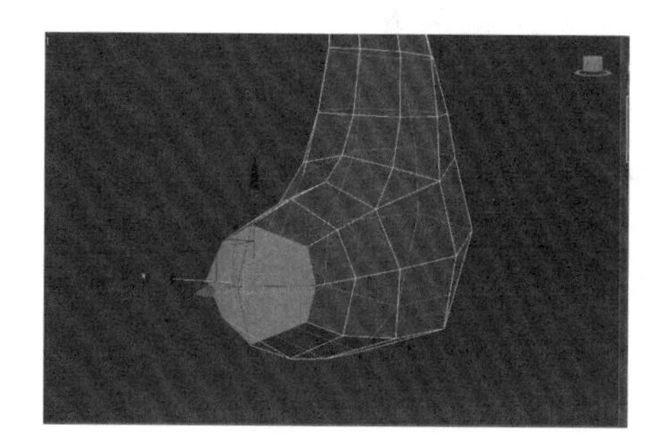

图 4－7　需要挤出的面

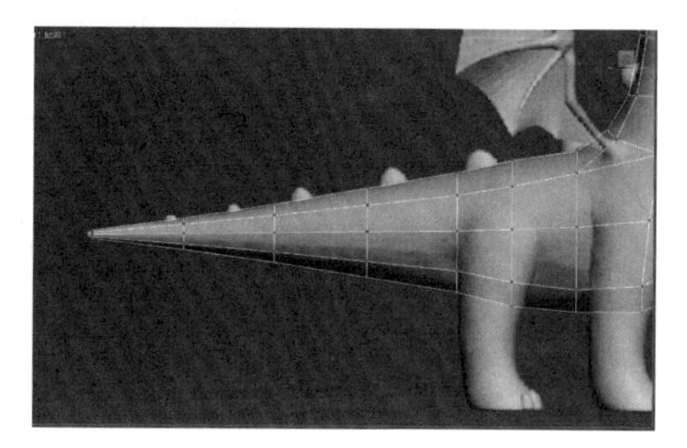

图 4－8　尾巴大形

（4）完成以上步骤，小龙的身体大形就制作好了（见图 4－9）。

3. 头部的制作

（1）接下来进行小龙头部的制作，选择脖子最顶端的面，并使用挤出，然后根据三视图进行加线和调整，将小龙头部的大形制作出来（见图 4－10）。

图 4－9　小龙身体大形

图 4－10　小龙头部大形

（2）选择如图 4－11 所示的面，使用挤出命令，再根据三视图进行加线和调整，将嘴巴的上颚制作出来（见图 4－12）。

图 4－11　需要挤出的面

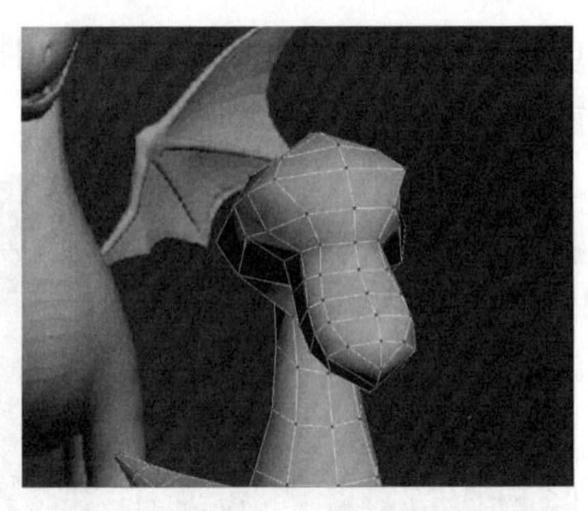

图 4－12　上颚示意图

（3）用同样的方法，选中需要制作下颚的面，使用挤出命令，对照三视图进行加线和调整，将下颚制作出来（见图 4－13），头部的大形就完成了。

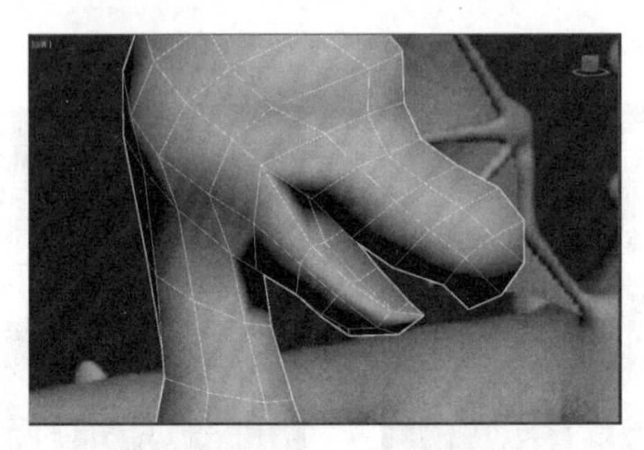

图 4－13　下颚示意图

（4）接下来将小龙的头部细节制作出来，首先进行眼睛的制作与调整，如图 4－14 所示为要调整的面，使用挤出命令，再根据左视图将眼睛的轮廓调整出来（见图 4－15）。

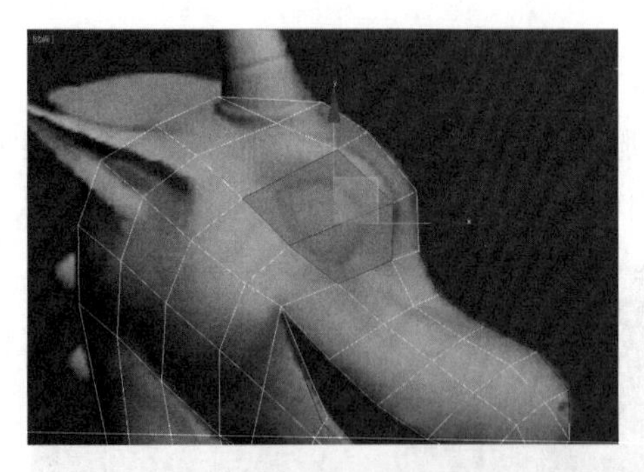

图 4－14　需要挤出的面

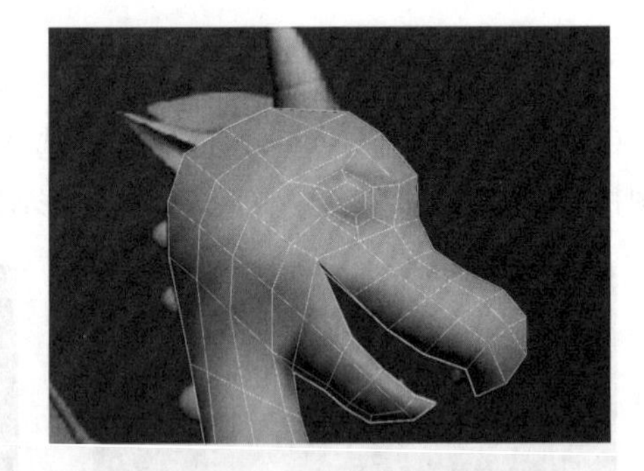

图 4－15　眼睛轮廓效果图

（5）选中如图 4－16 所示的线段，使用切角命令，处理好五边面，再对照左视图进行调整，将上眼皮的轮廓调整出来（见图 4－17）。

（6）下眼皮的轮廓制作方法同上眼皮一样（见图 4－18）。

（7）因小龙的左右两边是对称的，所以之后的结构都只做一半（如果需要观察制作好的左右结构，可以在镜像中使用实例查看完整的左右结构）。接下来进行耳朵的制作，在如图 4－19 所示的位置加一根线，然后选中线段之间的面（见图 4－20），使用挤出命令。

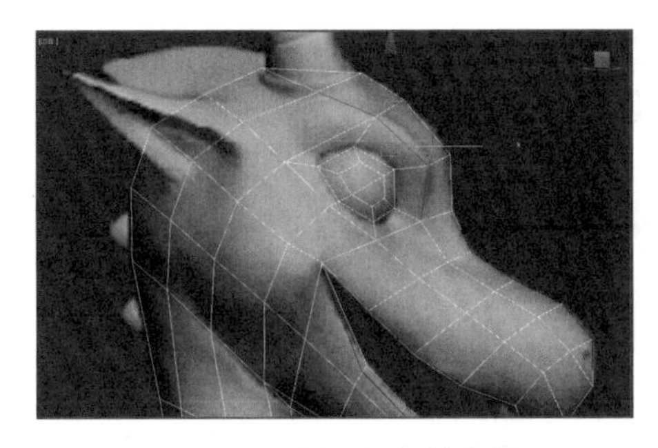

图 4－16 需要切角的线段

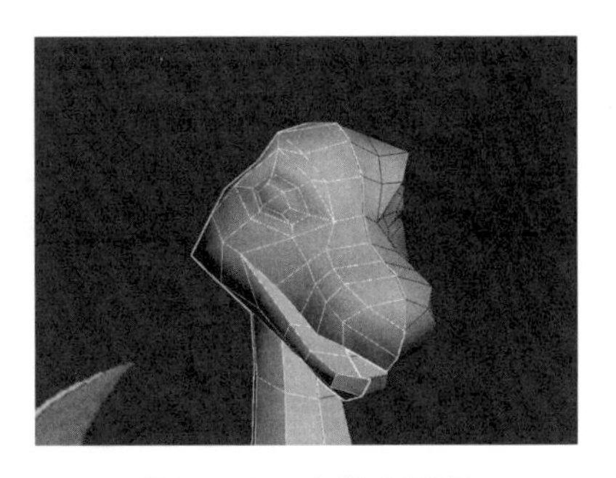

图 4－17 上眼皮轮廓

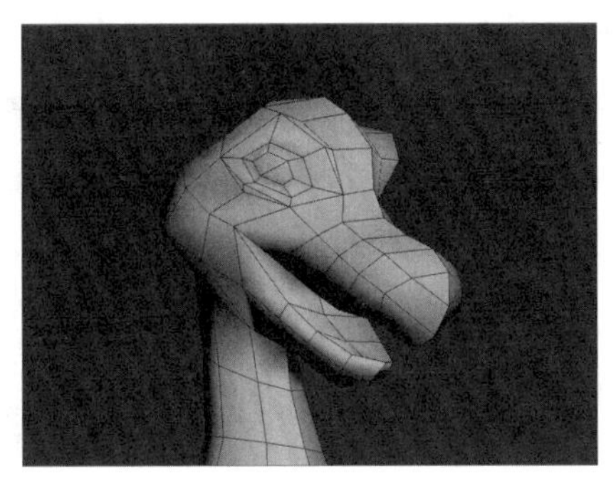

图 4－18 下眼皮轮廓

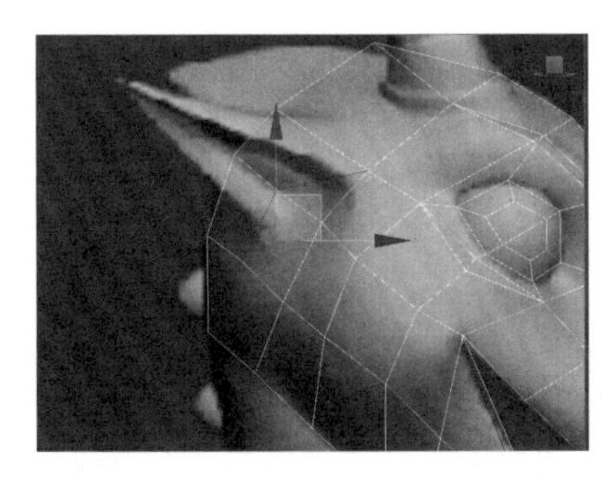

图 4－19 需要添加的线段

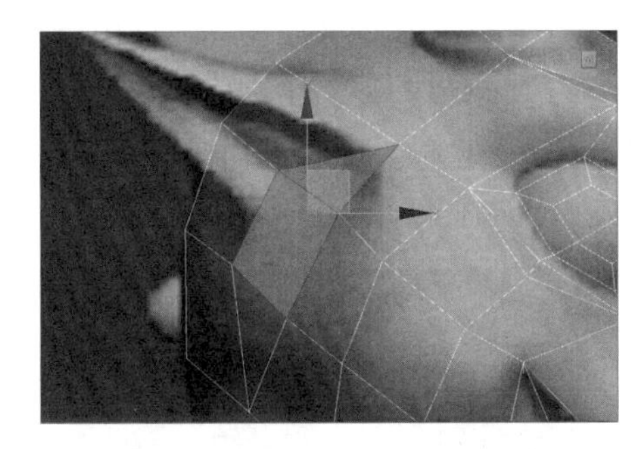

图 4－20 需要挤出的面

（8）将挤出的面塌陷成一个点，再根据左视图将耳朵调整成如图 4－21 所示的形状，选中如图 4－22 所示的面，使用挤出命令，向内挤出，再对照左视图进行调整，将耳朵的轮廓调整出来（见图 4－23）。在此过程中，可对布线进行适当的调整。

图 4－21 耳朵的大形

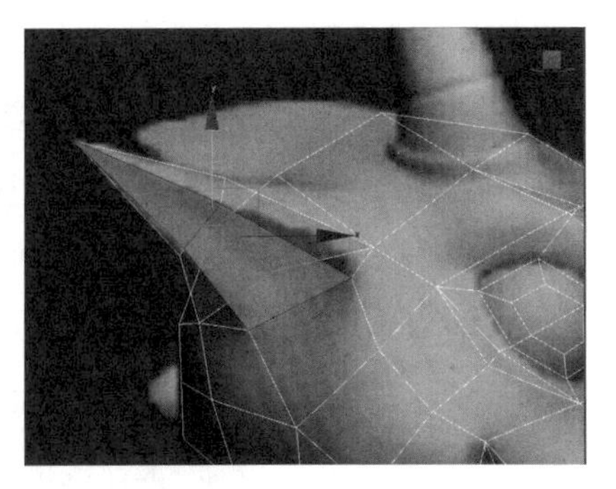

图 4－22 需要挤出的面

图 4－23　耳朵的轮廓

（9）制作小龙的犄角。首先对比顶视图，找准犄角的位置（见图 4－24），在此位置上加线，将犄角底部轮廓勾出来（见图 4－25）。

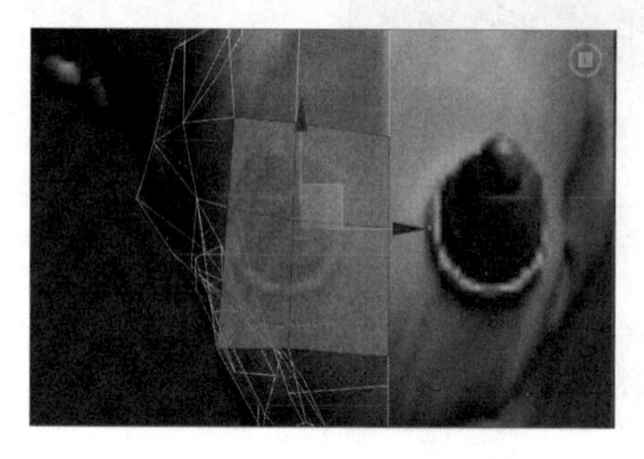

图 4－24　犄角的大概位置

图 4－25　犄角底部轮廓

（10）选中犄角底部轮廓的面，使用挤出命令，将挤出的面塌陷成一个点，根据三视图进行适当的加线和调整（见图 4－26）。

（11）选中耳朵旁的点，将其拉出，根据三视图，放置在适合的位置，由此将耳朵旁的毛发做出来（见图 4－27）。

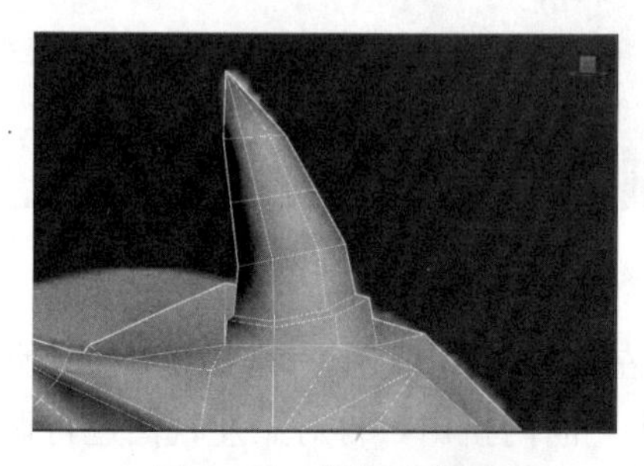

图 4－26　犄角示意图

图 4－27　耳朵旁的毛发

（12）完成上述步骤，小龙头部的大形就做好了（见图 4－28）。

图 4－28　头部示意图

4. 躯干的制作

（1）首先将小龙的腿制作出来，选中如图 4－29 所示的面，使用挤出命令，之后将挤出的面缩小，根据三视图，调整点的位置，调整之后的形状见图 4－30。

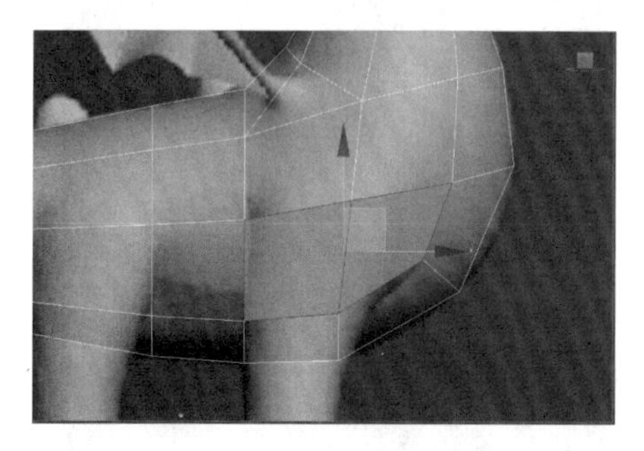

图 4－29　需要挤出的面

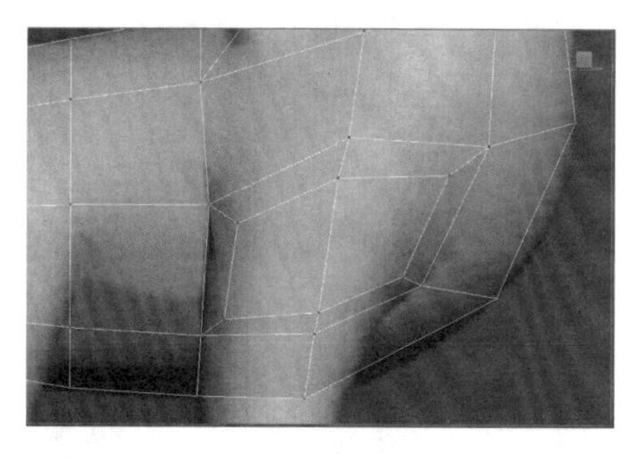

图 4－30　调整之后的形状

（2）选中如图 4－31 所示的面，使用挤出命令，将挤出的底面删掉，再对剩余的几个面进行加线，对照左视图进行调整，将前腿的大形制作出来（见图 4－32）。

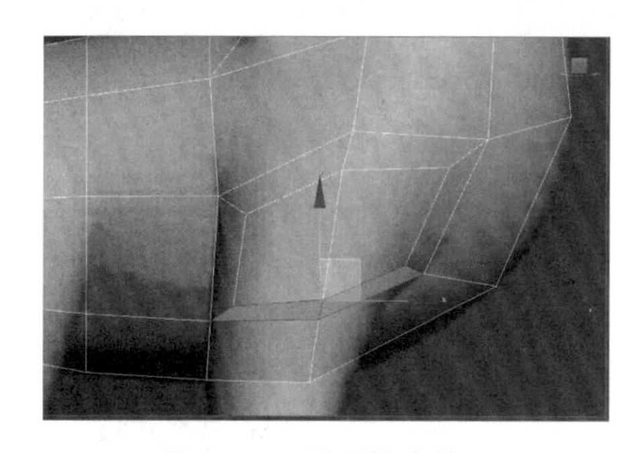

图 4－31　需要挤出的面

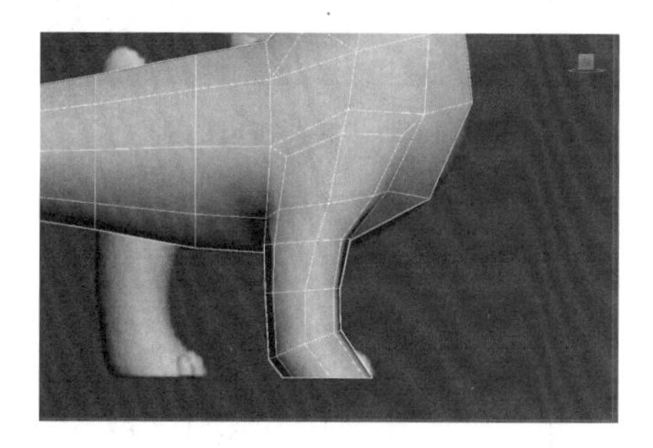

图 4－32　前腿大形

（3）制作腿上的脚趾。首先创建一个球体，转换为可编辑多边形，将其变形（见图 4－33），把它摆放至合适的位置；其他的脚趾也是这样制作（见图 4－34）。

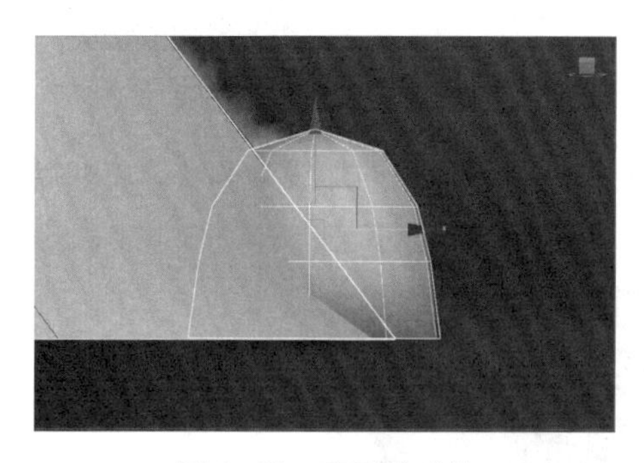

图 4－33　变形的球体

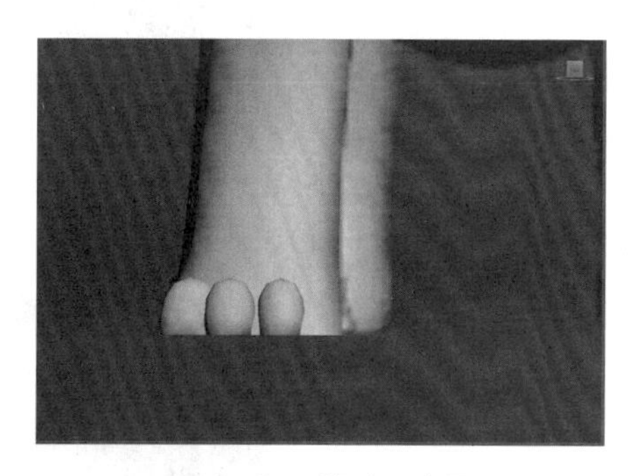

图 4－34　脚趾示意图

（4）小龙后腿（见图 4－35）的制作方法与前腿一致。

（5）接下来制作翅膀，在翅膀连接身体的位置上加线（见图 4－36），再选中如图 4－37 所示的面，使用挤出命令。

（6）将挤出的面塌陷成一个点，根据左视图进行加线和调整，将翅膀的大致骨架制作出来（见图 4—38）。

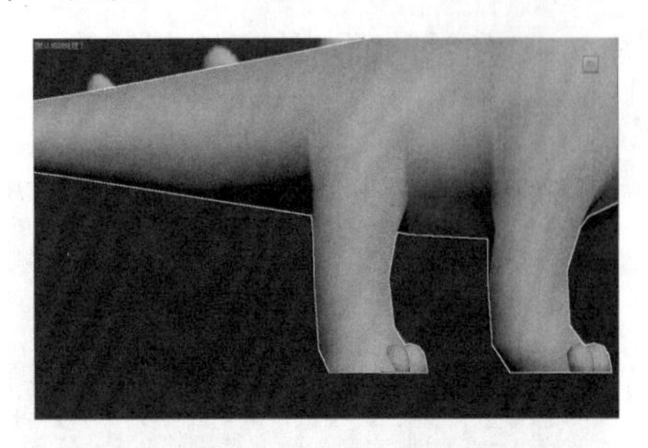

图 4－35　后腿示意图

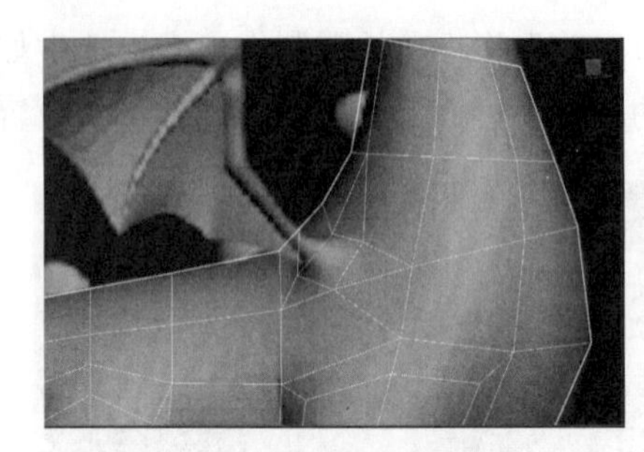

图 4－36　加线

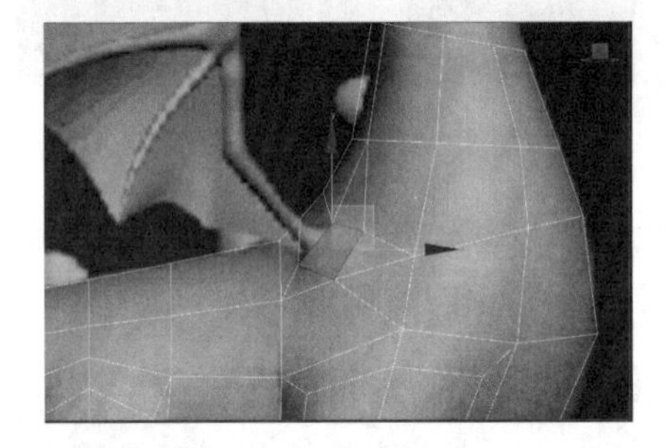

图 4－37　需要挤出的面

图 4－38　翅膀大致骨架

（7）在如图 4—39 所示的位置加线，再选中如图 4—40 所示的面，使用挤出命令，挤出的模式选择按多边形挤出。

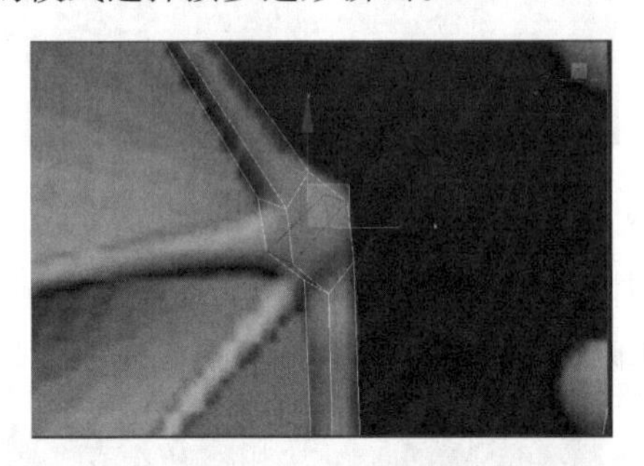

图 4－39　添加线段

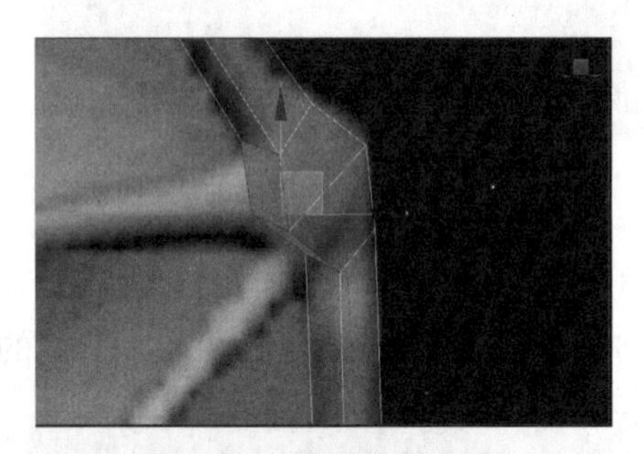

图 4－40　需要挤出的面

（8）将挤出的面塌陷成一个点，再根据左视图进行适当的加线和调整，将翅膀的骨架制作出来（见图 4—41）。

图 4－41　翅膀骨架

(9) 选中如图 4-42 所示的面，使用插入命令，再使用目标焊接，将如图 4-43 所示的点焊接在一起。

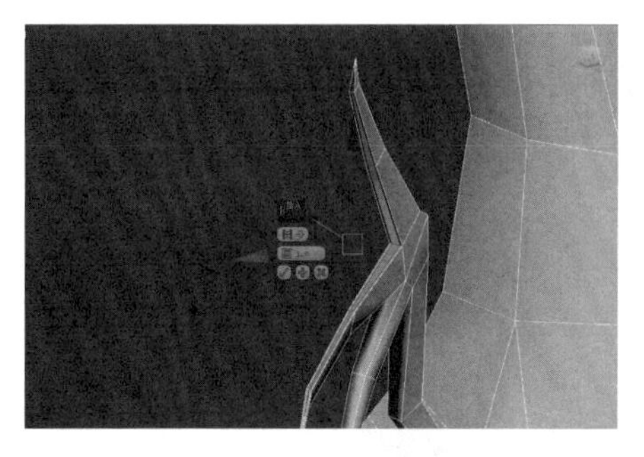

图 4-42 需要插入的面

图 4-43 需要焊接的点

(10) 选中上个步骤中插入的面，使用挤出，再将挤出的面删掉，在边界的层级下使用封口，然后将对应的点连接起来，再根据三视图进行加线和调整，部分翅膀完成图见图 4-44。

(11) 其余的翅膀也是这样的制作法，制作时需要注意布线，翅膀示意图见图 4-45。

图 4-44 部分翅膀完成图

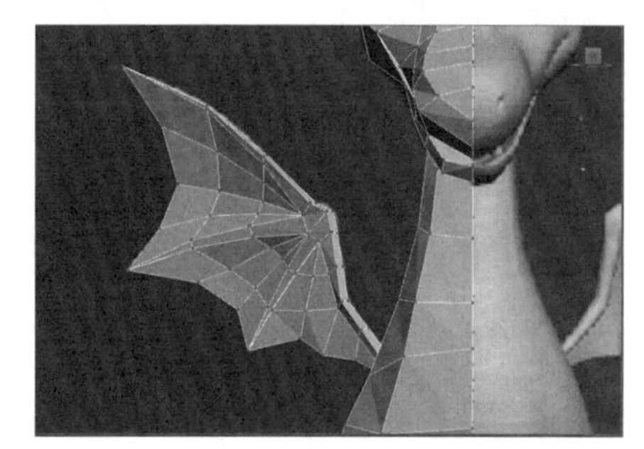

图 4-45 翅膀示意图

5. 细节的处理

(1) 接下来要对细节进行完善，制作小龙的鼻孔。选中如图 4-46 所示的面，使用插入命令，对插入的面使用挤出命令，向内挤出，对线条进行适当的调整，鼻孔就做好了（见图 4-47）。

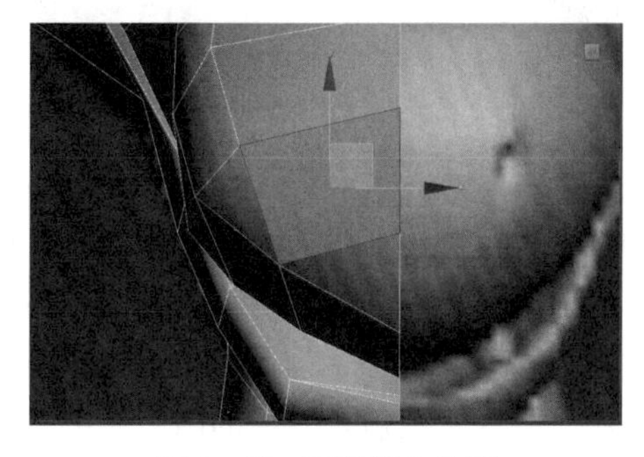

图 4-46 需要插入的面

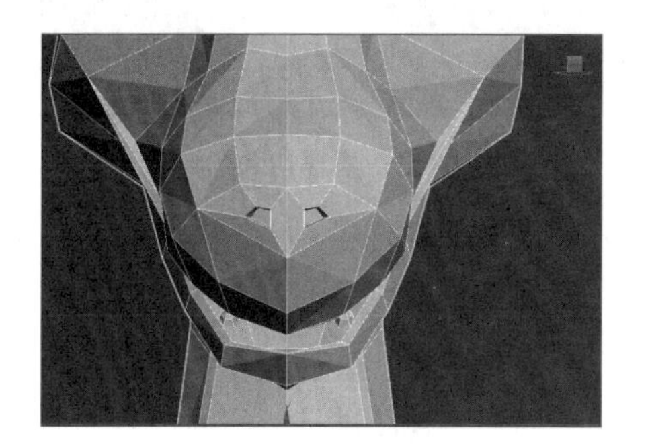

图 4-47 鼻孔示意图

（2）眼睛的细化。创建一个球体，将其摆放在眼睛的位置，并调整大小与眼眶大小至合适（见图 4－48）。

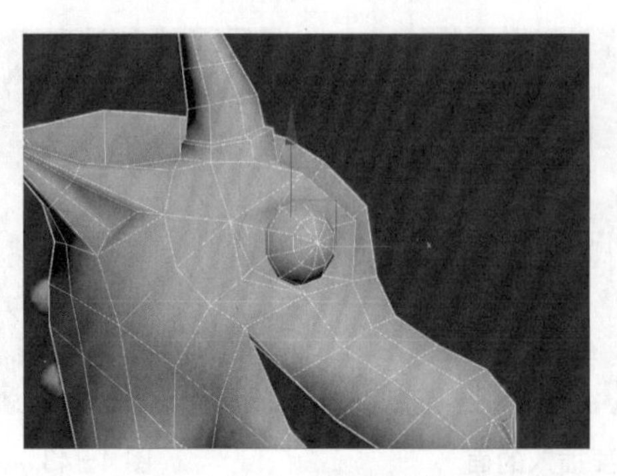

图 4－48　眼睛示意图

（3）选中如图 4－49 所示的线段，使用切角，并调整切角之后线段之间的距离（见图 4－50）。

图 4－49　需要切角的线段

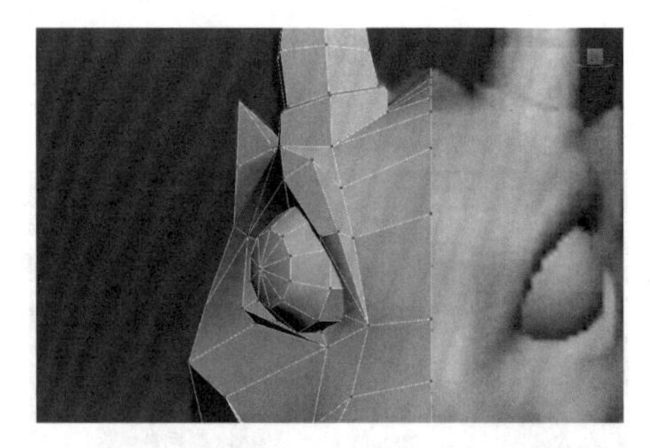

图 4－50　调整距离

（4）犄角的细化。选中如图 4－51 所示的线段，使用切角命令，再对照三视图调整犄角的形状（见图 4－52）。

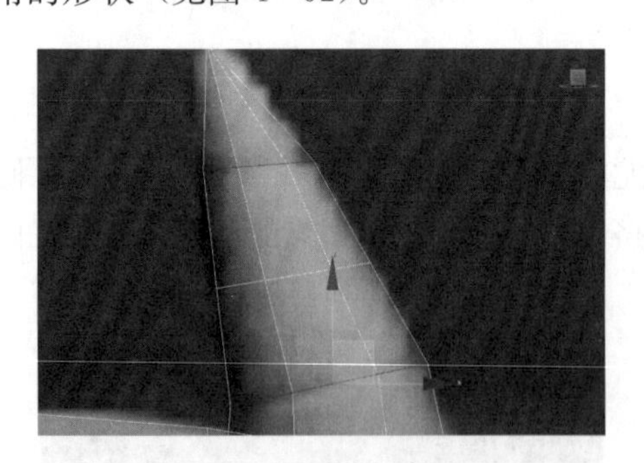

图 4－51　需要切角的线段

图 4－52　调整后的犄角

（5）接下来制作小龙的牙齿。创建一个长方体，转换为可编辑多边形，将底面塌陷成一个点，根据三视图，将牙齿摆放至合适的位置，添加线段并调整，牙齿示意图见图 4－53。

（6）制作小龙背上的凸起。创建一个长方体，转换为可编辑多边形，将底面塌陷成一个点，对照左视图进行适当的加线和调整，制作好一个之后，其他的凸起使用复制就可以了（见图 4－54）。

图 4-53 牙齿示意图

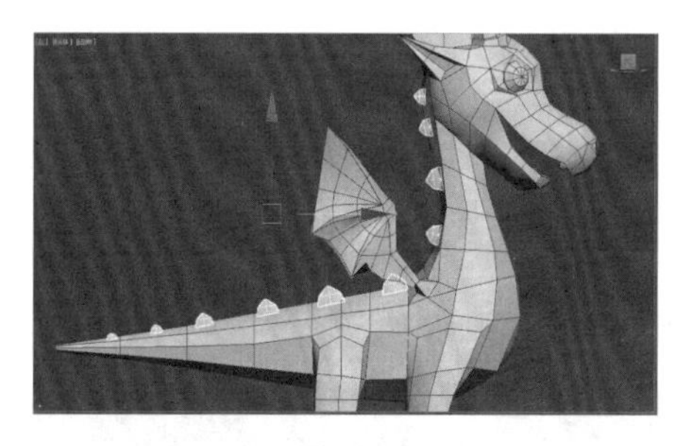

图 4-54 背部凸起示意图

（7）选中如图 4—55 所示的线段，并使用切角，选中如图 4—56 所示的线段，使用切角。

图 4-55 需要切角的线段 1

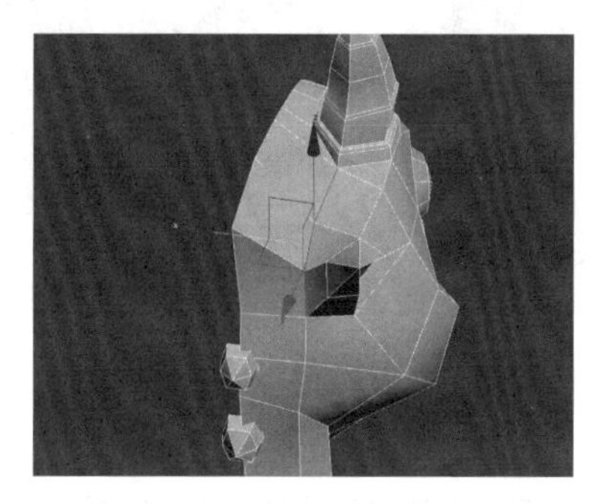

图 4-56 需要切角的线段 2

（8）完成上述步骤之后，将小龙的另一半复制出来，并附加在一起，然后使用网格平滑（见图 4—57）。

（9）再打开修改器列表，找到网格平滑并使用（见图 4—58），需要注意，这里的网格平滑与上一步的不一样，不能混淆。

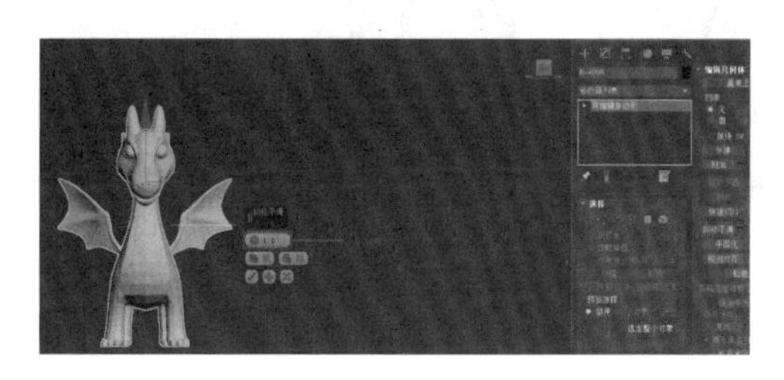

图 4-57 网格平滑

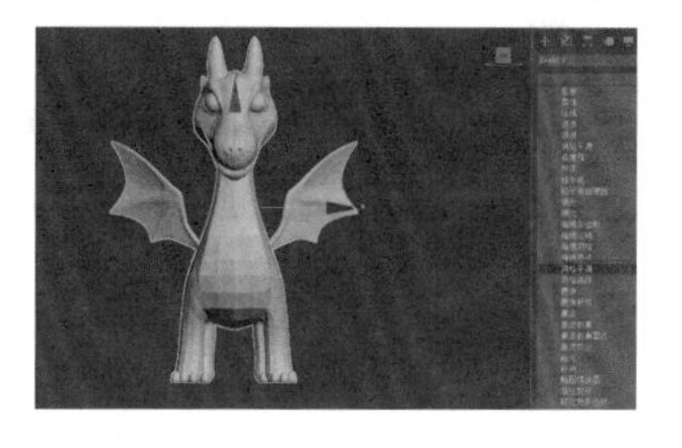

图 4-58 网格平滑示意图

（10）完成上述步骤，小龙就制作完成了，最终效果见图 4—59。

图 4-59 最终效果图

第二节　写实动物模型的制作

本小节需要制作写实动物模型如图 4－60、图 4－61 所示。

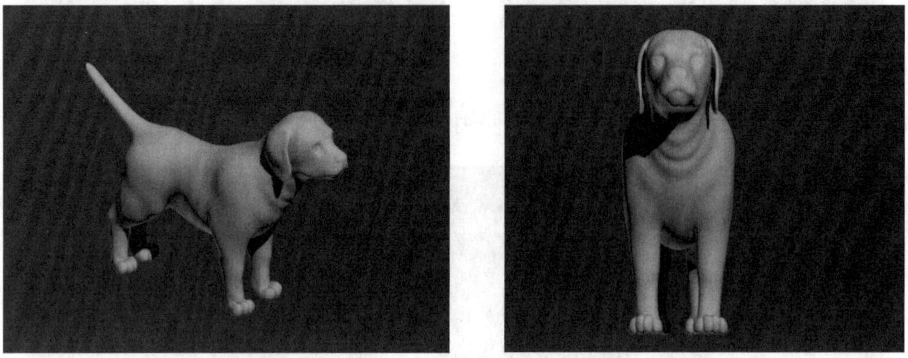

透视图　　正视图

图 4－60　狗的透视图和正视图

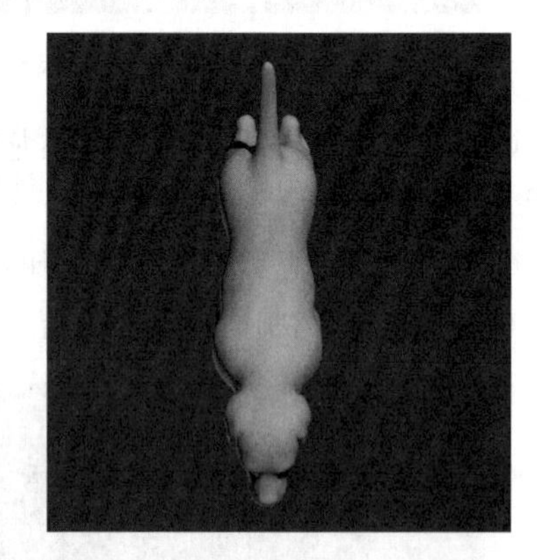

侧视图　　顶视图

图 4－61　狗的侧视图和顶视图

1. 建模前的分析

（1）接合略短，体长（从肩关节到臀部末端的距离）略大于肩高。从肘部到地面的距离等于肩高的一半，胸部延伸到肘部，但不会给人很深的印象。身躯必须有足够的长度，允许步伐直、自由且有效，但它决不能在轮廓上显得矮而身体过长或高而腿细长。模型素材见图 4－62。

（2）体质和骨量整体比例匀称。我们在建模前一定要去了解生物模型的结构，也可以多在网上找相关的结构的素材，以便参考。模型结构见图 4－63。

（3）建模时一定要注意它后腿的结构（见图 4－64）。

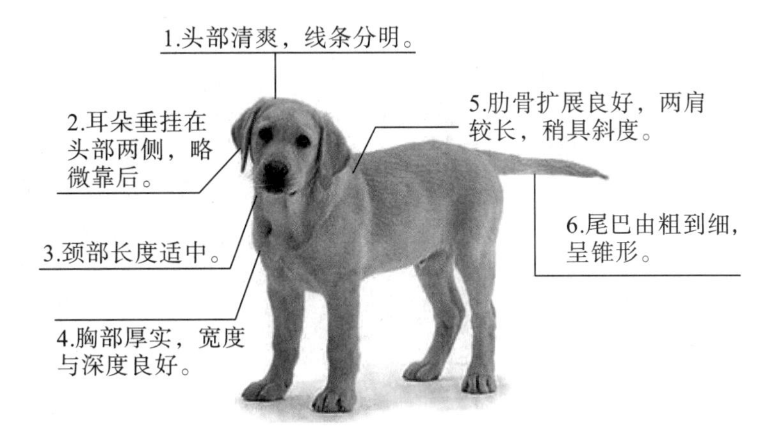

图 4-62　模型素材

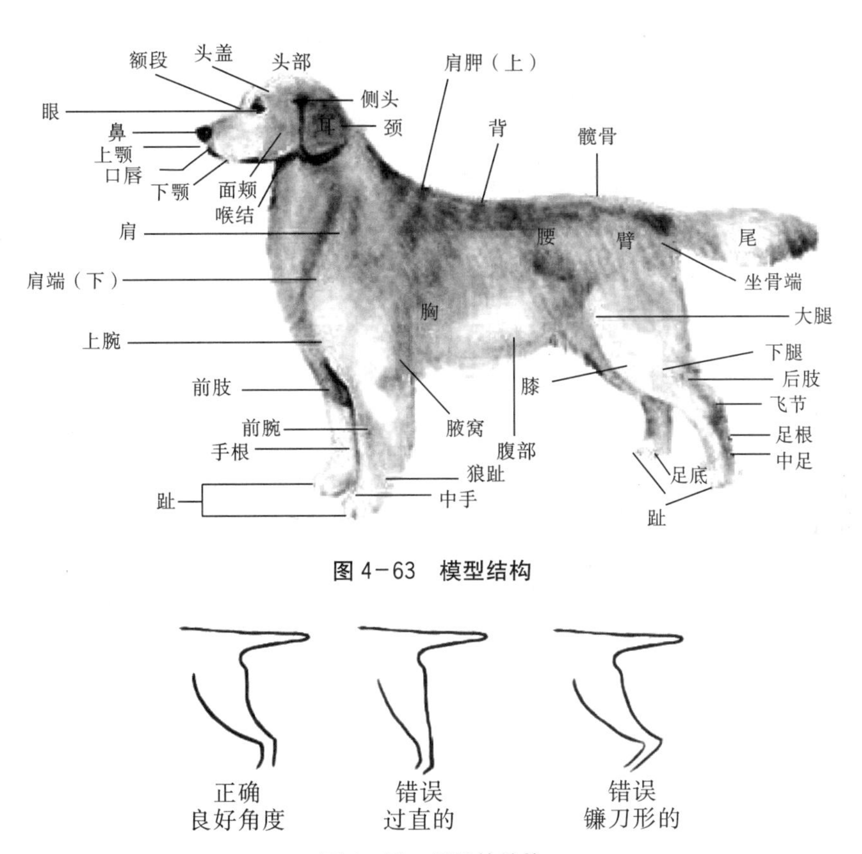

图 4-63　模型结构

图 4-64　后腿的结构

2. 大体的制作

（1）查看图片属性，可得知图片的分辨率为 568×480，创建平面（见图 4-65），输入参考图的长度和宽度，并且修改分段为 1，将图片直接拖曳至平面上，导入图片就完成了（见图 4-66）。

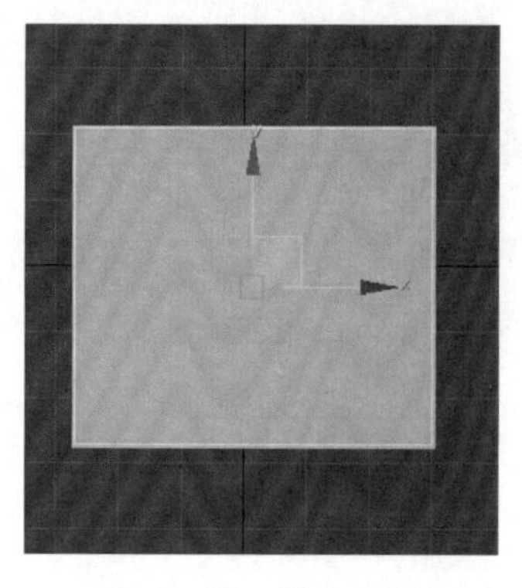

图 4-65　创建平面

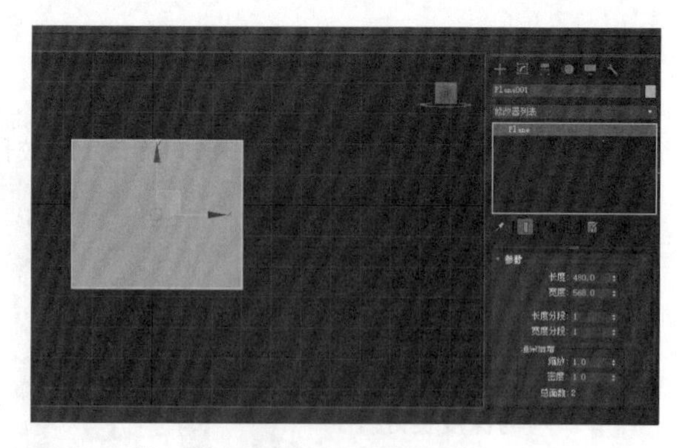

图 4-66　导入图片

（2）在创建面板下创建一个正方体，对齐到侧面（见图 4-67）。

图 4-67　创建正方体

（3）将正方体转换为可编辑多边形，对齐到模型肚子部分的侧面（见图 4-68），对齐俯视图（见图 4-69）。

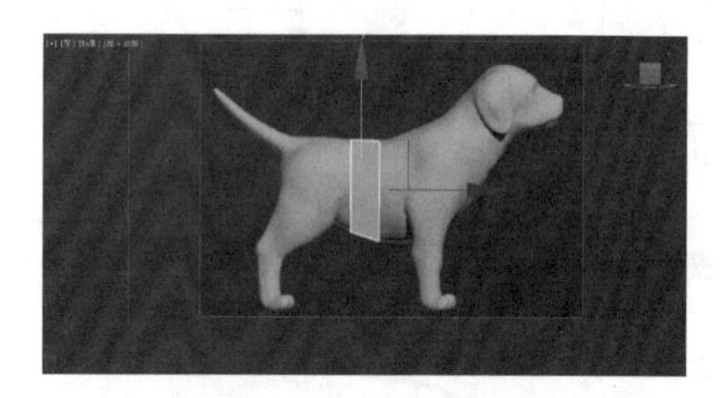

图 4-68　对齐侧面

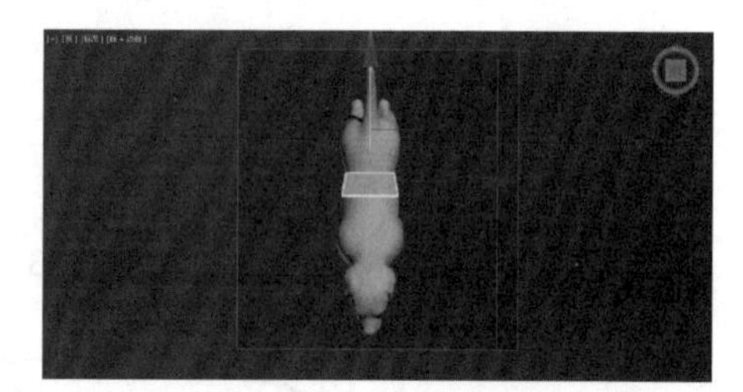

图 4-69　对齐俯视图

（4）在面的模式下选中侧面，按 Delete 删除面（见图 4-70）。

（5）选中边界（见图 4-71），再按住 Shift 不断地拖动边界复制，对齐侧面图片，达到前半身的效果（图 4-72），对齐俯视图（见图 4-73）。

图 4-70　删除面

图 4-71　选中边界

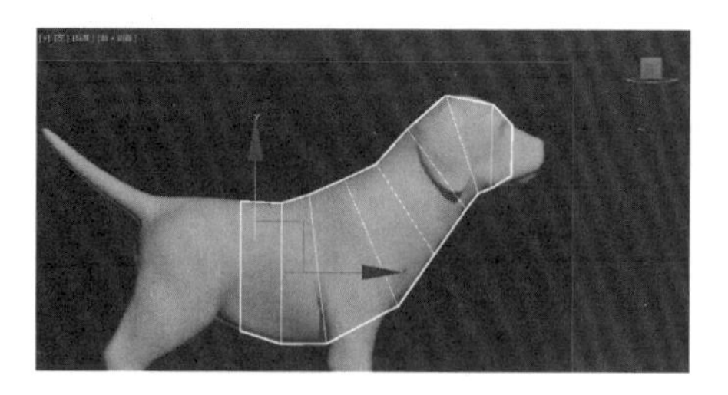

图 4-72 前半身

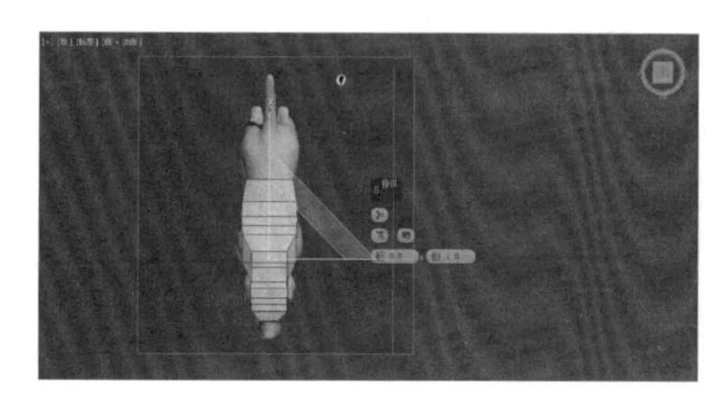

图 4-73 对齐俯视图

（6）选中面，删除掉，再选择边界（图 4-74），再按住 Shift 不断地拖动边界复制，对齐侧面图片，达到后半身的效果（图 4-75）。

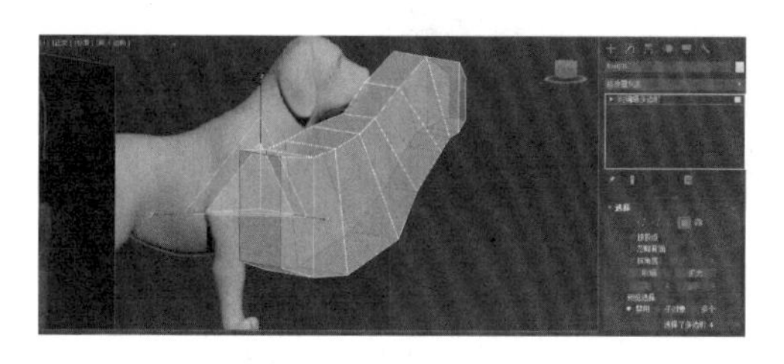

图 4-74 选择边界

图 4-75 后半身

（7）侧面做完后，按 T 键转到俯视图，调整对齐（见图 4-76），然后选择边界，鼠标右键单击，封口嘴部（见图 4-77）。

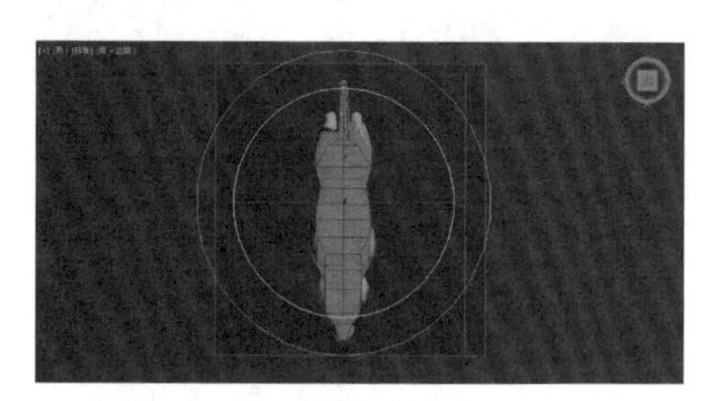

图 4-76 对齐俯视图

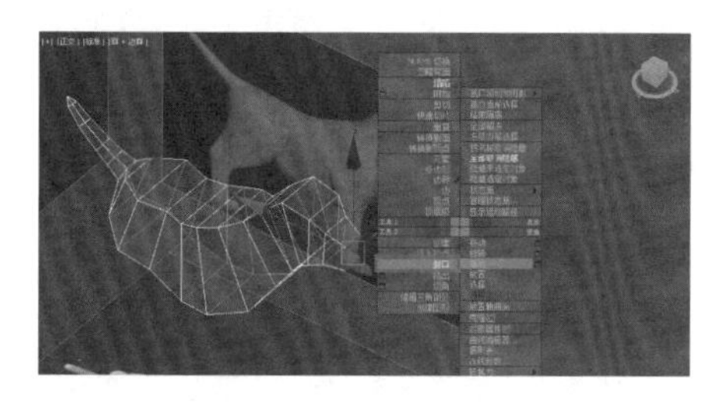

图 4-77 封口嘴部

3. 后腿部的制作

（1）按 L 键，回到侧视图，选择面挤出（见图 4-78），然后按 T 键，到俯视图调整对齐（见图 4-79）。

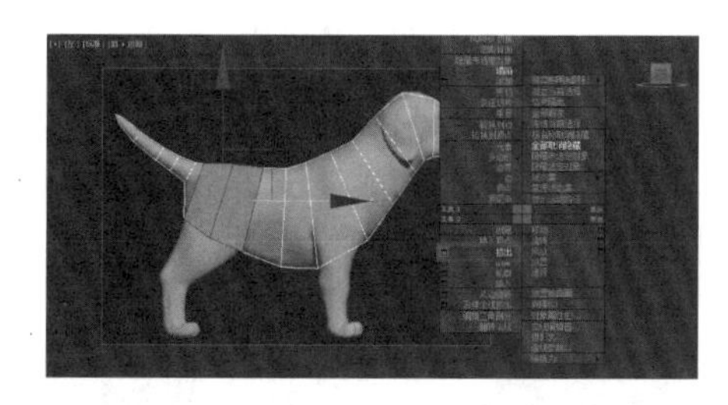

图 4-78 挤出面

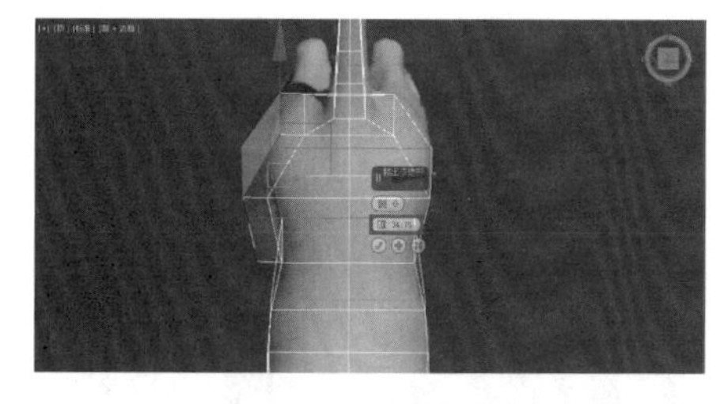

图 4-79 调整对齐

（2）调整面（见图 4-80），选择三条线连接（见图 4-81），俯视图调整线（见图 4-82）。

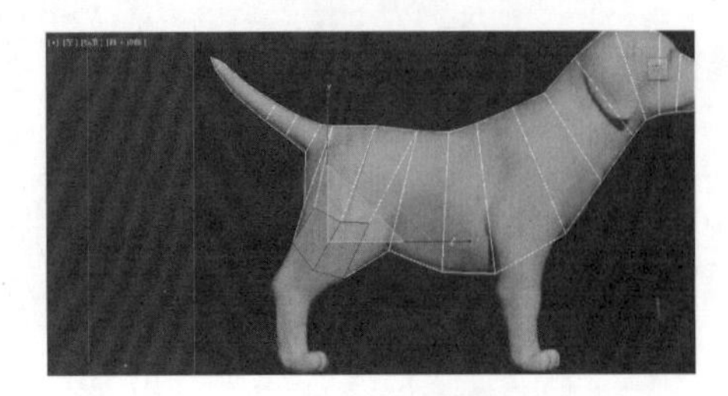

图 4-80　调整面

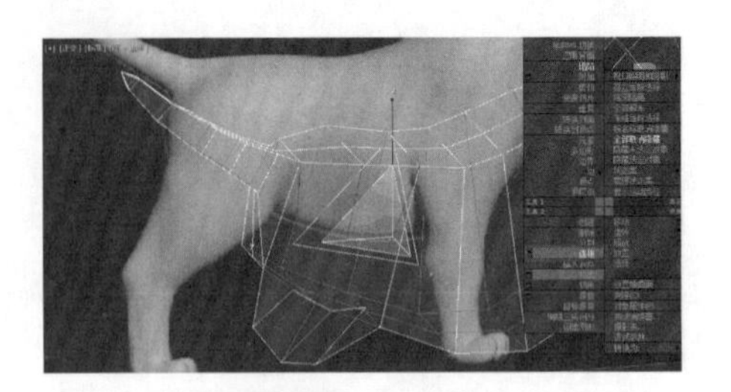

图 4-81　连接线

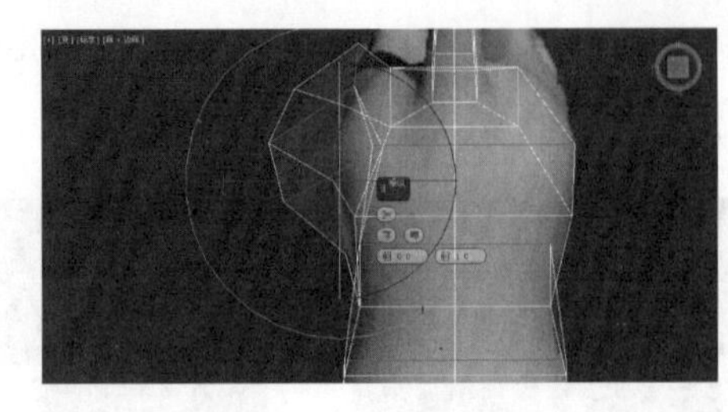

图 4-82　调整线

（3）选择点，连接线（见图 4—83），到正视图调整对齐正面（见图 4—84）。

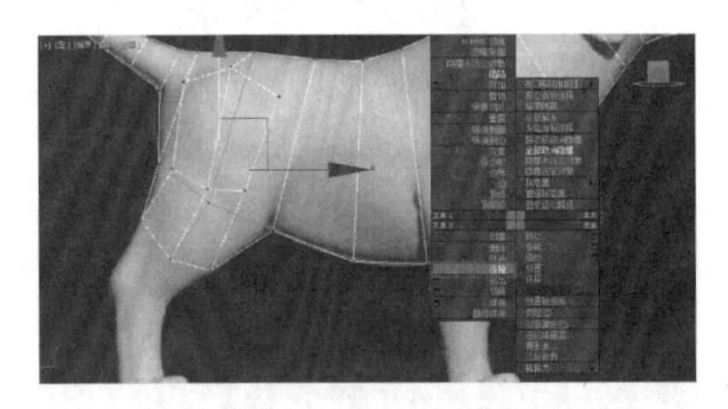

图 4-83　连接线

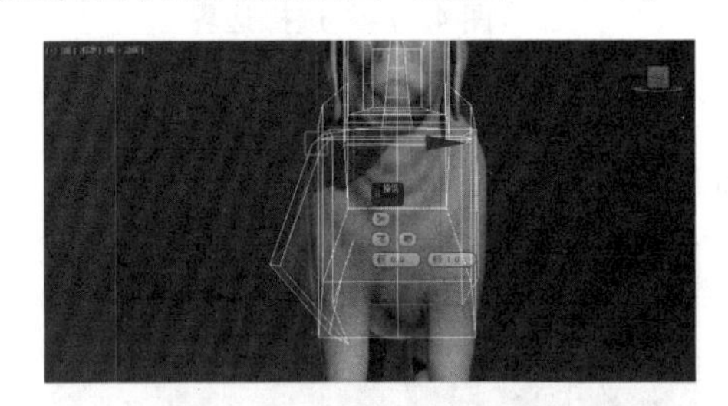

图 4-84　调整对齐面

（4）删除线（见图 4—85），连接另外一条线（见图 4—86），调整形状。

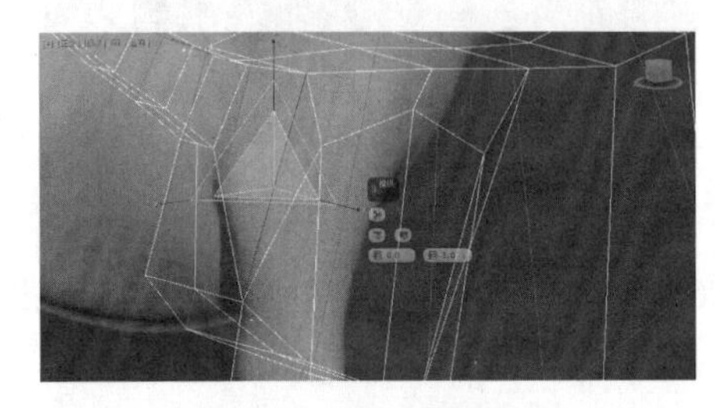

图 4-85　删除线

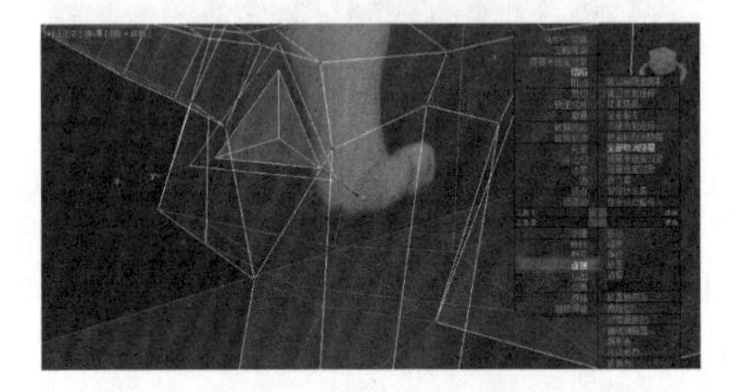

图 4-86　连接线

（5）调整边界（见图 4—87），再连接另外三边，选择点连接（见图 4—88）。

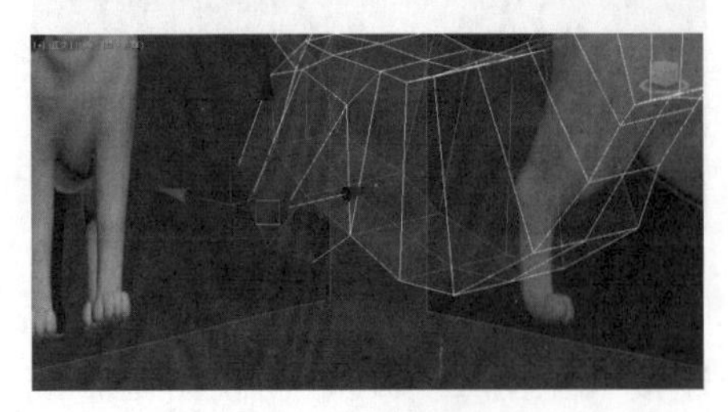

图 4-87　调整边界

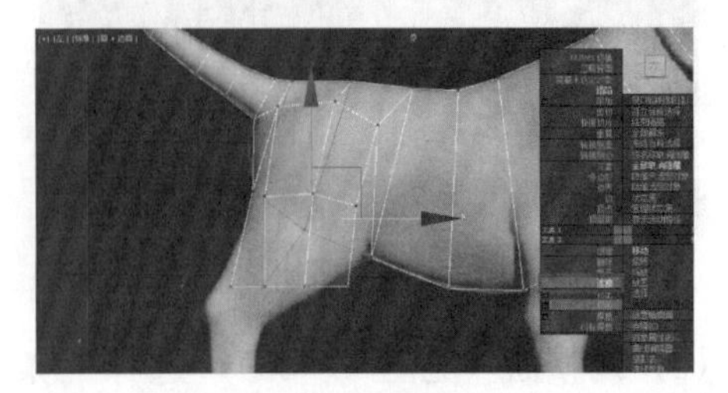

图 4-88　连接点

（6）调整边界（见图 4－89），按住 Shift 拖动边界（见图 4－90），复制做出大腿结构。

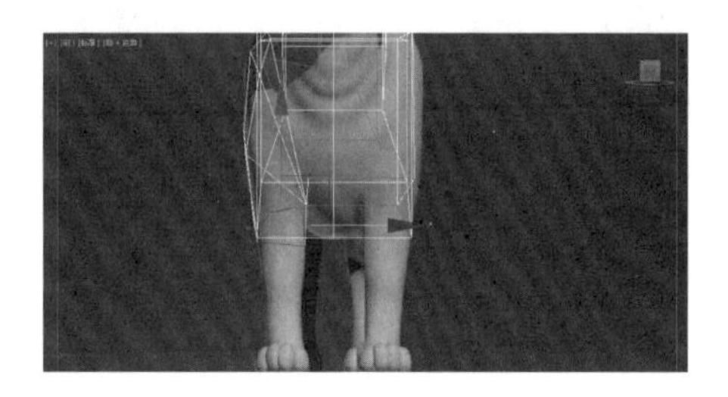

图 4－89　调整边界

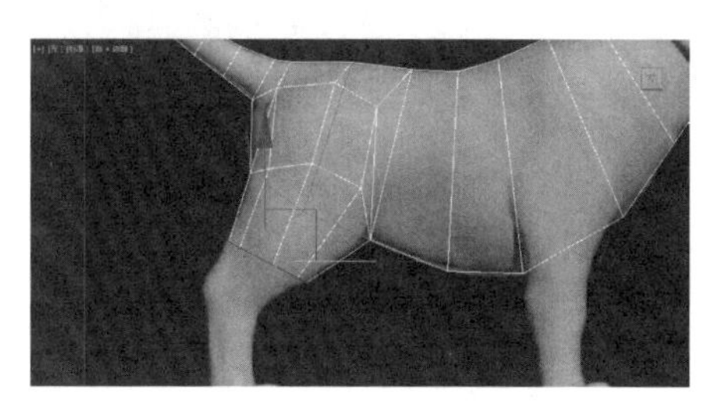

图 4－90　Shift 拖动

（7）继续按住 Shift 鼠标拖动，做出整个腿的形状（见图 4－91），然后选择边界，点击封口（见图 4－92）。

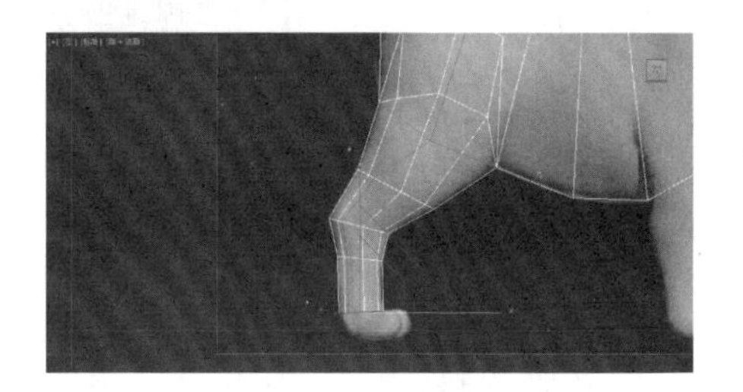

图 4－91　腿的形状

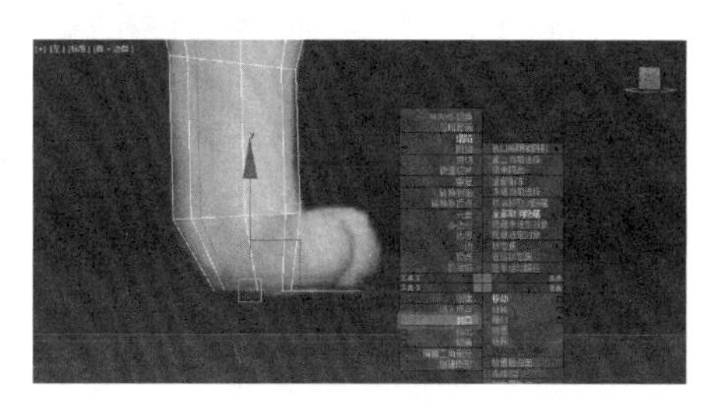

图 4－92　封口

（8）选择前面的两条线，点击连接（见图 4－93），连接值改为 3 条，点击√（见图 4－94）。

图 4－93　连接线

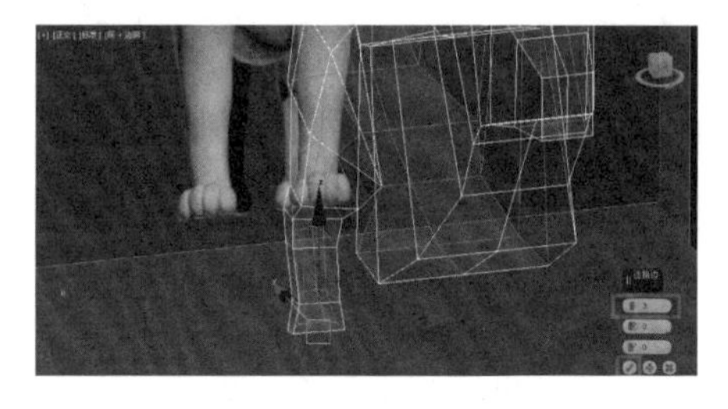

图 4－94　连接 3 条线

（9）选择 4 个面（见图 4－95），点击挤出（见图 4－96）。

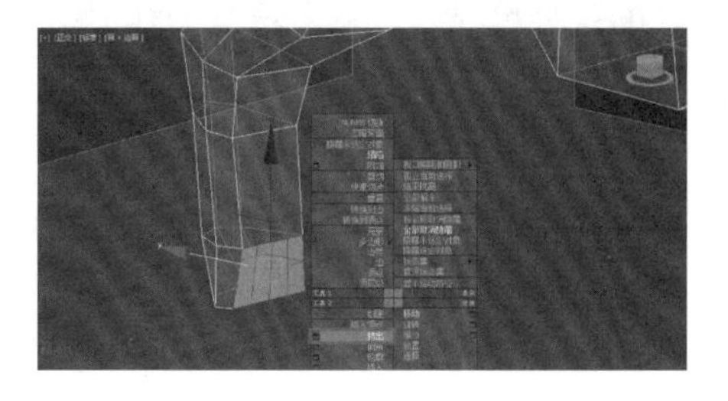

图 4－95　选择 4 个面

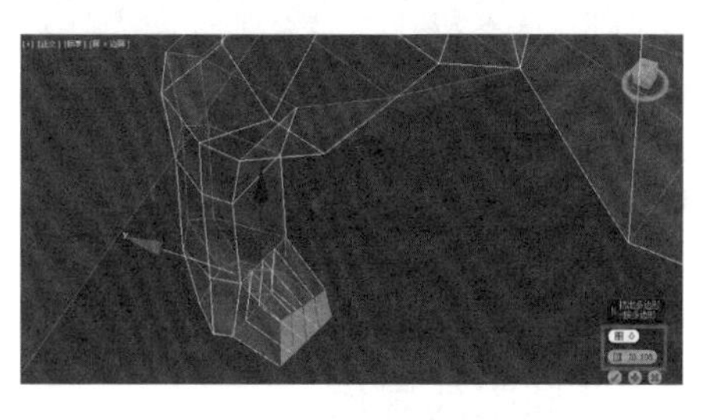

图 4－96　挤出面

（10）从侧面选择所有脚趾线连接（见图 4－97），然后按 R 键缩放（见图 15－98）。

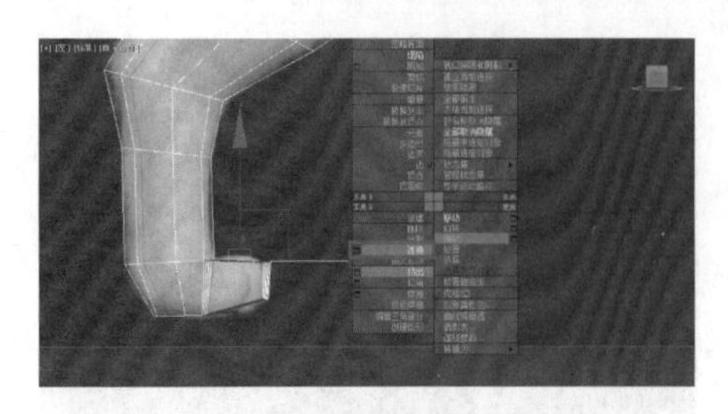

图 4－97　连接线

图 4－98　缩放

（11）选择地面挤出（见图 4－99），后鼠标右键单击，选择塌陷（见图 4－100）。

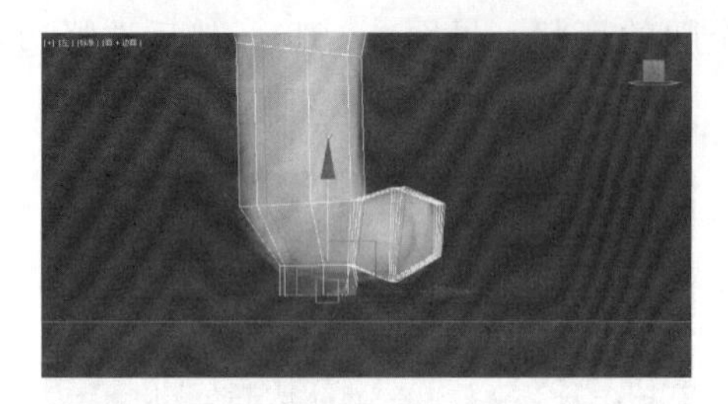

图 4－99　挤出面

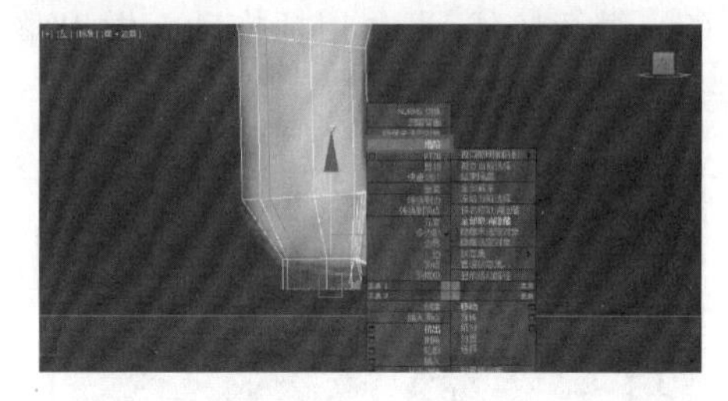

图 4－100　塌陷面

（12）选择下面的线，连接（见图 4－101）后缩放调整，后选中侧面一圈线连接后，同样缩放调整（图 4－102）。

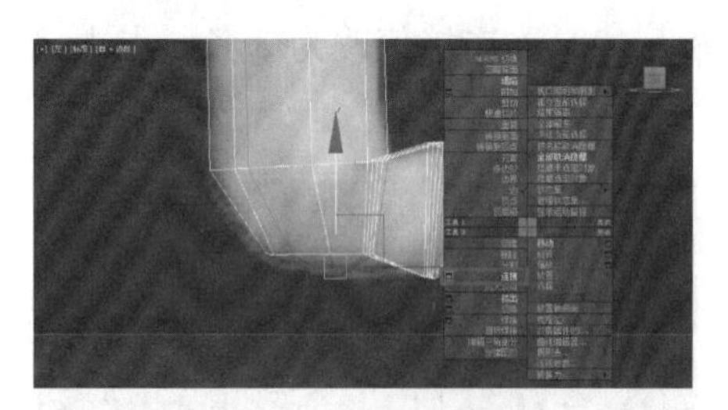

图 4－101　连接线

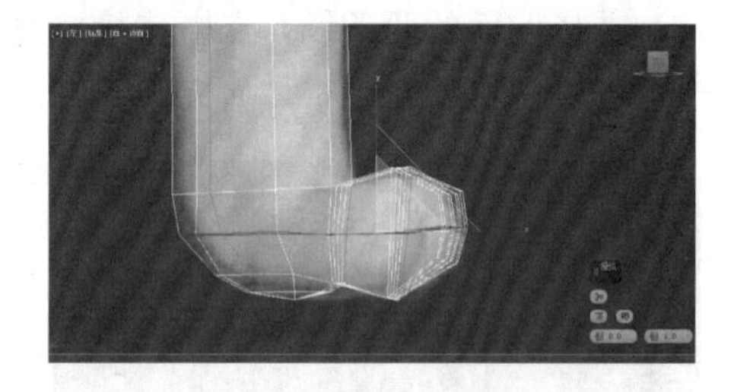

图 4－102　缩放

（13）按 F 键回到正视图，选中右边（见图 4－103），按 Delete 删除（见图 4－104）。

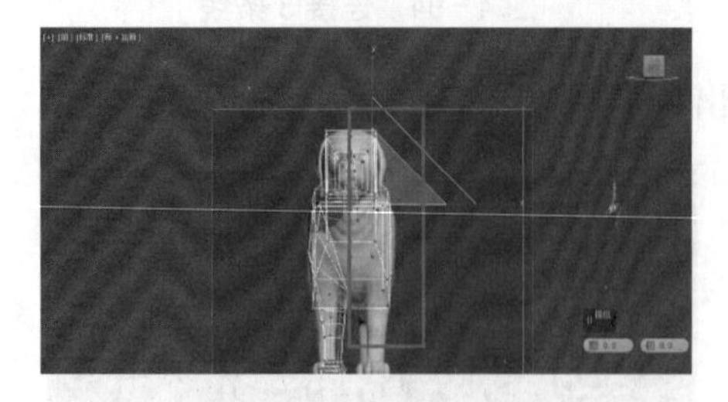

图 4－103　选择面

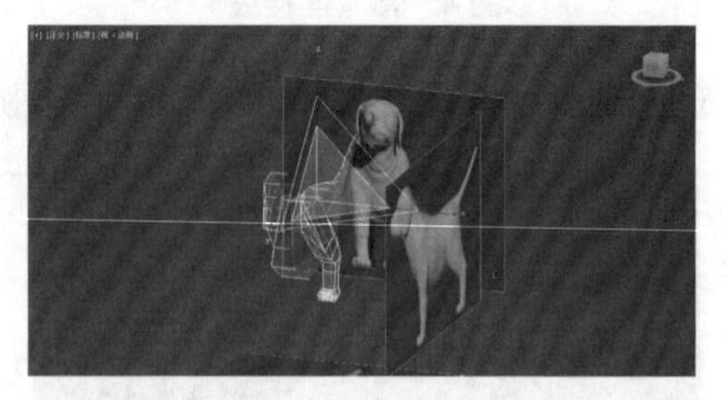

图 4－104　删除面

4. 前腿部的制作

（1）选择边，鼠标右键单击连接（见图 4－105），后调整点（见图 4－106）。

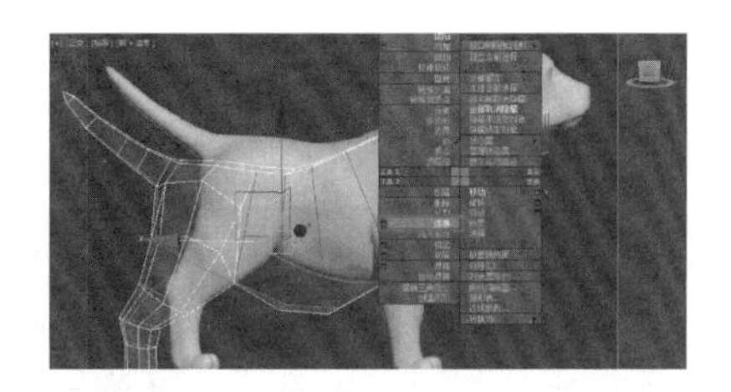

图 4-105 连接边

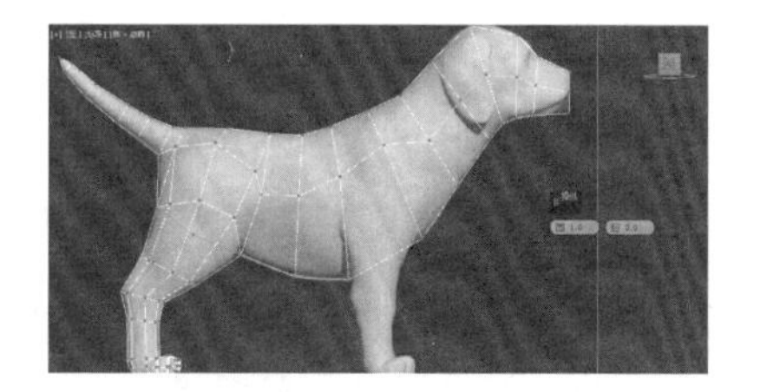

图 4-106 调整点

（2）选择面，单击鼠标右键挤出（见图 4—107），调整边，对齐正面（见图 4—108）。

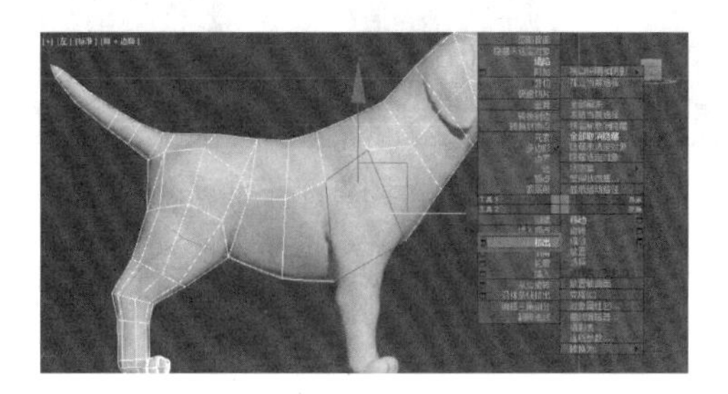

图 4-107 挤出面

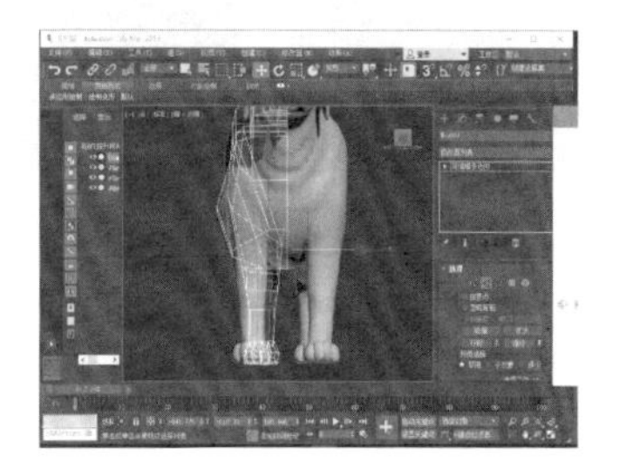

图 4-108 对齐正面

（3）到正视图对齐前腿的位置后（见图 4—109），再按 L 键转到侧视图连接两条线（见图 4—110）。

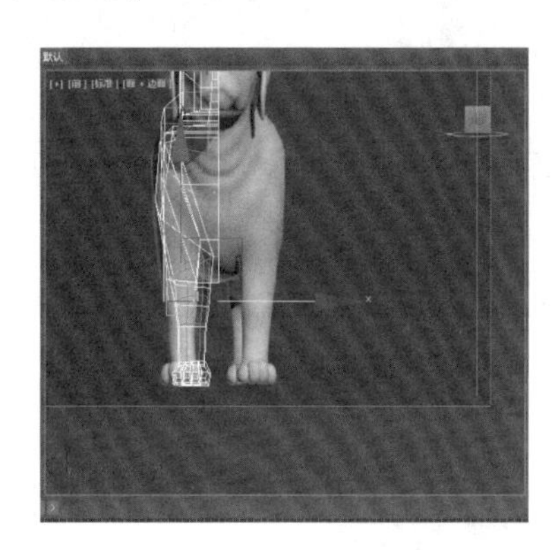

图 4-109 对齐前腿

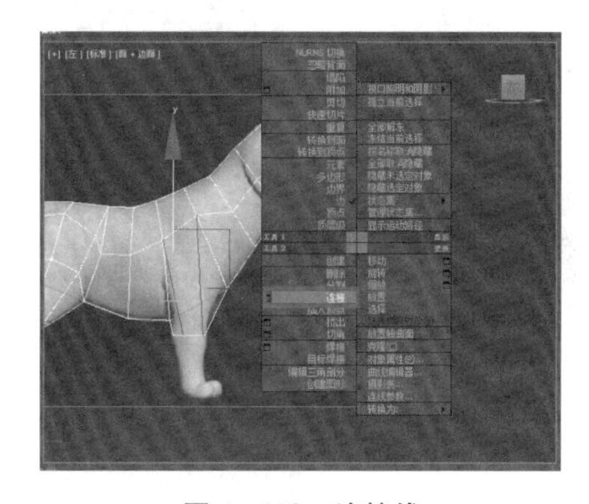

图 4-110 连接线

（4）连接好后，单击鼠标右键选择剪切（见图 4—111），然后调整点（见图 4—112）。

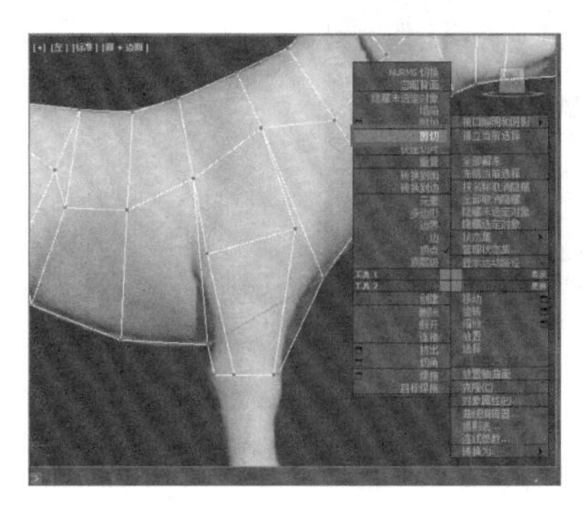

图 4-111 剪切

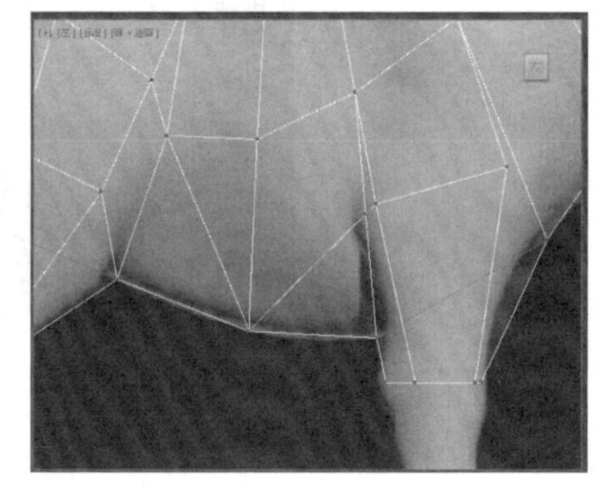

图 4-112 调整点

（5）调整好后，选择下方的一圈线，单击鼠标右键，选择连接（见图 4－113），再缩放调整对齐图片中腿的形状（见图 4－114）。

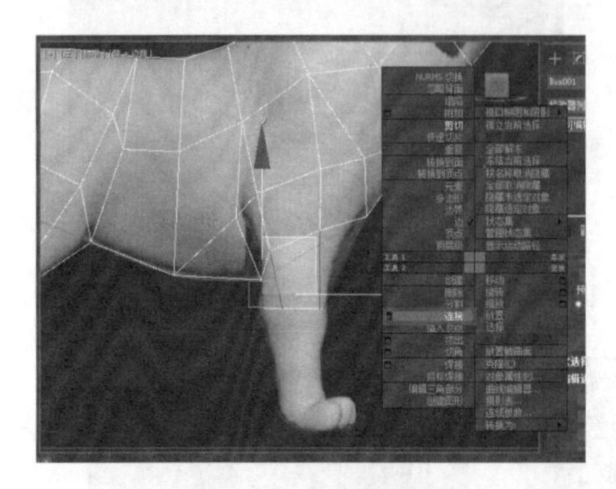

图 4－113　连接线

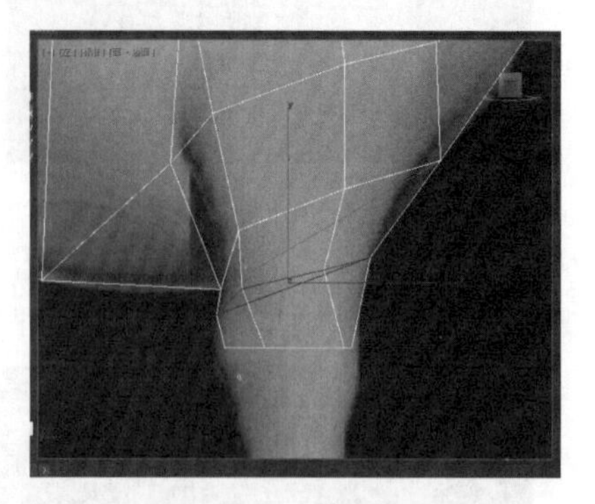

图 4－114　缩放线

（6）选择边界，按住 Shift 向下拖动，做出前腿的大形（见图 4－115），然后单击鼠标右键，选择封口（见图 4－116）。

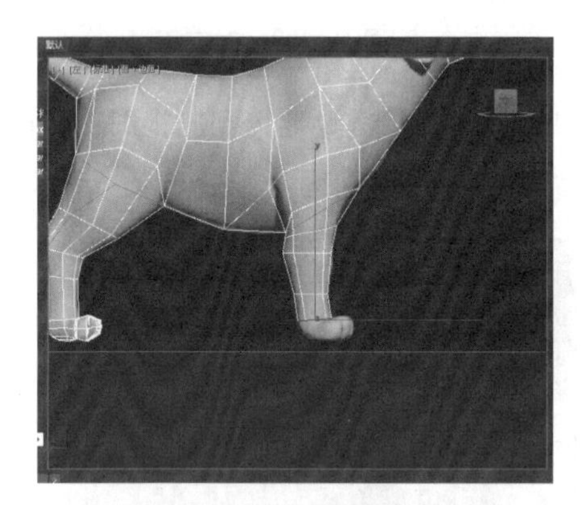

图 4－115　前腿的大形

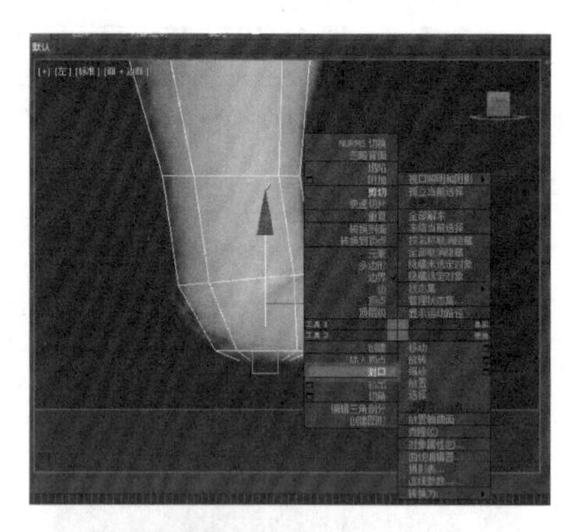

图 4－116　封口

（7）选中下面的面，单击鼠标右键点击塌陷（见图 4－117）。

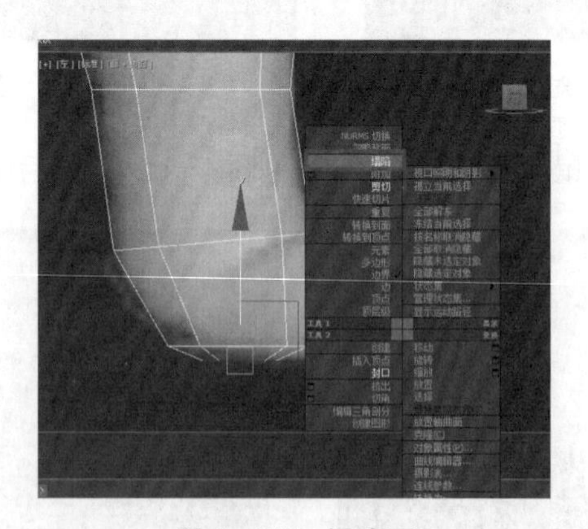

图 4－117　塌陷面

（8）选择前面两条边，鼠标右键单击，选择连接（见图 4－118），输入连接 3 条线（见图 4－119）。

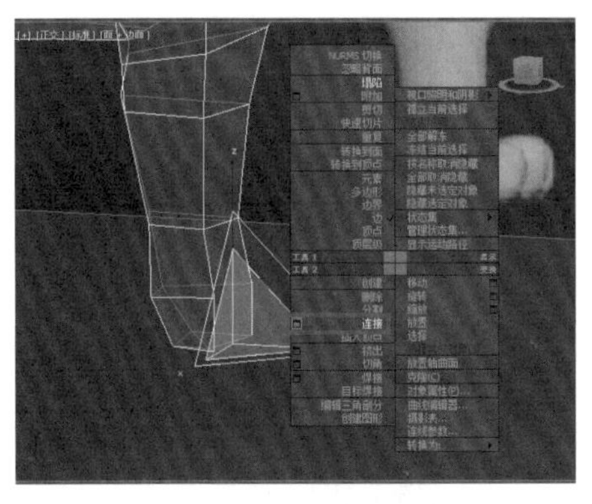

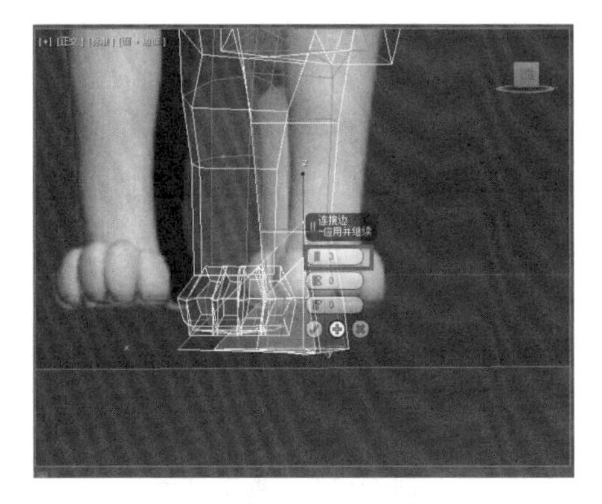

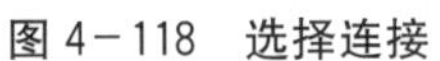

图 4－118　选择连接

图 4－119　输入值

（9）选择 4 个面，鼠标右键单击，选择挤出（见图 4－120），输入值（见图 4－121）。

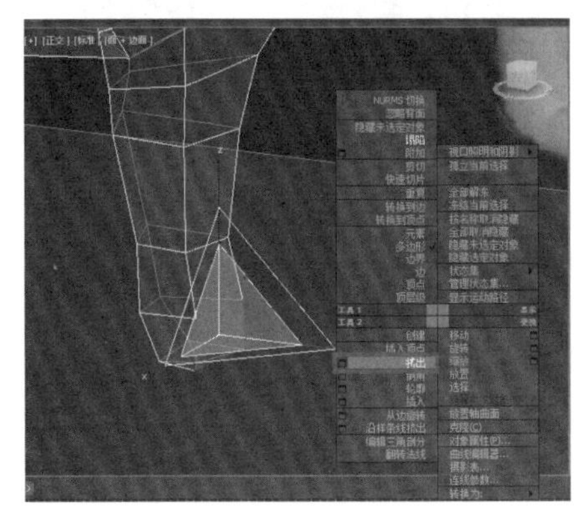

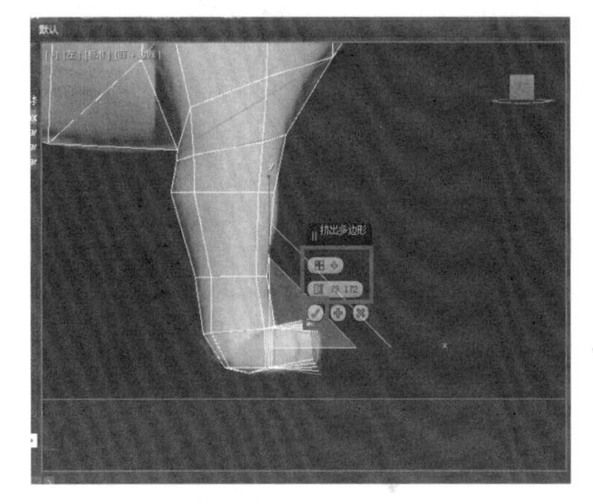

图 4－120　选择挤出

图 4－121　输入值

（10）从侧面选择所有脚趾线连接（见图 4－122），后选中侧面一圈线连接（见图 4－123），缩放调整（见图 4－124）。

（11）选择脚底的所有线，连接（见图 4－125），缩放连接线（见图 4－126）。

（12）再调整一下大形（见图 4－127）。

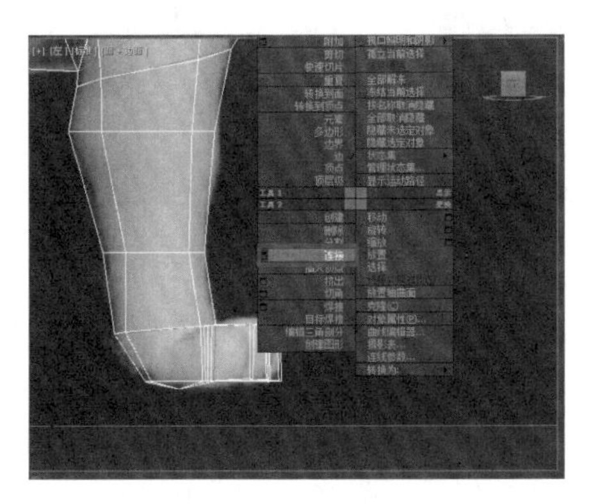

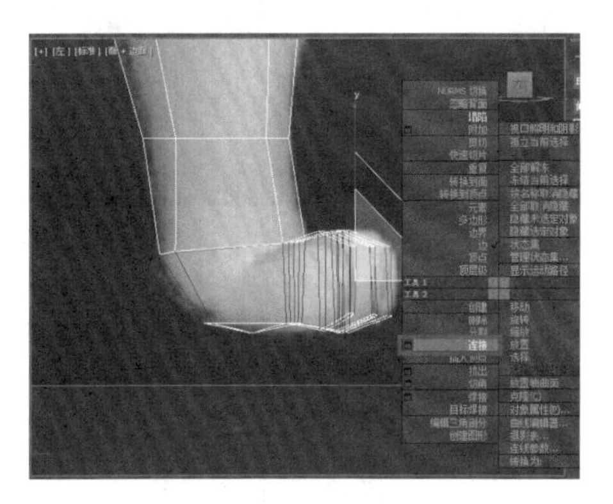

图 4－122　连接脚趾线

图 4－123　连接线

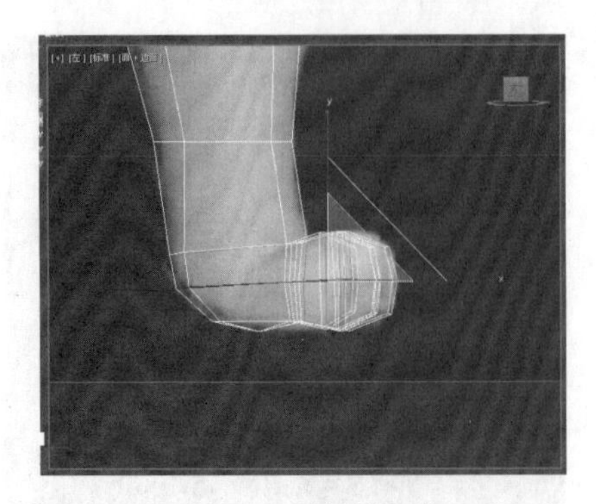

图 4－124　缩放调整

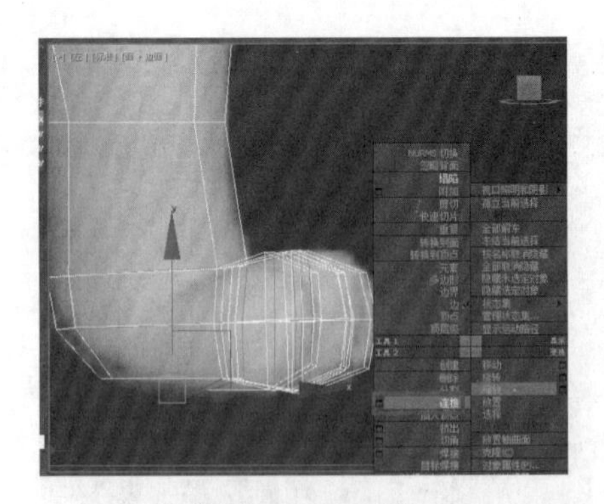

图 4－125　连接

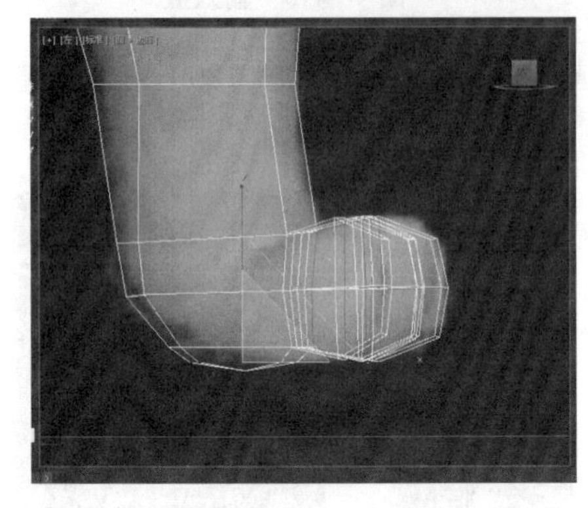

图 4－126　缩放连接线

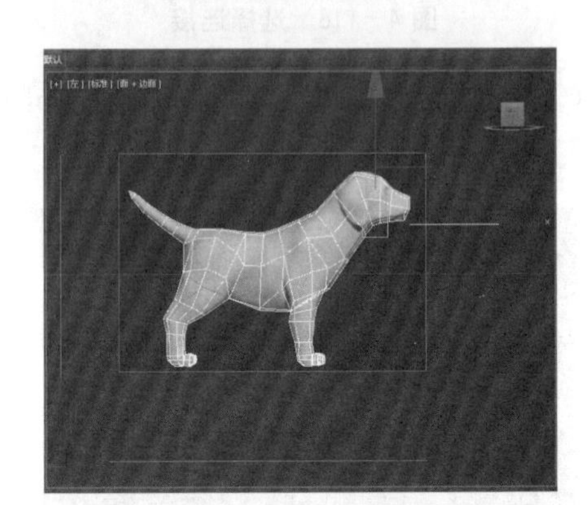

图 4－127　调整大形

5. 头部的制作

（1）选择头上的一圈线，鼠标单击右键，点击连接（见图 4－128），后调整位置（见图 4－129）。

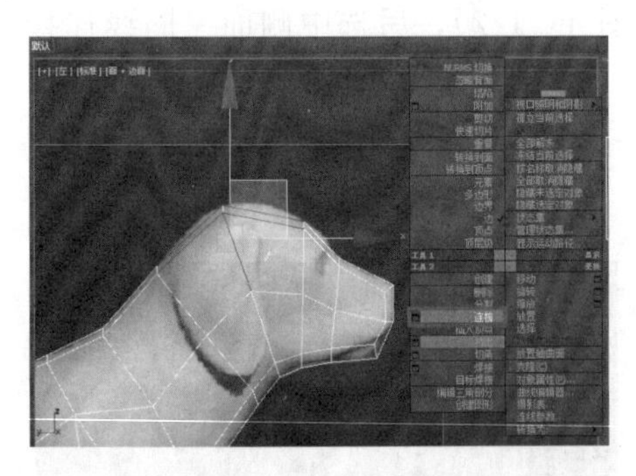

图 4－128　连接线

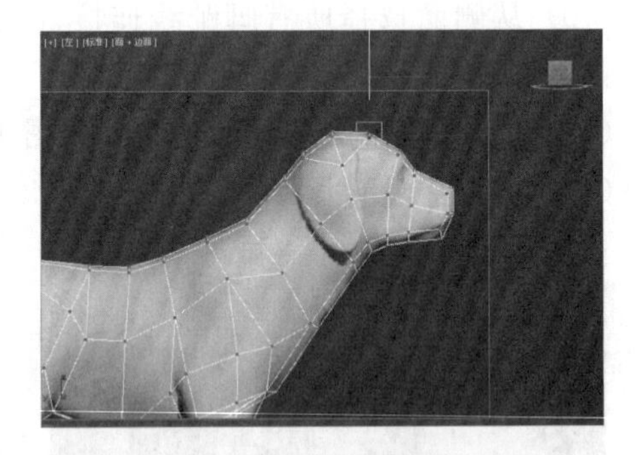

图 4－129　调整位置

（2）选中如图 4－130 所示的点，鼠标单击右键，点击连接，然后再选中点，单击鼠标右键，再点击切角（见图 4－131）。

（3）选中如图 4－132 所示位置上的一圈线，单击鼠标右键，选择连接，再选择脖子上的一圈线，同样选择连接（见图 4－133），连接好后，调整（见图 4－134）。

（4）选择线，点击连接（见图 4－135），再选择点，再点击连接（见图 4－136），做脖子上的赘肉。

(5) 选择点，单击鼠标右键，选择切角（见图 4－137）。

(6) 然后再选择两条线（见图 4－138），单击鼠标右键，点击塌陷（见图 4－139）。

(7) 选择图上两点，进行连接（见图 4－140）。

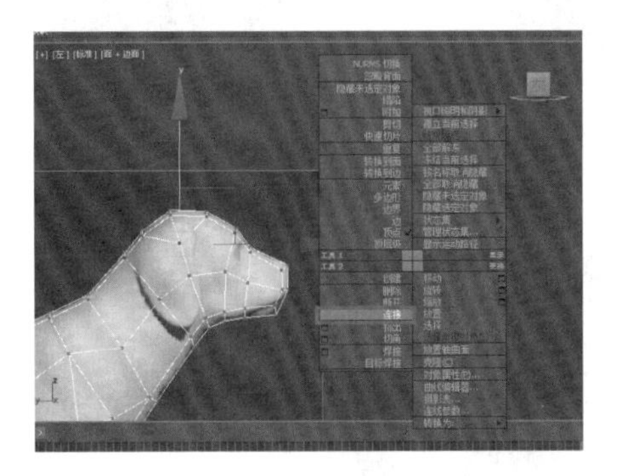

图 4－130 连接点

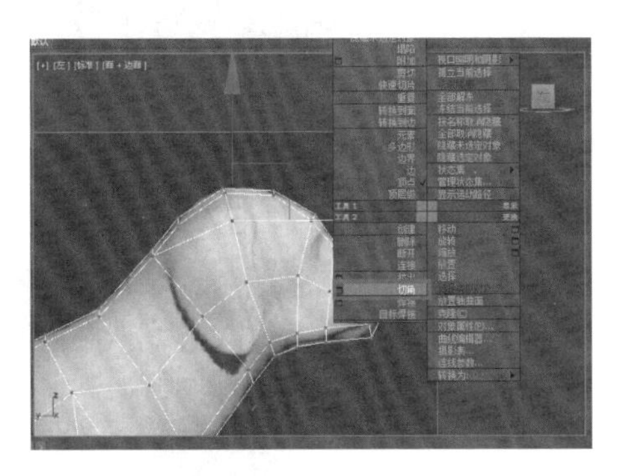

图 4－131 切角

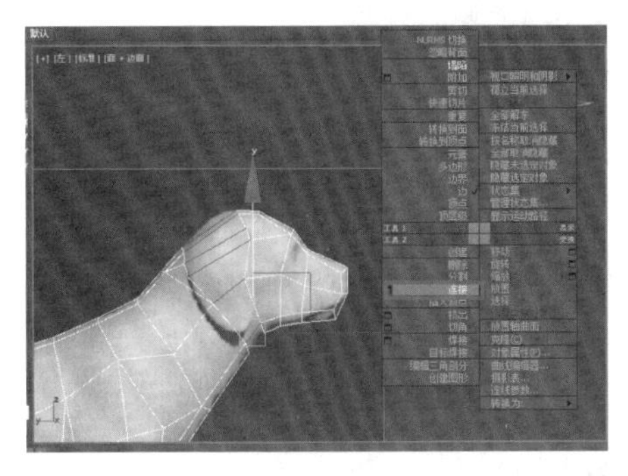

图 4－132 选中线

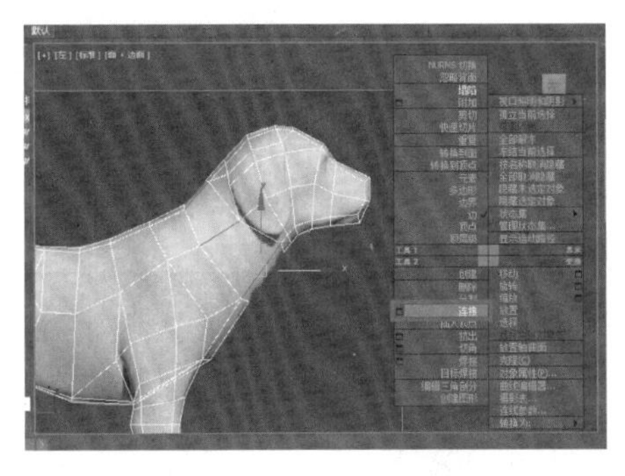

图 4－133 连接线

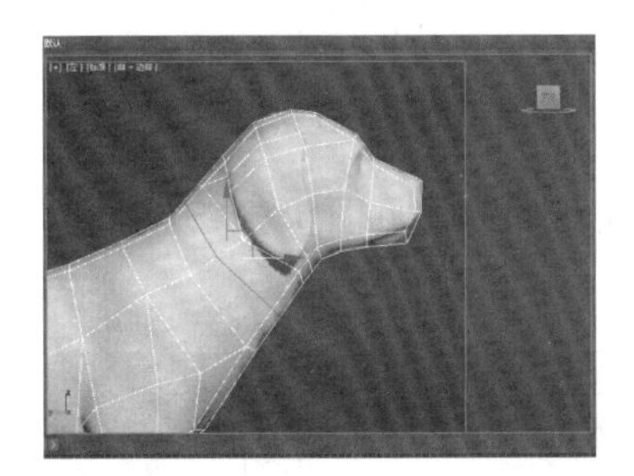

图 4－134 调整线

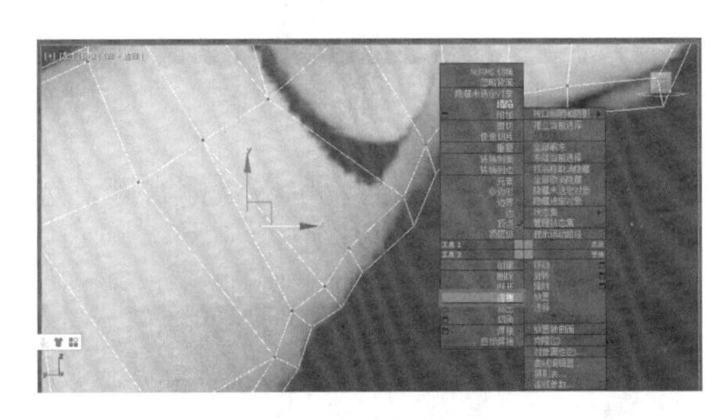

图 4－135 连接线

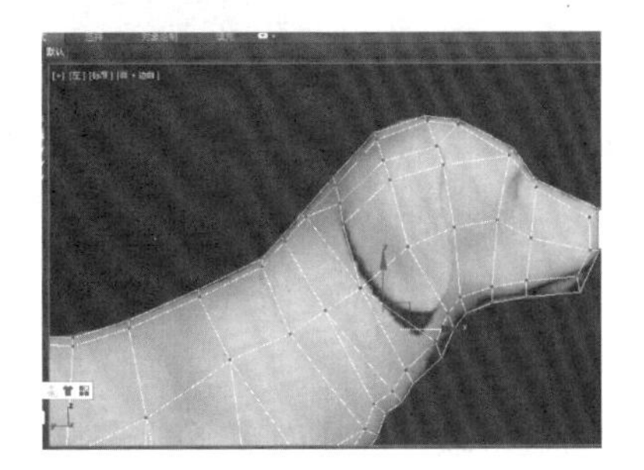

图 4－136 连接点

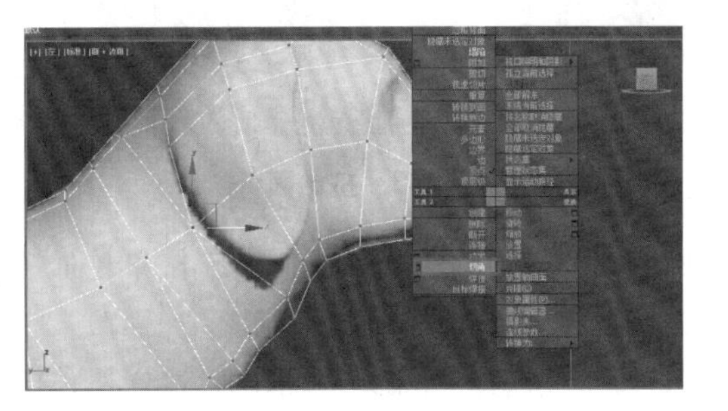

图 4－137 切角

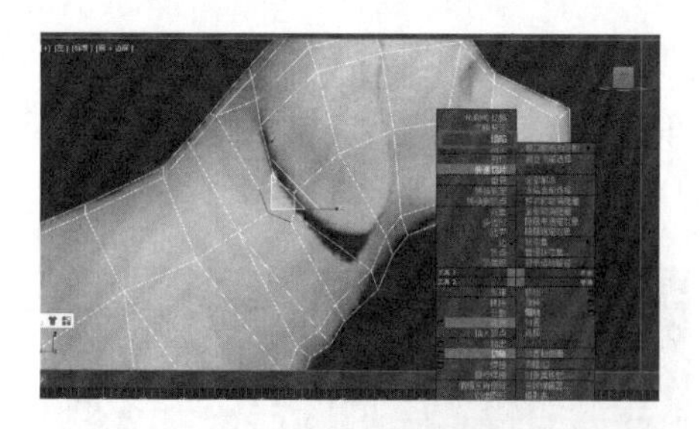

图 4-138　选择线

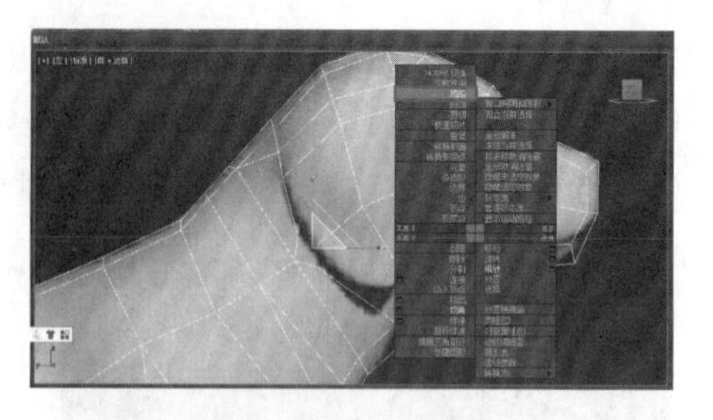

图 4-139　塌陷线

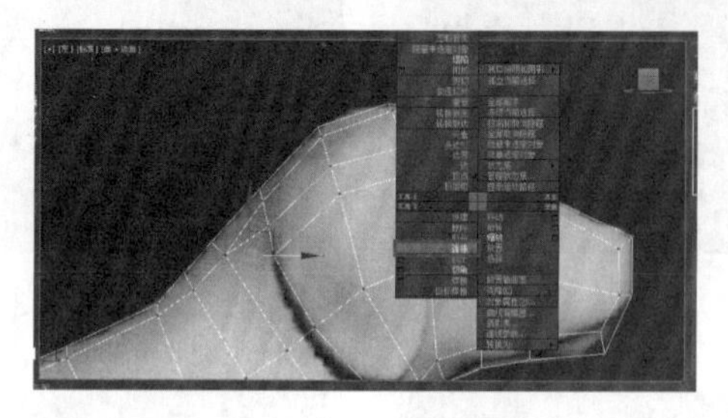

图 4-140　连接点

(8) 按 Delete 删除图中线（见图 4-141），再选中两点，单击鼠标右键，点击连接（见图 4-142）。

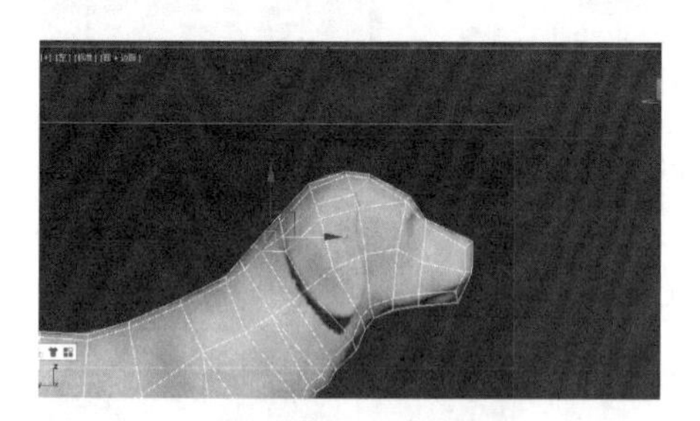

图 4-141　删除线

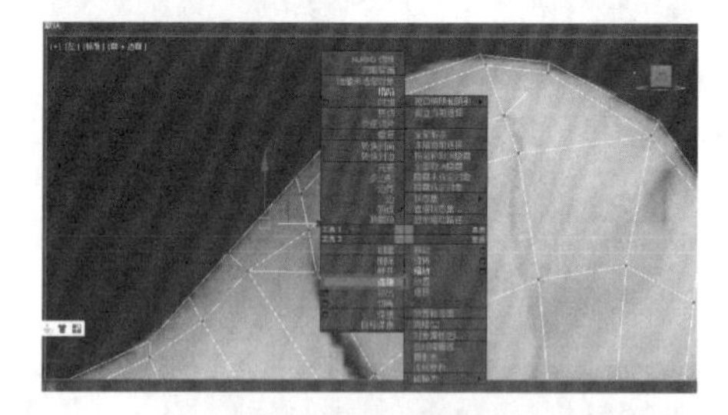

图 4-142　连接点

(9) 选择图中的两个面，单击鼠标右键，选择挤出命令（见图 4-143），再移动对齐位置（见图 4-144）。

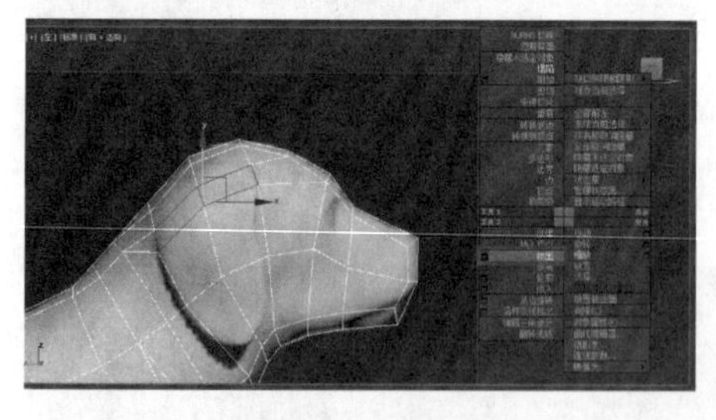

图 4-143　挤出面

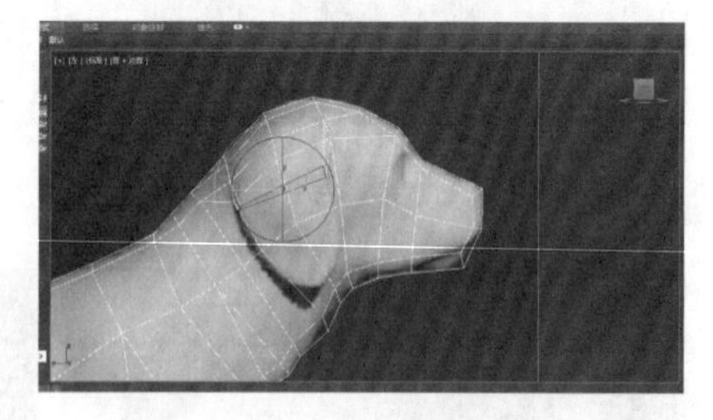

图 4-144　调整位置

(10) 再继续单击鼠标右键，点击挤出面（见图 4-145），选择边（见图 4-146），点击连接，按 R 键选择缩放（见图 4-147）。

(11) 继续选择一圈线（见图 4-148），单击鼠标右键继续，选择连接（见图 4-149），调整好耳朵的形状。

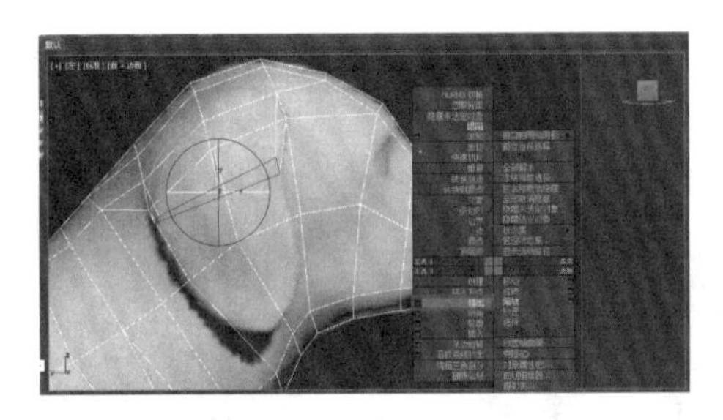
图 4－145　挤出面

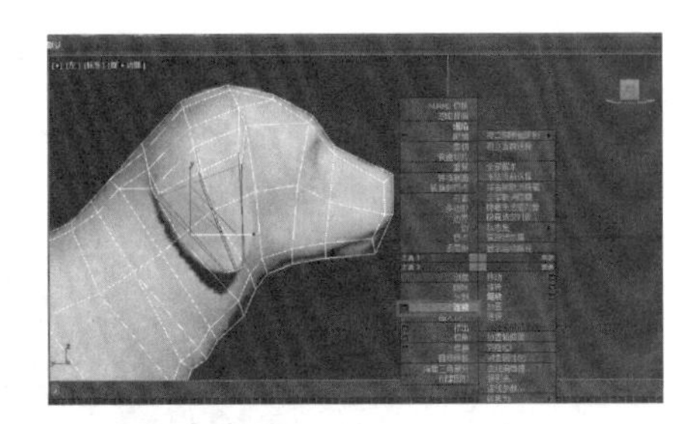
图 4－146　选择边

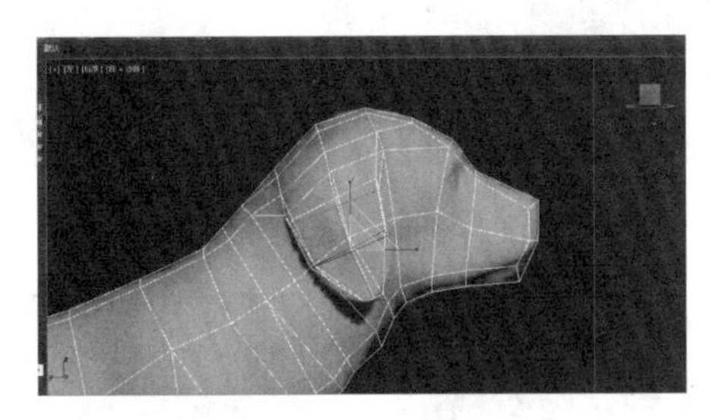
图 4－147　缩放线

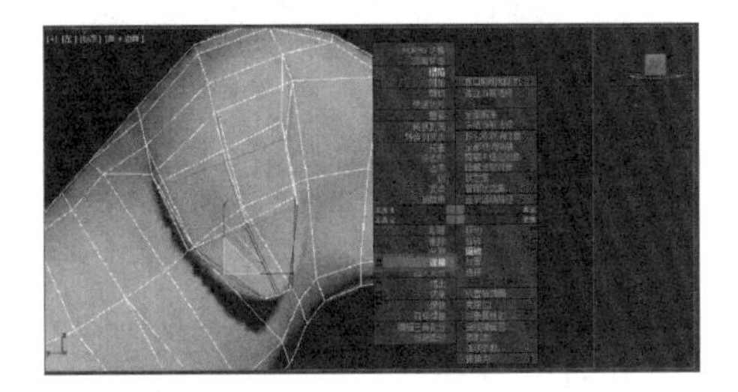
图 4－148　选择线

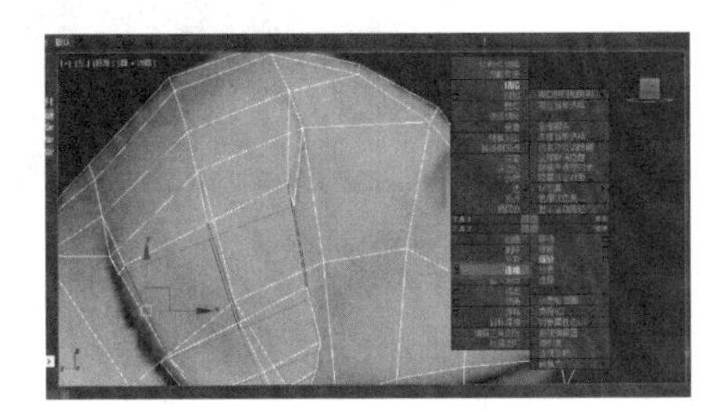
图 4－149　连接线

（12）再转到正视图，调整对齐后（见图 4－150），回到侧视图，选择面，单击鼠标右键，点击挤出（见图 4－151），再选择两条线，点击塌陷（见图 4－152）。

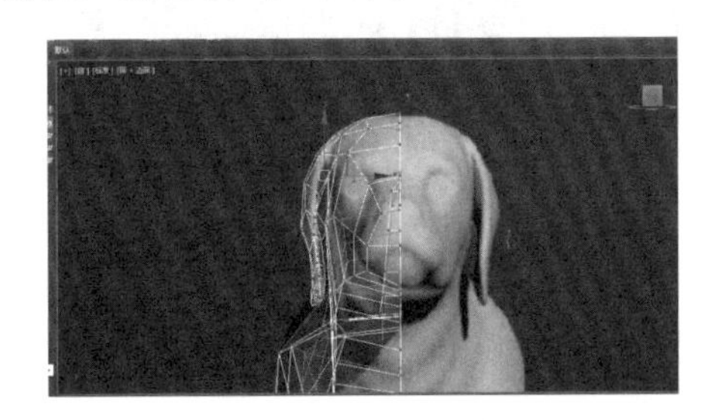
图 4－150　调整位置

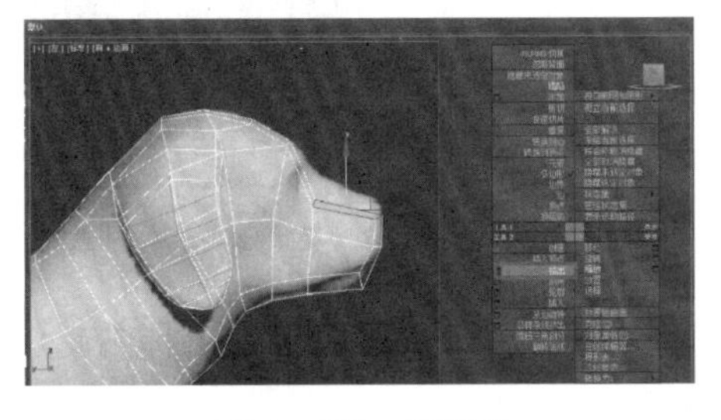
图 4－151　挤出面

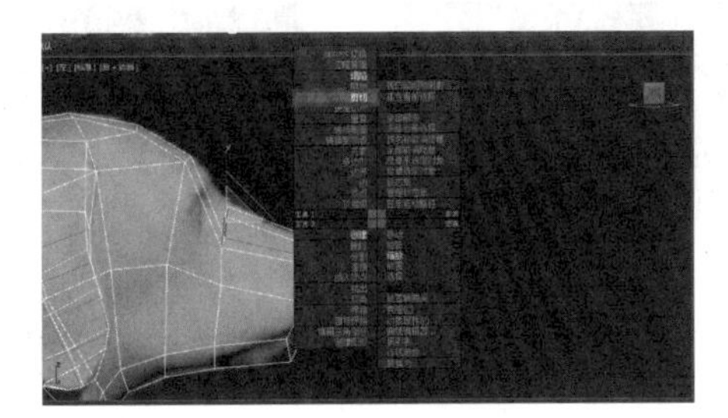
图 4－152　塌陷线

（13）选择删除刚挤出的多余面（见图 4-153），再选择一圈线（见图 4-154），单击鼠标右键，点击连接命令（见图 4-155）。

（14）选择鼻子顶上的一条线，单击鼠标右键，点击切角命令（见图 4-156）。

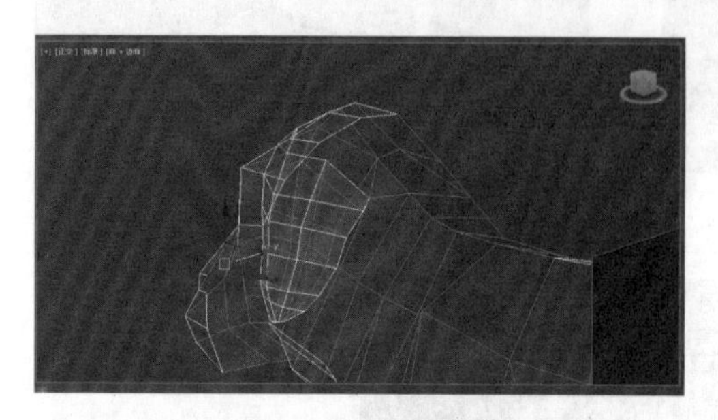

图 4-153　删除面

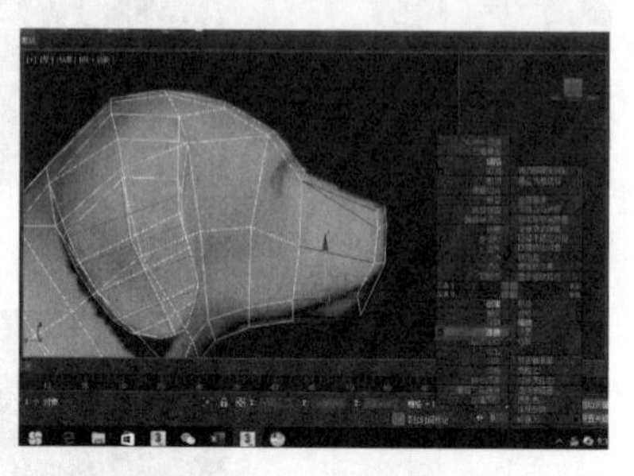

图 4-154　选择线

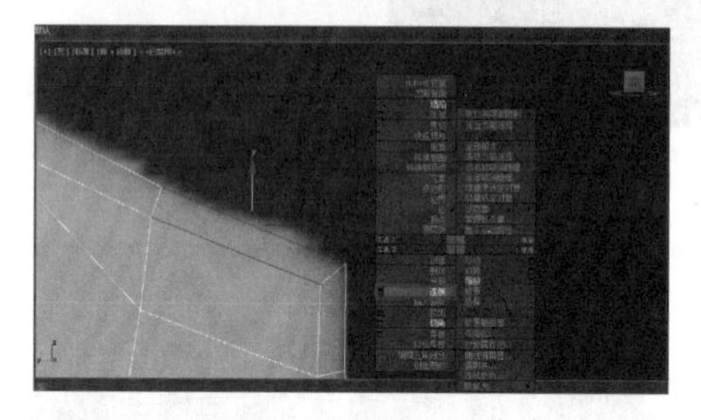

图 4-155　连接线

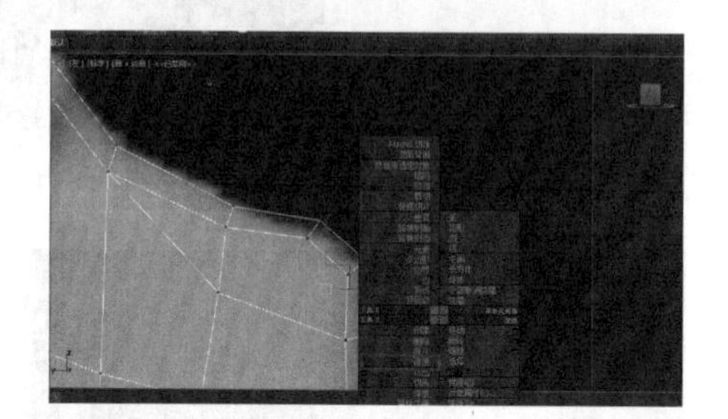

图 4-156　切角

（15）再选择眼睛位置，选择两条边，单击鼠标右键，选择连接命令（见图 4-157），再选择点，单击鼠标右键，同样选择连接命令（见图 4-158）。

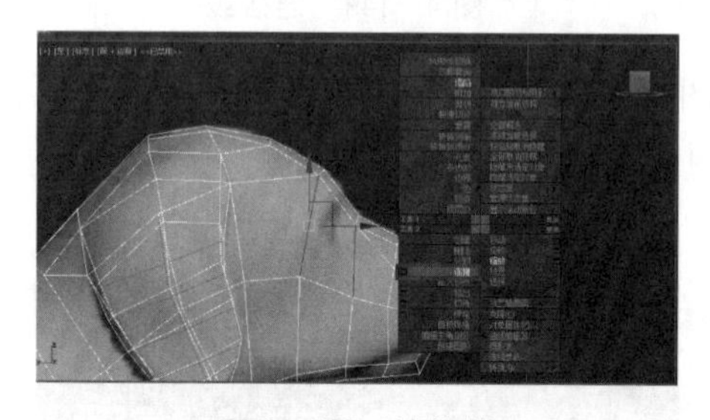

图 4-157　连接线

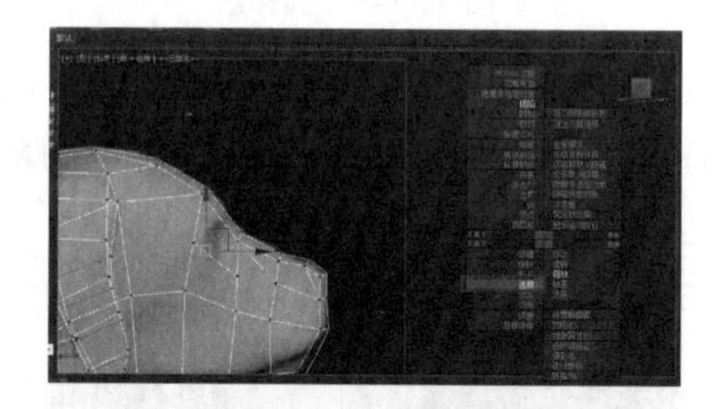

图 4-158　连接点

（16）选择眼睛的线，单击鼠标右键，点击连接（见图 4-159），然后删除多余的线（见图 4-160）。

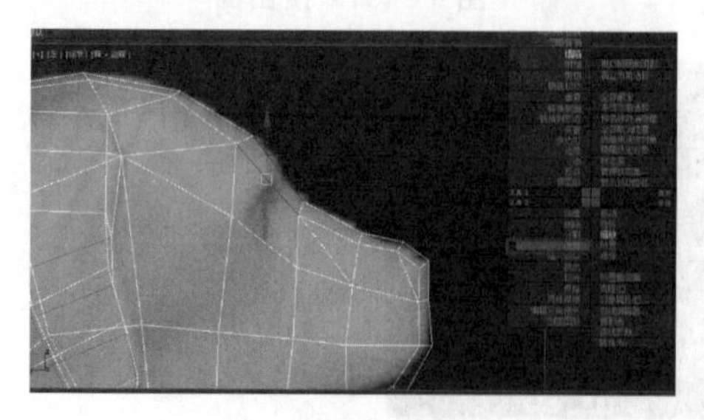

图 4-159　连接线

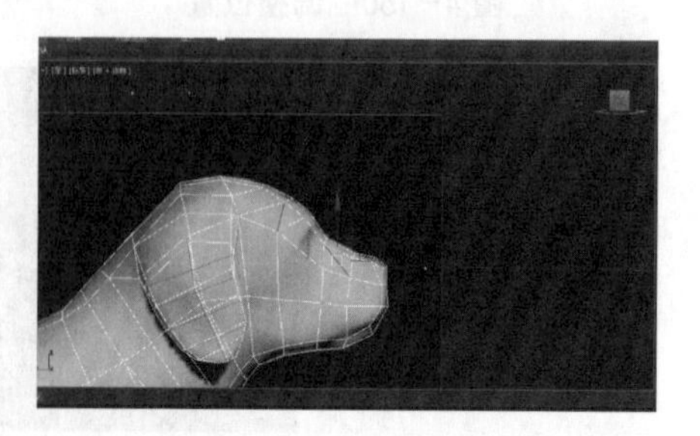

图 4-160　删除线

（17）选择一圈的线（见图 4－161），单击鼠标右键，点击连接，然后连接两点（见图 4－162）。

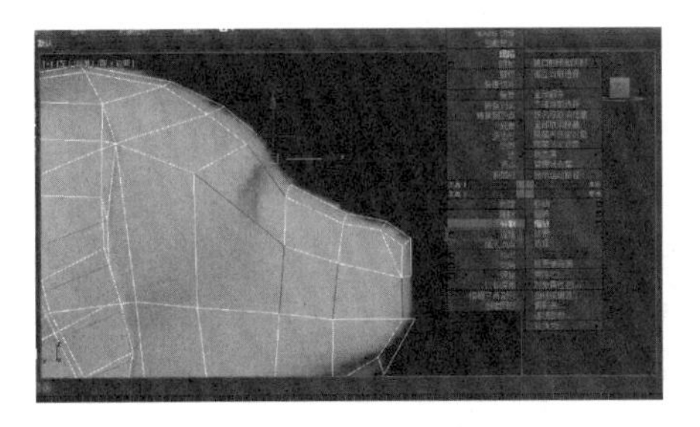

图 4－161　选择线

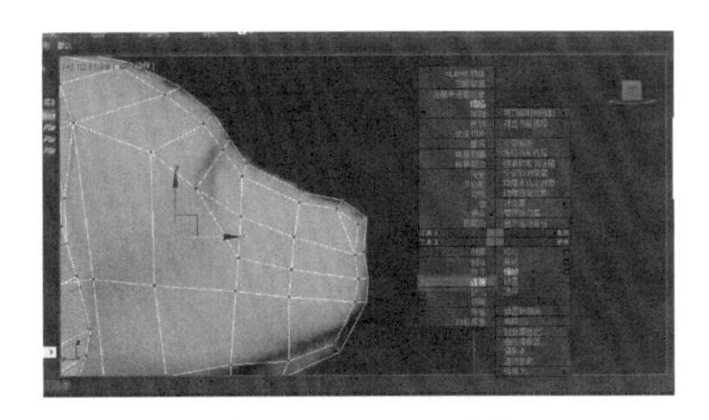

图 4－162　连接点

（18）转到正视图，选择眼睛位置的点（见图 4－163），单击鼠标右键，点击切角命令（见图 4－164）。

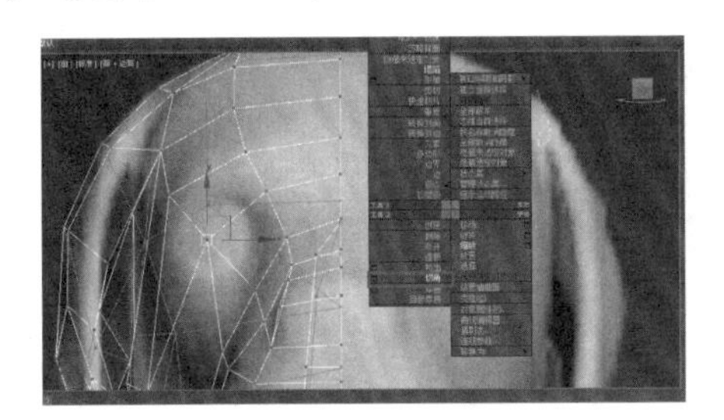

图 4－163　选择点

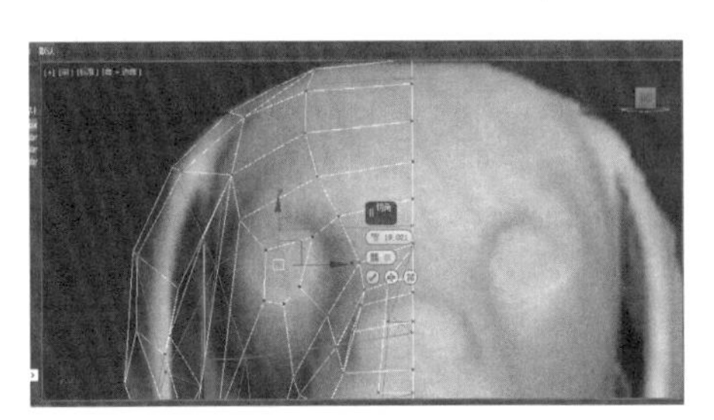

图 4－164　切角

（19）再转到侧面，调整眼睛位置（见图 4－165），删除眼睛位置的面，选择边界，按住 Shift，拖动缩放，完成后单击鼠标右键点击塌陷命令（见图 4－166）。

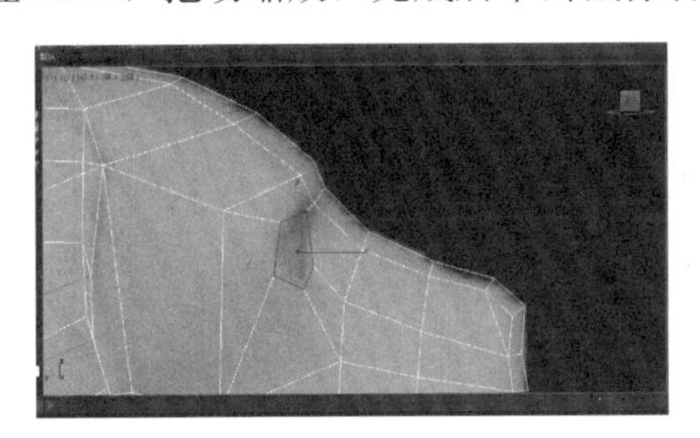

图 4－165　调整

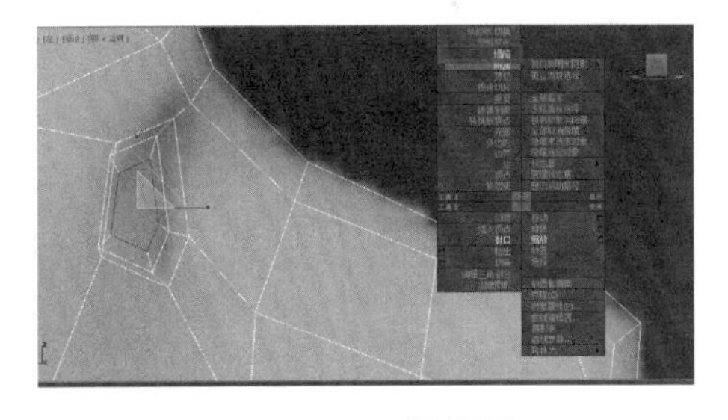

图 4－166　塌陷面

（20）选中嘴部位置的线，单击鼠标右键，点击连接（见图 4－167），连接好后再选择线，单击鼠标右键，选择切角命令（见图 4－168）。

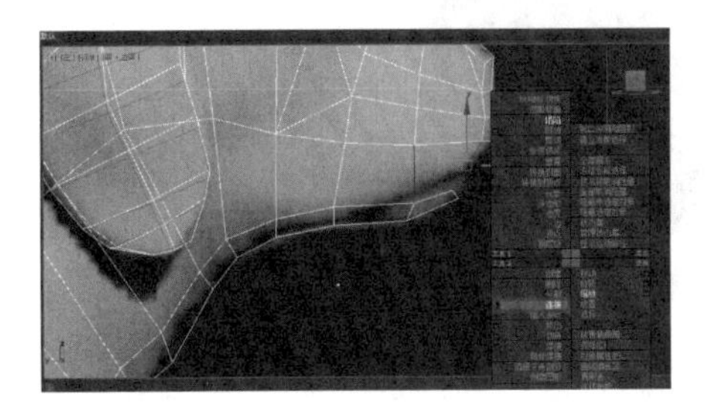

图 4－167　连接线

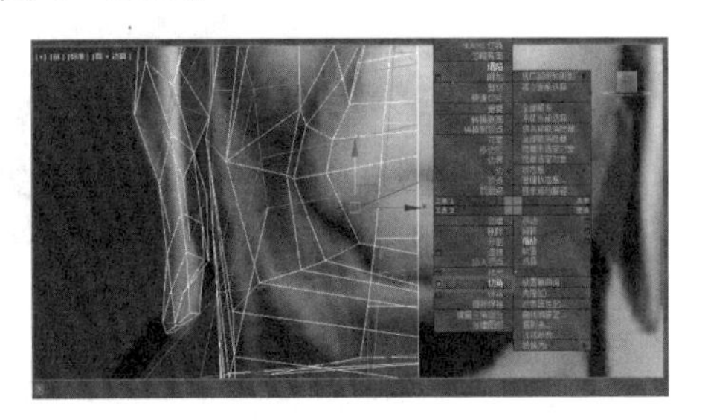

图 4－168　切角

（21）输入切角的值为 3 条（见图 4－169），调整好位置后，单击鼠标右键，连接 3 个点（见图 4－170）。

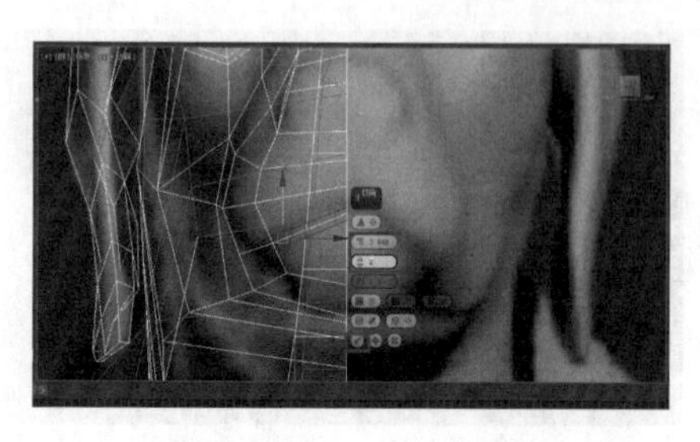

图 4－169　输入调整值

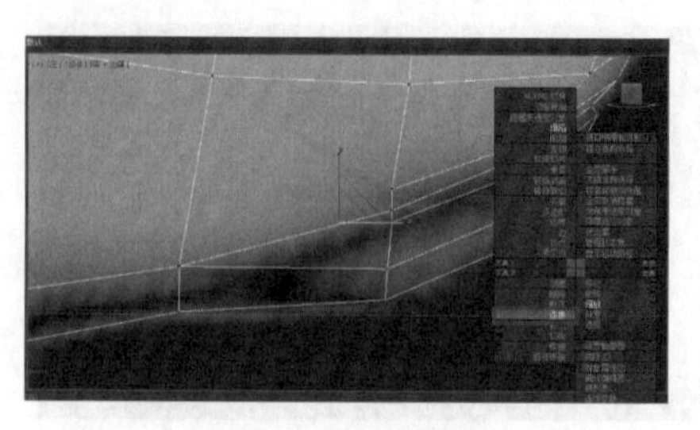

图 4－170　连接点

（22）选择鼻子到嘴巴位置竖着的一条线，单击鼠标右键，选择切角（见图 4－171），切成两条边（见图 4－172）。

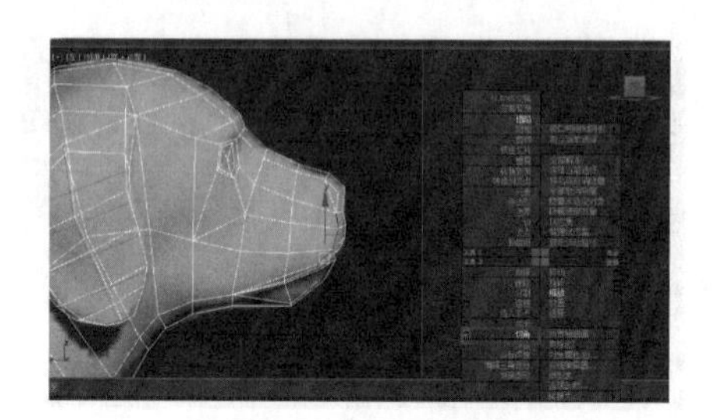

图 4－171　切角线

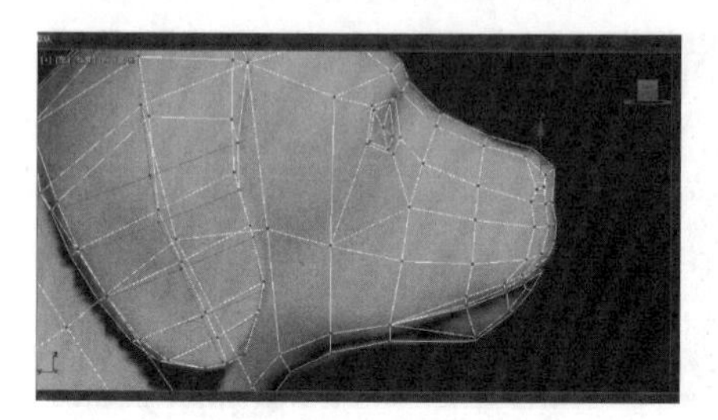

图 4－172　切角结果

（23）单击鼠标右键，连接脖子下面的线（见图 4－173），然后再选择竖着的这条线，单击鼠标右键，选择切角（见图 4－174），再把多余的线删除掉（见图 4－175）。

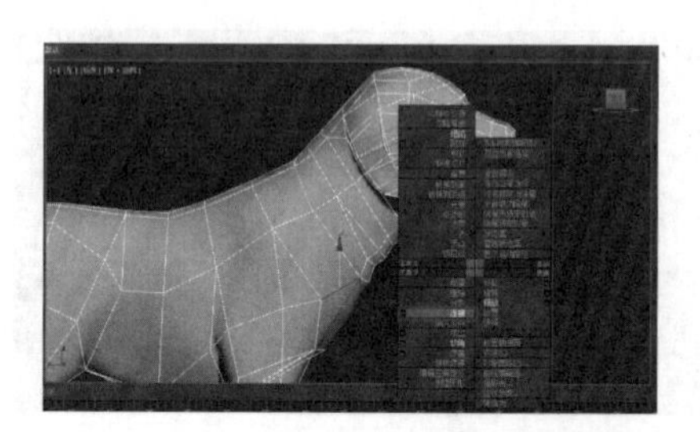

图 4－173　连接线

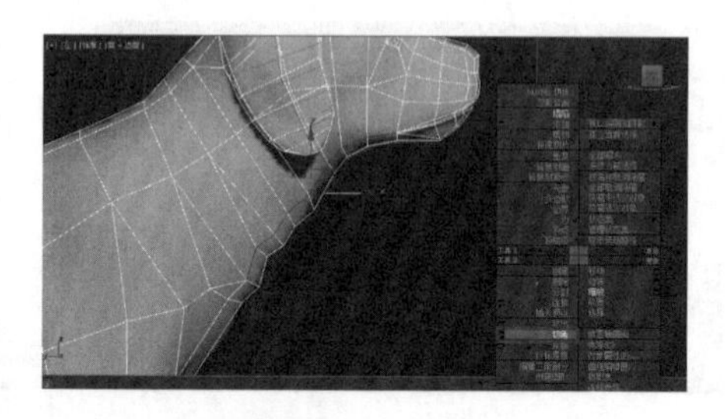

图 4－174　切角

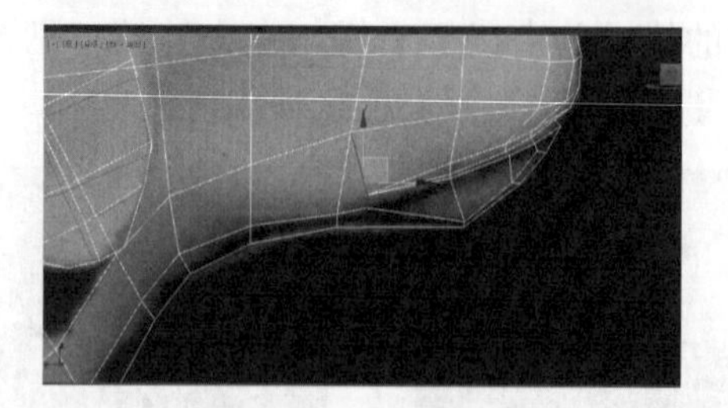

图 4－175　删除线

（24）转到正视图，选择鼻子的面，单击鼠标右键，选择挤出命令（见图 4－176），输入值（见图 4－177），向内挤出。

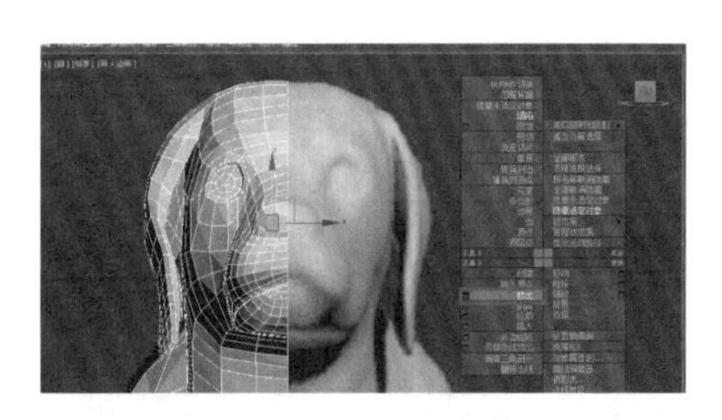

图 4－176　挤出面

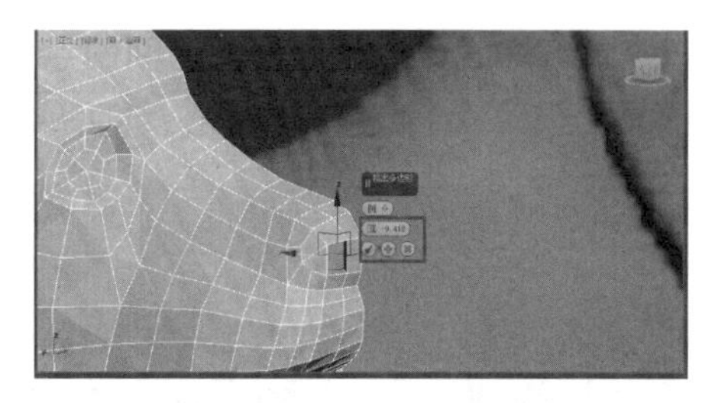

图 4－177　输入调整值

（25）选择挤出的面，单击鼠标右键，选择塌陷（见图 4－178），再来调整鼻子位置（见图 4－179）。

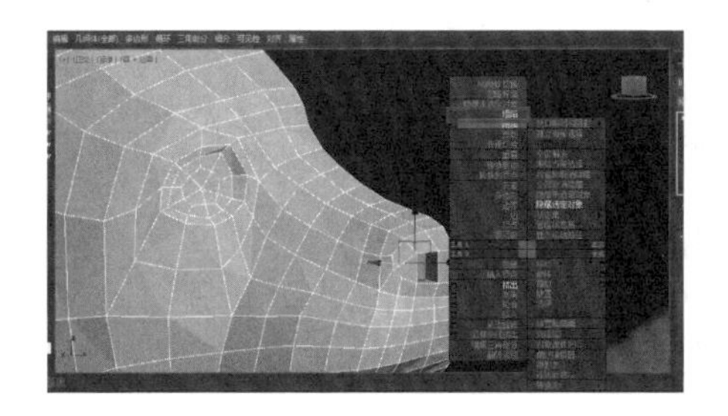

图 4－178　塌陷面

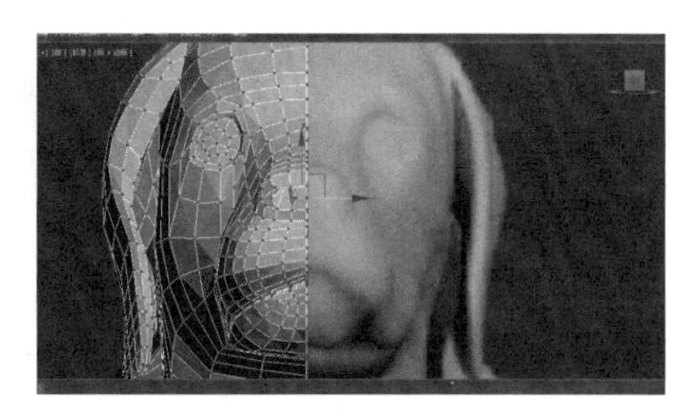

图 4－179　调整位置

6. 细节的制作

（1）在修改编辑器面板下，给模型一个平滑（见图 4－180），整体调整对齐后，完成一半的模型。

图 4－180　平滑

（2）转到正视图，选择一半模型，点击对称复制，点击复制，确定（见图 4－181）。然后单击鼠标右键，点击附加，再选择另一半的模型（见图 4－182）。

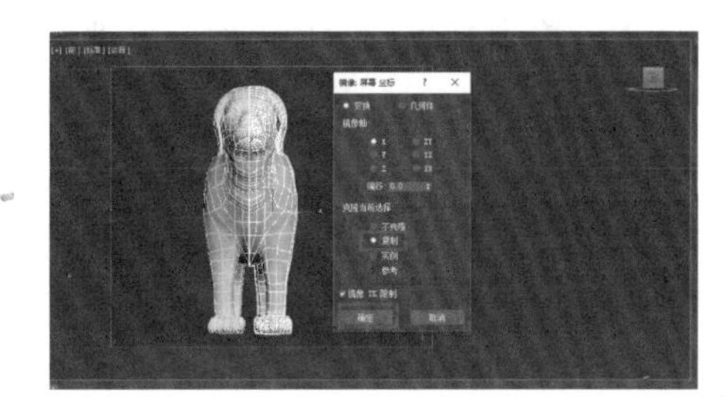

图 4－181　对称复制

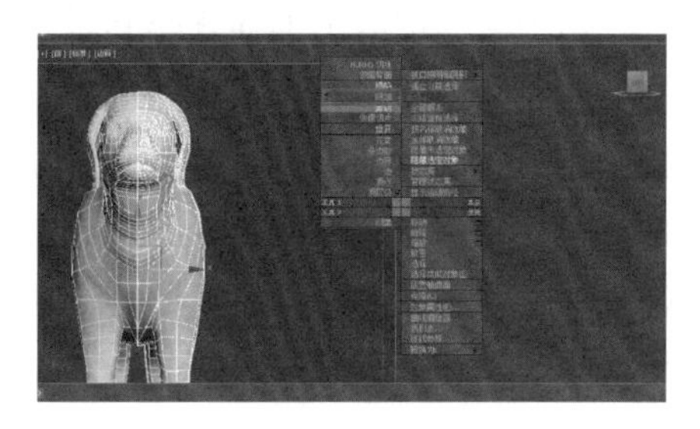

图 4－182　附加

（3）附加好后，选择所有的中间的点（见图 4－183），单击鼠标右键，选择焊接命令（见图 4－184），再输入焊接值（见图 4－185）。

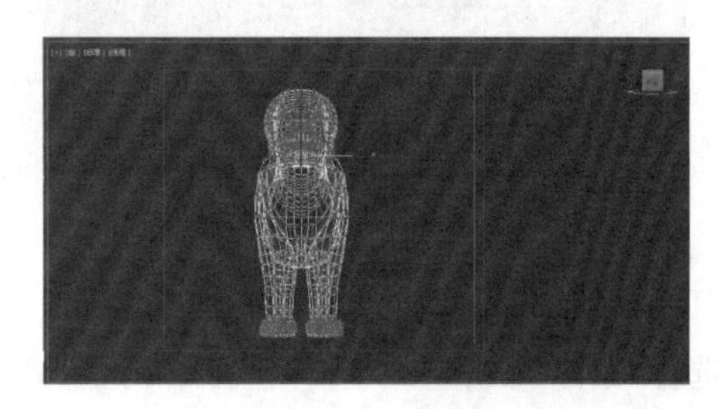

图 4－183　选点

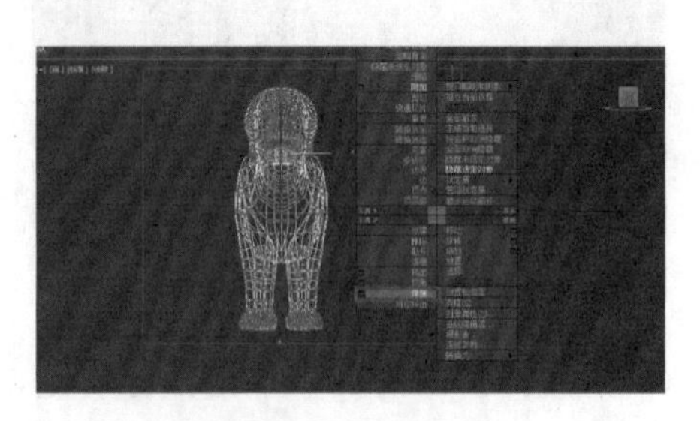

图 4－184　焊接命令

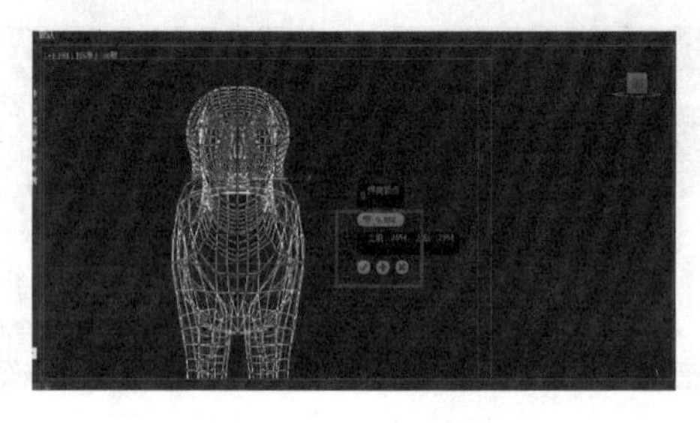

图 4－185　输入调整值

（4）调整一下大形，再给后脚切一下线（见图 4－186），就完成啦（见图 4－187）。

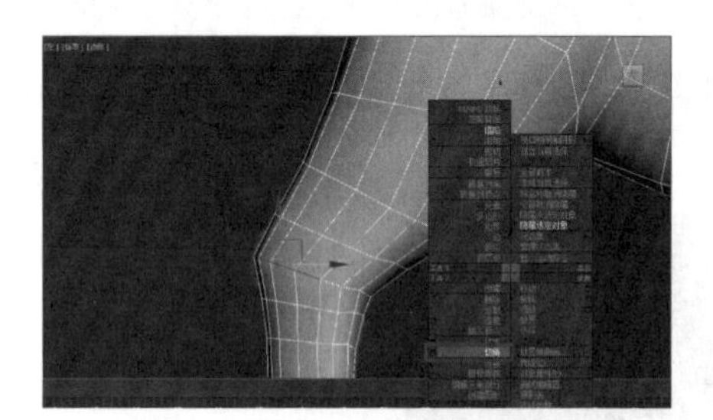

图 4－186　切角

图 4－187　效果图

第三节　本章小结

（1）动物模型可分为卡通动物和写实动物模型，在制作这两类模型时，要把握动物的比例关系和结构特点。

（2）在制作卡通动物时，要先分析动物的结构特点，尽可能地将卡通动物的特点制作出来，同时要注意布线均匀。

（3）制作写实动物模型时，要充分地了解动物的身体结构、比例关系，同时要注意写实动物的布线和细节处理。

参考文献

［1］唐茜，耿晓武，张振华，等．3ds Max 2018 从入门到精通［M］．北京：中国铁道出版社，2018.

［2］张元，周忠成．计算机三维设计实用案例教程（3ds MAX 2018）（微课版）［M］．北京：电子工业出版社，2019.

［3］来阳．3ds Max 2018 超级学习手册［M］．北京：人民邮电出版社，2019.